JEAN MASSART

PROFESSEUR À L'UNIVERSITÉ LIBRE DE BRUXELLES

DIRECTEUR DE L'INSTITUT BOTANIQUE LÉO ERRERA

———— o ————

ÉLÉMENTS

DE

BIOLOGIE GÉNÉRALE

ET DE

BOTANIQUE

VOLUME I

La Biologie Générale. — Les Protistes

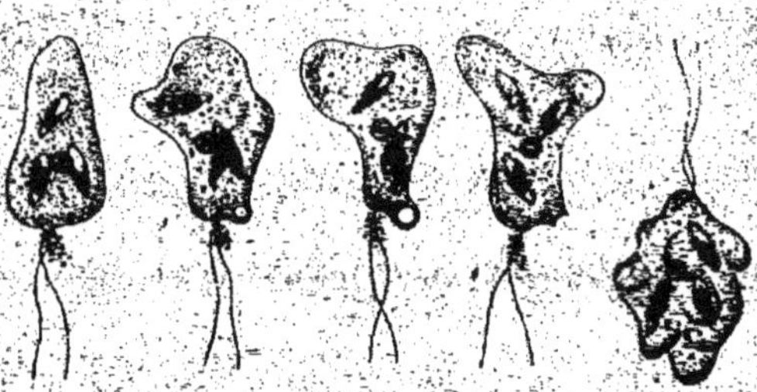

BRUXELLES

MAURICE LAMERTIN, ÉDITEUR

58-62, RUE COUDENBERG

1921

ÉLÉMENTS DE BIOLOGIE GÉNÉRALE

ET DE

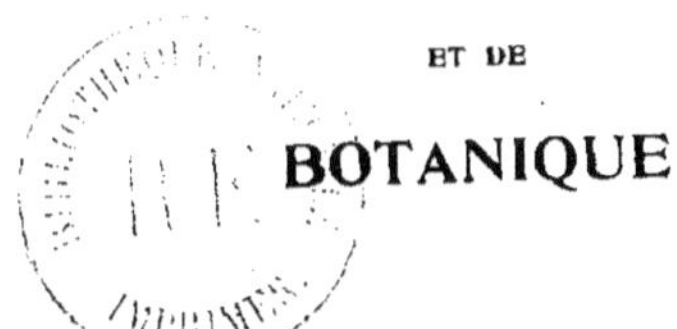

BOTANIQUE

JEAN MASSART

PROFESSEUR A L'UNIVERSITÉ LIBRE DE BRUXELLES

DIRECTEUR DE L'INSTITUT BOTANIQUE LÉO ERRERA

ÉLÉMENTS

DE

BIOLOGIE GÉNÉRALE

ET DE

BOTANIQUE

VOLUME I

La Biologie Générale. — Les Protistes

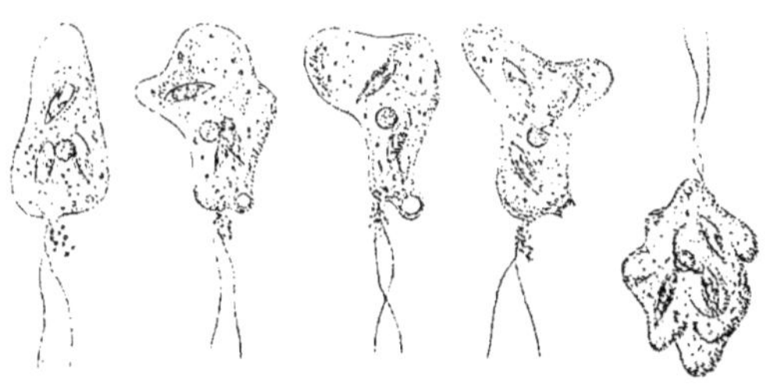

BRUXELLES

Maurice LAMERTIN, Éditeur

58-62, RUE COUDENBERG, BRUXELLES

1921

PRÉFACE

Ce livre reflète nos leçons à la candidature en sciences naturelles de l'Université de Bruxelles.

D'accord avec mon collègue le professeur de Zoologie, il a été entendu que l'étude de la Biologie générale et des Protistes serait rattachée au cours de Botanique. Il nous semble que ces sujets, qui constituent une introduction commune aux deux sciences biologiques, cadrent mieux avec [la Botanique qu'avec la Zoologie. La théorie cellulaire est, en effet, sortie de l'étude des Plantes; nos connaissances sur les réflexes cellulaires reposent presque uniquement sur des expériences botaniques; ce sont également les Végétaux qui ont servi à la plupart des recherches expérimentales sur l'Évolution; les modes d'alimentation des Protistes nous éclairent sur la nutrition des Végétaux supérieurs, plus que sur celle des Animaux; enfin, la connaissance des Protistes est indispensable pour saisir les enchaînements des Métaphytes, tandis que les Métazoaires présentent des caractères morphologiques nettement tranchés.

On s'étonnera peut-être de ce que la Biologie générale soit donnée comme introduction à la Botanique et à la Zoologie au lieu de venir comme leur couronnement. Nous jugeons que la Biologie générale peut très bien être comprise par des étudiants qui n'ont encore que des connaissances peu étendues sur les Animaux et les Végétaux, à condition qu'on s'en tienne à ses grandes lignes; d'autre part, pour éviter des répétitions dans les cours de Botanique et de Zoologie proprement dites, il est certainement avantageux de les faire précéder par un exposé élémentaire de la Biologie générale.

Il a fallu opérer une sélection dans la masse innombrable de faits et d'idées qui composent les sciences biologiques : nous choisissons les chapitres qui mettent en œuvre le raisonnement plutôt que la mémoire. Le but principal de notre cours est, en effet, de faire acquérir aux futurs docteurs en science, médecins, pharmaciens, etc., une culture biologique à la fois générale et précise qui leur procure soit une base solide pour leur spécialisation future, soit une introduction fructueuse à des notions professionnelles.

Nous ne craignons pas d'exposer aux jeunes étudiants des théories encore discutées. Pour la formation de l'esprit, un fait en lui-même n'a aucune importance : il n'acquiert de l'intérêt que par les idées, fussent-elles hypothétiques, auxquelles il se rattache.

Une hypothèse est d'ailleurs sans danger aussi longtemps qu'elle est reconnue comme hypothèse, d'autant plus qu'elle suscite la réflexion et la discussion et qu'elle excite à un travail de vérification ou de démolition. Elle ne devient traîtresse que du jour où on méconnaît son caractère provisoire et où on la donne comme une vérité démontrée.

Dans un cours élémentaire on est forcément amené à schématiser, c'est-à-dire à dégager des idées principales les notions accessoires, les exceptions et les cas particuliers. Car il est pratiquement impossible de donner aux débutants un aperçu, même sommaire, de toutes les connaissances qu'ils devraient posséder pour discuter sainement les opinions qu'on leur présente. Ajoutons qu'autant la critique et le doute scientifique sont féconds dès qu'on a pénétré assez avant dans une science pour y accomplir du travail personnel, autant ils seraient stérilisants pour celui qui vient à peine d'y entrer.

Qu'on le veuille ou non, tout enseignement révèle les préoccupations scientifiques du professeur. Un cours de Biologie peut revêtir des allures fort diverses suivant la branche à laquelle on s'intéresse particulièrement et qui s'infiltre fatalement dans tous les chapitres. Tel cours est plutôt anatomique; tel autre, systématique. Ce livre-ci est imprégné d'éthologie : on y traite de préférence des faits qui permettent de comprendre les adaptations des cellules et des organismes. Déjà dans la Biologie générale, au lieu de s'attacher à la structure intime du protoplasme, au mécanisme de l'action des zymases.... on exposera plutôt les faits dont on comprend mieux la répercussion sur les autres phénomènes vitaux. De même, dans la partie botanique, on passera rapidement sur l'anatomie et la systématique des Phanérogames, pour avoir le loisir de s'étendre quelque peu sur la pollination, sur la géographie botanique, etc. Nous pensons qu'en ce faisant, nous restons fidèle à notre principe : s'adresser au raisonnement plutôt qu'à la mémoire.

Les figures ne sont pas simplement des illustrations du texte; elles en sont la continuation : beaucoup de choses sont, en effet, montrées dans les figures et dans leur légende, qui ne sont pas reprises dans le texte.

Au cours se rattachent des manipulations et des séances de démonstration. De plus, tous les quinze jours, pendant l'année entière, nous organisons une herborisation dans l'une ou l'autre région du pays.

Mme Schouteden-Wery et M. A. Lameere ont bien voulu revoir le manuscrit de ce volume. Je les remercie de tout cœur.

La plupart des dessins ont été faits par deux de mes élèves : M. W. Conrad, docteur en sciences, et M. R. Descamps, étudiant au doctorat en chimie. Je leur suis profondément reconnaissant de leur obligeance.

SOMMAIRE

PREMIÈRE PARTIE
La Biologie générale

Chapitre II. — **La Cellule.**

DEUXIÈME PARTIE

Les Protistes

ERRATA

—

Remplacer le tableau de la page 66, par le suivant :

**Volume des globules du sang
dans des solutions hypotoniques et hypertoniques.**
(D'après M. Hamburger, 1899).

	Volume total des hématies dans une quantité donnée de sang de Cheval	Volume total des leucocytes, dans une autre quantité de sang de Cheval.
Solution de NaCl à 0.7 % : hypotonique. .	46	39.5
Sérum (isotonique avec NaCl à 0.9 %) . .	40.75	34.25
Solution de NaCl à 1.2 % : hypertonique .	36	31
Solution de NaCl à 1.5 % : hypertonique .	33.25	28.5

A la fin de la page 173 et au début de la page 174, supprimer les mots : des chromosomes.

A la page 180, supprimer l'explication de l'hérédité unilatérale par la disparition d'un des noyaux, ainsi que la figure 158. Ces observations ont été reconnues inexactes.

PREMIÈRE PARTIE

LA BIOLOGIE GÉNÉRALE

CHAPITRE I. — LA VIE ET LA MORT.

LES FORCES QUI AGISSENT DANS LES ORGANISMES.

Il a fallu de longs siècles pour débarrasser la biologie du préjugé que l'activité des êtres vivants est différente de celle de la nature inorganique. Jusque dans le premier quart du xixe siècle, tous les naturalistes admettaient comme un principe intangible que les organismes sont le siège d'une force vitale, qui est non seulement distincte de la chaleur, de la gravitation, de la lumière... mais qui leur est même directement opposée.

« La vie, disait Bichat, en 1802, est l'ensemble des fonctions qui résistent à la mort. » Et il ajoutait aussitôt après : « Tel est, en effet, le mode d'existence des corps vivants, que tout ce qui les entoure tend à les détruire. Les corps inorganiques agissent sans cesse sur eux; eux-mêmes exercent, les uns sur les autres, une action continuelle; bientôt ils succomberaient s'ils n'avaient en eux un principe permanent de réaction [1]. »

La preuve principale de l'individualité de la force vitale était que les chimistes n'avaient jamais réussi à composer de toutes pièces aucune substance propre aux êtres vivants. La synthèse de l'urée, en 1828, n'ébranla pas définitivement cette assertion, puisque l'urée n'est en somme qu'un détritus. Mais depuis lors des substances très complexes, existant dans les Animaux et les Végétaux, ont été faites par synthèse totale.

Citons seulement : l'acide tartrique, du raisin (en 1860), — l'alizarine, principe colorant de la garance (en 1868), — l'indigotine, principe colorant de l'indigo (en 1880), — l'acide citrique, du citron (en 1881), — la vanilline, principe odorant de la vanille (en 1881), — la théobromine, principe actif du cacao (en 1882), — la caféine, principe actif du café, du thé, du maté, de la graine de guarana et du kola (en 1895), — la cocaïne, alcaloïde du coca (en 1903), — l'atropine, alcaloïde de la belladone (en 1903), — la nicotine, alcaloïde du tabac (en 1904), — l'adrénaline,

---

[1] *Recherches physiologiques sur la vie et la mort*, Paris, an X, 1802.

1

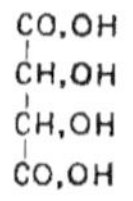

Acide tartrique

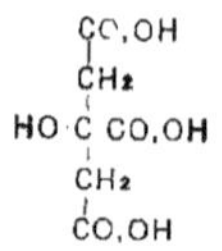

Acide citrique

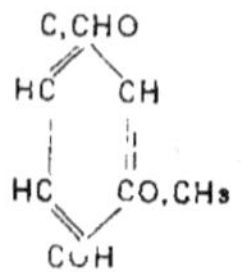

Vanilline

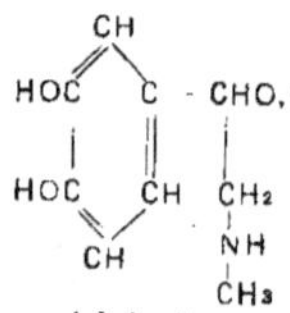

Adrénaline

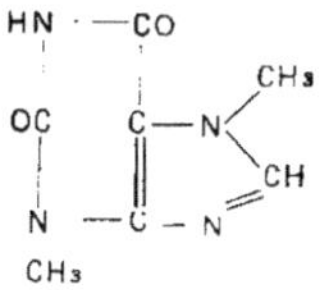

Théobromine

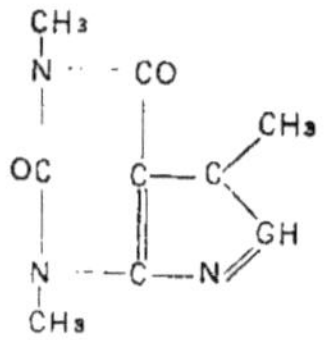

Caféine

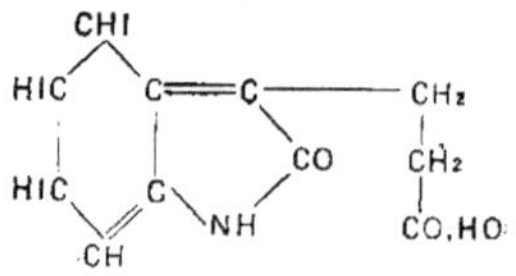

Thyroxine

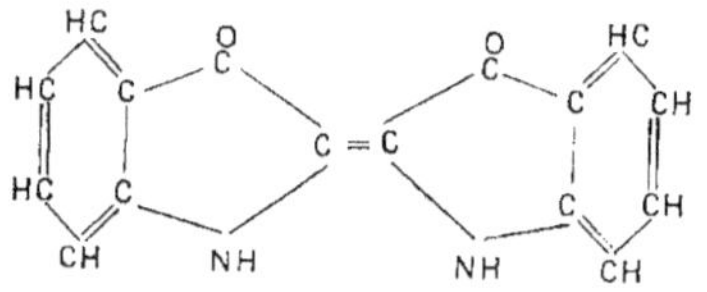

Indigotine

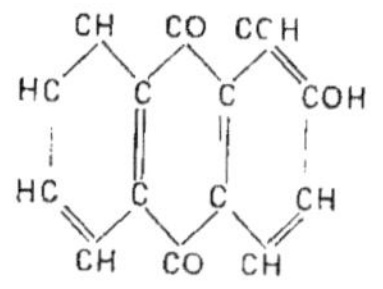

Alizarine

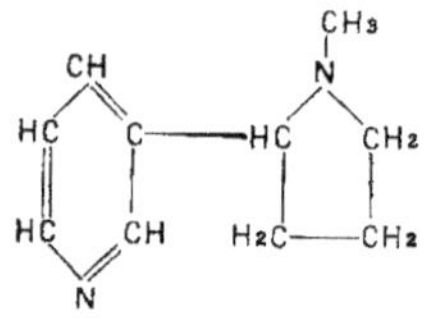

Nicotine

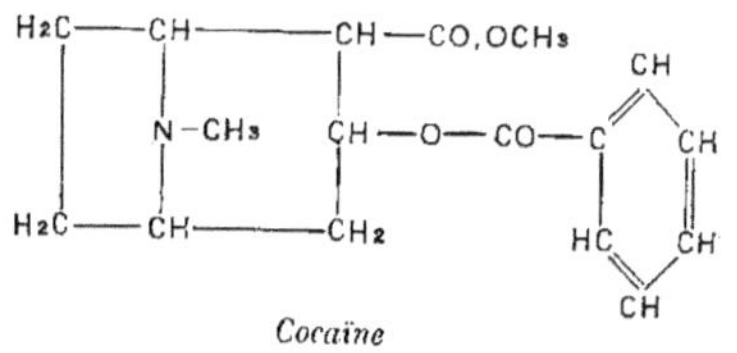

Cocaïne

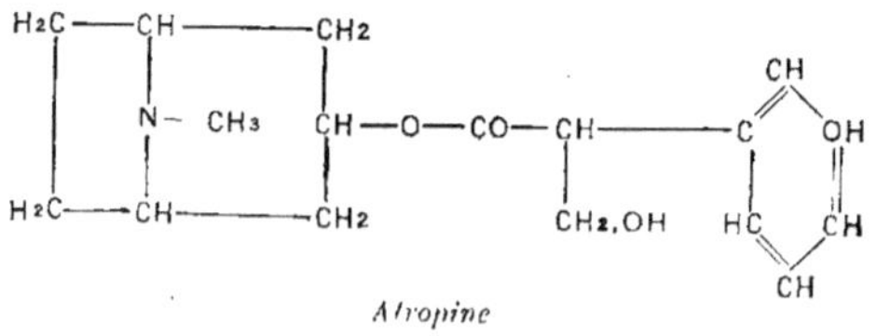

Atropine

substance active des capsules surrénales (en 1904), — la thyroxine, substance active de la glande thyroïde (en 1920). Le tableau de la page 2 donne la structure chimique de ces corps.

Les deux derniers corps cités sont peut-être les plus intéressants. Ils appartiennent en effet à ces curieuses hormones, produits de sécrétion interne, qui opèrent la coordination chimique entre les fonctions de l'économie animale. L'adrénaline, sécrétée par les capsules surrénales, règle la pression sanguine : il suffit d'injecter à un Chien 0.0013 milligramme de chlorhydrate d'adrénaline pour élever sa pression artérielle.

La thyroxine est le principe actif de la glande thyroïde. On sait que l'insuffisance de la fonction thyroïdienne provoque les troubles les plus graves de la nutrition, aboutissant au crétinisme.

D'un autre côté, à mesure que la physiologie faisait des progrès, on constatait que les transformations de l'énergie étaient les mêmes dans les êtres vivants et dans la nature brute. L'équivalent mécanique de la chaleur est identique, qu'il s'agisse d'Animaux exécutant un travail ou d'une machine à vapeur chargée du même travail. C'est en calories que les physiologistes mesurent la valeur nutritive d'un aliment. L'électricité qui se dégage lors d'une contraction musculaire se mesure par les mêmes instruments que celle d'une pile. Le vol d'un Insecte ou d'un Oiseau résulte d'une succession de purs mouvements mécaniques. La lumière solaire qui tombe sur une feuille verte est décomposée de la même manière qu'elle le serait par un minéral coloré, et son utilisation par la plante correspond à ce que faisait prévoir son absorption. Pour calculer la pression osmotique qui règne dans une cellule vivante, il suffit de connaître la composition chimique du suc cellulaire. Bref, il n'existe aucun phénomène vital qui ne relève des seules forces physiques et chimiques, et il n'y a donc aucun motif pour recourir à l'hypothèse d'une force vitale. Ajoutons que la prétendue force vitale n'a jamais été mise en évidence, qu'elle n'a pas été mesurée comme les autres formes de l'énergie, et qu'elle n'a jamais été transformée en aucune autre force.

Toutefois il faut avouer que la plupart des actes vitaux sont trop complexes pour que nous puissions dès maintenant les interpréter dans tous leurs détails. Mais est-ce une raison pour cacher notre ignorance derrière l'étiquette fallacieuse d'une force vitale? Accepter celle-ci, c'est se mettre au niveau du sauvage qui expliquerait le téléphone par une force téléphonale, le mouvement d'horlogerie par une force chronométrale... Ne vaut-il pas mieux renoncer délibérément à un semblant d'explication basée sur quelque force mystérieuse, qui n'éclaire rien? La bonne façon de vaincre une difficulté n'est pas de la dérober à la vue par un écran d'illusions, mais de la regarder en face et de travailler à la démolir.

Les diverses formes de l'énergie n'interviennent pas également dans les actes physiologiques. La part prépondérante revient à la chaleur, aux forces moléculaires, à la gravitation, à la lumière, à l'énergie chimique, c'est-à-dire à celles qui se rencontrent à chaque pas. L'électricité et les ondes hertziennes jouent un rôle plus effacé. Le magnétisme semble être indifférent à tous les êtres vivants. Enfin les rayons X et la radio-activité ont une influence nettement nuisible.

2. LES ÉLÉMENTS BIOGÉNIQUES.

Parmi les quatre-vingt-cinq éléments qui constituent tout l'ensemble des combinaisons connues sur la Terre, il n'en est que huit qui fassent partie de tout protoplasme. Or, ils appartiennent tous aux trois premières rangées du système périodique de Mendelejeff (4 dans la 1re rangée, 3 dans la 2e, 1 dans la 3e), ce qui revient à dire qu'ils ont un poids atomique très faible.

Il y en a six qui, sans être nécessaires à tous, se rencontrent pourtant dans un grand nombre d'êtres.

Enfin il en est encore six qui existent exceptionnellement.

Voici la liste complète de tous les éléments qui se rencontrent dans les organismes :

Font partie de tout proto-plasme :		Font partie de beaucoup d'organismes :		Se rencontrent exception-nellement dans les or-ganismes :	
Hydrogène	1.003	Sodium	23.00	Fluor	19.00
Carbone	12 00	Silice	28.30	Aluminium	27.10
Azote	14 01	Chlore	35 46	Cuivre	63.57
Oxygène	16.00	Calcium	40 07	Brome	79.92
Magnésium	24.32	Manganèse	54.93	Strontium	87.63
Phosphore	31.04	Fer	55.84	Iode	126.92
Soufre	32.07				
Potassium	39.10				

La loi de Dulong et Petit nous fait comprendre pourquoi il est avantageux que les éléments biogéniques soient légers. Elle dit en effet que la chaleur spécifique est en raison inverse du poids atomique. Comme la chaleur spécifique des composés est liée à celle de leurs éléments constitutifs, il en résulte que les combinaisons formées d'éléments légers ont une chaleur spécifique considérable.

La grandeur de la chaleur spécifique intéresse les organismes à un double point de vue :

a) Les composés à grande chaleur spécifique renferment à une température déterminée une plus grande provision de chaleur, ce qui est évidemment avantageux ;

b) Ils changent plus lentement de température quand la température extérieure se modifie. En effet ils absorbent un plus grand nombre de calories pour s'échauffer et en perdent aussi un plus grand nombre pour se refroidir. Le retard avec lequel les organismes ressentent les variations thermiques de leur entourage leur est certes très utile, puisque la vie n'est active qu'entre certaines limites de chaud et de froid, limites beaucoup plus étroites que celles qui correspondent aux changements de la température météorologique. La grande proportion d'eau de tous les tissus vivants ralentit fortement les variations de leur température propre ; rappelons en effet que l'eau est de tous les corps connus, sauf l'hydrogène et l'hélium, celui qui a la chaleur spécifique la plus élevée.

Une autre conséquence de la petitesse du poids atomique est que les combinaisons formées par des atomes légers sont plus solubles dans l'eau que celles qui sont formées d'atomes lourds. Or les échanges chimiques qui se passent entre l'organisme et son milieu, tant pour son alimentation que pour l'élimination des résidus, exigent naturellement que les substances soient dissoutes.

Mais tous les éléments légers ne concourent pas à faire du protoplasme. Ainsi, dans la première rangée, l'hélium, le lithium, le glucinium et le bore, ne se rencontrent pas ou presque pas chez les organismes. On remarque immédiatement que ces corps sont beaucoup moins répandus que l'hydrogène, le carbone, l'azote et l'oxygène. Or, les êtres vivants ont un intérêt évident à employer pour leur édification, non des substances rares qu'ils ne se procureraient qu'en peu de points de la Terre, et dont le stock disponible serait vite épuisé, mais des substances vulgaires qu'ils peuvent obtenir partout en quantité illimitée.

Ce n'est pourtant pas cette raison qui a pu exclure l'argon, dont l'atmosphère renferme environ 1 p. c. Son inaptitude à entrer dans le protoplasme tient sans doute à ses faibles affinités ; il serait pour l'organisme un poids mort, sans aucune utilité.

Demandons-nous enfin pourquoi le carbone est le constituant essentiel de toutes les molécules vivantes. Ce privilège tient à plusieurs raisons :

a) La faculté qu'ont les atomes de carbone de s'unir entre eux leur permet de s'accumuler dans des molécules volumineuses portant des chaînes latérales de tout genre. Ainsi prennent naissance des composés possédant des annexes diversement labiles, qui peuvent être successivement remplacées par d'autres, tout en laissant intact le noyau axial de la molécule. La charpente moléculaire persiste donc en dépit des incessants changements chimiques qui sont la condition de l'activité vitale ; elle est sans doute le siège de la mémoire cellulaire qui relie entre elles toutes les phases de la vie d'un individu, et de l'hérédité, qui relie les parents à leur progéniture.

b) La quadrivalence du carbone vient encore faciliter la réalisation de cette double exigence : des chaînes latérales sans cesse renouvelées, accrochées à un noyau invariable.

c) La position du carbone dans la colonne centrale du système périodique indique qu'il s'unit à la fois à des éléments électropositifs et à des éléments électronégatifs. Le noyau carboné de la molécule peut donc porter en même temps des groupes oxydants et des groupes réducteurs, des groupes basiques et des groupes acides, ... ce qui donne à ces molécules une puissance considérable et multiple comme transporteurs d'énergie.

Un autre élément, le silicium, jouit à peu près des mêmes propriétés que le carbone : lui aussi est quadrivalent et capable de former de grosses molécules très complexes où s'opèrent de nombreuses substitutions. Mais à cause de son poids atomique plus élevé (28), il ne fournit que des composés insolubles, peu favorables à la constitution du protoplasme. De même que le carbone est le pivot de la nature organique, le silicium est celui de la nature minérale.

3. L'ORIGINE DE LA VIE.

Par une singulière contradiction, ceux-là mêmes qui croyaient à la force vitale, non remplaçable par aucune force physique ou chimique, admettaient sans hésiter que des êtres vivants prennent naissance directement, spontanément, sans avoir eu de parents.

Au XVIᵉ siècle, J. Van Helmont donnait la recette suivante pour produire des souris : « De là les poux, puces, punaises, vers, etc., ne prennent pas seulement naissance de nous et de nos excréments : mais aussi si on comprime une chemise sale en la bouche d'un vaisseau où il y ait du froment ; dans une vingtaine de jours ou environ, le ferment sorti de la chemise est altéré par l'odeur des grains, et transmue le blé revêtu de son écorce en souris... Et ce qui est encore plus admirable, c'est qu'ils ne sortent pas du froment comme des petits avortons et à demi-formés. Mais ils sont en leur dernière perfection, sans qu'ils aient besoin, comme les autres, du tétin de leur mère. »

Peu à peu, pourtant, on se rendit compte que la génération spontanée d'Animaux et de Plantes reposait sur des erreurs d'observation ou d'interprétation. Mais l'aphorisme *Omne vivum ex ovo* ne semblait pas devoir s'appliquer à ces êtres infiniment petits que le microscope faisait découvrir dans les liquides en décomposition, et qui sont la cause de leur altération. Inutile de relater ici en détail la discussion classique de Pouchet et de Pasteur dans la deuxième moitié du siècle dernier. Qu'il nous suffise de rappeler que Pasteur refit une à une les expériences par lesquelles Pouchet croyait prouver la production de Bactéries aux dépens de substances étrangères. Il y mit en évidence certaines erreurs d'expérimentation, provenant surtout de l'extrême diffusion des germes de micro-organismes dans les eaux, dans l'air, à la surface de tous les objets, partout en un mot. Pasteur montra que, moyennant certaines précautions, on peut garder indéfiniment inaltérés des liquides pourtant très altérables : il suffit de détruire, par exemple par la chaleur, les germes qui s'y trouvent et d'empêcher ensuite la pénétration de nouveaux germes (par un tampon d'ouate).

Les expériences de Pouchet étaient donc entachées d'erreurs, et elles ne prouvaient pas le moins du monde la réalité de la génération spontanée. Mais gardons-nous de conclure que celles de Pasteur prouvaient l'impossibilité de la génération spontanée ; elles ne visaient d'ailleurs qu'à dévoiler les fautes commises par Pouchet, et à enlever à ses déductions leur valeur démonstrative. Il n'en reste pas moins certain que nous sommes acculés à la nécessité d'admettre qu'il y a eu un jour une première production de protoplasme vivant, aux dépens de substances inanimées. En effet, il fut un temps où la planète que nous habitons était impropre à porter aucun organisme, dans le sens que nous attachons à ce terme. Imaginer que la vie nous a été apportée d'un autre astre, n'est qu'une manière de reculer la difficulté et de transporter le problème dans une région où il devient inaccessible à l'observation et à l'expérimentation. Il nous faut donc supposer qu'à un certain moment, quand la Terre était suffisamment refroidie, un heureux concours de circonstances a permis à des matières de s'unir de telle façon qu'elles se sont agencées en une première parcelle vivante. Nous serait-il possible de reproduire artificiellement cet ensemble de circonstances favorables, et de construire ainsi un organisme si simple soit-il ? Il ne le semble pas. En effet, avant de nous évertuer à fabriquer des cellules, nous devrions tout d'abord nous appliquer à connaître mieux la structure des colloïdes si complexes qui entrent dans la constitution du protoplasme, et à discerner les différences entre le protoplasme mort et le protoplasme vivant. Un second pas nous mettrait à même de créer synthétiquement ces colloïdes et de les mélanger dans les proportions voulues. Ensuite nous aurions à confectionner les substances organisées, et pas simplement organiques, qui forment le protoplasme, les grains d'amidon, les éléments nucléaires, les membranes des cellules, etc. C'est alors seulement que nous pourrions songer à agencer tous nos produits pour en faire une cellule. On voit que le problème expérimental de la génération spontanée est loin d'être mûr.

La génération spontanée des organismes n'est pas sans analogie avec la production de cristaux dans un liquide sursaturé ou surfondu, tel que la glycérine ou le salol. Ici également on ignore comment s'est faite la génération du premier cristal. Pour obtenir la cristallisation, on est obligé d'ensemencer, à l'aide de germes cristallins, le milieu qui sans cela resterait liquide, tout comme un bouillon de culture demeure indéfiniment stérile si la culture n'est pas amorcée à l'aide d'un germe microbien.

4. LES CONDITIONS DE LA VIE. — L'OPTIMUM.

Chaque cellule a d'innombrables besoins. Mais leur urgence est très diverse. Alors que certaines de ces exigences doivent être satisfaites en chaque instant, sous peine de mort immédiate, d'autres peuvent impunément attendre. Ainsi, il faut une certaine dose de chaleur aux cellules d'un Mammifère, et il suffirait de les chauffer à 100° ou de les refroidir à 0° pour que leur perte fût irrémédiable. Au contraire, les yeux d'un Animal pourraient rester plusieurs jours à l'obscurité, sans en subir de dommages graves. Nous ne nous occupons ici que des conditions qui doivent être réalisées à chaque moment pour que le protoplasme conserve son activité : non seulement, le protoplasme doit posséder l'intégrité de sa structure ; il faut aussi qu'il soit dans un milieu physique convenable, et qu'il ait à sa disposition les matières capables de lui fournir l'énergie nécessaire.

a) *L'intégrité de la structure.*

Le protoplasme est un mélange hétérogène de colloïdes, tendant diversement vers la phase solide ou vers la phase liquide. On lui attribue d'ordinaire une structure alvéolaire, c'est-à-dire que des mailles relativement solides délimitent et enferment des gouttelettes relativement liquides (fig. 1). Or beaucoup de causes extérieures, tant mécaniques que physiques et chimiques, peuvent troubler cette texture. Chacune de ces perturbations aura pour effet de ralentir l'activité du protoplasme, et même, si elle est poussée trop loin, elle l'endommagera de façon durable. Ainsi agissent la compression, l'écrasement et la trituration mécaniques, — la soustraction d'eau, conduisant à la dessiccation, — l'échauffement qui détermine la coagulation des albuminoïdes, etc. Il est probable que c'est aussi par coagulation qu'opèrent les poisons, tels que l'aldéhyde formique, les sels de mercure et de plomb, les alcools, et la plupart des substances utilisées en micrographie pour la « fixation » des cellules.

Rien de plus inconsistant que la notion poison. Il semble bien pourtant qu'en dernière analyse il faille désigner sous ce terme toutes les substances qui troublent chimiquement la structure du protoplasme.

L'exemple suivant montre combien sont diverses les actions nocives de substances appartenant à un même groupe chimique : la toxicité augmente avec la grosseur moléculaire des alcools, des aldéhydes, des kétones ; pour les acides, au contraire, la toxicité diminue d'abord avec la grosseur pour augmenter ensuite. L'introduction d'un radical aliphatique dans l'ammoniaque augmente sa toxicité, mais celle d'un radical aromatique la diminue. Les éthers en $C_4H_8O_2$ et ceux en $C_6H_{12}O_2$ ont des toxicités différentes suivant leur constitution. De même pour les combinaisons ortho, méta, para.

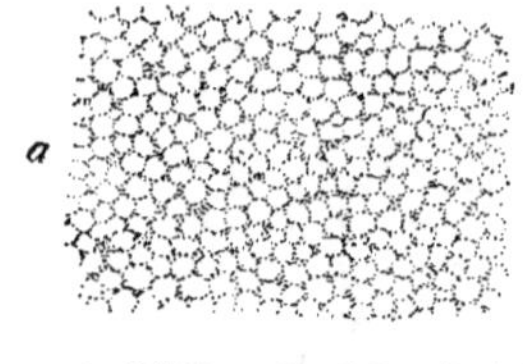

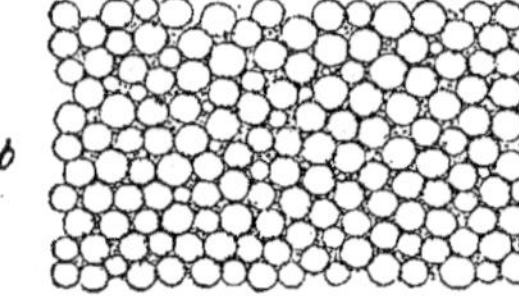

Fig. 1.

PROTOPLASME DE L'ŒUF D'UN OURSIN
(*Toxopneustes*).
(D'après M. WILSON, 1919.)

Toxicité de diverses substances pour les globules rouges.

(D'après M. VANDEVELDE. 1906 et 1907.)

	FORMULES	COEFFICIENTS TOXIQUES
Alcools :		
Alcool éthylique	$CH_3 - CH_2OH$	100.00
Alcool isopropylique	$CH_3 - CH(OH) - CH_3$	46.59
Alcool isobutylique	$(CH_3)_2CH - CH_2OH$	28.79
Alcool amylique	$(CH_3)_2CH - CH_2 - CH_2OH$	12.52
Alcool heptylique	$CH_3 - (CH_2)_5 - CH_2OH$	0.84
Alcool octylique	$CH_3(CH_2)_5 - CHOH - CH_3$	0.89
Aldéhydes :		
Aldéhyde éthylique	$CH_3 - CHO$	13.37
Aldéhyde isobutylique	$(CH_3)_2 - CH - CHO$	7.25
Œnanthol	$CH_5 - (CH_2)_3 - CHO$	1.33

	FORMULES	COEFFICIENTS TOXIQUES
Kétones :		
Diméthylkétone	$CH_3 - CO - CH_3$	23.59
Méthyléthylkétone	$C_2H_5 - CO - CH_3$	13.37
Diéthylkétone	$C_2H_5 - CO - C_2H_5$	7.25
Dipropylkétone	$C_3H_7 - CO - C_3H_7$	2.71
Hexylméthylkétone	$C_6H_{13} - CO - CH_3$	0.70
Acides :		
Acide formique	$H - CO_2H$	0.10
Acide acétique	$CH_3 - CO_2H$	0.26
Acide propionique	$CH_3 - CH_2 - CO_2H$	0.41
Acide isobutyrique	$(CH_3)_2CH - CO_2H$	0.59
Acide valérianique	$CH_3 - (CH_2)_3 - CO_2H$	0.30
Acide heptylique	$CH_3 - (CH_2)_5 - CO_2H$	0.26
Ethers :		
Formiate d'isopropyle	$HCO_2 - CH(CH^3)_2$	5.67
Propionate de méthyle	$CH_3 - CH_2 - CO_2 - CH_3$	5.67
Acétate d'éthyle	$CH_3 - CO_2 - CH_2 - CH_3$	11.31
Acétate d'isobutyle	$CH_3 - CO_2 - CH_2 - CH(CH_3)_2$	4.34
Isobutyrate d'éthyle	$(CH_3)_2CHCO_2 - CH_2CH_3$	4.85
Propionate d'isopropyle	$CH_3CH_2CO_2 - CH(CH_3)_2$	5.19
Isobutyrate d'isobutyle	$(CH_3)_2CHCO_2 - CH_2 - CH(CH_3)_2$	1.15
Heptylate d'heptyle	$CH_3(CH_2)_5CO_2 - CH_2(CH_2)_5CH_3$	0.62
Essences :		
A base d'alcools et d'éthers . . .	—	de 0.0190 à 0.0125
A base d'aldéhydes	—	de 0.0185 à 0.0150
A base de kétones	—	de 1.10 à 0.42
A base de terpènes	—	de 0.69 à 0.20
A base de phénols	—	de 0.69 à 0.20
Corps azotés :		
Ammoniaque	NH_3	0.18
Monoéthylamine	$NH_2C_2H_5$	0.03
Diéthylamine	$NH(C_2H_5)_2$	0.04
Aniline	$NH_2C_6H_5$	8.56
Ethylaniline	$NH(C_2H_5)C_6H_5$	2.01
Acétanilide	$NH(COCH_3)C_6H_5$	12.82
Méthylacétanilide	$N(CH_3)(COCH_3)C_6H_5$	10.07
Paraoxyméthylacétanilide	$NH(COCH_3)C_6H_4OCH_3$	17.15
Paraoxyéthylacétanilide	$NH(COCH_3)C_6H_4OC_2H_5$	30.22
Acides benzoïques, substitués par :		
CH_3 . . . . en	Ortho	0.29
	Méta	0.44
	Para	0.44
NO_2 . . . . en	Ortho	0.54
	Méta	0.46
	Para	0.54
OH . . . . en	Ortho	0.24
	Méta	0.45
	Para	0.69
NH_2 . . . . en	Ortho	0.69
	Méta	0.88
	Para	1.15

Ces résultats ne valent naturellement que pour l'exemple considéré. Voici en quoi il consiste. Le sang des Mammifères renferme des hématies ou globules rouges ; ce sont des éléments dont le protoplasme est chargé d'une matière colorante spéciale, l'hémoglobine. Mais celle-ci n'est retenue dans les mailles du protoplasme qu'aussi longtemps qu'il conserve sa texture normale. Pour peu qu'il soit endommagé, l'hémoglobine diffuse dans le liquide ambiant. L'expérience se fait en additionnant du sang défibriné de Bœuf d'une solution de NaCl dont la concentration soit telle que les globules s'y maintiennent intacts (voir plus loin). Puis on y ajoute des doses croissantes de la substance à étudier. Ainsi, par exemple, il faut, dans 100 centimètres cubes de ce liquide, 15.4888 grammes d'alcool éthylique pour amener la sortie de l'hémoglobine. On obtient le même résultat avec une quantité moindre d'alcool isopropylique et encore moindre d'alcool isobutylique et surtout d'alcool amylique Pour comparer facilement les toxicités on représente par 100 la toxicité de l'alcool éthylique ; le coefficient toxique de la substance indique alors la quantité qui détermine la diffusion de l'hémoglobine. Ainsi le tableau montre qu'au lieu de 100 d'alcool éthylique, il ne faut que 0.10 d'acide formique, 0.18 d'ammoniaque, 0.03 de monoéthylamine. etc.

b) *La température.*

Plus intéressants que les facteurs dont l'application est mortelle, sont ceux qui, suivant l'intensité de leur action, accélèrent, ralentissent ou arrêtent les phénomènes vitaux.

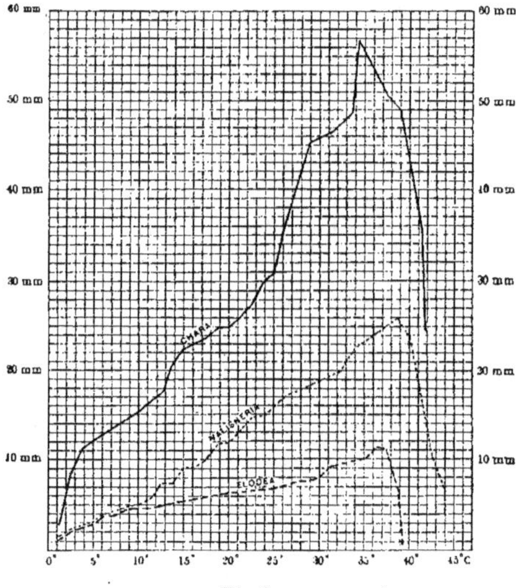

Fig. 2.

VITESSES DE DÉPLACEMENT DES PLASTIDES VERTES ENTRAÎNÉES PAR LES MOUVEMENTS CYTOPLASMIQUES A DIVERSES TEMPÉRATURES, CHEZ TROIS ORGANISMES. (D'après M. VELTEN, 1876. — Copié dans DAVENPORT, 1897.)

Nous commencerons par l'étude de la chaleur. C'est de tous les facteurs celui dont l'influence est le plus universelle sur toutes les fonctions de tous les organismes ; c'est d'ailleurs celui que nous pouvons le plus facilement mesurer et dont nous pouvons le mieux régler les effets.

Voici d'abord une expérience très facile à interpréter. Dans les cellules de *Chara*, de *Vallisneria* et d'*Elodea*, les mouvements du cytoplasme se mesurent aisément par la translation des plastides vertes (voir fig. 2). Or, la vitesse dépend de la température. Déjà à 0°, il y a un léger courant dans le protoplasme ; sa vitesse augmente rapidement avec la température, pour atteindre sa plus grande valeur entre 32° et 40° ; puis le mouvement se ralentit, et un échauffement nouveau de 4°, 6° ou 10° ramène le protoplasme à l'immobilité.

On peut donc distinguer trois points cardinaux :

Un *minimum*, en dessous duquel le phénomène ne se manifeste plus ;

Un *optimum*, où son activité est la plus grande ;

Un *maximum*, au-dessus duquel il est également suspendu.

L'expérience suivante est d'un tout autre genre. Elle se rapporte

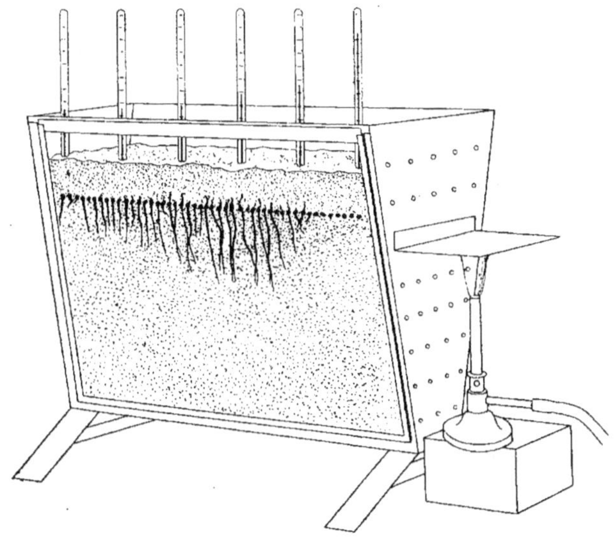

Fig. 3.

L'ACTION DE LA CHALEUR SUR LA CROISSANCE.

Graines de Pois placées à diverses températures, dans de la sciure humide. Les températures sont de gauche à droite : 14°, 16°, 18°, 28°, 36°, 75°. C'est aux environs de 28° que les racines sont devenues le plus longues. Au delà de 36° il n'y a plus de germination.

à la croissance de racines du Pois à diverses températures. Les graines sont semées en une rangée horizontale dans une caisse remplie de sciure de bois ; la caisse est ensuite chauffée à l'un des bouts. Une paroi vitrée permet de suivre la germination et la croissance. Après huit jours, les racines ont inscrit elles-mêmes la courbe de leur allongement en fonction de la température. L'optimum est vers 28°; le maximum vers 36°; quant au minimum, qui n'est pas représenté dans cette expérience, il est vers 6°.

Le tableau suivant résume tout l'ensemble des activités vitales pour un certain nombre d'organismes. Ce sont d'une part des Bactéries, d'autre part des Phanérogames, à l'autre extrémité de l'échelle des êtres. On y voit, pour chaque espèce, les températures minimum et maximum entre lesquelles la vie est possible, et le point optimum où elle est le plus facile.

Les températures cardinales pour quelques organismes.

	Minimum	Optimum	Maximum	D'après
Bacillus phosphorescens	0	20	37	Forster 1887.
— subtilis	6	30	50	
Bacterium termo	5	30-35	40	Eidam.
Bacillus ramosus	13	37	40	Ward.
— anthracis	14	37	45	Fischer.
— tuberculosis	30	38	42	„
— thermophilus	42	63-70	72	„
Sinapis alba	0	27.4	37.2	De Vries.
Lepidium sativum	1.8	27.4	37.2	„
Hordeum vulgare	5	28.7	37.7	Sachs.
Triticum vulgare	5	28.7	42.5	„
Zea Mays	9.5	33.7	46.2	„
Cucurbita Pepo	13 7	33.7	46.2	„

Un fait curieux se dégage de ces données si diverses : l'optimum est plus près du maximum que du minimum; la courbe est plus inclinée entre l'optimum et le maximum, qu'entre le minimum et l'optimum. On a l'impression que la chaleur augmente l'activité protoplasmique, mais qu'à un certain degré elle déclanche des réactions secondaires qui troublent les phénomènes et ne tardent pas à les arrêter S'il en est ainsi, on doit s'attendre à ce que l'activité vitale suive jusqu'à un certain point la loi de van 't Hoff, d'après laquelle l'intensité des réactions chimiques double ou triple pour chaque élévation de température de 10°. Les expériences relatées plus haut sont trop complexes et mettent en jeu trop de phénomènes de tout genre pour qu'une loi purement chimique leur soit applicable. Mais voici un phénomène d'ordre plus exclusivement chimique : la respiration de plantules étiolées de Froment à l'obscurité. La loi de van 't Hoff s'y vérifie à peu près. dans les limites de l'expérience, c'est-à-dire entre le minimum et l'optimum

La respiration de plantules de Froment à diverses températures

(D'après M. RISHAWI.)

Température (en degrés)	CO₂ produit (en milligrammes)	Température (en degrés)	CO₂ produit (en milligrammes)
5	3.30	25	17.82
10	5.28	30	22.04
15	9.90	35	28.38
20	12.54	40	37.60

c) *L'eau.*

L'eau est aussi indispensable que la chaleur. On ne pourrait pas imaginer un protoplasme vivant qui ne serait pas imprégné d'une grande quantité de liquide. Le tableau suivant montre que l'eau forme toujours plus de la moitié du poids du corps; sa proportion varie de 55 p. c. (Orvet) à 95.4 p. c. (Méduse).

La proportion d'eau dans les organismes.

	P. c. du poids total			P. c. du poids sec		D'après
—	Eau	Matières organiques	Cendres	Matières organiques	Cendres	
Coelentérés						
Rhizostoma Cuvieri . . .	95.4	1 6	3.0	34.8	65 2	Krukenberg, 1880.
Actinia mesembryanthemum	83.0	15.4	1.7	90.0	10.0	»
Alcyonium palmatum . . .	84.3	10.8	4.9	68.8	31.2	»
Echinodermes						
Asterias glacialis	82 3	14.1	3.6	79.6	20 4	»
Vers						
Lumbricus complanatus . .	87.8	9.7	2.4	80.2	19.8	»
Crustacés						
Astacus fluviatilis	74.1	16.8	9.1	64.9	35.1	Bezold, 1857.
Mollusques						
Doris tuberculata	88.4	9.0	2.6	77.6	22.4	Krukenberg, 1880.
Arion empiricorum . . .	86.8	10.1	3.1	76.5	23 5	Bezold, 1857.
Ostrea virginiana (sans les écailles)	88.3	10.8	0.9	92.3	7.7	»

	P. C. DU POIDS TOTAL			P. C. DU POIDS SEC		D'APRÈS
—	Eau	Matières organiques	Cendres	Matières organiques	Cendres	
Tuniciers						
Botryllus	93.6	3.1	3.3	48.4	51.6	Krukenberg, 1880.
Vertébrés						
Carassius auratus	77 8	17.6	4 6	79.1	20.9	Bezold, 1857.
Triton cristatus	79.6	17.0	3.4	82.9	17.1	"
Anguis fragilis	55.0	32.1	12.9	71.5	28 5	"
Passer domesticus . . . ·	67.0	27.8	5.2	84.3	15.7	"
Homo sapiens	65.7	29.6	4.7	86.3	13.7	Volkmann, 1874.
Phanérogames						
Avena sativa	77.0	6.4	16.6	27.8	72 2	Wolf, 1865.
Triticum sativum	69.0	9 3	21.7	30 0	70.0	"

La nécessité de l'eau résulte en tout premier lieu du fait qu'elle seule peut maintenir à l'état colloïde les constituants du protoplasme. Elle est aussi le dissolvant obligatoire pour les aliments et pour les produits de la désassimilation. C'est par des courants liquides que les matières sont transportées rapidement d'un point à l'autre de l'organisme. Enfin, la plupart des membranes cellulaires ne sont perméables que pour autant qu'elles soient imprégnées d'eau.

Toute perte d'eau un peu forte risque donc d'amener des interruptions graves et même mortelles dans le fonctionnement des cellules. Mais le plus souvent nous ignorons la nature précise des troubles que cause la pénurie ou l'excès de liquide; dans les rares cas où nous pouvons analyser et interpréter ce qui se passe dans les cellules, nous constatons que les troubles sont dus à un phénomène dont nous n'avons pas encore parlé : les modifications de la pression intracellulaire.

d) *La pression osmotique.*

Toutes les cellules sont le siège d'une certaine pression interne, due, comme nous verrons plus loin, à la pression osmotique. La poussée supportée par la périphérie de la cellule est due à l'excès de la pression osmotique des solutions internes sur la pression osmotique du liquide extracellulaire, et à la pénétration d'eau qui en résulte.

Supposons un Infusoire marin nageant dans son milieu habituel. Si nous ajoutons de l'eau douce à l'eau de mer, la différence entre la pression interne et la pression externe augmente et le corps de l'organisme va gonfler; à une dilution donnée, la cellule se dilate tellement qu'elle éclate. Si, au contraire, on ajoute une substance soluble au liquide extérieur, la cellule perd de l'eau; son volume diminue d'abord de façon régulière, mais bientôt elle se plisse et se ratatine jusqu'à ce que mort s'ensuive.

Les mêmes phénomènes se produisent chez les organismes marins, à quelque groupe qu'ils appartiennent On les retrouve chez tous les Animaux,

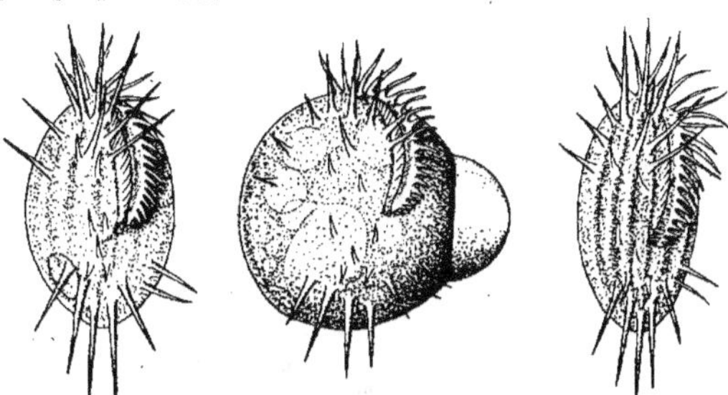

Fig. 4.

L'ACTION DE LA PRESSION OSMOTIQUE SUR UNE CELLULE.

A gauche, un *Euplotes* marin (Infusoire Hypotriche), vu par sa face ventrale; au milieu, le même placé dans une solution hypotonique : la cellule se gonfle et sa pellicule présente des fissures par lesquelles fait hernie le cytoplasme gonflé d'eau.
A droite, le même placé dans une solution hypertonique : la cellule s'est ratatinée; les côtes longitudinales se sont accusées.

même d'eau douce ou terrestre, puisque leurs cellules sont adaptées à la pression osmotique des humeurs.

L'expérience suivante montre qu'il y a aussi un optimum de concentration pour l'activité de la Levure de bière ajoutée à la pâte de pain. Cette Levure agit en dégageant du CO_2 dont les bulles restent emprisonnées dans la pâte et la font lever. Le volume de la pâte mesure donc l'activité des cellules de *Saccharomyces cerevisiae* (Levure de bière).

Action du chlorure de sodium sur la levée de la pâte de pain.

(D'après MM. VANDEVELDE ET BOSMANS.)

Grammes de sel par 25 gr. de pâte	Levée en millimètres		Grammes de sel par 25 gr. de pâte	Levée en millimètres	
	après 4 heures	après 24 heures		après 4 heures	après 24 heures
0	62	89	0.730	46	91
0	60	90	0.876	36	96
0.146	65	92	1.022	14	84
0 292	60	92	1.168	17	85
0 438	60	94	1.314	5	66
0.584	47	97	1.460	0	27

Lorsque les organismes sont mobiles, on constate fréquemment qu'ils quittent la solution trop faible et la solution trop forte, pour se rassembler dans celle dont la pression osmotique est voisine de leur optimum.

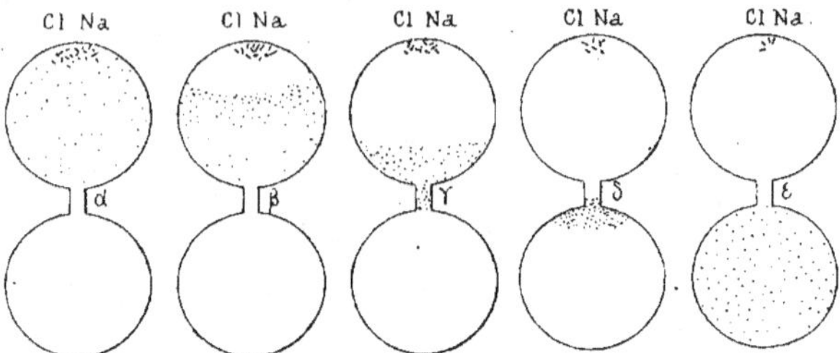

Fig. 5.

LA SENSIBILITÉ A LA PRESSION OSMOTIQUE, CHEZ UN INFUSOIRE MARIN
(*Anophrys*).

Une goutte d'eau où nagent les organismes est réunie par un canal à une goutte d'eau distillée. A l'autre bout de la goutte d'eau de mer on dépose quelques fragments de Cl Na. Les Infusoires s'écartent à la fois de l'eau pure et de Cl Na, mais ils pénètrent dans la goutte d'eau pure à mesure que Cl Na y diffuse.

c) *La pression manométrique*

On sait que l'Homme ne peut pas descendre impunément sous l'eau à une profondeur dépassant une quarantaine de mètres, où la pression

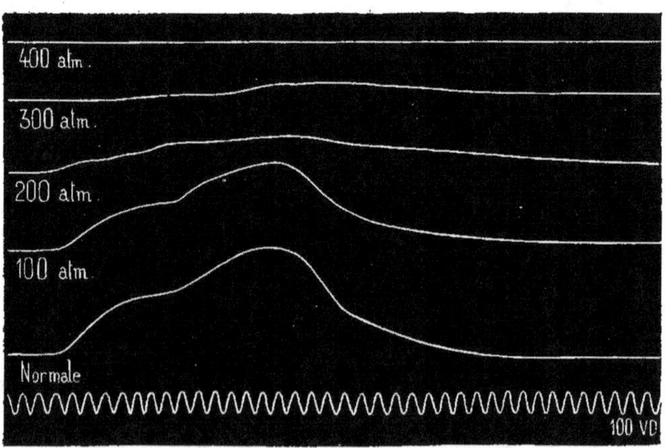

Fig. 6.

CONTRACTIONS D'UN MUSCLE DE GRENOUILLE, A DIVERSES PRESSIONS.
(D'après M. P. REGNARD, 1891.)

est d'environ 4 atmosphères. D'autre part les ascensions en ballon ont montré qu'à l'altitude de 8,000 à 9,000 mètres, où la pression n'est plus que de 1/3 d'atmosphère, surviennent les troubles fontionnels les plus alarmants.

Une pression de 200 à 400 atmosphères est nuisible à beaucoup de cellules : Infusoires, Bactéries, Champignons. Les Bactéries peuvent même être tuées. Le muscle de Grenouille répond de moins en moins à l'excitation électrique à mesure qu'on fait croître la pression (fig. 6).

A côté des organismes pour lesquels l'optimum est sans doute voisin de la pression atmosphérique, nous connaissons des Animaux, vivant dans les grands fonds océaniques, qui souffrent beaucoup quand on les amène à la surface : leur optimum correspond à des pressions élevées. Un Poisson, *Grimaldichthys profundissimus*, a été retiré d'un fond de 6,035 mètres, près des îles du Cap-Vert.

f) *Les substances oxydables et l'oxygène.*

Enfin il faut encore qu'une dernière condition soit remplie pour que l'activité vitale se conserve : le protoplasme doit avoir à sa disposition les matières dont l'oxydation lui fournira à chaque instant l'énergie nécessaire. Les matières indispensables sont donc de deux sortes : les substances oxydables, fournies par l'alimentation, et l'oxygène.

Pour ce dernier, l'existence des trois points cardinaux est évidente. Il en est probablement de même pour la matière oxydable, car l'accumulation exagérée de réserves dans les cellules semble bien être un obstacle à leur fonctionnement normal.

g) *Milieux impropres à la vie. — Les conserves alimentaires.*

Pour que la vie soit arrêtée il suffit de l'absence d'une seule des conditions que nous venons d'énumérer. Rien ne le montre mieux que l'examen des procédés de fabrication des conserves alimentaires.

La viande, le lait, les fruits, etc., sont, de par leur nature même, extrêmement altérables ; en d'autres termes, ils sont un excellent milieu de culture pour les Bactéries et les Champignons. Il s'agit pourtant d'empêcher les micro-organismes de les envahir et d'y pulluler.

Un procédé courant consiste à tuer à haute température, dans une autoclave, les germes qui se trouvent sur les produits à conserver. Ceux-ci ont été enfermés au préalable dans des boîtes métalliques, dans des flacons, ou dans d'autres récipients étanches, ce qui exclut toute possibilité de contamination ultérieure. Les boîtes de lait condensé, les pâtés de viande, les sardines à l'huile, appartiennent à ce genre de conserves.

Mais beaucoup de substances très périssables ne sont pas contenues dans des emballages hermétiquement clos.

Souvent alors, le développement des microbes et des moisissures est rendu impossible par un poison. C'est le cas pour les viandes et les poissons fumés ;

ils sont imprégnés des produits empyreumatiques de la fumée, notamment de créosote. La même catégorie comprend les conserves où interviennent l'alcool, l'acide acétique ou un autre antiseptique : cornichons, fruits à l'eau-de-vie, vins, bières.

Dans ces divers exemples, la préservation est due à ce que la structure normale du protoplasme est détruite.

Quand la protection contre les microbes ne doit pas se prolonger, on a simplement recours au froid : dans le frigorifère la température est trop basse pour que les agents de la putréfaction s'y développent. Rappelons que des Mammouths entiers, revêtus de leur chair, ont été retrouvés intacts dans les glaces de la Sibérie.

On peut aussi se contenter d'enlever l'eau. Les légumes sont découpés en lanières et desséchés, le lait et les œufs sont pareillement soumis à la dessiccation et réduits en poudre. A partir de ce moment plus aucune fermentation ne peut s'y produire.

Enfin, on met beaucoup de conserves à l'abri des Bactéries et des moisissures en y exagérant la pression osmotique. On incorpore à la substance du chlorure de sodium, par exemple, comme on le fait pour le poisson, le lard, le beurre; ou même on emploie la saccharose qui est par elle-même un excellent aliment pour les micro-organismes; seulement on l'applique à une concentration trop forte : les confitures ne sont pas autre chose.

5. LA SPÉCIFICITÉ DES EXIGENCES.

Un examen plus attentif du tableau de la page 12 nous montre aussitôt que chaque espèce a ses exigences propres vis-à-vis des conditions d'existence. Ainsi le maximum de *Bacillus phosphorescens* est plus bas que le minimum de *B. thermophilus*.

Le tableau que voici est encore plus démonstratif.

—	Pour cent de germination après 30 jours à la température de			
	4 à 8°	10 à 16°	19 à 24°	22 à 34°
Urospermum Dalechampii	50	0	—	—
Briza maxima.	40	28	0	—
Senecio Cineraria	0	80	0	—
Conyza ambigua	0	90	10	1
Convolvulus althaeoides.	—	100	100	—
Heliotropium europaeum	0	0	5	100
Sonchus oleraceus	—	0	0	88

Des graines, récoltées à Antibes (Alpes maritimes) en même temps, ont les besoins les plus divers quant à la température de germination : *Urospermum Dalechampii* ne germe qu'à des températures inférieures à 8°, tandis que *Sonchus oleraceus* demande plus de 24°.

Mêmes constatations pour la teneur en eau (tableau de la page 13).

La spécificité des besoins résulte peut-être encore mieux d'une

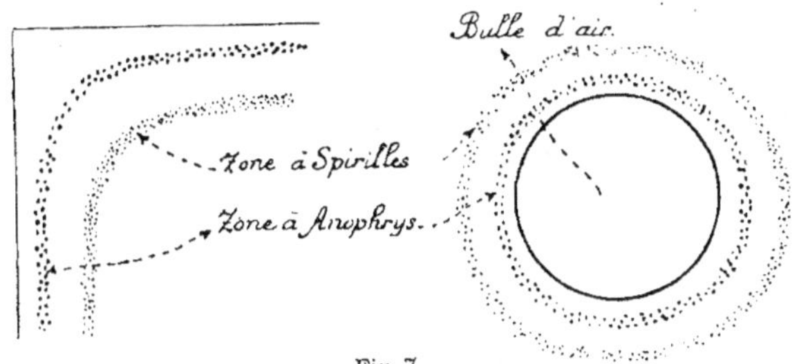

Fig. 7.

L'OPTIMUM DE SENSIBILITÉ A L'OXYGÈNE, CHEZ UN SPIRILLE (BACTÉRIE)
ET UN ANOPHRYS (INFUSOIRE).

Ce dernier recherche une plus forte tension d'oxygène que le Spirille.

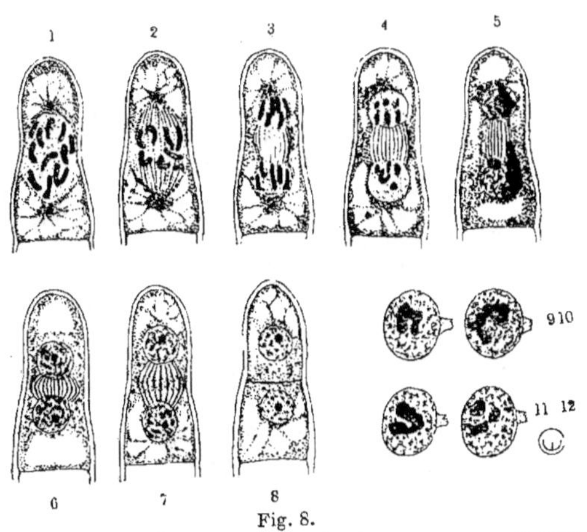

Fig. 8.

ACTION DE L'ASPHYXIE SUR LES DIVERS ORGANES DE LA CELLULE.

1 à 8, cellule terminale d'un poil staminal de *Tradescantia virginica*, placée dans une atmosphère d'hydrogène : **1**, à 10 h. 50, les mouvements cytoplasmiques sont déjà arrêtés, les mouvements caryocinétiques du noyau continuent ; **2**, à 11 h ; **3**, à 11 h. 10 ; **4**, à 11 h. 40 ; **5**, à 11 h. 45. Les deux nouveaux noyaux sont formés, mais la nouvelle membrane n'apparaît pas. Aucun changement jusqu'à 12 h. 10. A ce moment la cellule est remise dans l'air ; **6**, à 12 h. 15, les noyaux se rapprochent ; **7**, à 12 h. 18, le phragmoplaste apparaît ; **8**, à 12 h. 30, la nouvelle membrane est formée.

9 à 12, leucocyte de Grenouille dans une atmosphère de CO_2. Le cytoplasme n'exécute aucun mouvement, mais le noyau continue à se déformer : il subit même la division directe.

(D'après M. DEMOOR, 1893.)

expérience où l'organisme, étant mobile, va de lui-même vers l'endroit qui lui est le plus favorable. Une Bactérie (*Spirillum*) et un Infusoire

(*Anophrys*) mélangés dans une même culture, se rendent vers des régions où la tension de l'oxygène est différente (fig. 7).

Non seulement l'optimum est différent pour chaque espèce, il varie aussi dans chaque organisme avec les fonctions et avec les organes. Ainsi, d'une façon générale, il faut plus d'oxygène pour le fonctionnement du cytoplasme que pour celui du noyau (fig. 8).

On a fait des constatations analogues pour la teneur en eau : elle diminue avec l'âge de l'embryon :

Embryon de poulet (d'après Potts, 1879)	Poids en grammes	P. c. d'eau	Embryon humain (d'après Fehling, 1877)	Poids en grammes	P. c. d'eau
48 heures d'incubation . .	0.06	83	Age en semaines . . 6	0.975	97.5
54 " " . .	0.20	90	" " . . 17	36.5	91.8
58 " " . .	0.33	88	" " . . 22	100	92.0
91 " " . .	1.20	83	" " . . 24	242	89.9
96 " " . .	1.30	68	" " . . 26	569	86.4
124 " " . .	2.03	69	" " . . 30	924	83.7
204 " " . .	6 72	59	" " . . 35	928	82.9
			" " . . 39	1,040	74.2

6. L'ACCOMMODABILITÉ.

a) *La température.*

Comparons entre eux dans le tableau de la page 12 deux Bactéries pathogènes pour l'Homme, *Bacillus anthracis*, qui produit le charbon et *B. tuberculosis*. L'une et l'autre sont adaptées à la chaleur du corps humain, 37 à 38°, mais elles n'y sont pas strictement limitées : *B. anthracis* croît à toutes les températures comprises entre 14 et 45°; *B. tuberculosis*, moins accommodable, ne se cultive qu'entre 30 et 42°.

Le tableau de la page 18 nous apprend aussi qu'il y a de grandes différences dans l'étendue de la marge dont disposent les organismes. Certaines graines ne lèvent que dans un seul des germoirs, par exemple dans celui qui est maintenu à 10-16°. D'autres, au contraire, se prêtent davantage aux diversités de la température ; elles poussent dans deux, ou même dans trois germoirs, par exemple entre 10 et 34°.

L'accommodabilité est donc fort inégale suivant les espèces. Cette faculté doit acquérir une importance énorme lorsque des espèces luttent entre elles pour l'occupation de territoires encore vierges ; car n'est-il pas évident qu'un accroissement si léger qu'il soit de l'accommodabilité peut conférer à une espèce un privilège inappréciable. Nous pouvons le mieux nous rendre compte de ces avantages en comparant les aires d'habitat d'organismes qui sont fréquemment en concurrence.

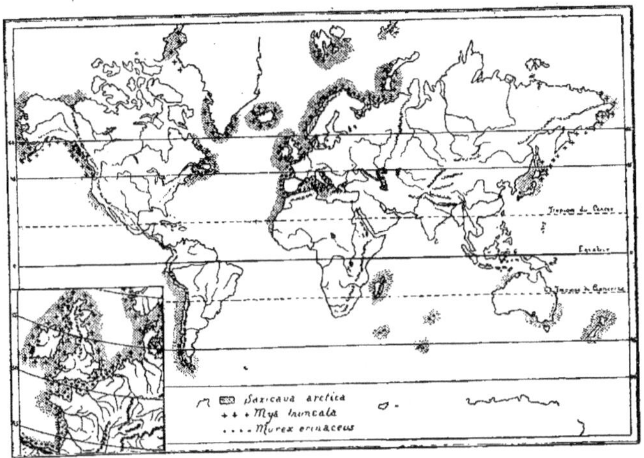

Fig. 9.

LES AIRES D'HABITAT DE TROIS MOLLUSQUES.
(Carte communiquée par M. P. PELSENEER.)

La figure 9 donne la distribution de trois Mollusques de la mer du Nord. Tandis que *Saxicava arctica* a une dispersion très étendue, et n'évite en somme que les mers équatoriales, *Mya truncata* et *Murex erinaceus* ont une distribution beaucoup plus réduite : le premier nous vient sans doute du Nord, le second du Sud. Grâce à sa faculté de supporter le froid, *Mya truncata* a pu traverser les périodes glaciaires : il vivait déjà, en effet, dans les mers pliocènes.

b) *L'eau*.

Vis-à-vis de l'eau les exigences sont tout aussi diverses que vis-à-vis de la chaleur. Certaines plantes sont étroitement liées à un sol sec, ou modérément humide, ou imbibé d'eau, tandis que d'autres jouissent d'une plus grande latitude et peuvent s'arranger de terrains inégalement mouillés.

Le tableau suivant résume l'accommodabilité de quelques plantes ligneuses.

L'accommodabilité de quelques arbres et arbustes à l'humidité du sol.

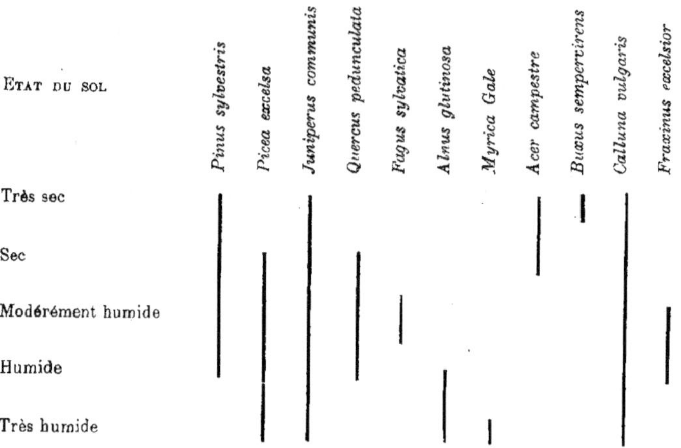

Les organismes capables de vivre à diverses températures ont la même structure à chaud et à froid, et nous ne savons pas du tout comment ils se mettent en harmonie avec les qualités thermiques du milieu. Pour l'accommodation à l'eau nous sommes mieux renseignés, tout au moins chez les Végétaux. Quand un *Fuchsia*, cultivé dans un sol et un air humides, est transporté dans un milieu sec, il perd tout de suite ses feuilles et il en fait de nouvelles : au lieu des limbes larges et mous qu'il possédait, il en a maintenant de petits, à texture plus serrée. Si on le remet alors dans l'atmosphère humide, il laisse encore une fois tomber ses feuilles pour les remplacer par d'autres, dont le tissu lâche s'accorde mieux avec les nouvelles conditions d'existence.

Le cas le plus remarquable d'accommodation à la proportion d'eau est celui de *Polygonum amphibium*. C'est une plante aquatique dont les feuilles longuement pétiolées et portées par des tiges immergées, flottent à la surface de l'eau. Une bouture prise à cette plante et placée dans la terre humide, produit des tiges et des feuilles tout autres : les tiges sont dressées et portent des feuilles presque sessiles, poilues. Une autre bouture, provenant également de la plante aquatique, mais mise dans la terre sèche, donne une tige, non pas dressée, mais rampante, avec des feuilles velues, plus petites. A chaque degré de mouillure correspond donc un accommodat particulier (voir fig. 10, 11, 12, 13).

La structure interne de chacun de ces trois « états allotropiques » est exactement celle qui est en harmonie avec les conditions d'existence.

La tige aquatique, soutenue par l'eau, n'a guère besoin d'éléments résistants, aussi est-elle creuse et sans rigidité. Celles des deux plantes terrestres sont raides et dures; elles possèdent deux anneaux de fibres lignifiées.

La différence des structures est encore plus accentuée dans les feuilles. La feuille flottante possède, dans ses grandes lignes, l'anatomie d'une feuille de Nénuphar : stomates nombreux à la face supérieure, nuls à la face inférieure. Les deux feuilles terrestres sont construites sur le type habituel des feuilles terrestres : stomates plus nombreux à la face inférieure qu'à la face supérieure.

On obtient les mêmes résultats si, au lieu de bouturer la plante aquatique, on prend comme point de départ l'une ou l'autre des deux formes terrestres : la structure des nouveaux organes est exactement celle qui correspond à leurs conditions d'existence.

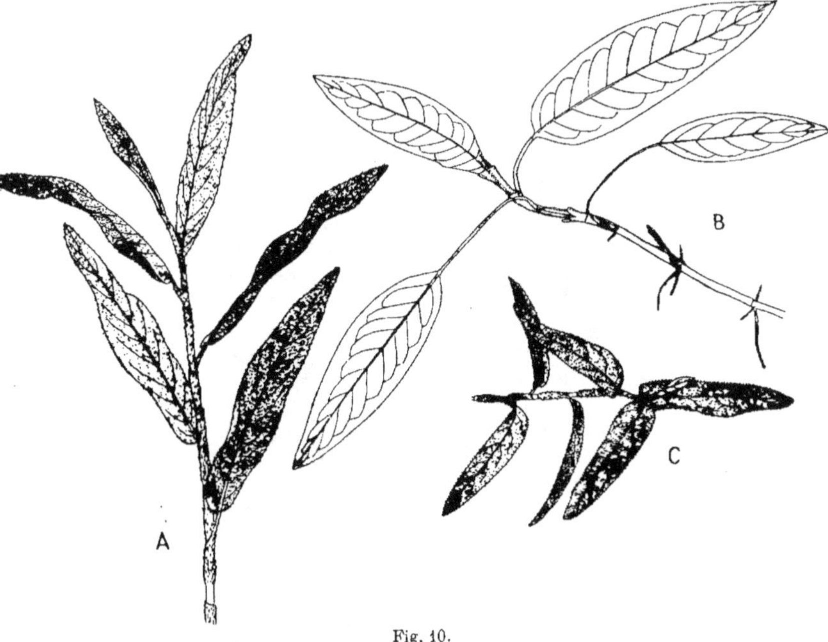

Fig. 10.

LES TROIS ACCOMMODATS DE POLYGONUM AMPHIBIUM.

A, plante terrestre avec tiges raides, dressées, et avec feuilles velues; **B**, plante aquatique avec tiges submergées, souples, et avec feuilles glabres, à longs pétioles; **C**, plante des endroits secs avec tiges dures, aplaties contre le sol, et avec feuilles velues.

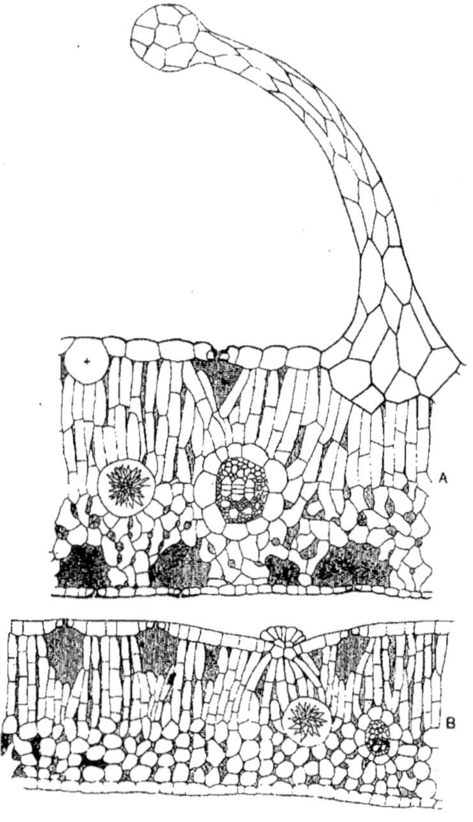

Fig. 11.

COUPES TRANSVERSALES DE FEUILLES
DE POLYGONUM AMPHIBIUM.

A, feuille de plante des endroits secs, velue, avec stomates sur les deux faces, mais surtout à la face inférieure; **B**, feuille flottante de plante aquatique, glabre, n'ayant de stomates qu'à la face supérieure.

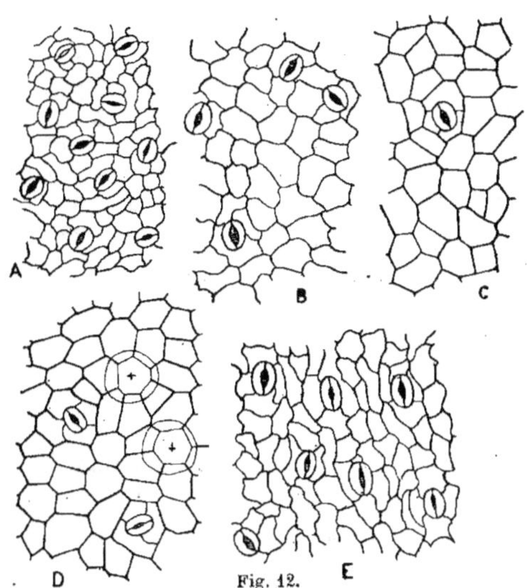

Fig. 12.

ÉPIDERMES SUPÉRIEURS DE FEUILLES DE POLYGONUM AMPHIBIUM.

A, plante aquatique; **B**, feuille dressée hors de l'eau, sur une plante aquatique : son épiderme est intermédiaire entre **A** et **C**; **C**, plante terrestre; **D**, plante des endroits secs; **E**, première feuille de cette plante, après avoir été mise dans l'eau : son épiderme est intermédiaire entre **D** et **A**. Les figures **B** et **E** montrent qu'une feuille, qui a commencé son développement dans certaines conditions, peut encore modifier sa structure si on la fait changer de milieu.

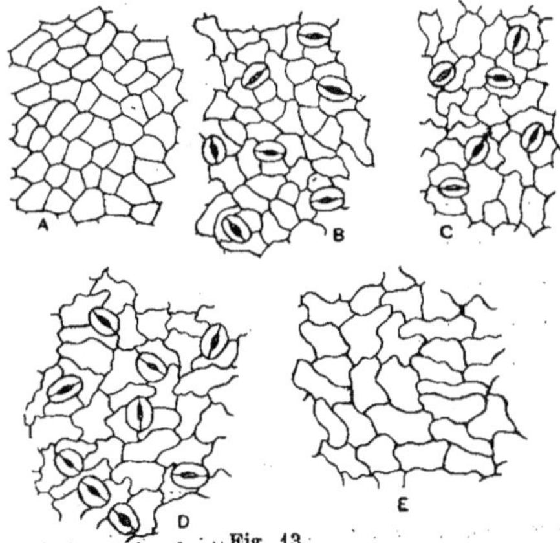

Fig. 13.

ÉPIDERMES INFÉRIEURS DES CINQ MÊMES FEUILLES DE POLYGONUM AMPHIBIUM.
Mêmes explications qu'à la figure 12.

c) *La pression osmotique.*

Tout le monde sait que beaucoup de Poissons d'eau douce meurent quand ils sont entraînés dans la mer, et que la plupart des Poissons de mer ne supportent pas davantage l'eau douce. Mais il est des espèces qui passent indifféremment d'un habitat à l'autre, l'Épinoche et le Flet, par exemple. D'autres, tels que le Saumon et l'Alose, vivent d'habitude dans la mer et viennent frayer dans les rivières, — ou bien, comme l'Anguille, se tiennent dans l'eau douce jusqu'à maturité, et descendent vers la mer pour se reproduire. Nous nous trouvons donc de nouveau ici devant de notables différences de l'accommodabilité.

Celles-ci ressortent encore plus clairement du tableau suivant, où sont réunies des données relatives à la façon dont les œufs d'un Crustacé et de Mollusques marins s'accommodent à l'eau de mer diluée de 1/3, de 1/2, de 5/9... d'eau douce.

L'accommodabilité d'œufs d'un Crustacé et de Mollusques marins à la salinité de l'eau. (D'après M. P. Pelseneer.)

T = tué.
+ = le développement est parfois interrompu.
— = le développement continue.

Proportion d'eau douce ajoutée à l'eau de mer	1/3	1/2	5/9	3/5	2/3	3/4	4/5	5/5
Salinité p. c.	2.286	1.715	1.52	1.32	1.14	0.85	0.68	0
Crustacé.								
Palaemonetes varians	—	—	—	—	—	—	—	—
Mollusques.								
Loligo media	—	+	T					
Purpura lapillus	—	—	—	—	—	T		
Buccinum undatum	—	—	—	T				
Lamellaria perspicua	T							
Littorina rudis	—	—	—	T				
Eolis concinna	—	—	T					
Doris bilamellata	—	—	T					
Philine aperta	T							
Mactra subtruncata	—	T						
Pholas candida	—	—	—	—	—	—	—	T

Les œufs de *Palaemonetes* éclosent tout aussi bien dans l'eau douce que dans l'eau salée. Ceux de certains Mollusques sont déjà tués dans un mélange contenant un tiers d'eau douce.

Les expériences sur *Fuchsia* et sur *Polygonum amphibium* nous avaient permis de suivre l'accommodation à l'humidité. En voici une où nous verrons comment les cellules se comportent vis-à-vis de solutions à forte pression osmotique.

L'accommodabilité d'un Infusoire à la pression osmotique

Concentration % de la solution en millièmes du poids moléculaire, exprimé en grammes.	2	5	8	10	12	14	16	18	20	25	30	35	40
Vorticella neufs :													
Immédiatement après l'immersion dans les solutions.	o	v	v	v	v.p	v.p	v.p	v.p	v.p	p	P		P
Après un séjour de 19 heures dans les solutions	o	o	o	o	o	o	o	o	v	v	v.p		v.p
Vorticella ayant séjourné 22 h. dans la solution 18 :													
Immédiatement après l'immersion dans les solutions plus concentrées	—	—	—	—	—	—	—	v	v.p	v.p	p	P	P
Après un séjour de 10 heures dans ces solutions	—	—	—	—	—	—	—	o	v	v	v.p	P	P
Vorticella ayant séjourné 22 h. dans la solution 30 :													
Immédiatement après l'immersion dans les solutions plus concentrées	—	—	—	—	—	—	—	—	—	v.p	p	P	P
Après un séjour de 40 heures dans ces solutions	—	—	—	—	—	—	—	—	—	o	v.p	p	P

Des cystes d'un Infusoire d'eau douce du genre *Vorticella* sont plongés dans des solutions de NO_3K ; la concentration est donnée en millièmes du poids moléculaire exprimé en grammes ; ainsi la solution 20 renferme 20 millièmes de 101 grammes (101 est le poids moléculaire de NO_3K), soit 2.02 p. c.

Dans la solution 2, rien ne se produit, c'est-à-dire qu'à l'intérieur de la forte paroi cystique le contenu protoplasmique reste à peu près homogène (*o*).

Dans les solutions 5, 8, 10, on voit naître dans le cyste une vacuole pulsatile (*v*).

Dans les solutions 12 à 20, le protoplasme a perdu assez d'eau pour ne plus remplir toute la cavité du cyste ; il y a plasmolyse (*v. p*).

Dans la solution 25, la vacuole est réduite à une fissure ; la plasmolyse est plus marquée (*p*).

Dans les solutions 30 et 40, la plasmolyse est tellement forte que le corps a entièrement perdu sa forme (*P*).

Mais après un séjour de dix-neuf heures dans ces solutions, la plupart des phénomènes ont disparu.

L'analyse microchimique permet de constater dans le protoplasme la présence de NO_3K.

Après vingt-deux heures, les cystes des solutions 18 et 30 sont déposés dans des liquides à concentration plus forte. Le tableau montre que la plasmolyse apparaît. Mais, de nouveau, « l'accoutumance » se produit, et après quarante heures, des cystes de *Vorticella*, qui au début étaient complètement déformés dans la solution 30 à la suite de la soustraction d'eau, n'y présentent plus le moindre changement. Leur pression intracellulaire est donc devenue supérieure à celle d'une solution de NO_3K à 3.03 p. c., soit de plus de 9 atmosphères.

d) *Le régime alimentaire.*

Les Animaux sont en général astreints à un régime invariable : ils sont ou carnivores ou herbivores ; même il y a des parasites qui poussent la spécialisation jusqu'à ne pouvoir se nourrir que d'une seule sorte de cellules. Mais il en est aussi qui mangent indistinctement tous les aliments possibles ; à côté des omnivores classiques, il existe des herbivores qui, sous l'empire de la nécessité, peuvent s'accommoder du régime carné.

En Islande, pendant l'hiver, les Moutons se nourrissent de morue séchée, et leur appareil digestif subit, dit-on, un changement approprié.

Chez les Végétaux, le problème se pose différemment. Certaines espèces sont tellement bien adaptées à vivre de peu, qu'elles meurent dans un sol convenablement fumé, par exemple le Myrtillier (*Vaccinium Myrtillus*) et la Bruyère commune (*Calluna vulgaris*).

D'autres exigent un milieu riche en aliments, telles que les Lentilles d'eau (*Lemna*) et le Frêne (*Fraxinus excelsior*). Mais il y a aussi des plantes accommodables pouvant se tirer d'affaire dans un milieu pauvre comme dans un milieu riche, telles que le Nénuphar blanc (*Nymphaea alba*) et l'Aune (*Alnus glutinosa*).

e) *L'oxygène.*

L'accommodabilité à la quantité d'oxygène n'est pas moins diverse. Alors que la plupart des organismes sont liés à la présence d'oxygène libre et que d'autres sont, au contraire, tués par ce gaz, il en est aussi qui peuvent indifféremment passer de l'air atmosphérique à un milieu totalement privé d'oxygène. Citons parmi ces derniers de nombreuses Bactéries, des Levures (*Saccharomyces*) et quelques autres Champignons, par exemple *Chlamydomucor racemosus* (fig. 14).

7. LA VIE RALENTIE ET LA VIE LATENTE.

Qu'arrive-t-il lorsque les organismes manquent d'eau ou d'aliments? Presque toujours ils succombent. Mais on en connaît qui changent simplement leur mode de vie.

Beaucoup d'Animaux et de Plantes habitant les rochers et les

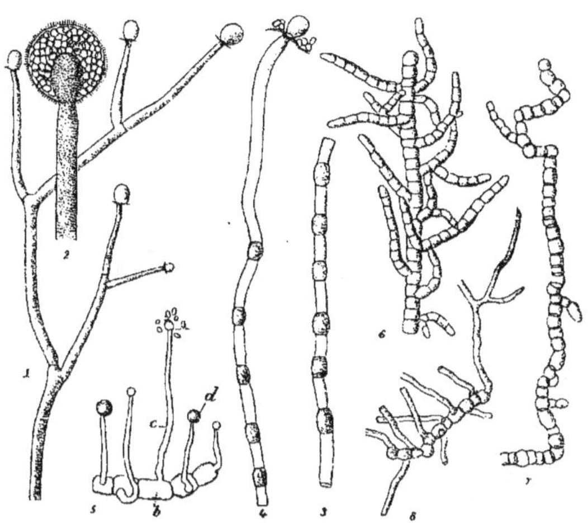

Fig. 14.

LES DIVERS ACCOMMODATS D'UN CHAMPIGNON *(Chlamydomucor racemosus)*.

1, filaments ramifiés dans l'air, portant des restes de sporanges ; **2**, un sporange contenant encore les spores ; **3, 4**, naissance de cystes (chlamydospores) dans des filaments; **5**, chlamydospore (*b*) germant à l'air : elle donne des filaments terminés par des sporanges mûrs (*d*), ou ayant déjà disséminé les spores (*c*); **6, 7**, filaments cultivés dans une solution de glycose, à l'abri de l'oxygène : il se produit des articles courts, qui bourgeonnent plus ou moins à la façon de levures; **8**, les articles courts remis au contact de l'oxygène et germant en filaments.

(D'après BREFELD, 1873. — Copié dans VON TAFEL, 1892.)

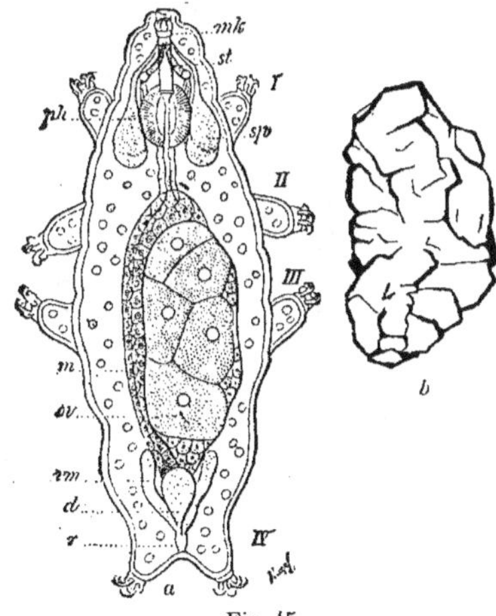

Fig. 15.

UN INDIVIDU DE TARDIGRADE (MACROBIOTUS HUFELANDI), VIVANT, ET LE MÊME DESSÉCHÉ ET EN ÉTAT DE MORT APPARENTE.
(D'après M. R. HERTWIG.
Copié dans VERWORN, 1900.)

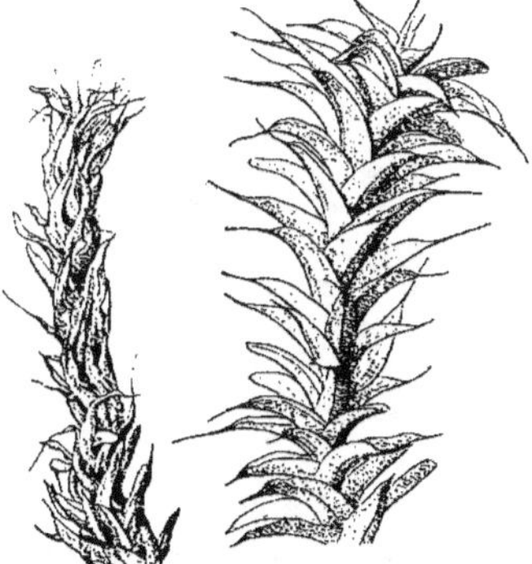

Fig. 16.

LA REVIVISCENCE CHEZ UNE MOUSSE (BARBULA RURALIS),
HABITANT LES DUNES LITTORALES.

A gauche, une tige desséchée. A droite, la même tige une minute après qu'elle a été mouillée : les feuilles se sont recourbées vers le dehors et ont recommencé à fonctionner.

toits : Rotifères, Tardigrades, Nématodes, Mousses, lichens..., ont acquis la propriété de se dessécher impunément et de reprendre vie lorsqu'ils sont de nouveau mouillés.

De même, beaucoup d'organismes inférieurs : Bactéries, Champignons, Infusoires, Flagellates, ... évitent la mort par inanition en produisant des spores, des sclérotes, des cystes ... dans lesquelles le protoplasme attend le retour de conditions plus favorables.

Les individus desséchés ou encystés, les spores, les sclérotes, vivent d'une vie très ralentie et sont, par cela même, beaucoup moins sensibles aux causes de destruction. On peut les chauffer à 100° et même à 130°, les congeler dans l'air liquide, les mettre dans le vide, les conserver dans un exsiccateur, les soumettre à des solutions toxiques; ramenés à des conditions normales, ils sont restés capables de revivre.

De nombreux Protistes et Végétaux donnent des graines, des œufs fécondés, des conidies, etc., dont la vie est également ralentie et qui supportent sans danger le séjour dans le vide, la dessiccation ou les extrêmes de température. Faisons remarquer qu'ici le passage de la vie manifestée à la vie ralentie ne tient pas le moins du monde à ce que l'organisme est menacé dans sa vitalité par la sécheresse ou la famine, mais que les spores ou les graines naissent à un moment précis de l'évolution individuelle. Accidentels chez les Bactéries, les organes à vie ralentie font maintenant partie de l'existence courante.

Une question souvent posée et non encore résolue est celle-ci : La vie d'une graine ou d'une spore est-elle simplement ralentie ou bien est-elle véritablement arrêtée? Le fait que les graines finissent par perdre leur pouvoir germinatif, c'est-à-dire par mourir, indique qu'elles subissent des changements internes et que l'activité protoplasmique s'y poursuit, si faiblement que ce soit. Mais, d'autre part, on peut les soumettre à la température de —250°, où les réactions chimiques sont pour ainsi dire nulles; on peut aussi les garder dans le vide et constater qu'elles ne dégagent pas de CO_2. Il est donc probable que les organes en état de vie ralentie peuvent aussi traverser des périodes de vie latente.

8. LA MORT.

a) L'immortalité primitive.

La vie de l'individu se termine-t-elle nécessairement par la mort ? La réponse à cette question doit être cherchée, non chez les Animaux et les Végétaux, mais chez les Protistes, et même de préférence, chez les plus primitifs.

Quand une cellule d'Oscillatoriacée (fig. 17) se divise, et donne deux cellules, sa « personnalité » s'est peut-être perdue, mais à coup sûr la cellule primitive n'est pas morte, car où est son cadavre? Il n'y a pas davantage de mort à aucune des divisions ultérieures. Or chez cet organisme il n'y a pas d'autres modes de multiplication que la bipartition des cellules et toutes celles-ci sont capables de subir à un moment donné cette bipartition. Bref la mort naturelle lui est inconnue.

Ceci n'implique nullement que les cellules soient impérissables. Si on les réduit en bouillie par la trituration, si on les fait cuire, si on les dessèche, si on les traite par le sublimé corrosif, ou si par quelque autre moyen violent on détruit leur protoplasme, on réussira évidemment à les tuer. Mais ce n'est pas là une mort naturelle, normale; c'est une mort accidentelle qui ne fait pas partie du cours régulier des choses.

Contrairement à beaucoup d'êtres inférieurs, ces Oscillatoriacées sont incapables de vivre d'une vie ralentie, ce qui revient à dire que si elles sont immortelles, c'est à la condition de ne jamais cesser de vivre activement.

Il n'en est pas ainsi d'un autre organisme du groupe des Schizophytes, *Bacillus anthracis*. Ses cellules, circulant par exemple dans le sang d'un Mouton, se multiplient abondamment par division, sans jamais mourir de mort naturelle. Mais plus tard, quand l'animal charbonneux a succombé à la maladie, les Bacilles se développent moins rapidement. Il arrive enfin un moment où chacune des cellules concentre son protoplasme, et entoure la spore ainsi formée d'une membrane nouvelle. A l'abri de cette paroi, dure et imperméable, le protoplasme peut résister à la sécheresse, au chaud, au froid, etc.

Cette Bactérie a donc acquis la faculté d'interrompre sa vie active; mais elle n'a pas renoncé pour cela à l'immortalité, — au contraire, puisqu'elle a diminué les risques d'accident.

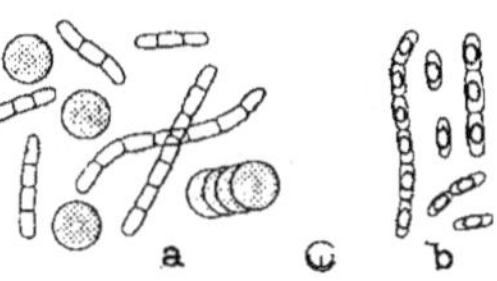
Fig. 18.
BACILLES DU CHARBON
(*Bacillus anthracis*).
a, Bacilles en voie de division dans le sang; les corps ronds sont des hématies; **b,** chaque cellule du Bacille forme une spore.
(D'après R. KOCH, 1877.)

Fig. 17.
FILAMENTS DE DEUX OSCILLATORIACÉES.

A gauche, *Oscillatoria simplicissima*; à droite, *Phormidium papyraceum*, dans sa gaine. Toutes les cellules sont également aptes à se diviser. Chaque cellule renferme des grains de chromatine réunis en un corps central. La formation des nouvelles cloisons est centripète.

b) *L'origine de la mortalité.*

Sans quitter le groupe des Schizophytes, nous allons maintenant rencontrer des organismes où apparaît la mort naturelle.

Aussi longtemps que les conditions de vie sont favorables, un *Nostoc* se conduit exactement comme une Oscillatoriacée. Mais une différence importante apparaît dès que la saison de végétation touche à sa fin. On voit alors une différenciation s'établir entre les cellules d'un même chapelet. Quelques-unes d'entre elles, et non toutes, vont se transformer en spores : elles grossissent, se remplissent de matières de réserves, et finalement s'entourent d'une grosse membrane résistante. D'où viennent les provisions qui s'accumulent dans les futures spores? Des cellules voisines, que l'on voit peu à peu s'épuiser, et enfin mourir quand elles sont complètement vidées. Voici donc que la mort fait son apparition dans l'échelle des Schizophytes : elle se présente comme un incontestable perfectionnement.

La désignation des cellules qui vont survivre et de celles qui vont se sacrifier, dépend chez les Nostocacées du moment où les conditions de vie deviennent défectueuses. En effet, dans un chapelet de *Nostoc*, ce sont toujours les cellules médianes qui attirent à elles les matières nutritives contenues dans leurs voisines et qui deviendront ainsi des spores. Mais pendant la période de forte multiplication, les chapelets se fragmentent dès qu'ils ont une certaine longueur, de sorte que les cellules qui sont médianes dans un chapelet donné seront terminales dans les deux chapelets provenant de la division du premier.

Chez les *Cylindrospermum* (fig. 19) la différenciation des cellules mortelles, et des cellules virtuellement immortelles, les spores, fait un pas de plus. La position des spores n'est plus livrée aux hasards de la multiplication ; elle est fixée dès que le filament a pris naissance : la spore se forme invariablement tout contre une cellule spécialisée qui occupe l'une des extrémités.

Pour étudier plus avant l'évolution de la mortalité nous devons maintenant examiner d'autres organismes. Prenons, par exemple, le groupe des Flagellates.

Chez *Pandorina Morum* chacune des seize cellules constituant la colonie peut se diviser en seize nouvelles cellules, et devenir ainsi le point de départ d'une nouvelle colonie. Mais à une autre phase, chaque cellule donne naissance à des cellules plus petites ; celles-ci, les gamètes, doivent conjuguer deux à deux, et chaque élément ainsi formé deviendra à son tour le point de départ d'une colonie.

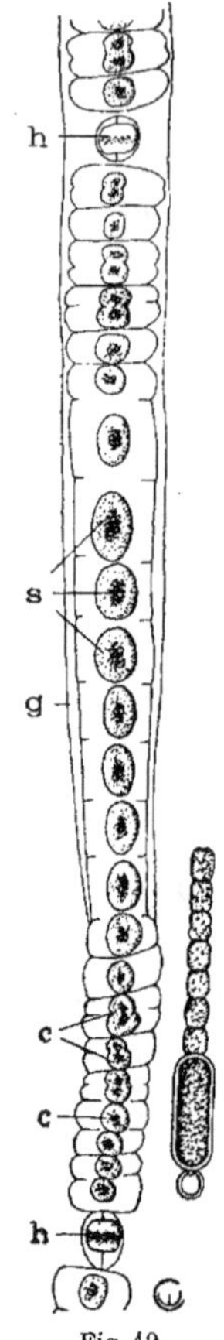

Fig. 19.
FORMATION
DE SPORES CHEZ LES
NOSTOCACÉES
(SCHIZOPHYCÉES).

A gauche, *Nostoc spongiaeforme* ; c, cellules au repos et en division ; s, jeunes spores ; h, hétérocystes ; g, gaine gélatineuse. — A droite, *Cylindrospermum* ; spore unique, près de l'hétérocyste.

A aucun moment, il n'y a donc chez ce Flagellate de mortalité naturelle : toute cellule, qu'elle soit mère de colonie, ou mère de gamètes, qu'elle soit devenue gamète ou qu'elle représente le produit de la fusion de deux gamètes, porte en elle tout ce qu'il faut pour perpétuer la vie de *Pandorina* ; et comme toutes les cellules sans exception sont aptes à devenir soit une colonie, soit des gamètes, elles sont toutes virtuellement immortelles.

Chez le genre voisin *Eudorina*, chaque cellule de la colonie est également capable de devenir une colonie nouvelle. De même chaque cellule peut former des gamètes. Ceux-ci ne sont pas semblables, comme ils le sont chez *Pandorina* : les uns sont femelles, les autres mâles, mais cela ne change rien à leur destinée. Bref, chez *Eudorina*, organisme à sexes complètement différenciés, la mort naturelle n'existe pas..

Mais elle fait son apparition dans un autre Flagellate coloniaire, *Pleodorina illinoisensis*. Chaque colonie renferme trente-deux cellules disposées comme chez *Eudorina*. Celles des anneaux *a*, *b*, *c*, *d* sont aptes à former soit des gamètes, soit une nouvelle colonie, tandis que celles de l'anneau *e* ne peuvent plus se diviser : il y a donc quatre cellules qui sont fatalement condamnées à mourir, lorsque la colonie-mère aura donné des colonies-filles ou des gamètes.

Enfin le terme ultime de l'évolution est atteint par *Volvox*. Parmi les milliers de cellules qui forment une colonie, huit seulement deviendront des colonies-filles. Or la mise en liberté de ces dernières entraîne la désagrégation complète de tout l'édifice. Il y a donc ici des milliers de cellules qui sont sacrifiées après avoir assuré la croissance des colonies-filles. De même, lors de la formation des gamètes, il n'y a qu'un petit nombre de cellules privilégiées qui assureront la reproduction sexuée, tandis que toutes les autres sont vouées à la mort (fig 21).

Nous avons en somme, chez *Volvox*, ce que nous retrouvons dans toute Plante ou tout Animal :

a) Un nombre énorme de cellules somatiques, qui ne travaillent

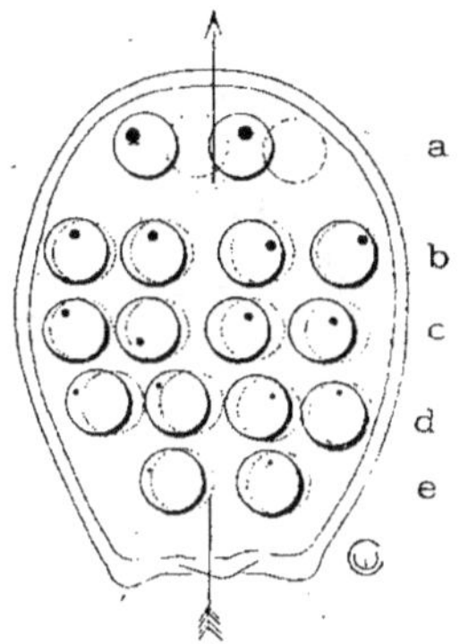

Fig. 20.

COLONIE D'EUDORINA ELEGANS.

Elle est formée de 32 cellules disposées en 5 anneaux : l'anneau **a** avec 4 cellules ; les anneaux **b**, **c**, **d**, avec 8 cellules ; l'anneau **e**, avec 4 cellules. Les deux fouets de chaque cellule ont été supprimés pour ne pas surcharger le dessin. La colonie est sur le point de se reproduire : les communications intercellulaires (voir fig. 44) ont été rétractées. Les taches oculaires sont beaucoup mieux marquées dans les anneaux antérieurs que dans ceux de l'arrière.

(D'après M. CONRAD, 1913.)

qu'au maintien de l'individu ; leur activité les use et les encrasse ; et après avoir accompli leur tâche, elles meurent inévitablement.

b) Un petit nombre de cellules **germinales** qui ont pour mission

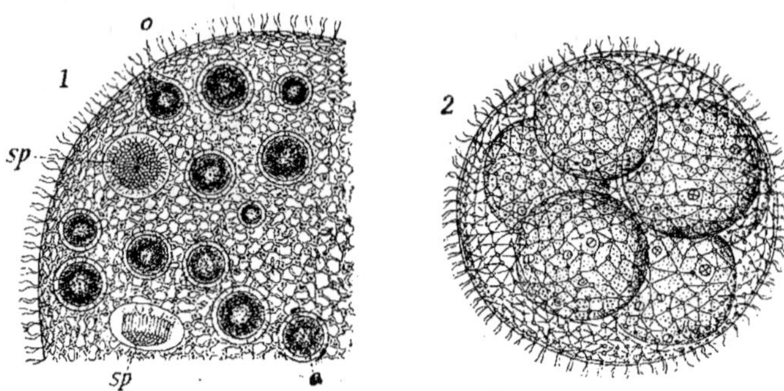

Fig. 21.

VOLVOX GLOBATOR.

1, un quart d'une colonie en voie de reproduction sexuelle ; **o**, oosphères ; **sp**, spermatozoïdes ; **2**, une colonie en voie de multiplication : 8 nouvelles colonies naissent à l'intérieur de l'ancienne.

(**1**, d'après Cohn, 1875 ; **2**, d'après Klein, 1889. — Copié dans Oltmanns.)

d'assurer la conservation de l'espèce ; elles sont immortelles par destination. Leur qualité d'immortelles n'est en rien diminuée par le fait que le nombre des gamètes mâles est supérieur à celui des gamètes femelles, et que beaucoup de cellules mâles sont donc condamnées à périr, puisque, virtuellement, les gamètes ont tous la même aptitude à transmettre la vie.

c) *Les modalités de la mort.*

Examinons maintenant de quelles façons et pour quelles raisons meurent les cellules somatiques :

1. **Mort par usure et par intoxication.** Pour la majorité des cellules somatiques, l'exercice même de la vie est la cause de la mort : dès qu'elles sont trop usées ou trop chargées de résidus, la lutte pour l'existence les fait disparaître. Il en est ainsi pour les leucocytes et les cellules épithéliales des Animaux, ainsi que pour les cellules du bois de cœur dans les arbres.

2. **Mort par suppression d'emploi.** Ailleurs les cellules meurent parce que les tissus dont elles font partie ont accompli leur mission. Citons les cellules de la queue du têtard de la Grenouille, et celles qui forment les pétales des fleurs.

3. **Mort pour l'alimentation des cellules voisines.** Certains éléments n'ont d'autre fonction que de se gorger de matières nutritives, puis,

quand le moment de se rendre utiles est venu, ils se désorganisent au profit de leurs voisins. Dans cette catégorie rentrent les œufs nutrimentaires de beaucoup d'Animaux, ainsi que les cellules de l'assise nourricière du sporange des Ptéridophytes et du sac pollinique des Phanérogames (fig. 22).

Un cas très remarquable est celui où, lors de la division cellulaire, l'une des cellules s'empare de presque tout le protoplasme, réduisant l'autre à l'impuissance. Nous verrons que ce cas se présente souvent à l'occasion de la réduction chromatique.

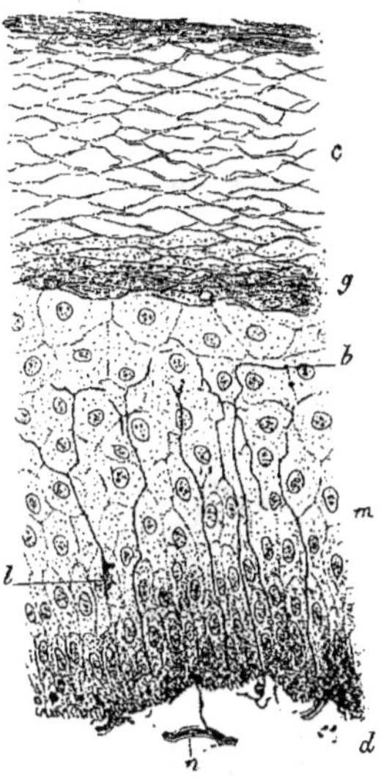

Fig. 23.

COUPE VERTICALE DE LA PEAU
DE LA PULPE DU DOIGT
D'UN ENFANT DE 50 JOURS.

d, derme ; **m**, cellules épidermiques vivantes ; elles se divisent dans les couches profondes ; **g**, couche de cellules dont le protoplasme s'écrase et disparait ; **c**, cellules réduites à leur membrane devenue cornée ; à la surface elles sont tout à fait aplaties ; **n**. nerf ; **b**, boutons nerveux terminaux ; **l**, cellule nerveuse de Langerhans.

(D'après RANVIER, 1889.)

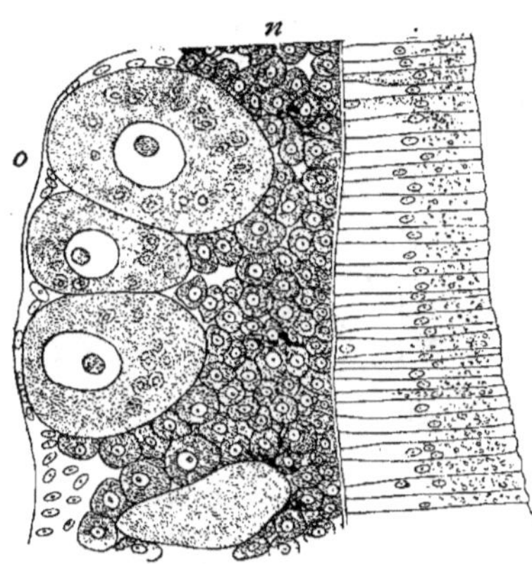

Fig. 22.

FORMATION DES ŒUFS D'UNE HYDROMÉDUSE
(*Cladonema*).

Les œufs, encore jeunes, sont entourés de cellules nutrimentaires; les noyaux qui se voient dans le cytoplasme des œufs sont probablement ceux de cellules nutrimentaires qui ont été englobées.

(D'après WEISMANN. — Copié dans WILSON, 1919.)

4. Mort préparatoire au fonctionnement. Il y a encore d'autres cellules qui ne sont utiles qu'après leur décès. Dans les vaisseaux des Plantes supérieures, le protoplasme disparaît entièrement, ne laissant que la membrane. Les cellules épidermiques cornées, constituant au Mammifère un revêtement continu, sont également des éléments qui sont morts en vue de leur fonctionnement (fig. 23).

Beaucoup de glandes animales, par exemple les glandes mammaires, ont comme sécrétion le produit de la désorganisation partielle des cellules glandulaires (fig. 24).

On pourrait donc dire que le jeune Mammifère, enfermé dans sa gaine de cadavres de cellules épidermiques, se nourrit uniquement de cadavres de cellules glandulaires.

5. **Mort par raison phylogénique.** Enfin des cellules meurent sans avoir jamais joué un rôle actif : elles n'existaient que pour représenter un organe ancestral et elles disparaissent dès que la phase évolutive dont elles font partie est dépassée. C'est le cas pour les cellules antipodes du sac embryonnaire des Angiospermes (fig. 166), pour les cellules du canal de Wolff chez le Mammifère femelle. et pour celles du canal de Müller chez le mâle.

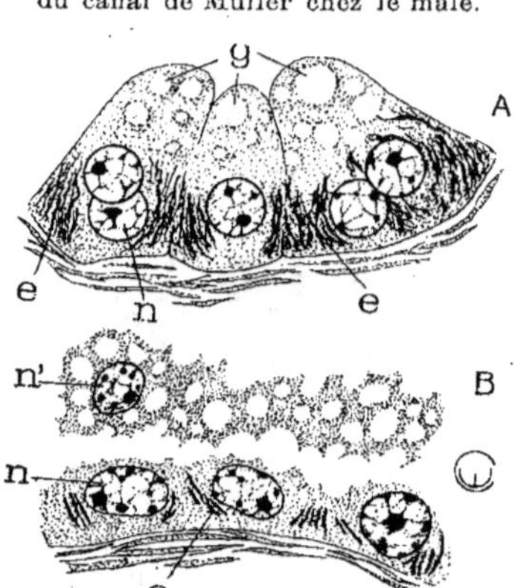

Fig. 24.

CELLULES DE LA GLANDE MAMMAIRE.

A, au début de la sécrétion ; **B**, au stade d'excrétion : une grande partie de chaque cellule s'est détachée pour former le lait ; **g**, graisse ; **n**, **n'**, noyaux ; **e**, filaments d'ergastoplasme.

(D'après LIMON. — Copié dans PRENANT.)

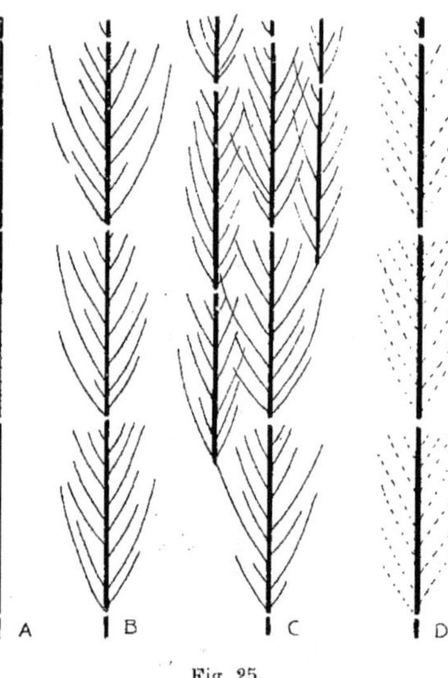

Fig. 25.

S HÉMAS DE LA MORTALITÉ
ET DE L'IMMORTALITÉ.

Les traits épais représentent les lignées germinales, immortelles ; les traits minces représentent les lignées somatiques, mortelles. **A**, cellules toutes immortelles (voir fig. 17, 18, 20) ; **B**, cellules, les unes immortelles, les autres mortelles (voir fig. 19 et 21) ; **C** production de lignées germinales par des lignées somatiques (voir fig. 26) ; **D**, perte de la mortalité (voir fig. 27).

9. LA LIGNÉE GERMINALE.

Nous venons de voir (p. 34) qu'il y a, outre les très nombreuses cellules qui sont condamnées à mourir, une lignée unique de cellules immortelles. Elle va depuis l'œuf fécondé, origine de l'individu, jusqu'aux cellules sexuelles, mâles ou femelles, qui en conjuguant donneront de nouveaux œufs fécondés, points de départ de la génération suivante.

On peut représenter la lignée germinale, dans une suite de générations, par un trait qui se continue sans arrêt, tandis que toutes les autres lignées cellulaires s'interrompent successivement (fig. 25, B).

La lignée germinale est-elle distincte des lignées somatiques, ou, pour exprimer le problème d'une façon qui montre qu'il est accessible à l'expérimentation, des cellules sexuelles peuvent-elles naître ailleurs que dans la lignée germinale?

Un très grand nombre de plantes peuvent être bouturées de feuilles ou de racines; cela signifie que des bourgeons peuvent naître aux dépens de tissus qui ne sont pas sur le trajet de la lignée cellulaire conduisant de l'œuf fécondé à la fleur. Or, ces bourgeons se développent en un individu complet; en temps voulu celui-ci donnera des fleurs contenant les cellules germinales (fig. 25, C; 26).

La même production de cellules germinales aux dépens de cellules somatiques se voit chez beaucoup d'Animaux, par exemple des Tuniciers, où un petit massif de cellules, n'ayant aucun rapport avec les organes sexuels, peut produire un individu complet, pleinement sexuel.

Fig. 26.

FORMATION DE BOURGEONS
SUR UNE RACINE DE CHICORÉE
(*Cichorium Intybus*).

Un tronçon de racine a été fendu et placé horizontalement à la lumière continue. Des bourgeons sont nés sur le cambium mis à nu ; ils sont plus nombreux et plus grands sur le bout qui était tourné vers le collet. Les nouvelles racines sont au contraire plus nombreuses sur le bout qui était proche de la pointe.

10. LA PERTE DE LA MORTALITÉ.

Le privilège de se débarrasser, par la mort, des cellules et des tissus trop usés ou trop encrassés, pour ne laisser subsister que les cellules germinales, réalise incontestablement un progrès notable dans la constitution et le fonctionnement de l'organisme. Il existe pourtant des êtres qui ont renoncé à la mortalité : toutes leurs cellules sont de nouveau immortelles, puisque toutes sont procréatrices.

Les Levures dérivent certainement de Champignons à structure plus complexe qui possédaient une portion somatique et une portion germinale. Or, chez les Levures, toutes les cellules peuvent bourgeonner ou produire des spores, c'est-à-dire que ces organismes ont perdu la portion mortelle.

Un cas encore plus remarquable est celui des *Caulerpa*. Ce sont

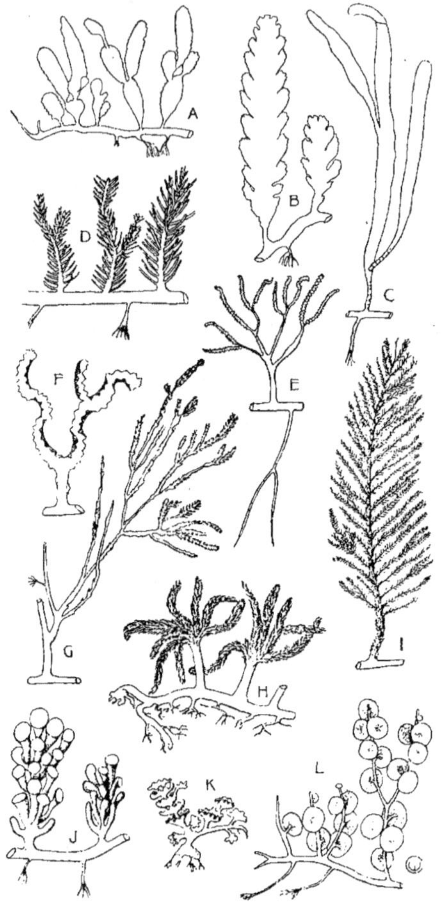

Fig. 27.

QUELQUES ESPÈCES DU GENRE CAULERPA (ALGUES).

A, *C. parvifolia*; **B**, *C. scalpelliformis var. denticulata*; **C**, *C. flagelliformis var. ligulata*; **D**, *C. plumaris var. Forlowi*; **E**, *C. Urvilleana var. serrata*; **F**, *C. Freycineti var. typica forma lata*; **G**, *C. cupressoides var. serrata*; **H**, *C. paspaloides var. typica forma compressa*; **I**, *C. hypnoides var. typica forma lanceolata*; **J**, *C. racemosa var. chemnitzia*; **K**, *C. peltata var. stellata*; **L**, *C. macro fisca*.

(**A à K**, d'après Mᵐᵉ WEBER-VAN BOSSE, 1898. **L**, d'après M. REINKE, 1899. Copié dans OLTMANS.)

des Algues marines qui, avec une structure interne étonnamment simple, ont une différenciation externe poussée très loin. Et ce qui nous intéresse ici d'une façon toute particulière, ces Protistes ne possèdent ni spores, ni gamètes, ni aucun genre de cellules procréatrices spécialisées. Leur propagation repose uniquement sur la faculté de se morceler et de refaire des individus complets avec les fragments isolés. Bref, au point de vue de la procréation, les *Caulerpa* sont exactement au même niveau que les Oscillatoriacées, avec cette différence pourtant que les Oscillatoriacées ont toujours été immortelles, tandis que les *Caulerpa* le sont devenus secondairement par suppression de la mortalité (fig 25, D).

11. LA DURÉE DE LA VIE.

Sauf chez les êtres tout à fait primitifs où la mortalité n'a pas encore apparu et chez quelques-uns qui ont perdu la faculté de mourir, la vie se termine invariablement par la mort. La vie a une durée extrêmement diverse : il y a tous les intermédiaires entre le Dragonnier d'Orotava, qui avait atteint l'âge de plusieurs milliers d'années, et les Mouches dont l'existence tient dans quelques semaines.

Le plus souvent les organismes à vie longue se reproduisent plusieurs fois ; ils sont polycarpiques. Au contraire, ceux dont la vie est courte meurent aussitôt après s'être reproduits ; ils sont monocarpiques. Le rythme de leur développement est le plus souvent en rapport avec les saisons. Quelquefois plusieurs générations se succèdent dans le courant d'une seule année (*Vanessa Urticae, Mercurialis annua*) ; d'habitude il y en a une seule (*Papaver Rhoeas*).

Il est aussi des espèces qui n'accomplissent le cycle de leur évolution individuelle qu'en deux ou trois ans (*Melolontha vulgaris, Daucus Carota*). On connaît même des Palmiers (*Corypha Gebanga*, qui atteignent une cinquantaine d'années avant de fleurir et fructifier, et qui pourtant meurent immédiatement après.

On doit distinguer entre la vie de l'indivu et celle de ses parties : organes et cellules.

Un Hêtre peut vivre des siècles, sans que ses feuilles durent plus qu'un été. Son tronc qui, à première vue, semble immuable, meurt graduellement dans sa partie médiane, tandis qu'une nouvelle couche de bois naît chaque année à la périphérie ; chez le Hêtre, les cellules du bois peuvent persister un siècle, mais elles finissent tout de même par succomber, tandis que des cellules jeunes naissent à la périphérie du bois.

La substitution des cellules les unes aux autres est plus rapide chez la plupart des plantes polycarpiques herbacées. Prenons la Pomme de terre. Le tubercule qu'on plante au printemps se décompose dès qu'il a fourni des racines et des rameaux. Ceux-ci développent dans leur partie aérienne des feuilles et des fleurs ; dans leur partie souterraine, ils produisent de nouveaux tubercules. A l'automne disparaissent à la fois le feuillage et les racines, et il ne reste de vivants que les tubercules. En somme chez la Pomme de terre qui, en tant qu'individu, vit un nombre indéfini d'années, aucun organe ne persiste une -année entière : les feuilles et les racines vont du printemps à l'automne ; les tubercules, de l'été au printemps. Nous voilà loin de la longévité des cellules dans le bois d'un Hêtre.

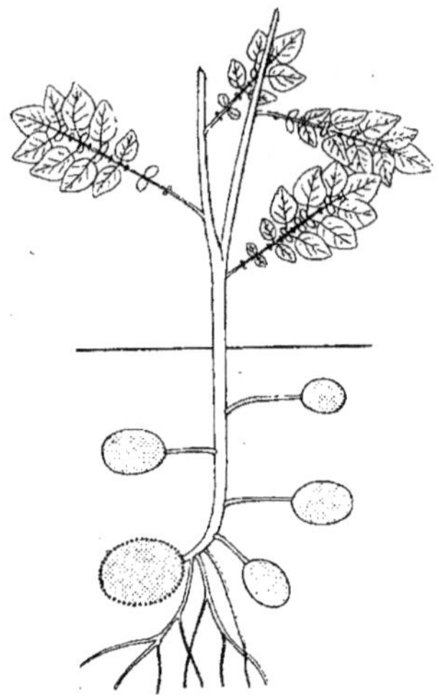

Fig. 28.

SCHÉMA DE LA POMME DE TERRE.

En gris, les organes qui vivent de l'été au printemps ; en blanc, ceux qui vivent du printemps à l'automne ; en traits interrompus, le tubercule qui a été planté au printemps et qui est mort aussitôt après avoir germé.

Chez l'Animal les plumes et les poils sont aussi remplacés chaque année ; quant à certains tissus internes, ils se renouvellent bien plus rapidement : l'épithélium intestinal, par exemple, ne se conserve que l'espace d'une digestion ; les globules blancs et les globules rouges du sang ont une vie un peu plus longue, mais qui ne dépasse pourtant pas quelques jours ou quelques semaines.

Il y a pourtant dans l'Animal des cellules qui sont immuables depuis la naissance jusqu'à la mort : telles sont les cellules nerveuses, dépositaires de la mémoire, dans lesquelles se coordonnent les phénomènes qui constituent l'individualité. — Quant à l'hérédité, cette sorte de mémoire à longue échéance qui passe d'une génération à l'autre, elle se concentre dans les cellules germinales, virtuellement immortelles.

CHAPITRE II. — LA CELLULE.

1. LA STRUCTURE DE LA CELLULE.

A. DIMENSIONS ET NOMBRE DES CELLULES.

L'organisme n'est pas indéfiniment divisible : il est formé de parties qui doivent conserver une organisation assez complexe, sous peine de ne plus pouvoir mener une vie indépendante. Les éléments ultimes en lesquels l'organisme peut se décomposer sont les cellules. Toute division poussée plus loin aboutit à des fragments non viables.

Les cellules sont de taille très diverse. Les plus grosses sont les jaunes des œufs d'Oiseaux, par exemple de l'Autruche ; il est vrai que la majeure partie de leur contenu est formée de matières de réserves, simples enclaves dans la matière vivante. Les plus petites cellules visibles sont celles de *Micrococcus progrediens*, une Bactérie pathogène pour le Lapin, qui sont sphériques et ont $0.15\ \mu$ [1] de diamètre, et celles de *Pseudomonas indigofera*, Bactérie vivant dans l'eau, qui ont $0.06 \times 0.18\ \mu$.

Mais on connaît des cellules plus petites. Ce sont, par exemple, celles des virus de la péripneumonie bovine, de la fièvre aphteuse et de la clavelée. On réussit à cultiver ces microbes dans un bouillon approprié, et on obtient alors un liquide, à peine opalescent, dont l'inoculation aux Animaux provoque la maladie correspondante. Mais il est impossible de les apercevoir aux plus forts grossissements des microscopes actuels, et ils sont même trop petits pour être retenus par les filtres de porcelaine habituellement employés en bactériologie. On les appelle pour cette raison des microbes filtrants.

Ces Bactéries invisibles sont-elles beaucoup plus petites que les plus petites qui soient visibles ? Ce n'est pas probable. En effet, les Bactéries renferment environ 85 p. c. d'eau. Or, d'après les chimistes, la matière sèche de *Micrococcus progrediens* ne renfermerait au maximum que 30,000 molécules albuminoïdes. Une cellule d'un diamètre quinze fois moindre, ayant donc $0.01\ \mu$ de diamètre, ne posséderait plus qu'une dizaine de molécules albuminoïdes, ce qui paraît incompatible avec la vie.

Le nombre des cellules qui entrent dans un organisme est très divers. Beaucoup de Protistes n'en comprennent qu'une seule (fig. 30). Tous les Animaux et tous les Végétaux commencent par être également unicellulaires. Mais cette unique cellule, l'œuf fécondé, se multiplie à l'infini, et l'individu adulte est formé d'un nombre

---

[1] L'unité de mesure en microscopie, le micron (μ), est égale au millième de millimètre.

·énorme de cellules, tellement énorme que notre esprit ne parvient pas à l'embrasser, et que nous devons user d'expédients pour nous en faire une idée.

Voici deux exemples caractéristiques : dans un Homme adulte, du poids moyen de 65 kilogrammes, il y a environ 5 litres de sang. Or un millimètre ·cube de sang renferme 5.000,000 d'hématies ou globules rouges. Les hématies ont la forme de disques à faces légèrement concaves (voir fig. 18), d'un diamètre d'environ 7.5 µ. Si on couchait 1,000 hématies à plat les unes à côté des autres, ·en une seule file, celle-ci aurait donc une longueur totale de 7.5 millimètres. Voyons maintenant quelle longueur aurait la file formée par toutes les héma- ties d'un seul Homme :

    1 hématie a un diamètre de .   .   .   . 7.5 µ ;
    1.000 hématies font une file de   .   .   .   .   .   . 7.5 mm. ;
    1,000,000 hématies   »   .   .   .   . 7.5 mètres ;
    1 millimètre cube de sang   fait une file de   .   .   .   37.5 mètres ;
    1 centimètre cube de sang   »   »   .   .   .   . 37.5 kilomètres ;
    1 décimètre cube de sang   »   »   .   .   .   37,500 kilomètres,
    5 décimètres cubes de sang font une file de   .   .   187,500 kilomètres.

Or la longueur de l'équateur terrestre est de 40,000 kilomètres.

Les hématies d'un seul Homme adulte moyen, alignées en une file, feraient plus que quatre fois et demi le tour de la Terre.

L'autre exemple est emprunté au monde des Plantes.

Supposons une forêt de grands arbres, au début de l'ère chrétienne, et dans ·cette forêt un Homme comptant depuis lors les cellules de ces arbres, sans jamais s'arrêter, ni jour ni nuit, à raison de deux cents cellules par minute.

Il compte :

                    200 cellules par minute ;
            12,000   »   »   heure ;
            288,000   »   »   jour ;
         105,120,000   »   »   an ;
      10,512,000,000   »   »   siècle ;
     199,728,000,000 cellules en dix-neuf siècles,
          ou en arrondissant 200.000,000,000.

De combien d'arbres a-t-il déjà compté les cellules ?

Supposons, pour la facilité du calcul, des cellules cubiques, ayant 100 µ de côté (nous choisissons intentionnellement des cellules plus grandes que la moyenne afin que l'Homme chargé de leur numération passe en revue beau- coup d'arbres). Imaginons que les troncs aient un mètre carré de section, ce ·qui n'est pas énorme.

Il y a 100 cellules par millimètre carré ; 10,000 par centimètre carré ; 1,000.000 par décimètre carré ; 100,000,000 par mètre carré.

Comme les cellules ont 100 µ de hauteur, il y en a donc dix fois autant par millimètre de hauteur, soit 1,000,000,000.

Le nombre total des cellules comptées est de 200,000,000,000, ce qui ·correspond à $\dfrac{200,000,000,000}{1.000,000,000} = 200$ millimètres.

L'Homme qui n'a pas cessé de compter les cellules des arbres depuis le début de notre ère a donc compté les cellules sur une hauteur de vingt centimètres dans le premier arbre.

Le terme cellule par lequel nous désignons l'unité vitale n'est pas heureux. Il fut créé par Robert Hooke, en 1667. Examinant au microscope une coupe de liège, il y vit une multitude de petits polygones qu'il compara aux cellules d'un rayon d'Abeilles. Le nom s'est conservé, tout en changeant de sens; car il correspondait primitivement à la membrane, alors que nous savons maintenant que la membrane ne joue qu'un rôle tout à fait accessoire et que la fonction essentielle est dévolue au protoplasme.

B. Le protoplasme.

On désigne sous ce nom l'ensemble des parties vivantes de la cellule. Il comprend le cytoplasme, le noyau, la centrosphère, les

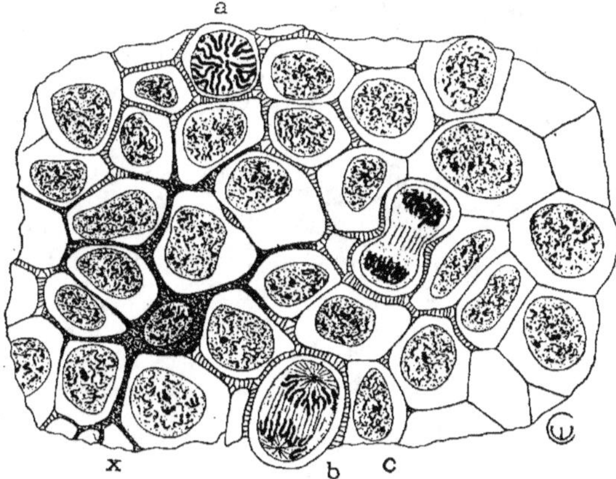

Fig. 29.

ÉPIDERME D'UNE LARVE D'AXOLOTL (Batracien Urodèle).

La coupe est légèrement oblique. A gauche et au milieu, on voit les communications cytoplasmiques entre les cellules; **x**, cellule pigmentaire, nue, qui a insinué ses pseudopodes entre les membranes des cellules épithéliales; **a**, cellule au début de la division caryocinétique; **b**, stade plus avancé; on y voit les deux centrosphères; **c**, stade encore plus avancé, montrant l'étranglement du cytoplasme et la reconstitution des noyaux-fils.

(D'après M. Wilson, 1919.)

plastides, les cils et fouets, le stigma, les vacuoles. Outre ces organes, qui existent dans un grand nombre de cellules, au moins chez les Protistes, il y a des organes plus spécialisés et assez exceptionnels, qui seront décrits à leur place dans la partie systématique.

a) *Cytoplasme*. — C'est le siège principal de l'activité chimique de la cellule. Il ne manque jamais; sa suppression réduit immédiatement

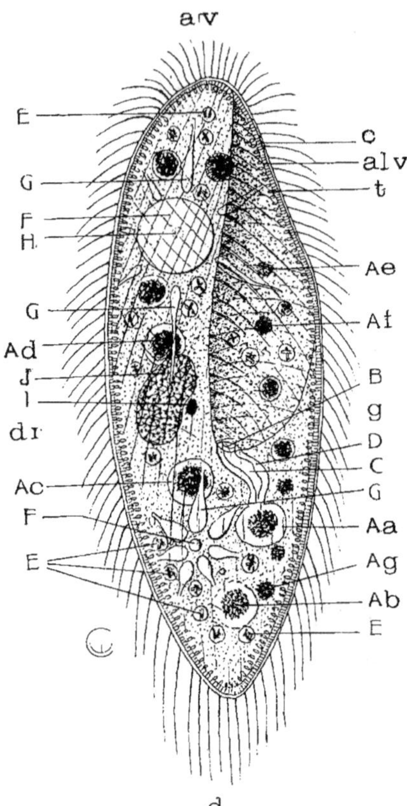

Fig. 30.

CELLULE TRÈS SPÉCIALISÉE D'INFUSOIRE

(*Paramaecium caudatum*)

VUE PAR LA FACE CENTRALE.

av, avant ; **d**, arrière ; **g**, gauche ; **dr**, droite ; **c**, cuticule ; **alv**, couche alvéolaire ; **t**, couche à trichocystes; **I**, micronucléus ; **J**, macronucléus ; **F** et **G**, vacuoles pulsatiles; **H**, partie amincie de la cuticule, par où la vacuole pulsatile se vide ; **E**, grains d'excrétion; **B**, péristome ; **D**, cytopharynx ; **A**, nourriture ingérée ; **Aa, Ab, Ac, Ad**, vacuoles alimentaires circulant dans le cytoplasme, et subissant la digestion ; **Ae, Af, Ag**, vacuoles contenant les matières non digérées, et se dirigeant vers l'anus.

(D'après M. LANG, 1913.)

à l'impuissance tous les autres organes, puisque ce sont les réactions chimiques du cytoplasme qui fournissent l'énergie pour les actes de tous les autres organes cellulaires.

Dans beaucoup de cellules on distingue dans le cytoplasme une couche périphérique, presque hyaline, l'ectoplasme, et une masse centrale, granuleuse, le mésoplasme (fig. 30). Cette séparation n'est, sans doute, que temporaire et occasionnelle, puisque des échanges matériels visibles s'opèrent sans cesse entre les deux couches : la circulation cytoplasmique, dont nous parlerons plus loin (fig. 61), fait sans cesse passer des particules du mésoplasme à l'ectoplasme et inversement. La même stratification se remarque dans le cytoplasme autour des vacuoles, mais non autour de corps solides tels que le noyau et les plastides.

A côté de cette structure relativement grossière on décrit souvent dans le cytoplasme une texture intime très fine. Mais les auteurs sont loin d'être d'accord sur sa disposition. Les uns décrivent une architecture réticulée où les mailles seraient formées par une matière albuminoïde spéciale, la plastine. Les autres figurent une structure alvéolaire, quelque peu comparable à celle d'une écume (fig. 1). En réalité, beaucoup de cellules, surtout chez les Plantes, ont un cytoplasme qui n'est ni réticulé, ni alvéolaire, et qui ne montre aux plus forts grossissements qu'une disposition simplement granuleuse. D'ailleurs, les courants qui traversent le cytoplasme en tous sens, montrent qu'il ne possède pas de structure permanente : on les voit se diviser, s'anastomoser, naître dans des portions jusqu'alors immobiles, s'arrêter pour reprendre aussitôt après dans le même sens, ou en sens opposé (fig. 61).

b) *Le noyau*. — Le noyau, tout comme les autres organes protoplasmiques que nous avons encore à examiner, est toujours entouré de toutes parts de cytoplasme. Il se reconnaît le plus souvent à son aspect plus dense et plus réfringent (fig. 29).

Le noyau est limité par une membrane très mince. On admet qu'à l'intérieur il y a un suc nucléaire traversé par un réseau de linine, qui est une substance albuminoïde spéciale. Ce réseau porte des granulations, des bandes, des pelotes de grosseur et de forme très diverses, formées de nucléine. C'est une matière protéique caractérisée par la présence de phosphore dans sa molécule. Le terme nucléine, expression chimique, est souvent remplacé par celui de chromatine, expression micrographique, indiquant que ce corps absorbe très fortement certains colorants, tels que le carmin et l'hématoxyline. Par contre, on donne au réseau portant la chromatine le nom de réseau achromatique, à cause de sa moindre avidité pour ces mêmes colorants.

Le noyau contient presque toujours une ou plusieurs grosses masses arrondies, les nucléoles; ils sont formés de substances très variées. Parfois toute la chromatine est agglomérée en un gros nucléole.

c) *La centrosphère*. — Toutes les cellules, sauf celles des Schizophytes, des Ptéridophytes et des Phanérogames, possèdent un organe généralement peu apparent à l'état de repos, mais qui devient très net lors de la division: c'est la centrosphère (fig. 29). Elle est tantôt dans le noyau, tantôt dans le cytoplasme.

On y distingue une petite masse claire avec un granule central, le centrosome. Pendant la division cellulaire, des radiations se prolongent à travers le cytoplasme.

d) *Les mitochondries*; *les plastides*. — Les cellules jeunes contiennent généralement, englobées dans le cytoplasme, des granulations ou des fibrilles spéciales : les mitochondries. Celles-ci sont sans doute très diverses, suivant les cas. Souvent elles semblent remplir un rôle fort important; on les voit, en effet, disparaître lors du fonctionnement de la cellule. Il en est ainsi, par exemple, pour l'ergastoplasme des cellules de la glande mammaire (fig. 24).

Chez les Végétaux, les cellules adultes renferment en général des corps plus gros, mais également entourés de cytoplasme, les plastides. Elles dérivent fort probablement des mitochondries qu'on aperçoit dans les cellules jeunes (fig. 31).

On distingue plusieurs sortes de plastides.

a) Les chloroplastes, qui portent la chlorophylle et parfois d'autres pigments assimilateurs (voir fig. 32). Les chloroplastes des Végétaux supérieurs ont d'habitude une forme assez simple, lenticulaire ou discoïde (fig. 61). Chez les Flagellates et surtout chez les Algues, leur contour est très varié. De plus, leur centre est souvent différencié en un pyrénoïde ; c'est autour de celui-ci que naissent alors les produits élaborés par la plastide (fig. 50).

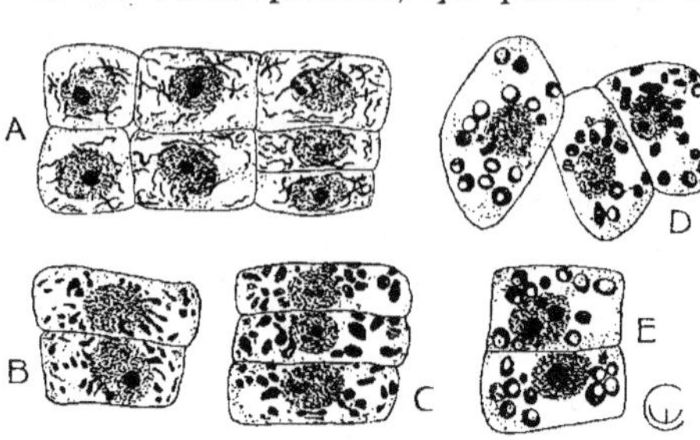

Fig. 31.

MITOCHONDRIES DANS DES CELLULES JEUNES DE FEUILLES D'ORGE ET LEUR TRANSFORMATION EN CHLOROPLASTES.
(D'après M. GUILLERMOND, 1912.)

b) Les leucoplastes ; ils sont semblables aux chloroplastes, sauf qu'ils sont privés de pigments. Mais cette différence n'est sans doute pas essentielle, puisqu'ils peuvent verdir, par exemple dans une Pomme de terre exposée à la lumière (fig. 41, *f*).

Ces deux sortes de plastides jouent un rôle considérable dans le chimisme de la cellule. Nous verrons, en effet, que c'est dans les chloroplastes que s'opèrent les synthèses organiques et que les leucoplastes eux-mêmes, quoique moins actifs, sont pourtant les sièges de la formation de l'amidon (fig. 41, 50).

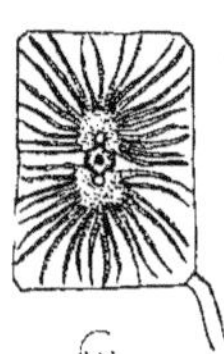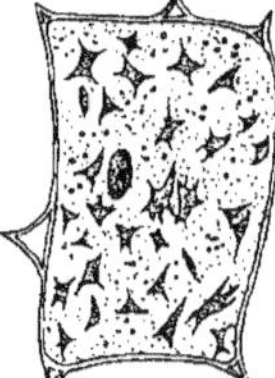

Fig. 32.

PLASTIDES COLORÉES.

A gauche, cellule du fruit de *Pirus Aucuparia* (Sorbier) avec plastides portant un pigment jaune ; au milieu, cellule d'une Diatomée (*Striatella unipunctata*) avec deux plastides ramifiées, portant de la chlorophylle et un pigment assimilateur brun ; à droite, cellule d'une Floridée (*Chylocladia*) avec des plastides portant de la chlorophylle et un pigment assimilateur rouge.
(D'après SCHIMPER, 1885.)

c) Les éléoplastes, moins répandus, produisent des globules de matière grasse.

d) Les **chromoplastes** sont simplement les porteurs de matières colorantes non assimilatrices, par exemple dans les pétales des fleurs jaunes ou rouges.

e) Les *cils* et les *fouets*. — Ce sont les organes de locomotion des cellules nageantes. Ils existent aussi sur la surface libre de certaines cellules épithéliales des Animaux; chez les Planaires et chez beaucoup de larves, ils occupent la surface du corps et servent à sa translation dans l'eau; beaucoup d'autres Animaux ont des conduits internes tapissés de cellules ciliées dont les battements produisent un courant dans le liquide du conduit (fig. 33).

Quand il y a un petit nombre de ces organes, ils sont d'ordinaire longs et épais (fouets, fig. 44); très nombreux, ils sont plus courts et minces (cils, fig. 30).

La base de chaque cil ou fouet est en rapport avec une granulation bien définie, le **blépharoplaste** (fig. 33, 34, 35). De celui-ci part une fibrille qui se dirige à travers le cytoplasme dans la direction du noyau, après

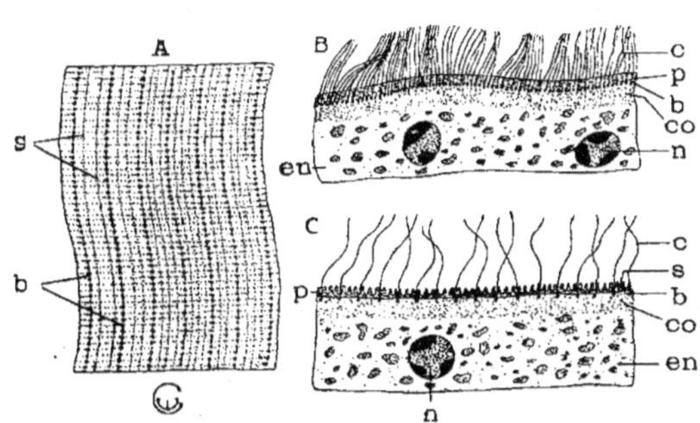

Fig. 33.

CELLULES VIBRA-
TILES D'UN
MOLLUSQUE
(*Anodonta*).

Des blépharo-
plastes partent des
fibrilles qui se
réunissent près du
noyau.

(D'après
M. GURWITSCH,
1900.)

Fig. 34.

CILS ET BLÉPHAROPLASTES D'UN INFUSOIRE (*Opalina ranarum*).

A, surface d'une partie du corps; **b**. rangées de blépharoplastes (les cils ne sont pas dessinés); **s**, sillons entre les rangées de cils; **B,** coupe verticale, parallèle à une rangée de cils; **p**, pellicule; **co**, cytoplasme cortical; **en**, endoplasme; **c**, cils; **b**, blépharoplastes; **n**, noyaux; **C,** coupe verticale, perpendiculaire aux rangées de cils; **s**, sillons; les autres lettres comme dans **B**.

(D'après MAIER, 1903. — Copié dans LANG, 1913.)

s'être anastomosé éventuellement avec les fibrilles issues des autres blépharoplastes (fig. 33).

f) La *tache oculaire* ou *stigma*. — C'est une tache, le plus souvent rouge, située superficiellement dans les cellules nageantes de beaucoup de Flagellates et d'Algues (fig. 20, 35).

g) Les *vacuoles*. — Beaucoup de cellules ont le cytoplasme creusé de vacuoles remplies de liquide dont la paroi est formée d'une couche de cytoplasme à peu près hyalin. Elles sont de trois sortes : les vacuoles à suc cellulaire, les vacuoles alimentaires et les vacuoles pulsatiles.

Les vacuoles à suc cellulaire, solution aqueuse de substances très diverses, sont fréquentes chez les Protistes et les Végétaux, rares chez les Animaux.

Dans les cellules jeunes, les

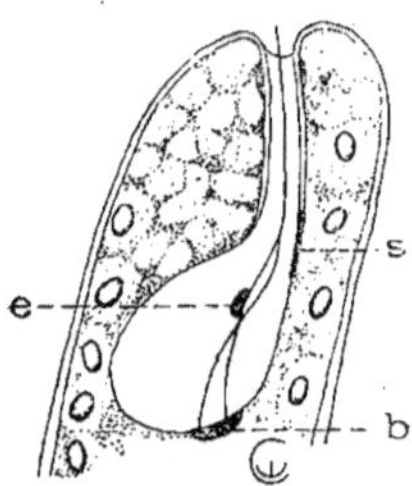

Fig. 35.

L'avant de la cellule est vu en coupe longitudinale. La base seule du fouet est représentée ; (il se prolonge loin en dehors de l'entonnoir) ; dans le réservoir, le fouet se divise en deux racines dont l'une porte un tubercule, **e**. Les deux racines sont implantées dans un épaississement protoplasmique (blépharoplaste ?) **b**. A l'union de l'entonnoir et du réservoir on voit le stigma **s**. Dans le cytoplasme, à la périphérie de la cellule, des chloroplastes.

(D'après Mlle HAMBURGER, 1911. Copié dans LANG, 1913.)

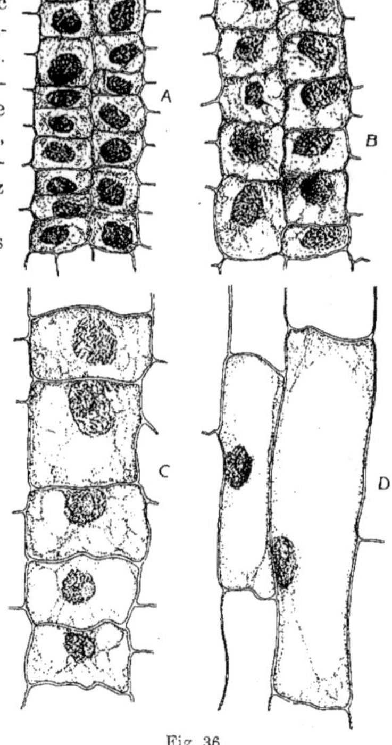

Fig. 36.

CELLULES CORTICALES D'UNE RACINE D'OGNON (*Allium Cepa*)

A, près du point végétatif : les cellules sont complètement remplies par le protoplasme ; **B**, un peu plus loin du point végétatif : le cytoplasme se creuse de vacuoles ; **C**, encore plus loin : les vacuoles grandissent ; **D**, dans la partie presque adulte de la racine : les vacuoles, devenues très grandes, ont conflué.

vacuoles sont très petites, ce qui signifie que le cytoplasme est à peu près plein. Mais à mesure que la cellule grandit, les vacuoles augmentent de volume dans une beaucoup plus grande mesure que le cytoplasme et que le noyau (fig. 36).

Les vacuoles sont d'abord arrondies et séparées par d'épaisses travées cytoplasmiques ; elles ne tardent pas à se toucher et elles prennent alors des formes irrégulières ; en même temps, les cloisons qui les séparent s'amincissent ; puis, elles confluent par la rupture de ces parois et finalement toute la partie médiane de la cellule est occupée par une immense vacuole qui a refoulé vers la périphérie une mince couche de cytoplasme contenant le noyau et les plastides.

Les vacuoles alimentaires se présentent chez les Rhizopodes et les Infusoires (fig. 30, Aa à Ag), chez beaucoup de Flagellates et chez quelques cellules animales. Elles naissent à la périphérie du cytoplasme et pénètrent ensuite à son intérieur. Leur évolution et leur fonctionnement seront étudiés à propos de l'alimentation.

Les vacuoles pulsatiles ou contractiles existent chez les Rhizopodes, les Flagellates, les Infusoires (fig. 30, F, G) et les cellules nageantes des Algues et des Champignons.

La cavité, située près de la surface du cytoplasme, est en communication avec l'extérieur par un pore étroit. On voit la vacuole grandir lentement, puis quand elle a atteint un volume déterminé se vider brusquement par le pore. Plus rarement elle s'ouvre par la rupture de sa paroi périphérique (fig. 73). Parfois la vacuole est plus compliquée : elle consiste en une étoile de fentes (fig. 30) ou de minuscules cavités qui déversent leur contenu dans un réservoir commun. Lorsque la cellule possède deux vacuoles, celles-ci se contractent alternativement.

C. Les sécrétions de la cellule.

Outre les éléments vivants dont l'ensemble constitue le protoplasme, la cellule comprend aussi des parties non actives ; ce sont, d'une part, les membranes et les squelettes ; d'autre part, les réserves formées dans le cytoplasme, dans les plastides et dans les vacuoles ; il y a, enfin, quelques résidus de la désassimilation.

a) *Membrane, paroi cystique, pellicule, mésoglée.* — Beaucoup de cellules de Protistes et d'Animaux sont nues, c'est-à-dire que le cytoplasme est directement en contact avec l'extérieur.

D'autres cellules possèdent une membrane propre, sécrétée par le cytoplasme et dont celui-ci se détache facilement. Sa composition chimique est très variable. Chez les Végétaux, c'est de la cellulose tantôt pure, tantôt plus ou moins gélifiée, tantôt imprégnée de substances organiques, telles que la lignine, la cutine, la subérine, ou de substances minérales, comme la silice ou le carbonate de calcium.

Les cellules de beaucoup d'Arthropodes ont un squelette unilatéral externe de chitine. Chez d'autres Animaux, la membrane est composée de quelque matière azotée (chondrine, etc.). Fréquemment les membranes deviennent tellement épaisses que les cellules font presque l'effet de n'être plus que des enclaves au milieu de leur abondante sécrétion. C'est cette mésoglée qui constitue la plus grande masse du tissu conjonctif (fig. 37), du tissu cartilagineux (fig. 38), du tissu osseux (fig. 39). La mésoglée s'organise souvent en fibrilles, en fibres (fig. 37, 38), en lamelles, etc.

Les Schizophytes (fig. 19), les Phyco-flagellates (fig. 20), et les Algues (fig. 50), ont une membrane plus ou moins cellulosique, souvent gélifiée et gonflée d'eau. Les Champignons ont en général une membrane chitineuse.

Les Sporozoaires et les Infusoires n'ont d'enveloppe détachable que lorsqu'ils passent à l'état de vie ralentie et s'enferment dans une paroi cystique. Pendant leur période d'activité, ces mêmes cellules sont limitées par un pellicule ou cuticule (fig. 30 c), qui est une simple transformation de la couche superficielle du cytoplasme; aussi lorsqu'on les place dans une solution trop concentrée, voit-on la pellicule, restant adhérente au cytoplasme, se plisser et se

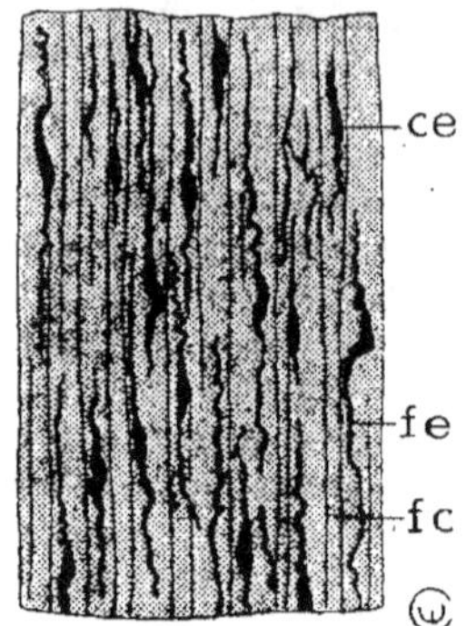

Fig. 37.

COUPE LONGITUDINALE DU LIGA-MENT DE LA NUQUE CHEZ UN FŒTUS DE CHEVAL DE 6 MOIS.

fe, fibres élastiques; **ce,** cellules élastiques; **fc,** fibres du tissu conjonctif formant la masse fondamentale du filament.

(D'après M. PRENANT.)

ratatiner en même temps que lui (fig. 4). Des pellicules du même genre existent autour de cellules animales : tel est le sarcolemme des muscles striés (fig. 46).

b) *Carapaces et squelettes.* — La membrane qui entoure la cellule n'est pas seulement une protection, elle procure aussi un soutien au protoplasme, mélange semi-liquide de matières colloïdes. Chez les Rhizopodes les cellules, souvent assez grosses pour être visibles à l'œil nu, sont dépourvues de tout revêtement dur. Les unes sont renfermées dans des carapaces, de nature très diverse (Thécamébiens), les autres ont un véritable squelette, tantôt minéral, par exemple en silice (Radiolaires), en sulfate de strontium

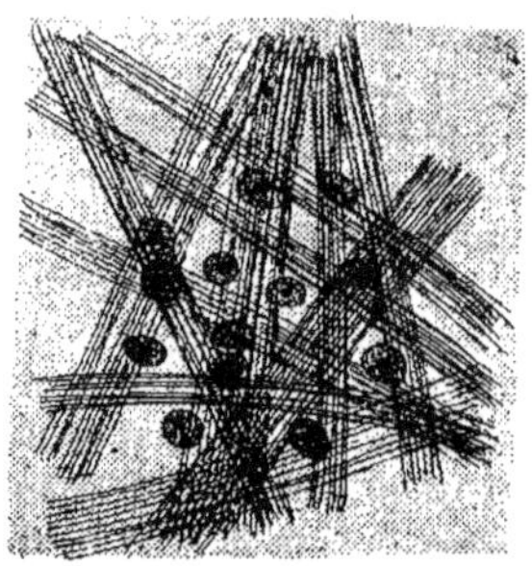

Fig. 38.

COUPE DU CARTILAGE HYALIN DE L'ÉPIPHYSE INFÉRIEURE DU TIBIO-TARSE CHEZ LE CANARD.

Entre les cellules, des faisceaux de fibrilles de la substance fondamentale du cartilage.

(D'après M. VAN DER STRICHT. — Copié dans PRENANT.)

(Acanthaires), ou en calcaire (Foraminifères), tantôt organique (Héliozoaires).

c) *Réserves dans le cytoplasme.* — Tout protoplasme actif doit renfermer des réserves. Ainsi beaucoup des nucléoles sont simplement des provisions de substances qui seront utilisées lors de la division et de la croissance des noyaux. De même, il y a d'abondantes réserves

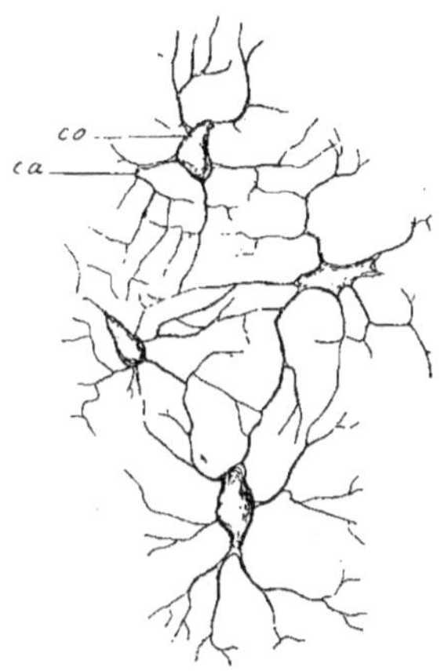

Fig. 39.

CELLULES DE L'OPERCULE OSSEUX DE CARAS-
SIUS AURATUS (POISSON ROUGE).

co, cellules osseuses; ca, canalicules
réunissant les cellules à travers la mésoglée.
(D'après M. PRENANT.)

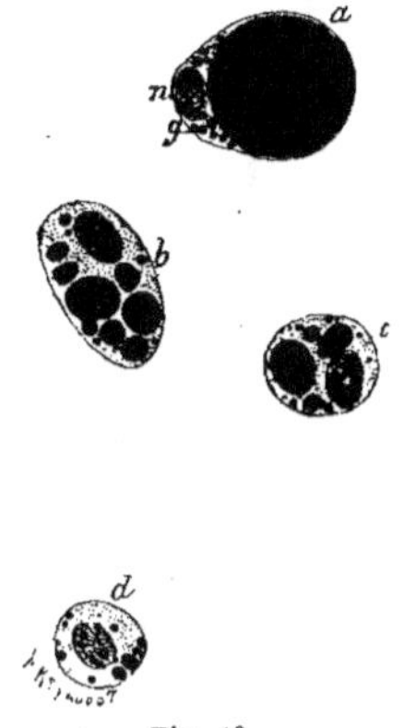

Fig. 40.
CELLULES ADIPEUSES DU TISSU
CONJONCTIF SOUS-CUTANÉ D'UN
EMBRYON DE BŒUF DE
45 CENTIMÉTRES.

La graisse est colorée en noir
par l'acide osmique; **n**, noyau;
g, granulations graisseuses.
(D'après RANVIER, 1889.)

dans les cellules qui vont devoir fournir soit des matériaux pour la construction de nouveaux tissus, soit de l'énergie pour l'accomplissement d'un travail. Souvent ces substances s'accumulent dans le cytoplasme. C'est le cas pour le glycogène, pour les corps gras (fig. 40), et pour la plupart des albuminoïdes. Ainsi le jaune de l'œuf des Oiseaux n'est autre chose qu'un amas énorme de réserves cytoplasmiques dépendant d'une seule cellule.

d) *Réserves dans les plastides.* — D'autres substances se localisent dans les plastides; c'est le cas pour les grains d'amidon. Ils sont de formes très diverses, suivant leur origine. Quand un seul grain naît au centre d'une plastide, les couches successivement apposées sont à peu près concentriques; mais si le grain naît près du bord de la plastide, les couches seront plus épaisses du côté de l'intérieur de la plastide que du côté du bord. Lorsque plusieurs grains naissent et grandissent ensemble dans une plastide, ils se compriment mutuellement ; il arrive aussi que plusieurs grains, nés ensemble, grandissent d'abord séparément et qu'ensuite il se produise des couches communes, entourant tout l'ensemble (fig. 41).

e) *Substances contenues dans les vacuoles.* — Beaucoup de corps se dissolvent dans le suc cellulaire et s'accumulent de cette façon : sucres, glycosides, matières colorantes, etc. D'autres y sont à l'état

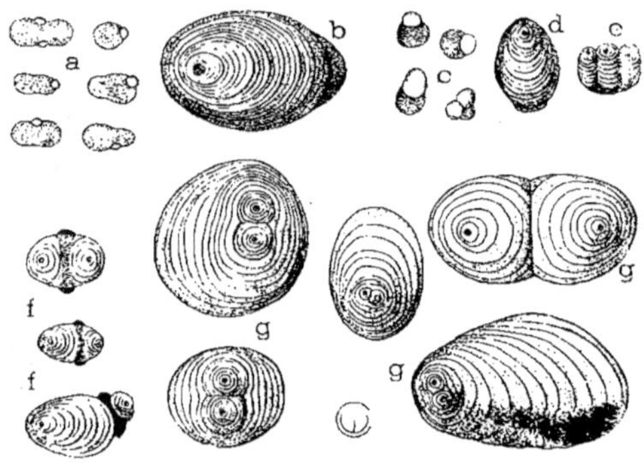

Fig. 41.

FORMATION DES GRAINS D'AMIDON.

a, grains d'amidon encore tout petits, naissant dans des plastides vertes, chez *Oxalis Ortgiesi ;* **b**, un grain d'amidon semblable, devenu beaucoup plus gros ; la plastide se voit à droite ; **c**, grains, encore très petits, dans des plastides vertes, chez *Begonia cucullata ;* **d**, un grain simple et **e**, un grain composé, de la même plante ; **f**, trois plastides vertes d'un tubercule de Pomme de terre, exposé à la lumière ; elles ont formé des grains encore simples ; **g**, des grains demi-composés détachés de leur plastide.

(D'après SCHIMPER, 1880 et 1881.)

colloïdal, par exemple l'inuline. Il en est qui finissent par se déposer dans les vacuoles sous l'aspect de grains arrondis ou plus ou moins cristallisés ; c'est ce qui se passe pour certains albuminoïdes, les aleurones, qui se présentent dans les cellules des graines mûres, c'est-à-dire desséchées et à l'état de vie latente, sous la forme de globoïdes et de cristalloïdes.

f) *Déchets de la désassimilation.* — Enfin l'activité vitale laisse dans les cellules des détritus dont elles ont souvent beaucoup de peine à se débarrasser. Celles qui possèdent des vacuoles pulsatiles les éliminent par l'intermédiaire de ces dernières. Il semble toutefois que certains produits ne puissent pas être évacués de cette façon (fig. 30, E). Les cellules animales baignées par la lymphe, peuvent y déverser l'urée et d'autres rebuts. Mais les cellules végétales, emprisonnées dans leur membrane, et n'ayant de contact qu'avec des cellules analogues, doivent souvent conserver en elles-mêmes leurs résidus;

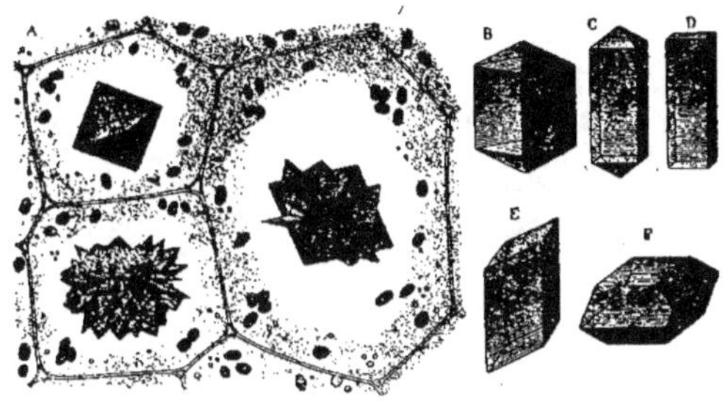

Fig. 42.
CRISTAUX D'OXALATE DE CALCIUM.
A, cristaux et macles dans les vacuoles de cellules végétales; **B, C, D, E, F**, diverses formes de cristaux.
(D'après FRANK. — Copié dans CHODAT, 1911.)

c'est notamment ce qui se passe pour l'oxalate de calcium; il cristallise dans les vacuoles sous les formes les plus variées.

D. LES COMMUNICATIONS INTERCELLULAIRES.

Nous avons raisonné jusqu'ici comme si les cellules étaient complètement indépendantes, comme si elles s'isolaient les unes des autres à leur naissance et restaient définitivement séparées. Or cela n'est vrai que pour les cellules libres, tant chez les Protistes que chez les Animaux et les Plantes : êtres unicellulaires, spores des Champignons et des Mousses, leucocytes des Animaux, cellules sexuelles mobiles, etc. — tandis que la plupart des cellules des êtres pluricellulaires restent en connexion intime par des communications cytoplasmiques.

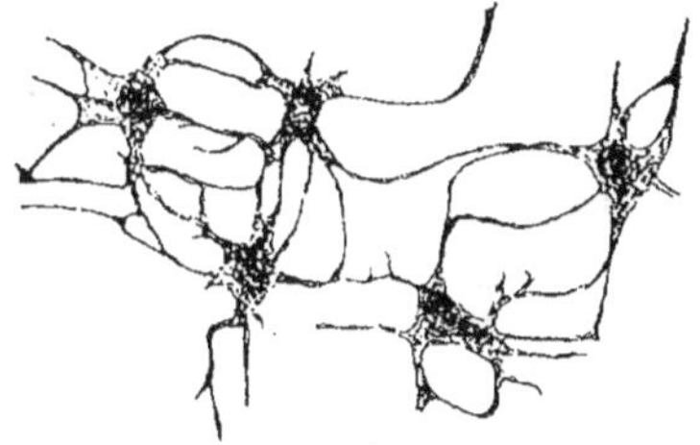

Fig. 43.
CELLULES DE LA CORNÉE DU VEAU.
(D'après M. O. HERTWIG, 1906.)

a) *Plasmodesmes*. — Tout d'abord, lors de la division cellulaire, les cellules ne se séparent pas complètement : à travers la nouvelle membrane passent de minuscules cordons cytoplasmiques, les plasmodesmes, mettant en communication les deux cellules sœurs. Le même phénomène se répète à chaque bipartition et l'ensemble de l'édifice cellulaire d'un Animal ou d'une Plante garde ainsi des relations immédiates entre toutes ses parties. L'individu considéré dans son ensemble, est donc en réalité formé d'un réseau protoplasmien continu (fig. 29, 43, 44).

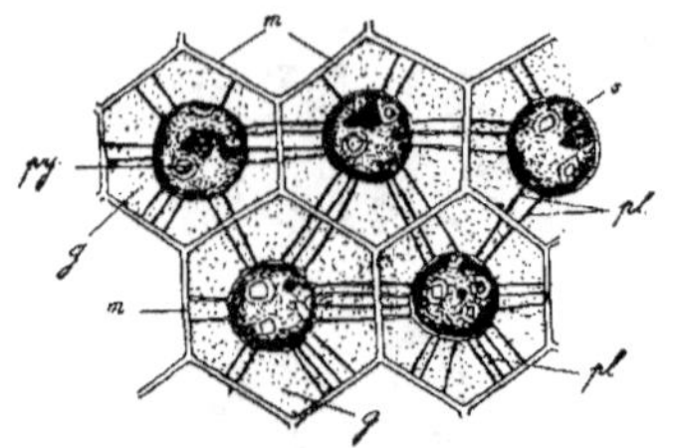

Fig. 44.

CELLULES D'EUDORINA ELEGANS

(Flagellate).

a, cuticule externe; b, cuticule interne; pl, communications cytoplasmiques ; s, stigma; py, pyrénoïde; g, gelée; m, lamelle latérale.
(D'après M. CONRAD, 1913.)

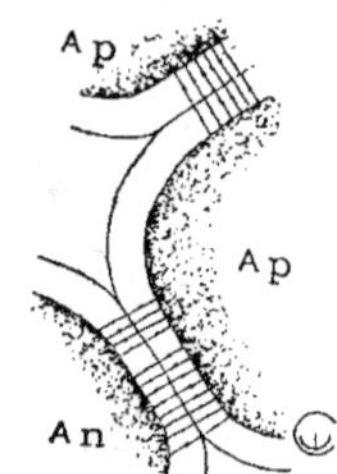

Fig. 45.

COMMUNICATIONS INTERCELLU-LAIRES ÉTABLIES APRÈS COUP ENTRE LES TISSUS DE DEUX PLANTES.
Abies nobilis (An), greffé sur *A. pectinata* (Ap).
(D'après STRASBURGER, 1901).

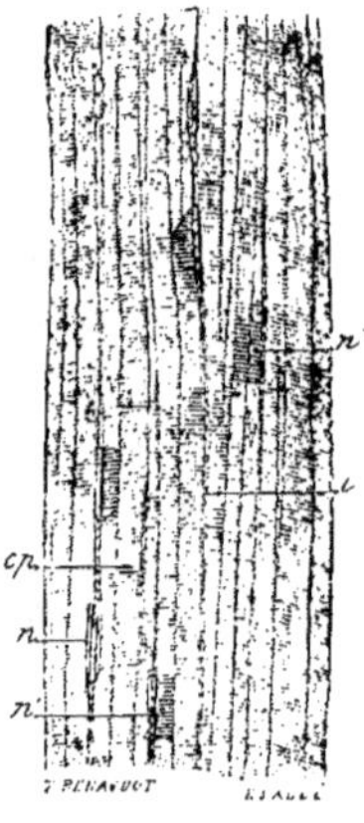

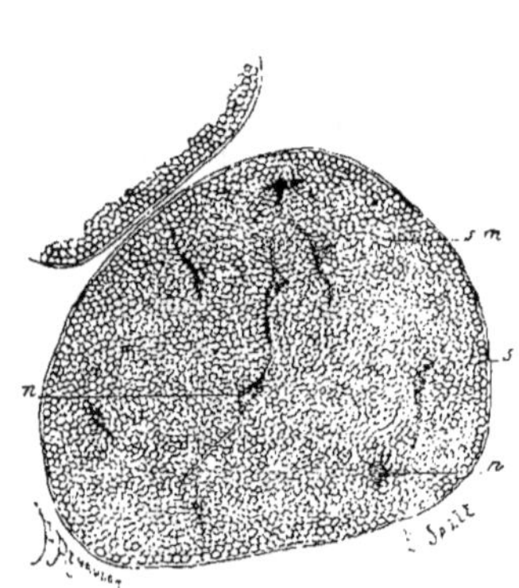

Fig. 46.

FAISCEAU MUSCULAIRE DU COUTURIER DE LA GRENOUILLE.

A gauche, vue superficielle ; à droite, coupe transversale ; cp, cylindres primitifs ; i, interstices ; n, n', n", noyaux : s, sarcolemme ; sm, substance musculaire.
(D'après RANVIER, 1889.)

Mais il y a plus. Lorsqu'on opère une greffe, c'est-à-dire lorsqu'on soude une partie d'un organisme à un autre individu, les mêmes communications intercellulaires s'établissent entre le greffon et le sujet avec lequel il vit : dans les cellules voisines des deux individus, les membranes se perforent et livrent passage à des plasmodesmes (fig. 45).

b) *Apocyties.* — Chez beaucoup d'organismes, les cellules ne se séparent pas lors de la division : les noyaux, les centrosphères, les plastides, etc., se multiplient sans qu'une fragmentation s'opère dans le cytoplasme et sans que des membranes viennent cloisonner l'ensemble. Il se constitue ainsi une apocytie.

Les noyaux, les plastides, etc., sont entraînés par les courants cytoplasmiques d'un bout à l'autre de l'apocytie; toute la masse est donc sans cesse brassée et remaniée.

Certaines apocyties sont nues ou limitées par une simple pellicule (fig. 46).

D'autres ont une membrane générale; souvent elles sont abondamment ramifiées; parfois elles présentent une étonnante différenciation externe, par exemple *Caulerpa* (fig. 27).

c) *Symplastes.* — Ce sont également des amas de cytoplasmes avec de nombreux noyaux. Mais tandis que les apocyties sont le résultat de divisions cellulaires non achevées, les symplastes proviennent de cellules d'abord isolées, qui après coup unissent et confondent leurs cytoplasmes. C'est donc uniquement le mode de formation qui distingue le symplaste de l'apocytie. Chez les Mycétozoaires il se produit des symplastes pesant plusieurs kilogrammes.

E. EVOLUTION DE LA CELLULE.

Beaucoup de cellules ont une anatomie sensiblement différente de celle que nous venons d'étudier : les unes se sont arrêtées à un degré d'évolution moins avancé; les autres ont au contraire dépassé le stade décrit.

Les plus remarquables parmi les cellules à évolution peu avancée sont celles des Schizophytes. Nous considérons qu'à tous les points de vue, ces êtres sont parmi les plus primitifs que nous connaissions. Leur protoplasme n'a pas encore effectué la différenciation en cytoplasme, noyau, centrosphère et plastides.

Les cellules les plus simples, celles des Schizomycètes, contiennent, — même chez les très grosses formes, qui sont visibles à l'œil nu, — un protoplasme creusé de vacuoles à suc cellulaire : dans le protoplasme sont éparpillées des granulations chromatiques, nullement condensées en noyau (fig. 47).

Chez les Schizophycées, on reconnaît dans le protoplasme creusé de vacuoles, une zone colorée qui joue le même rôle que les plastides des Algues ou des Végétaux, mais qui n'est pas délimitée vis-à-vis de la partie centrale non colorée. C'est uniquement dans cette dernière, appelée le corps central, que sont englobés, sans ordre apparent, les grains de chromatine. En somme, ni le cytoplasme, ni le noyau, ni les plastides ne sont individualisés dans le protoplasme de Schizophytes (fig. 17, 19).

Les Rhizopodes sont aussi parmi les moins évolués des Protistes. Chez certains la chromatine semble ne pas encore être concentrée en noyau, chez d'autres le noyau n'est pas encore pourvu d'une membrane.

Un cas très intéressant est celui où la chromatine est en partie rassemblée en un ou plusieurs noyaux. et en partie éparse dans le cytoplasme, sous forme de chromidies. Nous verrons plus loin que dans une cellule complètement évoluée, le noyau habituel remplit une double fonction : il est à la fois le porteur des propriétés héréditaires de la cellule et le centre de coordination de ses activités vitales. Or l'étude attentive des phénomènes de la reproduction chez ces Rhizopodes conduit à l'idée que les chromidies président à l'hérédité, tandis que les noyaux condensés remplissent plutôt une fonction végétative.

Certains Sporozoaires possèdent également, à des phases déterminées de leur évolution, des chromidies répandues dans le cytoplasme, en dehors du noyau. Mais ici il semble bien que le noyau soit préposé à l'hérédité et que les chromidies jouent le rôle végétatif.

Les Infusoires ont dans chaque cellule deux noyaux : un micronucléus, uniquement chargé de l'hérédité, et un macronucléus, tout aussi exclusivement végétatif (fig. 30).

Enfin chez d'autres Protistes et chez leurs descendants. les Animaux et les Végétaux, il y a un noyau unique. siège à la fois des fonctions héréditaires et des fonctions végétatives.

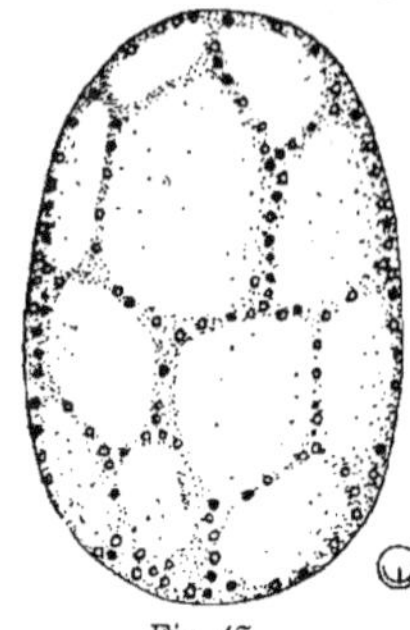

Fig. 47.

UNE CELLULE
D'UNE THIOBACTÉRIE
(*Achromatium*).

Dans les travées de protoplasme, grains de soufre, représentés par des petits contours, et grains de chromatine, représentés par des points pleins. Les vacuoles entre les travées étaient remplies d'une matière de réserve. Ces cellules atteignent 1/10 de mm. de long.

F. Relations entre les organes de la cellule.

Les divers organes d'une cellule sont interdépendants, puisque aucun d'eux ne se maintient en vie s'il est isolé.

Laissons de côté les fonctions de la centrosphère et le rôle du noyau comme porteur des tendances héréditaires, puisque nous aurons l'occasion de les voir en détail, et attachons-nous au rôle que joue ce noyau comme coordinateur des activités de toutes les parties de la cellule.

Pour qu'un épithélium cilié (fig. 33) puisse déterminer un courant régulier dans le liquide qui le baigne, il faut naturellement que les battements des cils se fassent suivant un rythme strictement réglé. Aussi tous les cils sont-ils reliés entre eux par des fibrilles qui vont aboutir tout près du noyau. Une disposition analogue existe dans les cellules des Infusoires et des Flagellates.

Le noyau a certainement une part dans la régulation des phénomènes nutritifs. Ainsi, un lambeau de cytoplasme isolé d'un Rhizopode peut

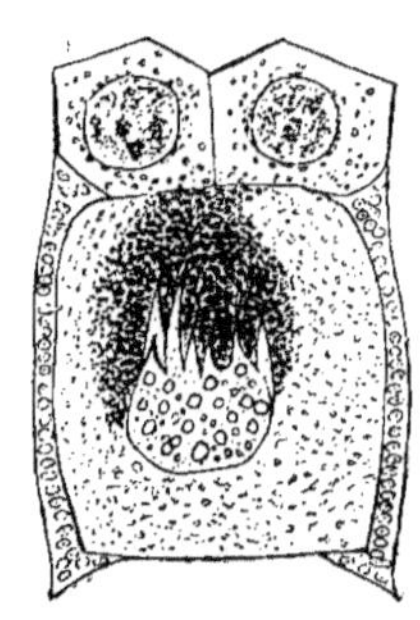

Fig. 48.

ŒUF EN VOIE DE CROISSANCE D'UN INSECTE

(*Dytiscus marginalis*).

Le noyau de l'œuf envoie des pseudopodes vers les cellules nutrimentaires si tuées plus haut.

(D'après M. Korschelt. Copié dans Verworn, 1900.)

encore, s'il ne contient pas de noyau, saisir des aliments, mais il n'est plus capable de les digérer.

Dans les œufs de certains Insectes, on voit le noyau pousser des sortes de pseudopodes vers les cellules dont l'œuf tire de la nourriture (fig. 48).

Le noyau exerce une action indubitable sur la formation de la membrane. On peut facilement fractionner le protoplasme d'une cellule végétale en plusieurs portions : celle qui possède le noyau reforme une membrane, tandis que celles qui en sont privées ne le peuvent pas, à moins qu'elles ne soient en communication avec une portion nucléée par un filament cytoplasmique (fig. 49).

Autre fait du même genre. Dans les grosses

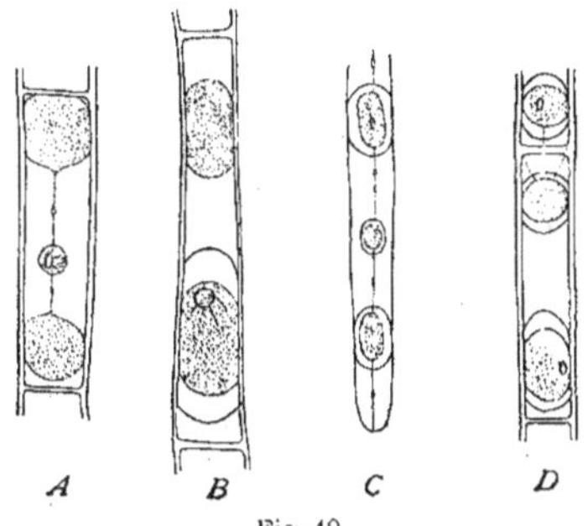

Fig. 49.

L'ACTION DU NOYAU
SUR LA FORMATION DE LA MEMBRANE.

A, cellule d'un poil de la feuille de *Cucurbita*, avec masses cytoplasmiques réunies par des fils de cytoplasme ; des membranes se formeront autour de chaque masse ; **B,** cellule d'un poil du calice de *Gaillardia* : le fragment nucléé a formé une membrane, mais non le fragment sans noyau ; **C,** rhizoïde de *Marchantia* : tous les fragments ont fait une membrane ; **D,** cellules d'un poil foliaire de *Cucurbita* : le fragment non nucléé a fait une membrane parce qu'il est relié par des plasmodesmes au noyau d'une cellule voisine.

(D'après M. Townsend, 1897.
Copié dans Wilson.)

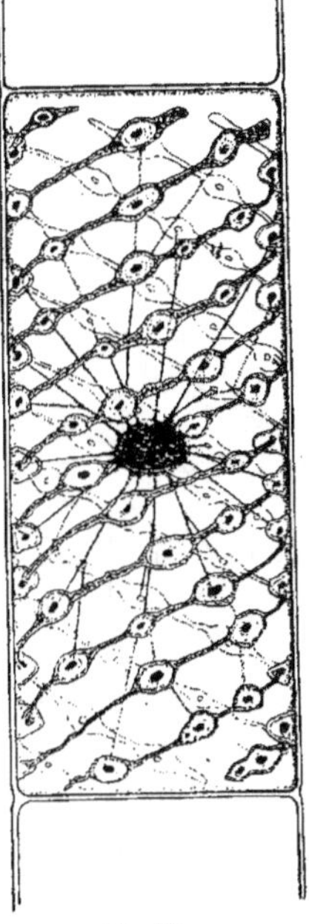

Fig. 50.

CELLULE DE SPIROGYRA
CRASSA.

Ce noyau est suspendu au centre de la cellule par des fils cytoplasmiques qui se rendent aux pyrénoïdes ; ceux-ci sont logés dans des élargissements des plastides chlorophylliennes ; ils sont entourés d'un anneau d'amidon.

cellules de *Spirogyra*, des communications directes relient le noyau à chacun des pyrénoïdes : on voit des filaments se détacher du cytoplasme entourant le noyau, traverser la vacuole et aboutir à chaque pyrénoïde (fig. 50).

Enfin, voici un phénomène où se reflète clairement tout l'ensemble des relations entre le noyau et les autres parties de la cellule. On peut par divers procédés obtenir des cellules où la masse du noyau est doublée : on voit alors le volume de la cellule doubler également.

**Comparaison du volume de cellules de Mousses contenant
la quantité normale de chromatine ($1n$) et la quantité double ($2n$).**
(D'après MM. El. et Em. Marchal, 1909.)

	Rapport $\dfrac{1n}{2n}$				
	Cellules des feuilles.	Cellules du tissu anthéridien.	Oosphères.	Cellules-mères des spores avant le synapsis.	Spores.
Bryum caespiticium . .	$\dfrac{1}{2.3}$		$\dfrac{1}{1.9}$		
Mnium hornum . . .	$\dfrac{1}{1.8}$	$\dfrac{1}{1.8}$			
Amblystegium serpens .	$\dfrac{1}{2}$			$\dfrac{1}{1.9}$	$\dfrac{1}{2.1}$

Nous verrons comment on peut amener les Mousses à faire des
cellules ayant un noyau de double grosseur ($2n$). Le tableau ci-dessus
indique pour cinq sortes de cellules le rapport du volume de la cellule $1n$
à celui de la cellule $2n$. On y voit clairement que le volume de la cellule $2n$
est double (voir aussi fig. 147).

<h3 style="text-align:center">2. LA DISPOSITION DES CELLULES.</h3>

Les cellules de beaucoup de Protistes et les cellules libres des
Animaux et des Plantes se séparent aussitôt après leur formation.

A part ces cas relativement exceptionnels, les cellules restent
groupées et présentent les unes par rapport aux autres un agence-
ment qui est caractéristique pour chaque sorte d'éléments.

Souvent la disposition à l'état adulte est exactement celle que les
cellules possédaient déjà au moment de leur naissance. Ailleurs
elles se déplacent après coup et elles contractent des adhérences
nouvelles.

Quelle que soit l'origine de l'architecture cellulaire définitive, il
est intéressant de savoir en quels points naissent de jeunes cellules.

Nous étudierons donc successivement la disposition primaire et la
disposition secondaire des éléments, puis le lieu de leur formation.

<h3 style="text-align:center">A. Disposition primaire.</h3>

Lorsque les éléments conservent indéfiniment les rapports réciproques qu'ils ont au moment de leur naissance, leur disposition
dépend uniquement de la manière dont s'effectue le cloisonnement
lors de la division.

a) *Filaments simples.* — Supposons une cellule cubique dans laquelle toutes les cloisons successives sont parallèles entre elles (fig. 51).

La croissance des cellules, croissance toujours perpendiculaire

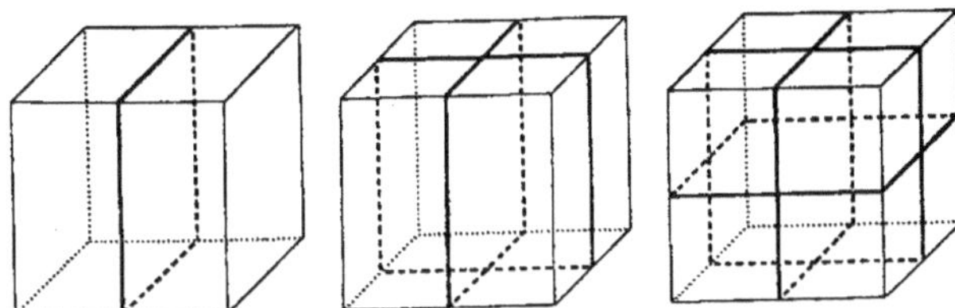

Fig. 51.
SCHÉMAS DU CLOISONNEMENT DE CELLULES SUPPOSÉES CUBIQUES.
A gauche, une direction de cloisonnement; au milieu, deux directions; à droite, trois directions.

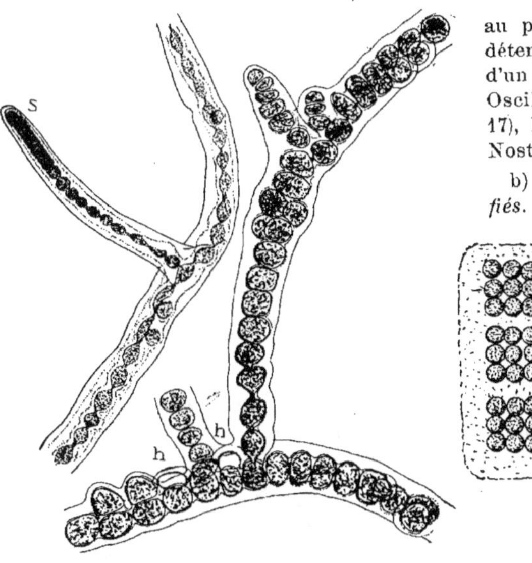

Fig. 52.
FILAMENTS RAMIFIÉS D'UNE SCHIZOPHYCÉE
(*Stigonema panniforme*).
Communications entre les cellules adultes ; **s**, point végétatif; **h**, hétérocystes.

au plan des cloisons, détermine la formation d'un filament simple : Oscillatoriacées (fig. 17), Bactéries (fig. 18), Nostocacées (fig. 19).

b) *Filaments ramifiés.* — Si dans un fila-

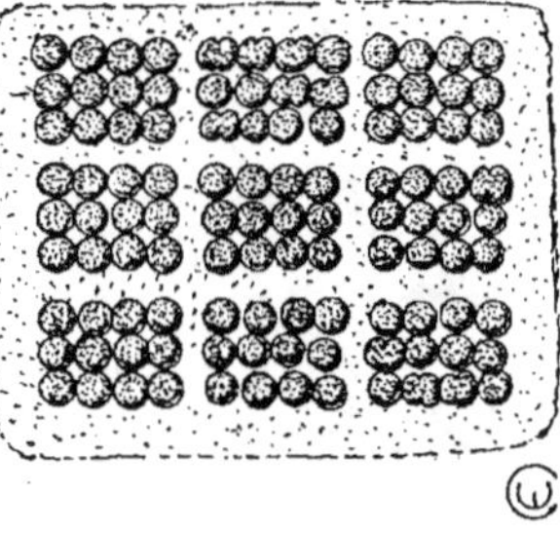

Fig. 53.
LAME UNISÉRIÉE
D'UNE SCHIZOPHYCÉE
(*Merismopedia*).
Quelques cellules commencent à se diviser de nouveau.

ment de ce genre une cellule se cloisonne perpendiculairement au plan habituel, il se produira une file de cellules appuyée sur le fila- ment primitif et celui-ci sera ramifié : *Stigonema* (fig. 52).

c) *Lames simples*. — Partons de]nouveau de la cellule cubique (fig. 51, au milieu) et supposons qu'au lieu de donner des cloisons toutes parallèles, elle se découpe dans deux directions par des cloi-

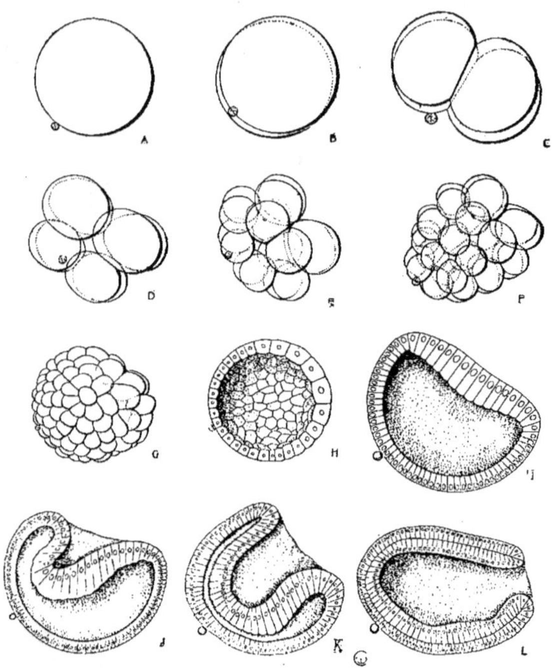

Fig. 54.

SEGMENTATION DE L'ŒUF D'AMPHIOXUS ET FORMATION DE LA GASTRULA.

A, le second globule polaire est resté attaché à l'œuf ; il détermine la position du plan de symétrie de l'œuf : c'est par lui que passe le plan qui sépare la moitié gauche de la moitié droite du futur organisme ; **B**, division en 2 cellules ; **C**, division en 4 cellules, par un plan perpendiculaire au premier, passant aussi par le globule polaire ; **D**, division en 8 cellules, par un plan perpendiculaire aux deux premiers ; **E**, division en 16 cellules, par des plans parallèles au premier ; **F**, division en 32 cellules, par des plans parallèles au deuxième ; **G**, division en 64 cellules, par des plans parallèles au troisième ; **H** à **L**, coupes dans l'embryon parallèlement au premier plan de division ; **H**, blastula ; **I**, **J**, invagination de la blastula par le pôle opposé au deuxième globule polaire ; **K**, gastrula ; **L**, chordula.

(D'après M. Cerfontaine, 1905.)

sons placées à angle droit. La croissance des cellules et leur cloisonnement par de nouvelles parois parallèles aux premières donneront une lame plate formée d'une seule épaisseur de cellules : *Merismopedia* (fig. 53).

d) *Massifs*. — Enfin, supposons que la cellule cubique se cloisonne dans les trois directions de l'espace (fig. 51, à droite). Il naîtra un édifice cellulaire ayant la forme d'un massif cubique.

C'est le mode de cloisonnement qui est le plus commun chez les Animaux et les Végétaux. Ainsi, les racines, les tiges et les feuilles des Plantes supérieures sont des massifs cellulaires.

La segmentation de l'œuf des Animaux se fait aussi suivant le même type (fig. 54).

B. Disposition secondaire.

Fréquemment les cellules ne gardent pas la disposition initiale.

Ainsi dans une colonie d'*Eudorina elegans* (fig. 20), chacune des trente-deux cellules se segmente par des cloisons orientées suivant

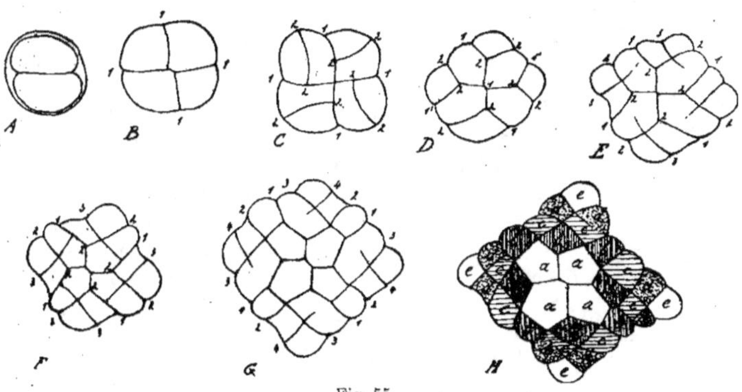

Fig. 55.

SEGMENTATION DE LA CELLULE D'EUDORINA ELEGANS.
Au stade **H**, il y a 32 cellules : quatre **a**, qui constitueront la rangée antérieure (voir fig. 20); huit **b**, huit **c** et huit **d** qui constitueront trois anneaux successifs de 8 cellules ; quatre **e**, qui constitueront la rangée postérieure.
(D'après M. Chodat, 1902. — Copié dans Conrad, 1913).

deux directions; de cette façon naît une lame plane formée de trente-deux cellules (fig. 55).

Mais cette architecture ne se maintient pas : les bords de la plaque se rapprochent et l'ensemble prend l'aspect d'une boule creuse. En même temps les membranes se sont gélifiées; les cellules sont à présent immergées dans une masse gélatineuse transparente, à la périphérie de laquelle elles sont rangées en une assise unique.

De même, chez les Animaux, la segmentation de l'œuf donne d'abord un massif plein; celui-ci devient une *blastula* par l'écartement des cellules (fig. 54, H), puis une *gastrula* par invagination d'une partie de la surface de la blastula (fig. 54, I, J, K).

C. Lieu de formation des cellules.

Le filament d'Oscillatoriacée (fig. 17), la lame de *Merismopedia* (fig. 53) ont un caractère commun : toute cellule, quelle que soit sa position, a la faculté de se diviser lorsqu'elle a atteint la taille voulue. En d'autres termes, il n'y a aucune différenciation en cellules adultes et cellules restées embryonnaires.

Chez les Protistes unicellulaires, il en est naturellement de même.

Mais cette règle est loin de s'appliquer à tous les organismes. Déjà chez des êtres très peu spécialisés, tels que *Stigonema* (fig. 52), une distinction s'est établie entre les cellules définitives et les cellules embryonnaires. Celles-ci sont localisées au sommet du filament : c'est uniquement là que se fait la multiplication cellulaire ; aussi toute cellule un peu éloignée du point végétatif perd-elle la faculté de se diviser dans les conditions habituelles.

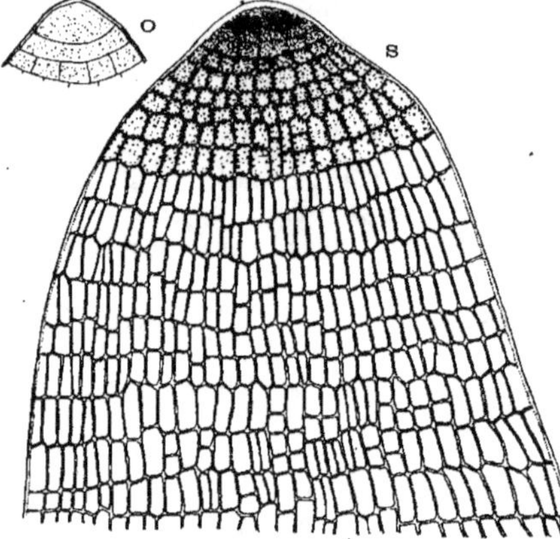

Fig. 56.

SOMMET D'UN RAMEAU DU THALLE D'UNE ALGUE BRUNE
(*Dictyota dichotoma*).

s, vue superficielle ; les plastides ne sont marquées que dans quelques rangées de cellules jeunes ; o, coupe optique d'un autre sommet, montrant l'attache rectangulaire des jeunes cloisons.

Un grand nombre de Champignons et d'Algues, et tous les Végétaux proprement dits, possèdent ainsi à l'extrémité de leurs organes un point végétatif. Tantôt celui-ci ne comprend qu'une seule initiale, c'est-à-dire une seule cellule dont dérivent toutes les autres (fig. 56), tantôt les initiales sont plus nombreuses.

3. LES FONCTIONS DE LA CELLULE.

Nous avons déjà passé en revue les fonctions internes de la cellule, c'est-à-dire celles qui assurent les rapports de ses diverses parties. Examinons maintenant le fonctionnement de la cellule dans son ensemble.

La physiologie de la cellule se confond naturellement avec celle de l'organisme tout entier, puisque dans celui-ci il n'y a de vivant que le protoplasme. Il n'existe, en effet, dans l'Animal ou dans le Végétal aucune fonction, si délicate et si particulière soit-elle, qui n'ait sa place tout indiquée dans la physiologie cellulaire : depuis la sécrétion de toxines par le Bacille de la tuberculose jusqu'à l'utilisation des engrais chimiques par la Pomme de terre et jusqu'à l'élaboration d'une pensée dans le cerveau humain, tout n'est qu'activité protoplasmique. Mais nous nous bornerons ici à l'étude des phénomènes purement cellulaires, c'est-à-dire de ceux qui ne sont pas liés à des appareils spécialisés. Ainsi nous ne nous occuperons ni de la contraction musculaire, ni de la digestion pancréatique, ni de la rigidité des tiges et des feuilles, ni des procédés de dissémination des semences. Ceux de ces phénomènes qui sont propres aux Animaux seront étudiés avec la zoologie ; les phénomènes végétaux feront partie du cours de botanique.

On examinera d'abord les phénomènes qui dépendent des forces moléculaires : pression osmotique, tension superficielle et imbibition.

Puis tout ce qui touche aux fonctions de nutrition, depuis la pénétration des aliments dans le corps de la cellule jusqu'à l'élimination des déchets de la désassimilation.

Enfin, les fonctions de relation qui mettent les cellules en communication avec le monde extérieur, celui-ci comprenant aussi les autres cellules du même individu.

Il resterait encore à examiner les fonctions de reproduction. Mais à celles-ci sera consacré un chapitre spécial : celui de la genèse des cellules.

A. Phénomènes moléculaires.

1. La pression intracellulaire. — Turgescence et plasmolyse.

Toute solution est le siège d'une pression osmotique résultant du choc des particules dissoutes contre la paroi du récipient. Cette pression ne se manifeste que si la solution est délimitée par une paroi semiperméable (c'est-à-dire perméable au dissolvant, mais non aux substances dissoutes) dont l'autre face est baignée par le dissolvant.

Voici une expérience qui donne une bonne idée de la pression osmotique.

On dépose un cristal de ferrocyanure de potassium au fond d'une solution faible de sulfate de cuivre. Le ferrocyanure se dissout aussitôt, mais au contact de SO_4Cu naît du ferrocyanure de cuivre qui se précipite en une couche continue entre les deux solutions. Or, cette membrane est semiperméable : elle se laisse traverser facilement par l'eau, mais pas du tout par le ferrocyanure de potassium ni par SO_4Cu. De nouvelles quantités de ferrocyanure de K entrent en solution dans le liquide délimité par la membrane semiperméable : la pression osmotique augmente donc et un moment vient où elle fait éclater la paroi ; une petite masse liquide est expulsée par la fissure ; mais au contact du ferrocyanure de K, un précipité de ferrocyanure de Cu vient cicatriser la blessure. La dissolution du ferrocyanure de K continuant, la pression osmotique devient encore une fois supérieure à la résistance qu'oppose la membrane limitante ; une nouvelle fissure se produit par laquelle passe une nouvelle quantité de solution de ferrocyanure de K, mais encore une fois une membrane semiperméable arrête le mouvement Dans cette expérience, on voit par conséquent la pression osmotique se manifester par les ruptures successives de la paroi, chaque rupture permettant une légère croissance de la cellule artificielle.

Y a-t-il dans la cellule vivante quelque chose qui correspond à la solution de ferrocyanure de K, d'une part, et à la membrane semiperméable, d'autre part?

Le protoplasme, avons-nous vu, est formé de colloïdes plus ou moins liquides retenus dans les mailles de colloïdes plus ou moins solides. Mais il y a aussi des substances dissoutes dans ces colloïdes; et le protoplasme est donc le siège d'une pression osmotique.

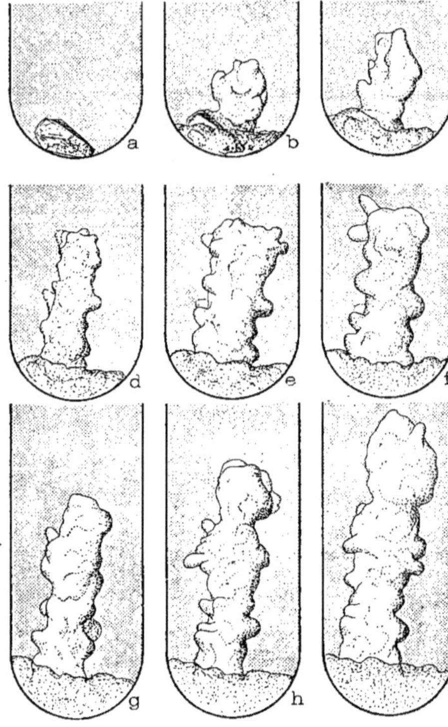

Fig. 57.

LA CROISSANCE D'UNE SOLUTION CONCENTRÉE
DE FERROCYANURE DE POTASSIUM DANS UNE SOLUTION
DE SULFATE DE CUIVRE A 2 P. C.

a, immédiatement après qu'un fragment de ferrocyanure a été jeté dans la solution de sulfate de cuivre ; **b,** après 5 minutes ; **c, d, e, f, g, h. i,** à des intervalles de 90 secondes.

Quant à la membrane semiperméable, c'est simplement la couche périphérique du cytoplasme.

Voici des expériences qui mettent en évidence cette propriété du cytoplasme :

La racine de Raifort (*Cochlearia Armoracia*) dégage, lorsqu'on l'écrase ou qu'on la coupe en rondelles, une odeur très piquante due à l'essence de moutarde ou isosulfocyanate d'allyle. Celui-ci naît par la réaction suivante :

$$C_{10} H_{18} NKS_2 O_{10} = C_2 H_5 NC_2 S + C_6 H_{12} O_6 + SO_4 HK$$

myronate de K   isosulfocyanate   glycose   sulfate acide
d'allyle   de K

La décomposition du myronate de K ne se fait qu'en contact d'un ferment soluble, la myrosine. Le myronate et la myrosine existent tous les deux dans les tissus du Raifort et il suffit de les mélanger pour que l'essence se

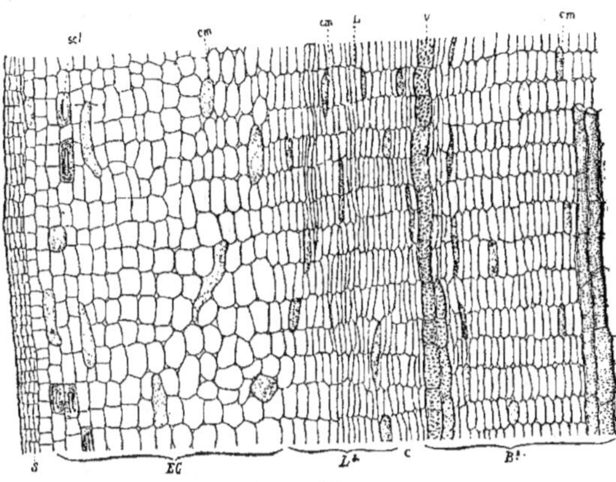

Fig. 58.

COUPE LONGITUDINALE DANS UNE RACINE DE RAIFORT
(*Cochlearia Armoracia*).

s, liège ; **EC**, écorce ; **L²**, liber secondaire ; **c**, cambium ; **B²**, bois secondaire ; **scl**, cellules scléreuses ; **cm**, cellules contenant la myrosine ; **v**, vaisseaux.

(D'après M. Guignard, 1890.)

dégage instantanément. Or la racine intacte n'a pas la moindre odeur, ce qui prouve que les deux substances n'arrivent pas en contact. L'examen microchimique montre que le myronate existe dans la plupart des cellules parenchymateuses, tandis que la myrosine est localisée dans des cellules spéciales. Quoique les cellules à myrosine et les cellules à myronate se touchent, la semiperméabilité du cytoplasme empêche que ces substances se rencontrent.

Il est évident que la semiperméabilité n'est pas absolue, sinon la nutrition serait impossible, puisque l'aliment ne pénètrerait pas dans le protoplasme et les déchets de la désassimilation ne s'échapperaient pas. La semiperméabilité est élective, en ce sens que le protoplasme est plus ou moins perméable pour telles molécules, par exemple pour l'urée, et presque complètement imperméable pour d'autres.

La semiperméabilité est liée à l'intégrité du protoplasme ; il suffit

5

en effet de le tuer par un moyen quelconque, mécanique, physique ou chimique pour qu'aussitôt cette curieuse propriété se perde. Ceci est facile à démontrer.

Les hématies des Vertébrés portent une matière rouge, l'hémoglobine, qui reste fixée sur elles sans diffuser dans le plasme sanguin. Mais tout ce qui endommage le protoplasme des hématies provoque la sortie de l'hémoglobine. Nous avons cité plus haut (p. 8) l'action de nombreux poisons. On peut y ajouter le venin du Cobra (*Naja tripudians*) qui agit à dose presque infinitésimale.

Voici maintenant une perturbation physique. Dans des solutions qui sont isotoniques avec le sang, les globules rouges restent inaltérés ; mais dans des solutions trop peu concentrées, l'hémoglobine diffuse.

Autre exemple. Les cellules du parenchyme de la racine de Betterave rouge contiennent du suc cellulaire coloré par une matière rouge. Tant que le protoplasme est intact, aucune diffusion ne se produit. Mais qu'on plonge les tranches de Betterave pendant quelques instants dans l'eau bouillante, et aussitôt la matière colorante s'échappe des cellules.

La cellule vivante comprend donc tout ce qui est nécessaire pour que la pression osmotique se manifeste : une solution entourée d'une membrane semiperméable.

A la pression interne, tendant à faire gonfler la cellule, font équilibre d'autres forces moléculaires qui tendent au contraire à la ramener à ses dimensions premières : ce sont la cohésion du protoplasme et la tension superficielle. Mais ces forces n'ont évidemment qu'une valeur très faible, et des cellules nues, privées de membrane, seront donc le siège d'une pression osmotique à peine supérieure à celle du liquide ambiant.

Qu'arrive-t-il quand des cellules de ce genre sont plongées dans des solutions plus concentrées ou moins concentrées? Dans le premier cas, elles diminuent de volume ; dans le second, elles augmentent.

**Volume des globules du sang
dans des solutions hypotoniques et hypertoniques.**

(D'après M. HAMBURGER, 1899.)

—	Volume total des hématies dans une quantité donnée de sang de Cheval.	Volume total des leucocytes, dans une autre quantité de sang de Cheval.
Solution de NaCl à 7 °/₀ : hypotonique	46	39.5
Sérum (isotonique avec NaCl à 90 °/₀)	40.75	34.25
Solution de NaCl à 1.2 °/₀ : hypertonique	36	31
Solution de NaCl à 1.5 °/₀ : hypertonique	33.25	28.5

L'expérience est facile à réaliser avec les globules rouges et les globules blancs du sang. Des volumes identiques de sérum renfermant l'une ou l'autre des deux sortes de cellules sont additionnés de liquides de concentration connue, puis soumis simultanément à la centrifugation. Les globules sont refoulés au fond des tubes. Le tableau précédent résume des expériences sur les globules sanguins du Cheval.

On peut d'ailleurs suivre au microscope les modifications de volume des cellules. Des Infusoires marins sont placés d'une part dans de l'eau de mer qu'on dilue de plus en plus, d'autre part dans des solutions de NaCl qu'on concentre progressivement. Dans les liquides hypotoniques, on voit les cellules gonfler, se vacuoliser et finalement se rompre sous la pression interne ; dans les solutions hypertoniques, les mêmes cellules se rident, se plissent et se ratatinent (voir fig. 4).

Les cellules enfermées dans une enveloppe résistante peuvent naturellement devenir le siège d'une pression beaucoup plus forte que les cellules nues.

La partie centrale d'une cellule végétale adulte est généralement occupée par une grande vacuole (fig. 36) enveloppée d'une mince couche de cytoplasme. La pression développée par le suc cellulaire refoule le cytoplasme contre la membrane de cellulose, puis elle le distend, jusqu'à ce que son élasticité fasse équilibre à la poussée interne (fig. 59, A). La cellule a atteint alors son volume maximum : elle est turgescente. Mais comme la membrane est à la fois très élastique et très peu extensible, l'augmentation de volume est très faible, et pratiquement non mesurable.

Plongeons maintenant les cellules, non plus dans l'eau, mais dans une solution faible. La tension de la membrane va diminuer, puisque la pression qui se manifeste dans un système semiperméable est celle qui correspond à la différence entre les pressions à l'intérieur et à l'extérieur. Si on augmente la concentration du liquide extérieur, il viendra un moment où la tension de la membrane aura cessé complètement, et où le cytoplasme sera simplement collé contre la membrane détendue : à ce moment la solution externe et la solution interne sont isotoniques.

Si la concentration extérieure croît encore, de nouvelles molécules d'eau quittent le suc cellulaire ; mais l'enveloppe cytoplasmique ne peut plus maintenant se rapetisser qu'en se décollant de la membrane. C'est la plasmolyse (fig. 59, B).

Une nouvelle addition de substance soluble va amener le détachement total de l'utricule cytoplasmique et celui-ci diminuera jusqu'à ce que la sortie de molécules d'eau ait amené le suc cellulaire à être de nouveau isotonique avec le liquide externe (fig. 59, C à F).

Le phénomène de la plasmolyse donne le moyen de mesurer la pression intracellulaire. Les cellules sont placées dans des liquides de concentrations croissantes jusqu'à ce qu'elles montrent les premières traces de plasmolyse : la pression du liquide plasmolysant est

alors très légèrement supérieure à celle du suc cellulaire; on
admet pratiquement que les solutions sont isotoniques. Dans le

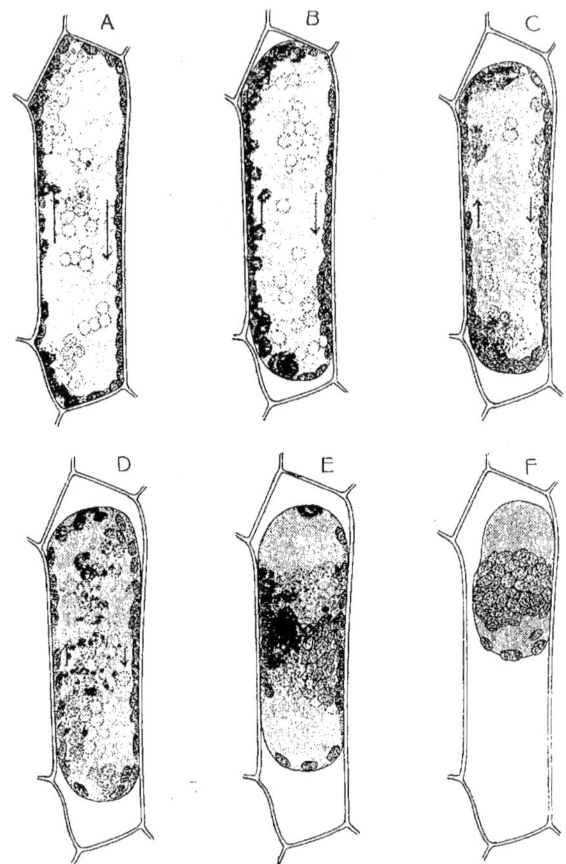

Fig. 59.

PHASES SUCCESSIVES DE LA PLASMOLYSE D'UNE CELLULE ASSIMILATRICE DE LA FEUILLE
D'ELODEA DENSA.

Les flèches indiquent la direction et les vitesses comparatives des mouvements cytoplasmiques ; le point noir (dans **E**) marque l'arrêt complet.

tableau de la page 27, les cystes de *Vorticella* avaient une pression
correspondant à $\frac{15}{10}$ môle de NO_3K, ce qui équivaut à environ
4.8 atmosphères. Il n'est pas rare que la pression intracellulaire

monte chez les Végétaux à 15 ou 20 atmosphères; dans des cas exceptionnels, elle atteint même une centaine d'atmosphères.

La membrane cellulaire adulte est pratiquement inextensible. Mais il n'en est pas de même de celle des éléments jeunes qui, elle, se laisse facilement distendre par la poussée interne. Qu'on supprime la pression osmotique, et on arrête du même coup la croissance cellulaire; celle-ci se trouve donc ramenée à une question de physicochimie.

Il ne sera pas sans intérêt de faire remarquer que les recherches sur la pression intracellulaire ont été la base de la théorie des solutions dont est sortie la physicochimie moderne, et que la méthode de la plasmolyse a même permis de déterminer le poids moléculaire de la raffinose sur lequel les chimistes n'étaient pas d'accord.

2. Les mouvements amiboïdes. — La circulation intracellulaire.

Beaucoup de cellules nues, par exemple les Amibes et les leucocytes, changent sans cesse de forme (fig. 110 et 112). On voit naître à leur surface des pseudopodes qui s'accroissent pendant un certain

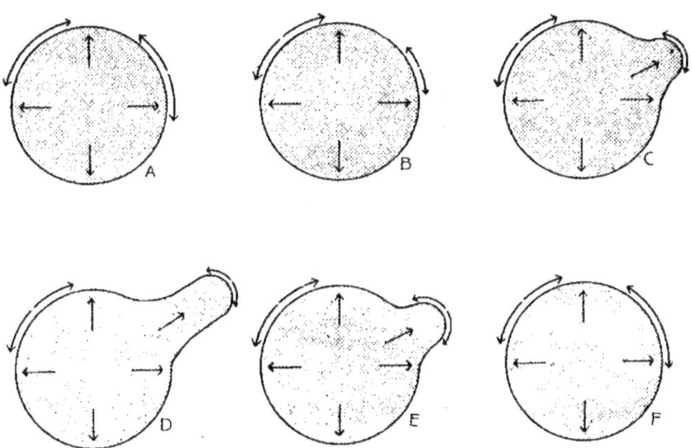

Fig. 60.

SCHÉMAS DE LA FORMATION ET DE L'EFFACEMENT DE PSEUDOPODES
PAR UNE CELLULE AMIBOÏDE.
La longueur des flèches est proportionnelle à la valeur de la pression ou de la tension.

temps, puis se raccourcissent et se rétractent. Quand, au contraire, un pseudopode s'allonge et grossit beaucoup, une quantité de plus en plus grande de cytoplasme s'y engage, ce qui amène le déplacement de la cellule.

Une Amibe au repos prend la forme sphérique, simplement sous l'action de la tension superficielle (fig. 60).

Mais imaginons qu'en un point de la surface un changement chimique diminue la tension superficielle : aussitôt entre en jeu la pression interne résultant à la fois de la pression osmotique et de la tension superficielle ; cette pression pousse un peu de cytoplasme vers la surface devenue moins résistante et un pseudopode naît. Mais on sait que la tension superficielle augmente avec la courbure ; la croissance du pseudopode va donc s'arrêter quand la courbure sera devenue suffisante. Si à présent la modification chimique s'accentue, le pseudopode recommencera à s'allonger ; dans le cas contraire, il s'effacera, repoussé par la tension superficielle.

On imite facilement les mouvements amiboïdes. Au fond d'un cristallisoir où sont collés des cristaux de bichromate de potassium, on dépose une grosse goutte de mercure qui s'arrondit tout de suite sous l'action de la tension superficielle. Versons-y maintenant une solution de NO_3H. De l'acide chromique prend naissance auprès de chaque cristal et va former du chromate de Hg. Partout où le mercure est couvert de chromate, sa tension superficielle diminue beaucoup. Mais la tension superficielle des autres points restant normale, pousse

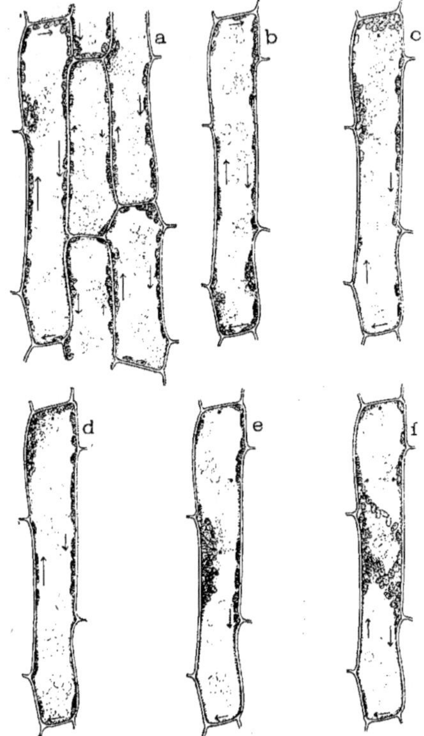

Fig. 61.

LA ROTATION DU CYTOPLASME DANS UNE CELLULE
D'ELODEA DENSA

Les flèches indiquent les sens et les vitesses comparatives du courant ; les points noirs indiquent l'arrêt complet. Le sens de la rotation est le même dans toutes les cellules du dessin **a,** sauf dans celle dont un bout est figuré tout en haut. La cellule des dessins **b** à **f** est celle de gauche du dessin **a.** Les dessins sont faits à des intervalles de 5 minutes, à la température de 13°.

le mercure à travers l'endroit de moindre résistance ; ce pseudopode s'allonge à mesure que de nouveaux précipités de chromate s'y déposent et tout le mercure finit par s'y engager. La goutte se déplace ainsi de la façon la plus inattendue, se faufilant en tous sens entre les cristaux.

Dans les cellules non amiboïdes, il se produit aussi des déplacements cytoplasmiques. On y observe, en effet, des courants variés, changeant à chaque instant de vitesse et de largeur (fig. 61). Il est probable que cette circulation intracellulaire est régie par les mêmes forces moléculaires que la formation et la rétraction des pseudopodes.

3. *L'architecture cellulaire.*

Au moment de leur naissance les membranes cellulaires sont très minces et pour ainsi dire liquides. Aussi s'agencent-elles suivant les mêmes règles que les lamelles qui limitent les bulles dans une mousse d'eau de savon ou de collodion. Or, l'architecture de ces lamelles est déterminée par la tension superficielle. Voici les deux principales règles de leur disposition :

Quand plusieurs membranes naissent simultanément, elles se touchent par trois le long de chaque arête.

Quand une membrane nouvelle se fixe sur une membrane ancienne et déjà rigide, l'attache se fait à angle droit (voir point végétatif de *Dictyota*, fig. 56 et de *Halopteris*, fig. 127).

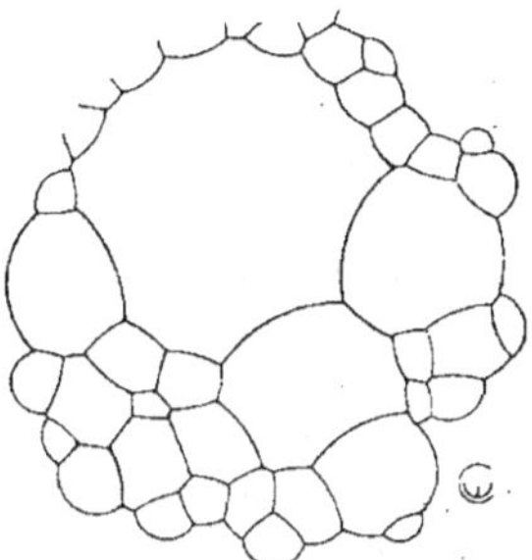

Fig. 62.

DISPOSITION DES PAROIS DE BULLES DE COLLODION.

Elle est la même que celle des cloisons cellulaires (comparer avec la fig. 29.)

(D'après un travail inédit d'ERRERA.)

4. *Les mouvements hygroscopiques.*

Il arrive fréquemment que les membranes garnissant les deux faces opposées d'un organe se laissent inégalement imbiber par l'eau. La face qui absorbe le plus d'eau devient alors convexe quand elle est mouillée et concave quand elle se dessèche.

Beaucoup de plantes reviviscentes présentent de ces mouvements hygroscopiques (fig. 16). Mais ceux-ci ne sont pas liés à la vitalité du protoplasme et des organes morts continuent à les effectuer.

B. **Les échanges de matière.**

Toute manifestation d'activité de la part du protoplasme correspond à la consommation d'une certaine quantité de la réserve d'énergie que contient la cellule. En même temps le protoplasme s'use. Les substances que la nutrition introduit dans l'organisme sont donc utilisées de deux manières :

a) Les matériaux plastiques sont employés à construire de nouvelles cellules et à réparer les brèches que l'usure a faites dans le protoplasme déjà fonctionnant.

b) Les matériaux respiratoires sont décomposés et oxydés pour mettre en liberté l'énergie nécessaire à l'activité protoplasmique.

Si nous suivons les transformations de la matière depuis son entrée dans l'économie jusqu'à sa sortie, nous distinguons quatre phases principales :

1° L'absorption des aliments : eau, substances organiques, substances salines, gaz, etc. L'absorption des aliments est précédée de leur digestion. Les portions non absorbables sont rejetées sous forme d'excréments.

2° L'assimilation. Les aliments, profondément transformés dans l'économie, sont rendus semblables aux substances constituant le corps. L'organisme fait des réserves de ces substances.

3° La destruction des matières, avec mise en liberté d'énergie. Cette dislocation est presque toujours produite par l'oxydation respiratoire.

4° L'élimination des déchets de la désassimilation.

Enzymes ou ferments solubles. — Pour pouvoir être absorbés et pour circuler à l'intérieur de l'organisme, les substances organiques doivent souvent subir une transformation, sous l'influence d'enzymes ou ferments solubles.

Ce sont des substances azotées, probablement voisines des albuminoïdes; elles ne résistent pas à une température de 60 à 100°, mais elles sont d'autant plus actives que la température est plus élevée, jusque tout près de celle qui les détruit. Ainsi l'optimum de la dextrinase est vers 64°, celui de la sucrase vers 55°, celui de la lipase du Figuier vers 75 à 80°.

Les enzymes agissent à la façon de catalyseurs. Une très petite quantité produit des effets énormes : la présure coagule 400,000 à 800,000 fois son poids de caséine. Pourtant leur action n'est pas indéfinie, car elles se détruisent par leur activité.

Certains ferments sont coagulants; d'autres disloquent au contraire des substances plus ou moins complexes, en produits souvent solubles; d'autres encore facilitent les oxydations organiques.

a) *Ferments coagulants.* — Il n'agissent le plus souvent qu'en présence de sels de calcium solubles.

Présures : Coagulent la caséine.

Plasmase : Coagule la fibrine du plasme sanguin.

Pectase : Transforme la pectine, soluble, en acide pectique, qui se prend en gelée.

b) *Ferments disloquants.* — La dislocation est souvent précédée d'une hydratation.

Peroxyde d'hydrogène.

Catalase : $2H_2O_2 = 2H_2O + O_2$.

Polysaccharides et disaccharides.

Amylase : Amidon → Amidon soluble, érythrodextrine, dextrine, maltose.

Dextrinase : Dextrine → maltose, glycose.

Inulase : Inuline → lévulose.

Cytases : dissolvent la cellulose.

Maltase : Maltose → glycose.

Sucrase : Saccharose → dextrose + lévulose.

Lactase : Lactose → dextrose + galactose.

Corps gras.

Lipases, saponifient les graisses.

Matières protéiques.

Pepsines, agissent en milieu acide.

Trypsines, agissent en milieu alcalin.

Nucléines.

Nucléases, décomposent les nucléines.

Glycose.

Zymase, disloque la glycose en alcool éthylique et CO_2.

Glycosides.

Emulsine, myrosine, etc., disloquent divers glycosides (voir p. 65).

c) *Ferments oxydants.* — Ils interviennent dans les oxydations organiques. Leur action est liée à la présence de manganèse. Ce sont les oxydases et les peroxydases; les mieux connues sont la laccase, qui agit dans la formation de la laque, et la tyrosinase, qui transforme la tyrosine en acide homogentisique.

d) *Ferments réducteurs.* Ils existent certainement, mais sont encore peu connus. Ils réduisent, par exemple, les nitrates.

§ 1. LES MODES D'ALIMENTATION.

On ne sait pas comment se nourrissaient les organismes primordiaux; peut-être en absorbant les portions de matière organique qui n'avaient pas été employées à former leur corps.

Les cellules des organismes actuels prennent leur nourriture de trois façons : alimentation vacuolaire, alimentation diffusive, alimentation autotrophe (ou holophytique).

A. ALIMENTATION VACUOLAIRE.

Les aliments sont généralement des cellules vivantes, Bactéries, petits Flagellates, spores d'Algues et de Champignons.

Dans les cas les plus simples, par exemple chez une Amibe (fig. 63), la proie est entourée de lobes cytoplasmiques qui s'accroissent jusqu'à l'englober complètement; elle est dès lors enfermée dans une vacuole qui se déplace vers l'intérieur du cytoplasme. Bientôt la paroi de la vacuole sécrète un acide; celui-ci tue la cellule ingérée, dont on voit notamment brunir la chlorophylle. Mais peu après la réaction acide fait place à une réaction alcaline, et c'est alors que les enzymes entrent

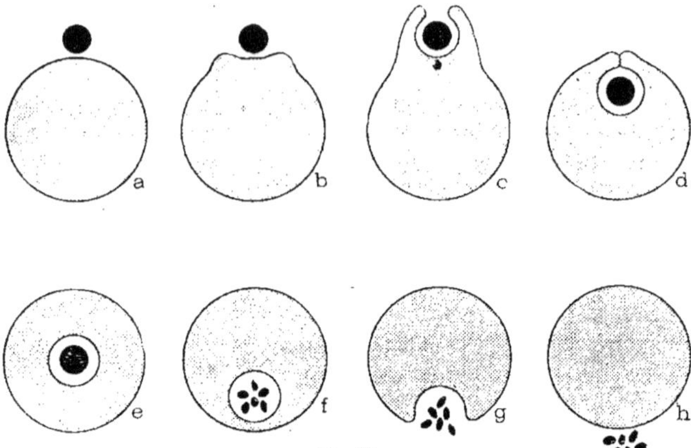

Fig. 63.

SCHÉMA DE LA FORMATION D'UNE VACUOLE ALIMENTAIRE, PUIS DE SON ÉVACUATION,
CHEZ UNE AMIBE.

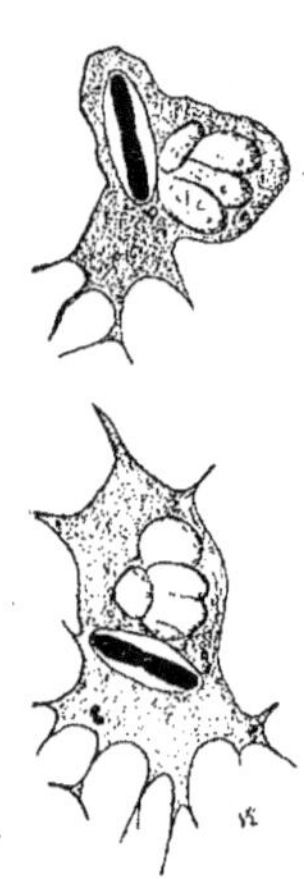

Fig. 64.

ENGLOBEMENT DE
BACILLES DU CHAR-
BON PAR UN
LEUCOCYTE DE
GRENOUILLE.

Deux états du même
leucocyte.

(D'après
METCHNIKOFF, 1892.)

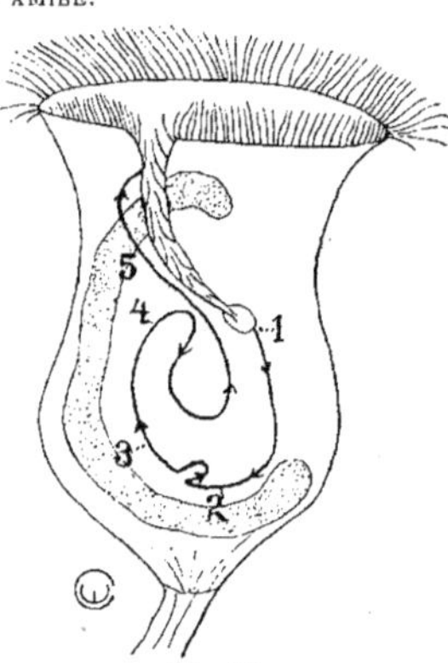

Fig. 65.

LE TRAJET DES VACUOLES ALIMENTAIRES
DANS UN INFUSOIRE.

(*Carchesium polypinum*)

Les proies arrivées au fond du cytopharynx, en **1**, sont englobées dans une vacuole.
Celle-ci est amenée d'abord rapidement jusqu'en **2** ; puis son contenu devient acide ; en
même temps les proies sont tuées, et elles
se condensent en une masse compacte : la vacuole arrive ainsi jusqu'à **3** ; la réaction
devient maintenant alcaline et la digestion se
poursuit jusqu'à **4**; puis le cytoplasme absorbe
les produits de la digestion, jusqu'à **5** ; à
partir d'ici la vacuole, avec les déchets alimentaires, progresse jusqu'à l'anus.

(D'après M. GREENWOOD, 1894).

en jeu : les albuminoïdes, l'amidon, la cellulose, etc., se dissolvent et disparaissent. Les produits de la dissolution passent peu à peu dans le cytoplasme de l'Amibe. Lorsque la digestion est terminée et qu'il ne reste plus de la cellule ingérée que des rebuts inutilisables, la vacuole se rapproche de la surface, s'ouvre et abandonne les déchets.

C'est de cette façon que les choses se passent chez les Amibes, chez les Flagellates inférieurs, et chez les leucocytes (fig. 64). Mais les cellules d'autres Flagellates, celles des Infusoires et les choanocytes des Spongiaires sont couverts d'une pellicule qui empêcherait la formation de vacuoles alimentaires. La pellicule manque en un point, qui est situé souvent au fond d'un entonnoir, et c'est là que naissent les vacuoles alimentaires (fig 65). Celles-ci circulent dans le cytoplasme suivant un trajet fixe, et elles vont finalement vers la surface pour se débarrasser des rebuts ; il y a parfois un anus.

B. ALIMENTATION DIFFUSIVE.

Beaucoup de cellules sans chromophylles sont totalement enfermées dans une pellicule ou une membrane qui ne laisse aucune ouverture ; elles ne peuvent donc pas englober leurs aliments dans des vacuoles digestives. Dans ce cas, les enzymes, au lieu d'être formées seulement par la paroi de la vacuole et de se concentrer dans le liquide vacuolaire, sont sécrétées par toute la surface externe du corps. Elles diffusent dans le milieu et vont agir au loin sur les matières alimentaires pour les digérer et les dissoudre. Les produits de la digestion sont ensuite absorbés par la périphérie de la cellule.

Ainsi se nourrissent les Bactéries, les Champignons et certains Flagellates. Ils règlent la production de ferments d'après les substances qui doivent être solubilisées. Une même espèce de cellule doit naturellement disposer d'enzymes très variées ; ainsi on a reconnu chez un Champignon, un *Lactarius*, les ferments suivants : catalase, peroxydase, oxydase, tyrosinase, laccase, lipase, émulsine, maltase, lactase, sucrase, cytase, dextrinase, amylase.

Les organismes parasites, tels que les Sporozoaires et certains Flagellates, se nourrissent de façon analogue. Mais on peut supposer que leur régime alimentaire étant moins variable, ils possèdent un nombre plus restreint d'enzymes.

Dans l'économie animale les cellules epithéliales, musculaires, cartilagineuses, conjonctives, nerveuses et bien d'autres sont inaptes à exécuter des mouvements amiboïdes et à former des vacuoles alimentaires. Leur alimentation, exclusivement diffusive, est sans doute facilitée par la constance de la composition du plasma sanguin qui les baigne

Il en est de même des cellules profondes dans les plantes supérieures, telles que le parenchyme ligneux et le tissu des tubercules. Ces éléments reçoivent la nourriture déjà élaborée dans d'autres cellules ; leurs fonctions digestives sont donc également réduites au minimum.

Nature des substances assimilables. — Il ne suffit pas que les aliments aient été absorbés, il faut maintenant qu'ils soient assimilés, c'est-à-dire que la cellule doit les rendre semblables aux matières multiples et variées qui constituent son protoplasme ou tout au moins les transformer en réserves qui seront utilisées plus tard.

Les cellules qui font partie des tissus animaux et végétaux ne reçoivent que des solutions tout élaborées. Mais même ces cellules-ci peuvent pourtant se trouver dans des conditions telles qu'elles aient à fournir un travail plus compliqué.

Dans l'expérience suivante, on s'est servi de tiges de Pomme de terre, produites à l'obscurité, et affamées jusqu'à ce qu'elles ne continssent plus le moindre grain d'amidon. On les plongea ensuite dans des solutions de corps organiques divers. De toutes les substances essayées, il n'y eut que les sucres et la glycérine qui furent assimilés.

Formation d'amidon dans la pomme de terre.

(D'après LAURENT, 1888.)

SUBSTANCES	FORMULES	CONCENTRATION %
Glycérine	$C_3 H_5 (O H)^3$	10, 5
Dextrose	$C_6 H_{12} O_6$	15, 10, 5, 2.5
Lévulose	id.	15, 10, 5, 2.5
Galactose	id.	10, 5
Saccharose	$C_{12} H_{22} O_{11}$	40, 35, 30, 25, 20, 15, 10, 5, 2
Lactose	id.	25, 20, 15, 10, 5
Maltose	id.	10, 5

Pour les monosaccharides et les disaccharides, rien d'étonnant: mais l'assimilation de la glycérine exige déjà une synthèse, peu complexe, à la vérité.

Parmi les Protistes qui ont l'alimentation diffusive, les mieux connus à ce point de vue sont les Bactéries et les Champignons. Les expériences de nutrition ne peuvent être faites qu'en cultures pures, c'est-à-dire ne renfermant qu'une seule espèce. En effet, ces organismes ont des facultés d'alimentation très diverses et il arrive fréquemment qu'une espèce donnée transforme complètement une solution au point de la rendre assimilable pour une autre espèce qui ne pouvait pas y vivre au début. Or on n'a guère obtenu jusqu'ici de cultures pures que de Bactéries et de Champignons.

Voici la composition d'un excellent milieu pour la Levure de bière (*Saccharomyces cerevisiae*), d'après Laurent (1890) :

Eau	1,000.00
Saccharose	500.00
Phosphate de potassium	0.75
Sulfate d'ammonium	5.00
Sulfate de magnésium	0.10
Acide tartrique (pour acidifier)	1.00

Ce Champignon peut donc créer des albuminoïdes et des nucléines en partant de C, H, O faisant partie de la molécule de saccharose, de S et de Ph contenus dans des sulfates et des phosphates. L'énergie nécessaire à l'accomplissement de cette synthèse est obtenue par l'oxydation d'une partie du sucre. Ceci nous explique pourquoi le C ne peut pas être emprunté à un carbonate, ni à une molécule avec un seul atome de C, par exemple un formiate.

Mais le sucre peut être remplacé par des corps beaucoup plus simples, même par des acétates, comme le montre le tableau suivant; on y voit que l'assimilation est assez énergique pour que des réserves de glycogène s'amassent dans les cellules.

**Quelques-unes des matières
qui peuvent servir d'aliments à la Levure de bière.**

(D'après Laurent, 1890.)

SUBSTANCES	FORMULES	Concentration en %	Glycogène dans les cellules
Acétate d'am.	$C_2 H_3 O\ ONH_4$	1	0
Lactate de Ca	$(C_3 H_5 O_3)_2 Ca$	2	Beaucoup
Succinate d'am. . . .	$C_4 H_4 O_4 (NH_4)^2$	1	Moyen
Glycérine	$C_3 H_8 O_3$	5, 10	Beaucoup
Glycérate de K. . . .	$C_3 H_5 O_1 K$	1	0
Acide tartrique droit . .	$C_4 H_6 O_6$	1	0
Acide tartrique gauche .	id.	1	0
Quercite	$C_6 H_{12} O_5$	1, 2	0
Mannite	$C_6 H_8 (OH)^6$	1 à 10	Beaucoup
Glycose	$C_6 H_{12} O_6$	1 à 10	id.
Lévulose	id.	1 à 10	id.
Galactose.	id.	1 à 10	id.
Inosite	$C_6 H_6 (OH)^6$	1, 2	0
Saccharose	$C_{12} O_{22} O_{11}$	1 à 40	Abondant
Lactose	id.	1 à 40	id.
Maltose	id.	1 à 40	id.
Empois d'amidon . . .	$(C_{12} H_{10} O_5)^n$	—	0
Amidon soluble. . . .	id.	1	Un peu
Erythrodextrine . . .	id.	1	id.
Dextrine	id.	2	id.
Asparagine	$C_4 H_8 N_2 O_4$	1	id.
Amygdaline.	$C_{20} H_{27} NO_{11}$	1	id.
Caséine	—	—	0
Peptone de viande . . .	—	—	Un peu
Caséone (peptone de fromage)	—	—	0

Il existe aussi des organismes (*Bacillus methylicus*) qui peuvent se contenter de formiates et d'alcool méthylique. D'autres utilisent même les sels de l'acide oxalique ($C_2O_4H_2$), quoique le carbone y soit complètement oxydé. Par contre, beaucoup d'organismes sont moins aptes que la Levure à effectuer des synthèses organiques et ils ne peuvent vivre qu'à l'aide de substances très complexes, par exemple des peptones. Il en est même qu'on n'a jamais réussi à cultiver en dehors du sang de leur hôte habituel.

Des cellules normalement autotrophes ont parfois la faculté de se nourrir accessoirement de matières organiques. Il en est certainement ainsi pour les Flagellates verts qui habitent le purin et d'autres liquides riches en substances carbonées.

Le tableau suivant résume les expériences faites sur une Algue verte, *Chlorella luteo-viridis*, en culture pure, à l'obscurité. Le liquide avait la composition minérale que voici :

Eau.	1,000 00
NO_3K	2.00
$(PO_4)^2Ca_3$	2.00
SO_4Mg	0.50
SO_4Ca	1.00
Fe_2Cl_6	Traces.

Des matières organiques étaient ajoutées à ce milieu minéral ; leur concentration était de 1 p. c., sauf quand le tableau indique un autre pourcentage.

Quelques-unes des matières qui peuvent servir d'aliments à une Algue (Chlorella luteo-viridis), cultivée à l'obscurité.

(D'après M. Kufferath, 1913.)

—	—	Abondance de la culture	Couleur de l'Algue	Glycogène dans les cellules	Globules de graisse
SÉRIE GRASSE.					
Radicaux monovalents.					
Alcools et dérivés.					
Méthylsulfate de K	$CH_3\,O\,SO_3\,K$	Très faible	Vert pâle	—	—
Éthylsulfate de K	$C_2\,H_5\,O\,SO_3\,K$	id.	id.	O	Nombreux
Propylsulfate de K	$C_3\,H_7\,O\,SO_3\,K$	Traces	id.	O	O
Isobutylsulfate de K	$C_4\,H_9\,O\,SO_3\,K$	Très faible	Jaunâtre	O	Assez nomb.
Amines.					
Diméthylamine, 5 %	$(CH_3)^2\,NH$	Assez faible	Vert	—	—
Éthylamine, 5 %	$C_2\,H_5\,NH_2$	Faible	Vert	+ ?	Assez nomb.
Acides gras.					
Acétate de K	$C_2\,H_3O\,OK$	Traces	Jaunâtre	O	Assez nomb.
Amides.					
Oxamide	$C_2\,O_2\,(NH_2)^2$	Assez faible	Vert	O	Nombreux
Radicaux polyvalents.					
Alcools.					
Glycérine, 5 %	$C_3\,H_5\,(OH)^3$	Faible	Vert	O	Nombreux
Mannite	$C_6\,H_3\,(OH)^6$	Forte	Vert pâle	O	Nombreux
Acides bibasiques.					
Oxalate de Na	$C_2\,O_2\,(ONa)^2$	Assez faible	Vert jaune	O	O ?
Malate de Ca	$C_4\,H_4\,O_5\,Ca$	Très faible	Vert ?	—	—
Tartrate de K	$C_4\,H_4\,O_6\,K_2$	Assez forte	Vert	—	—

—	—	Abondance de la culture	Couleur de l'Algue	Glyco-gène dans les cellules	Globules de graisse
Acides tribasiques.					
Citrate de Fe (rouge) .	$C_4 H_4 OH O_2 Fe$	Très faible	Vert	—	—
Dérivés de CO_2.					
Nitrate d'urée . . .	$CO (NH_2)^2 NO_3$	Traces	Vert	0	0
Hydrates de carbone.					
Glycose	$C_6 H_{12} O_6$	Faible	Vert jaune	0	Très nomb.
Maltose.	$C_{12} H_{22} O_{11}$	Assez forte	Vert	0	Nombreux
Raffinose	$C_{18} H_{32} O_{16}$	Assez faible	Vert pâle	0	Rares
Dextrine	$C_{12} H_{20} O_{10}$	Faible	id.	0	Asseznomb.
Passage aux corps aromat.					
Antipyrine	$C_{11} H_{12} N_2 O$	Très faible	Vert pâle	0	Nombreux
Amygdaline	$C_{20} H_{27} O_{11}$	Assez faible	Vert	0	0
Saponine	$C_{32} H_{52} O_{17}$	Assez forte	Vert pâle	0	Asseznomb.
SÉRIE AROMATIQUE.					
Toluènesulfonate de Ba	$(C_6 H_4 . CH_3 SO_3)^2 Ba$	Traces	Vert ?	—	—
Benzènesulfonate de Ba	$(C^6 H_5 . SO^2 O)^2 Ba$	Faible	Vert pâle	+ ?	0
ALBUMINOÏDES.					
Albumine de l'œuf . .	—	Traces	Vert pâle	+	0
Caséine	—	Faible	id.	+	Peu

Non seulement l'Algue a le pouvoir d'assimiler les corps les plus divers, depuis le méthylsulfate de K et l'oxalate de Na jusqu'aux albuminoïdes, mais beaucoup de ces substances lui permettent en outre de faire des provisions de matières grasses ou plus rarement de glycogène.

Le mécanisme de l'assimilation. — Les organismes qui s'alimentent par voie vacuolaire et par voie diffusive sont obligés d'absorber de la matière organique tout élaborée. Mais les substances qu'ils introduisent ainsi dans leur économie ne sont pas encore exactement celles dont ils ont besoin pour construire leur protoplasme, à moins pourtant qu'ils ne dévorent leur semblable ; mais ceci est plutôt rare, car le cannibalisme régulier ne se rencontre guère que chez les Protistes (fig. 66).

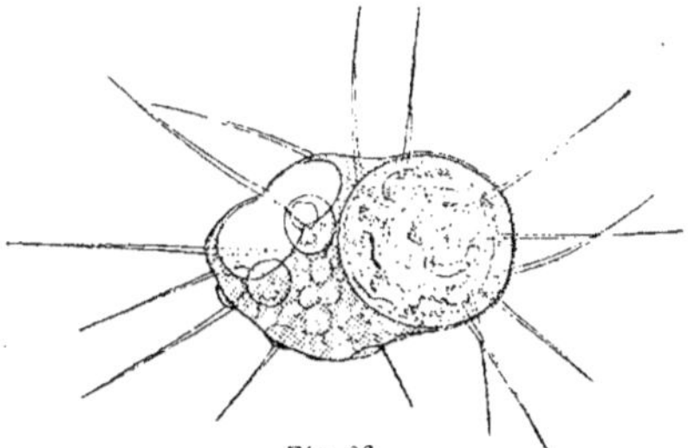

Fig. 66.

INDIVIDU D'UN RHIZOPODE HÉLIOZOAIRE (*Actinophrys sol*) qui a capturé un autre individu de la même espèce, qui est occupé à le digérer dans une vacuole alimentaire.

Quand un Animal, par exemple un Bœuf, se nourrit de Végétaux, il doit transformer les hydrates de carbone, les graisses et les albuminoïdes de l'herbe en hydrates de carbone, graisses et albuminoïdes de Bœuf. Comment cette assimilation s'opère-t-elle? Les recherches les plus concluantes portent sur l'assimilation des albuminoïdes par les Animaux.

Les albuminoïdes sont des corps très complexes, résultant de la combinaison d'un grand nombre de substances, parmi lesquelles les acides aminés. Le tableau suivant montre combien sont variées les compositions de deux protéines animales, de deux protéines végétales et de la gélatine.

Proportion de quelques acides aminés dans des albuminoïdes animales et végétales.

	Sérum albumine (Cheval)	Caséine (Vache)	Gliadine (Froment)	Zéine (Maïs)	Gélatine
Groupe de la leucine.					
Glycocolle	0.0	0.0	0.9	0.0	16.5
Alanine	2.7	0.9	2.7	13.39	0.8
Sérine	0.6	0.23	0.12	1.02	0.4
Leucine	2.0	10.5	6.0	19.55	2.1
Groupe de l'acide aspartique.					
Acide aspartique	3 12	1.2	1.24	1.71	0.56
Acide glutamique	7.7	14.0	31.5	26.17	0.88
Groupe de l'arginine.					
Arginine	—	4.84	3.4	1.55	7.62
Lysine	8.10	7.61	0.16	0.0	2.75
Groupe sulfuré.					
Cystine	2.3	0.6	—	—	—
Corps aromatiques.					
Tyrosine	2.1	4.5	2.4	3.55	0.0
Phénylalanine	Présente	1.5	—	6.55	0.0
Corps hétéro-cycliques.					
Tryptophane	3.1	1.5	1.0	0.0	0.0
Histidine	—	2.59	1 7	0.82	0.40

$$CH_2,NH_2 \quad\quad CH_3 \quad\quad CH_2,OH \quad\quad CH_3\ CH_3$$
$$\quad\quad\quad\quad CH,NH^2 \quad\quad CH,NH_2 \quad\quad CH$$
$$CO,OH \quad\quad CO,OH \quad\quad CO,OH \quad\quad CH_2$$
$$\quad\quad\quad\quad\quad\quad\quad\quad\quad\quad\quad\quad CH,NH_2$$
$$\quad\quad\quad\quad\quad\quad\quad\quad\quad\quad\quad\quad CO,OH$$

Glycocolle   *Alanine*   *Sérine*   *Leucine*

$$CO,OH \quad CO,NH_2 \quad CO,OH \quad CO,NH_2$$
$$CH_2 \quad\quad CH_2 \quad\quad CH_2 \quad\quad CH_2$$
$$CH,NH_2 \quad CH_2 \quad\quad CH_2 \quad\quad CH_2$$
$$CO,OH \quad\ CH,NH_2 \quad CH,NH_2 \quad CH,NH_2$$
$$\quad\quad\quad\quad CO,OH \quad\ CO,OH \quad\ CO,OH$$

Acide aspartique   *Asparagine*   *Acide glutamique*   *Glutamine*

$$NH$$
$$C-NH_2$$
$$NH \quad\quad\quad CH_2,NH_2$$
$$CH_2 \quad\quad\quad CH_2$$
$$CH_2 \quad\quad\quad CH_2$$
$$CH_2 \quad\quad\quad CH_2 \quad\quad CH^2-S-S-CH_2$$
$$CH,NH_2 \quad CH,NH_2 \quad CH,NH_2 \quad\quad CH,NH_2$$
$$COOH \quad\quad CO,OH \quad\quad CO,OH \quad\quad\ CO,OH$$

Arginine   *Lysine*   *Cystine*

Phénylalanine   *Tyrosine*   *Tryptophane*   *Histidine*

Le tableau précédent donne les formules de structure de ces acides aminés. Nous y avons ajouté l'asparagine et la glutamine, acides aminés très répandus chez les Végétaux.

On avait cru pendant longtemps que les enzymes ont uniquement pour effet de rendre solubles et diffusibles les albuminoïdes. Mais on sait à présent que leur action est beaucoup plus pénétrante et qu'ils les disloquent complètement, au point de les résoudre en leurs acides aminés. Ce sont donc en somme les acides aminés qui vont être mis à la disposition des cellules animales, et celles-ci devront les recombiner de la manière voulue pour constituer leurs propres albuminoïdes.

L'organisme est dans la situation d'un imprimeur qui aurait à composer le premier vers de la chanson : *J'ai du bon tabac dans ma tabatière.* Il lui faut pour cela des caractères typographiques, et ceux-ci sont tout à fait comparables aux acides aminés dont l'Animal dispose pour constituer ses albuminoïdes. Trois cas peuvent se présenter :

a) L'imprimeur a déjà fait antérieurement le même texte et il a réservé la composition. Il n'aura donc qu'à reprendre les lettres et à les assembler de nouveau. Ce cas est semblable à celui de l'*Actinophrys* qui en dévore un autre (fig. 66) et qui trouve par conséquent dans les produits de la digestion exactement les matériaux voulus et dans les proportions voulues ;

b) L'imprimeur possède une abondante réserve de caractères de tout genre et il n'a qu'à puiser dans ses casses ; il peut être alors comparé à l'organisme autotrophe qui compose sa matière avec des éléments minéraux existant en quantité indéfinie ;

c) Enfin l'imprimeur, pour constituer son texte, doit commencer par défaire la composition d'une autre chanson. Ce cas est celui de l'Animal qui se nourrit d'albuminoïdes étrangers et qui doit tout d'abord les démolir. Supposons que l'imprimeur possède la composition de *Malbrough.*

Dans le premier couplet, il trouvera toutes les lettres, sauf le *j* et le *ç,* sans lesquels il ne peut rien entreprendre :

> « Malbrough s'en va-t'en guerre,
> Mironton, tonton, mirontaine,
> Ne sais quand reviendra. »

Il décompose sans plus de succès la seconde strophe :

> « Il reviendra-z-à Pâques », etc.

La troisième, la quatrième, pas davantage. La cinquième lui donne un *ç,* dont il peut se contenter :

> « Elle aperçoit son page, » etc.

Mais il doit arriver au septième couplet pour rencontrer enfin le *j* indispensable :

> « Aux nouvelles que j'apporte, » etc.

Le tableau de la page 80 montre qu'un Animal ayant besoin d'albuminoïdes du type de la séralbumine et de la caséine, s'il est nourri exclusivement de zéine (albuminoïde de Maïs) n'arrivera pas à se nourrir, puisqu'il lui manquera de la lysine et du tryptophane pour composer des protéines semblables aux siennes. S'il est nourri de farine de Froment, il y puisera tous les acides aminés nécessaires, mais la lysine n'y existe qu'en très faible proportion, ce qui signifie qu'il va devoir disloquer de grandes quantités de gliadine pour trouver de quoi constituer son protoplasme.

L'expérimentation confirme ces vues théoriques. Un jeune Rat en pleine croissance, si on le nourrit de zéine, au lieu de grandir perd du poids (fig. 67); mais dès qu'on ajoute à la zéine du tryptophane et de la lysine, pris ailleurs, il se met à gagner en poids.

Il semble bien que l'assimilation soit liée à des phénomènes chimiques encore plus délicats que ceux qui viennent d'être esquissés. On a, en effet, constaté que la croissance ne se fait qu'en présence

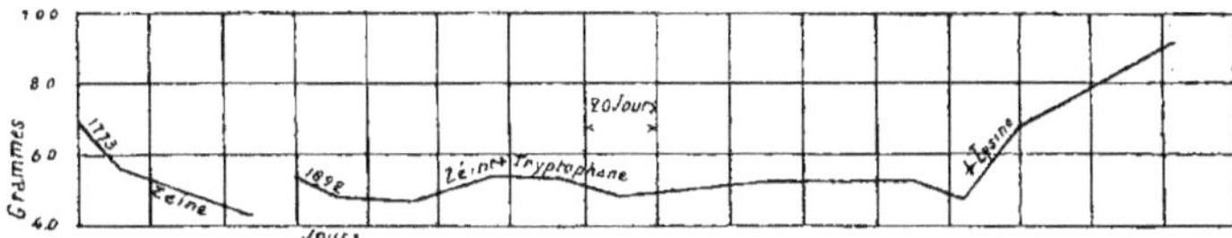

Fig. 67.

ASSIMILATION DES ALBUMINOÏDES PAR LE RAT.

Un jeune Rat (n° 1773), pesant 70 grammes, est nourri de zéine pendant 48 jours : il ne cesse de dépérir et, à la fin de l'expérience, il ne pèse plus que 43 grammes. Un autre jeune Rat (n° 1898), du poids de 52 grammes est nourri pendant une demi-année de zéine additionnée de tryptophane : il se maintient en équilibre de poids. Après 185 jours, alors qu'il devrait avoir sa taille définitive, on ajoute de la lysine à sa ration : aussitôt son poids monte et, après 60 jours, il pèse 92 grammes.

(D'après MM. OSBORNE ET MENDEL, 1915. — Copié dans GLEY, 1917.)

de certaines substances, mal définies, qu'on appelle les v i t a m i n e s. Il y en aurait de deux sortes, les unes solubles dans l'eau, les autres solubles dans les graisses. Le beurre notamment en contient beaucoup. La figure 68 montre qu'un Animal qui reçoit du beurre dans sa ration alimentaire se porte bien, tandis que celui qui reçoit une autre graisse, même en quantité plus grande, reste chétif et dépérit.

C. ALIMENTATION AUTOTROPHE.

Alors que l'alimentation vacuolaire et l'alimentation diffusive doivent partir d'une matière organique, déjà plus ou moins complexe, l'alimentation autotrophe fabrique les molécules les plus volumineuses à l'aide de substances exclusivement minérales. Ainsi la solution minérale dont la composition a été donnée plus haut (p. 78), convient très bien pour la culture de *Chorella luteo-viridis*. Il n'y manque, comme on voit, qu'un aliment carboné; celui ci est fourni par CO_2 de l'atmosphère.

Fig. 68.

LA NÉCESSITÉ DES VITAMINES.

Deux jeunes Rats soumis depuis le moment du sevrage à la même alimentation, sauf que celui de gauche a reçu dans sa ration 5 p. c. d'huile de coton, et celui de droite 1,5 p. c. de beurre. Celui de gauche ne s'est pas développé et ses yeux sont en très mauvais état, tandis que celui de droite a grandi de façon normale.

(D'après M. MC COLLUM, 1919.)

Pourtant dans la solution purement minérale la croissance de l'Algue n'est possible qu'à la lumière, et cette constatation nous fait toucher un point cardinal : l'alimentation autotrophe est liée à la lumière. C'est en effet celle-ci qui fournit : 1° l'énergie nécessaire pour décomposer l'eau, l'anhydride carbonique et les sels, tous corps exothermiques; 2° l'énergie qui doit être emmagasinée dans les composés endothermiques constituant le protoplasme et les réserves : amidon, graisses, albuminoïdes, etc.

Une autre condition doit être réalisée : il faut un écran capable d'absorber l'énergie lumineuse et de la condenser à l'état d'énergie chimique dans les molécules endothermiques. Un écran noir, qui capterait tous les rayons lumineux, semblerait donc à première vue le plus avantageux. Seulement, il absorberait aussi les rayons les plus chargés d'énergie calorifique, qui sont les rayons jaunes, et les cellules risqueraient d'être surchauffées. Aussi les organismes possèdent-ils, non un écran noir, mais des écrans diversement colorés, véritables filtres qui retiennent certains rayons et qui laissent passer les autres. Les pigments qui interviennent dans la photosynthèse sont les chromophylles.

Les chromophylles. — Chez les Bactéries pourpres, organismes très primitifs, le pigment assimilateur, la bactério purpurine, est porté par l'ensemble du protoplasme, non différencié; il n'est pas associé à la chlorophylle.

Partout ailleurs, même chez les Oscillaires et les êtres voisins, la chromophylle est essentiellement la chlorophylle. C'est une matière verte soluble dans l'alcool, l'éther et le sulfure de carbone. Les solutions montrent une belle fluorescence rouge. Elles se conservent inaltérées pendant beaucoup d'années, à condition d'être mises à l'abri de la lumière.

Sauf chez les Schizophycées (fig. 17 et 19), la chlorophylle est fixée sur des plastides Les Plantes proprement dites, beaucoup d'Algues et de Flagellates ont des plastides simplement vertes, ne portent pas d'autre chromophylle que la chlorophylle. Mais chez les Schizophycées, et chez de nombreuses Algues et Flagellates, la chlorophylle est accompagnée de quelque autre pigment assimilateur. Ces chromophylles surajoutées sont solubles dans l'eau Les principales sont :

Un pigment bleu (phycocyanine), chez les Schizophycées. et quelques Flagellates.

Un pigment brun (phycophéine), chez les Algues brunes, et les Dino-flagellates.

Un pigment rouge (phycoérythrine), chez les Algues rouges, et certains Flagellates.

Un pigment jaune, chez les Flagellates en groupe de Chrysomonadines.

Mécanisme de la photosynthèse. — L'énergie lumineuse arrêtée par les chromophylles, et transmise par elles au protoplasme, sert tout d'abord à décomposer CO_2 et H_2O :

$$CO_2 + H_2O = HCOH + O_2$$

L'oxygène se dégage aussitôt. Quant à l'aldéhyde formique, qui est un poison énergique, elle est purement transitoire et se polymérise aussitôt en une hexose :

$$6(\mathrm{HCOH}) = \mathrm{C_6H_{12}O_6}.$$

Mais la glycose ainsi produite exercerait bientôt elle-même une action nuisible, puisque sa dissolution dans le suc cellulaire ou le protoplasme amènerait une pression osmotique exagérée. Aussi la glycose se transforme-t-elle tout de suite en un polysaccharide, généralement l'amidon, que son insolubilité rend inoffensif :

$$n(\mathrm{C_6H_{12}O_6}) = (\mathrm{C_6H_{10}O_5})^n + n(\mathrm{H_2O})$$

L'assimilation chlorophyllienne produit donc deux corps faciles à reconnaître, l'oxygène et l'amidon.

Une feuille prise le soir après une belle journée d'été est toute gorgée d'amidon : traitée par l'alcool (pour dissoudre la chlorophylle) puis par l'eau bouillante (pour faire gonfler les grains d'amidon), enfin par l'iode (qui colore l'amidon en bleu-noir), la feuille devient presque noire, tant y abonde l'amidon dérivant de la photosynthèse (fig. 69).

Si l'on examine le lendemain matin des feuilles analogues qui sont restées attachées à la plante. on constate qu'elles ne contiennent plus guère d'amidon, celui-ci ayant émigré vers d'autres organes. Mais pendant le courant de la journée. on assiste à l'accumulation progressive de l'hydrate de carbone dans le parenchyme foliaire.

Qu'arrive-t-il si on couvre une feuille, le matin, d'un papier opaque? Pas le moindre grain d'amidon ne se forme. Et si on découpe des fenêtres dans le papier? Sous chaque ouverture, de l'amidon naît, de sorte qu'après le traitement par l'alcool, l'eau bouillante et l'iode, les portions qui ont été éclairées, et celles-là seules, se détachent en noir sur le fond resté blanc. Les bords de chaque image sont absolument nets, ce qui prouve que toute l'énergie lumineuse reçue par une cellule est utilisée par elle-même, sans que rien n'en soit cédé aux cellules voisines. La localisation de l'amidon est tellement précise qu'on peut employer la feuille comme plaque photographique. Si nous plaçons sur une feuille un négatif, la lumière passera sans obstacle à travers les clairs du cliché, elle sera arrêtée entièrement par les noirs, et elle traversera les gris en raison inverse de leur densité. La quantité d'amidon formée étant proportionnelle à la quantité de lumière reçue par chaque cellule, nous pourrons maintenant faire apparaître une image positive. Le « révélateur » sera naturellement l'alcool, puis l'eau bouillante. puis l'iode.

Enfin, une feuille panachée permet de montrer la nécessité de la chlorophylle. Dans une feuille de ce genre, il existe à la fois des portions vertes, des portions blanches, et des portions avec des teintes intermédiaires. Or une feuille panachée, prise le soir,

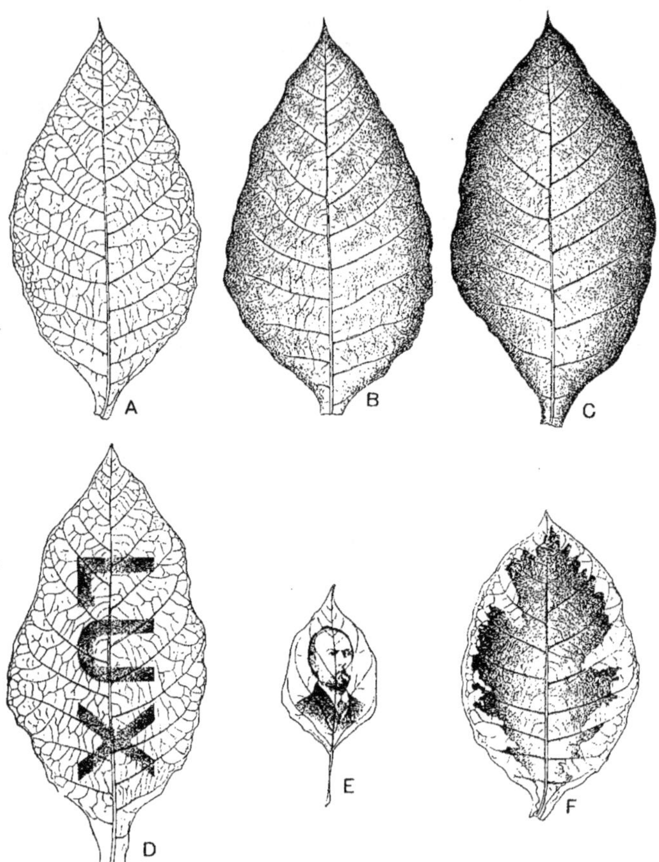

Fig. 69.

LA FORMATION DE L'AMIDON DANS DES FEUILLES DE TABAC, A LA LUMIÈRE.

A, feuille prise à 4 heures du matin ; **B**, feuille prise à 10 heures du matin ; **C**, feuille prise le soir ; l'amidon est surtout abondant loin des nervures, puisque c'est par celles-ci qu'il est emporté ; **D**, feuille qui a été recouverte toute la journée d'un papier d'étain où des fenêtres en forme de lettres avaient été découpées ; **E**, feuille qui avait été recouverte d'un négatif photographique ; le portrait est celui de J. Sachs, qui a le premier utilisé cette méthode ; **F**, feuille panachée, blanche sur les bords.

présente dans ses diverses parties une richesse en amidon qui
correspond précisément à la quantité de chlorophylle.

L'action de la lumière n'est pas uniquement quantitative, elle est
aussi qualitative.

En effet, la chlorophylle n'absorbe pas également tous les rayons.
Son spectre d'absorption comprend deux séries de bandes, l'une
dans le rouge et l'orange, l'autre dans le bleu, l'indigo et le violet.

Les rayons utilisés par les chloroplastes sont naturellement ceux
qu'ils arrêtent L'expérience la plus démonstrative consiste à faire

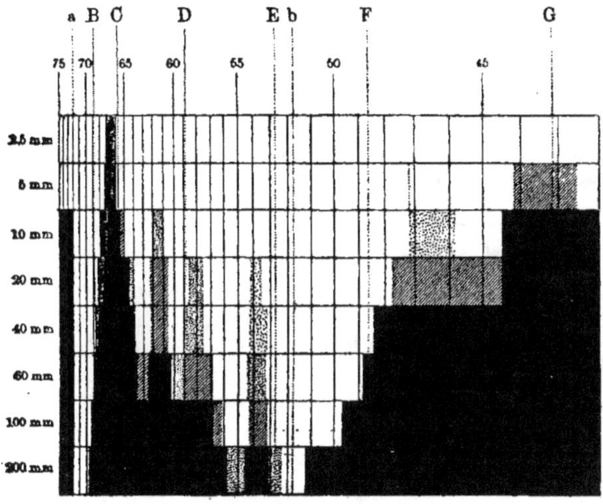

Fig. 70.

SPECTRE DE LA SOLUTION DE CHLOROPHYLLE.

0,1 gramme dans 5 litres d'alcool. L'épaisseur de la couche de solution est exprimée en
milligrammes.
(D'après WILLSTAETTER. — Copié dans CHODAT, 1911.)

tomber sur un filament d'Algue verte un microscopique spectre
solaire. Ce filament est plongé dans de l'eau renfermant des Bactéries qui ne sont mobiles qu'en présence d'oxygène libre ou qui sont
attirées par ce gaz. Aussitôt on voit les Bactéries s'accumuler dans
deux portions du filament, celle qui reçoit le bout le plus réfrangible
et celle qui reçoit le bout le moins réfrangible du spectre, laissant
libre la portion médiane où tombent les rayons verts et les rayons
jaunes.

On peut faire la même démonstration par un procédé un peu différent. Un
rameau de plante submergée, par exemple *Elodea canadensis*, est placé dans
une petite auge rectangulaire remplie d'eau tenant en dissolution CO_2 : 1° on

éclaire vivement la plante par l'arc électrique ; son image, projetée sur l'écran, montre les bulles d'oxygène qui se dégagent en succession rapide par la surface de section. On compte les bulles ; disons qu'il y en a 50 par minute ; 2° on interpose entre la lampe et l'aquarium un écran noir avec un petit trou correspondant exactement à la surface de section : instantanément l'émission des bulles s'arrête ; 3° on rend la lumière : il faut quelques secondes pour que les bulles recommencent à s'échapper. En effet l'oxygène qui était dans les tissus et dans les canaux aérifères a été utilisé pour la respiration pendant l'obscurité et il faut un petit temps pour que le gaz ait réacquis la pression nécessaire pour former des bulles ; 4° on interpose un verre rouge : il ne se dégage plus que 25 bulles par minute ; 5° on remplace le verre rouge par un verre bleu : le rythme de 25 bulles se maintient. La partie la plus réfrangible et la partie la moins réfrangible ont donc la même importance dans l'assimilation chlorophyllienne et leur valeur est la moitié de celle de la lumière totale ; 6° on remplace le verre bleu par un verre vert : plus aucune bulle ne se détache ; 7° on rend la lumière blanche : immédiatement l'émission de bulles reprend, ce qui montre que, sous l'éclairage vert, de l'oxygène continuait à se former, pas assez pour donner des bulles, mais de quoi suffire à la respiration.

Il y a donc une relation, d'ailleurs facile à prévoir, entre la couleur de la chromophylle et la partie du spectre qui est utilisée. Même, certaines Schizophycées voisines des Oscillaires ont la faculté d'accorder le pigment sur-ajouté à la chlorophylle à la couleur de la lumière qui leur arrive : d'une façon générale, la teinte de leurs pigments assimilateurs est complémentaire de celle de la lumière que les cellules reçoivent.

L'action de la chaleur sur la photosynthèse.

(Les deux premières expériences d'après MM. BROWN ET ESCOMBE ; les deux dernières d'après M. BLACKMAN ET Mlle MATTHAEI.)

	Condition de la feuille	Intensité de la lumière	Température	CO_2 absorbé, en mg.	Hydrate de carbone formé, en mg.
Helianthus annuus. . . .	Attachée	Diffuse	21.4	612	392
" " . . .	"	Forte	47.4	43	27
Tropaeolum majus. . . .	Détachée	Diffuse	21.7	310	198
" " . . .	"	"	25.9	487	305
Prunus Laurocerasus . . .	Détachée	—	10.0	—	281
" . . .	"	—	37.5	—	810
Helianthus annuus. . . .	Détachée	—	19.0	—	569
" "	—	—	29.0	—	650
" "	—	—	35.0	—	730

L'effet de la température se voit nettement dans le tableau ci-dessus. On y remarquera également la relation entre CO_2 absorbé et l'hydrate de carbone produit, relation que faisaient prévoir les équations théoriques (pp. 84, 85).

§ 2. LA PRODUCTION D'ÉNERGIE.

Nous avons vu comment l'organisme assimile, c'est-à-dire comment il fait avec des aliments, soit organiques, soit minéraux, des molécules semblables à celles qui constituent sa substance et ses réserves.

Que deviennent les matières assimilées? Les unes vont servir à construire le corps de l'organisme; les autres, généralement plus nombreuses, vont être désassimilées et transformées progressivement en molécules de plus en plus simples, de plus en plus minérales.

Le procédé de désassimilation le plus habituel conduit à l'oxydation de ces matières, donnant comme produits ultimes CO_2, H_2O, etc.

Pourquoi le protoplasme brûle-t-il des molécules qui lui ont coûté tant de peines? Pour se procurer l'énergie nécessaire à l'accomplissement des phénomènes vitaux. La simple dislocation de ces molécules, toutes endothermiques, libère déjà toute l'énergie qui y est enchaînée; ensuite l'oxydation de leurs éléments produit une nouvelle quantité d'énergie.

A. BACTÉRIES SULFUREUSES, NITRIFIANTES, FERRUGINEUSES, AMMONIACALES, LACTIQUES, ETC.

Il existe pourtant quelques Bactéries qui ont la faculté de se procurer de l'énergie autrement qu'en brûlant de la matière organique. Il leur faut évidemment des aliments carbonés pour construire leur corps; mais elles prospèrent dans des liquides qui ne contiennent en fait de matières organiques que tout juste ce qu'il en faut comme aliments plastiques; quant aux aliments respiratoires, ils les remplacent par des matières minérales.

Certains de ces organismes habitent des liquides où l'activité d'autres Bactéries a déversé SH_2. Son oxydation se fait en deux phases, qu'on peut représenter théoriquement comme ceci :

$$2(SH_2) + O_2 = S_2 + 2(H_2O)$$
$$S_2 + 3O_2 + 2(H_2O) = 2(SO_4H_2).$$

Les grains de soufre commencent par se déposer, mais ils sont oxydés à leur tour et transformés en acide sulfurique qui se combine aussitôt avec du calcium, par exemple.

Beaucoup de Bactéries sulfureuses ou Thiobactéries ont l'alimentation diffusive (par exemple *Beggiotoa*), mais d'autres possèdent une chromophylle, la bactériopurpurine, qui leur permet de décomposer CO_2.

Les composés ammoniacaux du sol, provenant le plus souvent de la transformation bactérienne des matières organiques azotées, sont oxydés par d'autres Bactéries, d'abord en acide nitreux, puis en acide nitrique :

$$2 (NH_3) + 3O_2 = 2 (NO_2H) + 2 (H_2O)$$
$$2 (NO_2H) + O_2 = 2 (NO_3H)$$

Les Bactéries nitrosantes, qui forment des nitrites, sont distinctes des Bactéries nitrifiantes, qui poussent l'oxydation plus loin. On les réunit sous le nom de Nitrobactéries.

Les eaux chargées de CO_3Fe contiennent presque toujours des Bactéries spéciales, qui oxydent CO_3Fe, et le transforment en hydrate ferrique :

$$4 (CO_3Fe) + 6 (H_2O) + O_2 = 2 (Fe_2O_6H_6) + 4 (CO_2)$$

L'hydrate ferrique se dépose dans la gaine enfermant la Bactérie. Dans certains marécages, ces gaines forment des assises de plusieurs décimètres d'épaisseur qu'on exploite périodiquement ; l'activité bactérienne fait repousser la couche de l i m o n i t e d e m a r a i s.

Voici maintenant des Bactéries qui utilisent simplement l'énergie produite par des transformations chimiques, non accompagnées d'oxydations.

Micrococcus ureae hydrate l'urée :

$$CO (NH_2)^2 + 2 (H_2O) = CO_3 (NH_4)^2$$

Le carbonate d'ammonium peut s'accumuler en grandes quantités dans le liquide (jusqu'à 13 p. c.) sans gêner l'activité du micrococoque.

Bacillus lacticus dédouble la glycose en deux molécules d'acide lactique :

$$C_6H_{12}O_6 = 2 C_3H_6O_3$$

Cette Bactérie se développe fréquemment dans le lait. Elle fournit de l'acide lactique aux dépens de la lactose, et l'acide, coagulant la caséine, fait c a i l l e r le lait

B. **RESPIRATION AÉROBIE.**

Si nous plaçons une Souris dans un bocal bouché, elle ne tarde pas à mourir. De même, des graines en germination, enfermées dans un récipient clos, cessent de germer et meurent asphyxiées.

En même temps l'oxygène contenu dans les bocaux a été consommé peu à peu, et se trouve remplacé par de l'anhydride carbonique : une bougie allumée s'y éteint ; l'eau de baryte se trouble. On fait exactement les mêmes constatations quand on enferme dans des récipients étanches des pommes de terre, des fleurs, des feuilles (à l'obscurité, pour éviter la décomposition de CO_2), des Champignons, des Bactéries. Mais si on les tue d'abord par la chaleur, aucun changement ne se produit dans l'atmosphère des bocaux : la respiration ne s'opère donc que dans les tissus vivants.

L'intensité des échanges respiratoires se mesure soit par CO_2 dégagé, soit par O_2 absorbé. Ainsi chez l'Homme, 100 grammes de tissus vivants utilisent en vingt-quatre heures 1 gramme d'oxygène. La quantité est la même pour de jeunes feuilles de Froment ; mais des boutons à fleurs absorbent 4 gr. 10, et certaines Bactéries 200 grammes, soit 200 fois autant que l'Homme.

La quantité de CO_2 dégagée par l'Homme équivaut à 1 gr. 2 par 100 grammes de tissus. Les boutons de Lilas dégagent 1 gr. 8 ; les plantules de Pavot, 2 grammes ; les bourgeons de Marronnier, 3 grammes ; certaines Moisissures (Champignons), 6 grammes.

Ce sont, comme on le voit, les organismes inférieurs qui ont la plus grande intensité respiratoire L'examen de la production de chaleur conduit aux mêmes conclusions.

Une partie de l'énergie libérée par la respiration se dégage sous forme de chaleur. Chez les Animaux « à sang froid » l'intensité respiratoire est moindre que chez les Animaux « à sang chaud », c'est-à-dire ceux qui conservent leur température interne constante malgré les variations de la température extérieure. La température des graines en germination s'élève également : 80 grammes de graines de Pois s'échauffent d'environ 20° en germant.

Mais l'échauffement le plus considérable est celui que produisent des Champignons et les Bactéries dans le fumier : la température peut y monter jusqu'à 60 ou 65° ; c'est là que vivent les Bactéries thermophiles (voir tableau, p. 12).

Fig. 71.

CULTURE D'UNE BACTÉRIE LUMINEUSE (BACILLUS PHOSPHORESCENS) SUR GÉLATINE.
Les Bactéries ont été semées de façon à dessiner des lettres. Les cultures ont été photographiées par leur propre lumière ; l'exposition a duré 20 heures.
(D'après CLAUTRIAU, 1896.)

Dans quelques rares cas, une partie de l'énergie se transforme en lumière. Certaines espèces de Bactéries, de Champignons et de Flagellates sont « phosphorescentes ». L'émission de lumière est liée à une alimentation déterminée, au moins chez les Bactéries ; ainsi chez *Bacillus phosphorescens* la peptone et la glycérine provoquent une luminosité intense, tandis que d'autres aliments, tout en permettant la croissance, n'occasionnent aucun dégagement de lumière.

Comparons maintenant les deux principales substances hydrocarbonées : les hydrates de carbone et les graisses, au point de vue respiratoire :

$$C_6H_{12}O_6 + 6\,O_2 = 6\,CO_2 + 6\,H_2O$$
Glycose

$$2\,(C_{57}H_{110}O_6) + 166\,O_2 = 114\,CO_2 + 110\,H_2O$$
Tristéarine

Dans la combustion de l'hydrate de carbone, le volume de CO_2 est égal à celui d'O_2; c'est-à-dire que le quotient respiratoire $\dfrac{CO^2}{O_2}$ est égal à 1.

Mais alors que la molécule d'hydrate de carbone contient assez d'oxygène pour oxyder tout l'hydrogène, et qu'elle ne doit donc recevoir du dehors que l'oxygène nécessaire au carbone, les graisses possèdent une quantité d'oxygène tout à fait insuffisante pour l'hydrogène; elles doivent donc en absorber une plus grande quantité, et pour elles le quotient $\dfrac{CO_2}{O_2}$ est égal à $\dfrac{144}{166}$ ou approximativement 0.70. Cette absorption plus grande d'oxygène correspond à un plus grand dégagement de chaleur : celle-ci est d'un quart plus grande pour les graisses que pour les hydrates de carbone.

Les organismes ont donc avantage à faire des réserves de graisses plutôt que de saccharides chaque fois que les dimensions des réservoirs sont limitées. C'est le cas pour les Animaux, pour les spores des Champignons et des autres Protistes, et pour beaucoup de graines. Le plus souvent, le matériel respiratoire comprend à la fois des hydrates de carbone et des graisses. Aussi le quotient respiratoire est-il d'ordinaire intermédiaire entre 0.7 et 1 : dans le régime alimentaire habituel de l'Homme, il est égal à 0.86.

Voici d'autre part les équations respiratoires de deux organismes inférieurs qui ont pour aliment respiratoire l'alcool éthylique, mais qui l'oxydent différemment.

La Bactérie *Micrococcus aceti* oxyde l'alcool et le transforme en acide acétique avec dégagement de 113 calories.

$$C_2H_6O + O^2 = C_2H_4O_2 + H_2O$$

Avec le Champignon *Mycoderma vini* l'oxydation est totale :

$$C_2H_6O + 3\,O_2 = 2\,CO_2 + 3\,H_2O,$$

et il se dégage 323 calories.

Mais *Mycoderma* peut aussi brûler l'acide acétique et l'oxydation totale se fait alors en deux phases :

a) *Micrococcus aceti* transforme d'abord l'alcool en acide acétique (113 cal.);

b) *Mycoderma vini* oxyde l'acide acétique :

$$C_2H_4O_2 + 2\,O_2 = 2\,CO_2 + 2\,H_2O$$

avec libération de 210 calories.

On voit que la combustion des matières organiques au sein du protoplasme se fait de la même manière que dans le laboratoire. Il n'y a qu'une seule différence importante c'est que la combustion extraorganique ne se fait qu'à des températures de plusieurs centaines de degrés, tandis que dans la cellule elle se poursuit à une température beaucoup plus basse. C'est sans doute ici qu'interviennent les oxydases et les peroxydases : sous l'action des ferments le transport de l'O sur l'H et sur le C se fait à basse température et l'union est assez lente pour que la chaleur ne se dégage que petit à petit et sans élever la température au delà de celle qui est compatible avec l'intégrité du protoplasme.

Ces quelques exemples montrent combien est diverse la respiration aérobie puisque, dans certains cas, elle n'est même pas accompagnée d'une formation de CO_2.

C. **RESPIRATION ANAÉROBIE OU INTRAMOLÉCULAIRE.**

Qu'arrive-il lorsque des êtres vivants sont placés dans une atmosphère confinée? Nous avons vu plus haut qu'ils ne tardent pas à succomber à l'asphyxie. Mais entre le moment où l'oxygène commence à faire défaut et celui de la mort, se passe un phénomène que nous allons maintenant étudier.

Ne trouvant plus d'oxygène libre dans leur atmosphère, les tissus continuent néanmoins à dégager CO_2; ils prennent alors l'oxygène à une molécule organique qui est, le plus souvent, la glycose. L'équation respiratoire au lieu d'être :

$$C_6H_{12}O_6 + 6O_2 = 6CO_2 + 6H_2O$$

devient :

$$C_6H_{12}O_6 = 2(C_2H_5OH) + 2CO_2$$
alcool éthylique

Tous les tissus vivants sont capables d'effectuer cette respiration intramoléculaire, qu'on appelle aussi la respiration anaérobie, par opposition à la respiration aérobie où l'oxygène vient de l'air. Mais l'un des produits de cette dislocation, l'alcool éthylique, est un poison pour les cellules, ce qui met bientôt un terme à ce mode de production d'énergie.

Il y a pourtant certaines Protistes du groupe des Levures (par exemple *Saccharomyces cerevisiae*) qui ont une grande résistance vis-à-vis de ce poison. Lorsqu'ils poussent dans un liquide sucré (voir sa composition p. 76), au contact de l'air, ils se conduisent comme les organismes ordinaires, en oxydant complètement la glycose en CO_2 et H_2O. La croissance est alors rapide, et pour chaque gramme de sucre brûlé, il se forme environ un quart de gramme de Levure.

A mesure que le stock d'oxygène disparaît, la Levure devient ferment alcoolique; grâce à une zymase, l'alcoolase. elle disloque les sucres en alcool et CO_2, suivant l'équation précédente. Mais cette opération est évidemment moins économique au point de vue énergétique que la combustion totale des sucres, puisque l'alcool formé contient encore toute l'énergie qui est libérée quand on le brûle après coup dans une lampe à alcool. Aussi pour produire un gramme de Levure faut-il alors détruire non plus seulement 4 grammes de sucre, mais 80 à 90, c'est-à-dire 20 fois autant.

Alors qu'un grand nombre de corps organiques peuvent servir à l'alimentation aérobie de la Levure de bière (voir le tableau p. 77) les sucres seuls sont fermentescibles, c'est-à-dire qu'eux seuls peuvent lui servir de source d'énergie pendant la respiration intramoléculaire.

Une autre fermentation anaérobie très répandue dans la nature est celle qui donne de l'acide butyrique. Beaucoup de matières hydrocarbonées sont disloquées par les Bactéries butyriques, dont l'une des mieux connues est *Bacillus amylobacter*. Un caractère commun à toutes ces fermentations est qu'elles donnent lieu à un dégagement de H ou de CH_4 (Méthane ou gaz des marais). Voici par exemple l'équation de fermentation de l'acide lactique :

$$2(C_3H_6O_3) = C_4H_8O_2 + 2CO_2 + H_2$$
$$\text{ac. lactique} \qquad \text{ac. butyrique}$$

B. amylobacter ne peut vivre qu'en anaérobie. Pas mal d'autres Bactéries sont comme lui des anaérobies nécessaires.

Au contraire *Sacch. cerevisiae* et d'autres Bactéries et Champignons (par exemple *Chlamydomucor*, fig. 14) sont des anaérobies facultatifs; ils passent indifféremment de la vie à l'air libre à la vie anaérobie.

Faisons remarquer en terminant que les cellules des Vertébrés n'ont que la respiration intramoléculaire; en effet elles ne sont pas directement en contact avec l'oxygène atmosphérique, puisque l'oxygène leur est apporté par les hématies. L'hémoglobine de celles-ci se transforme en oxyhémoglobine, soit dans les poumons, soit dans les branchies : 1 gramme d'hémoglobine peut fixer 1.34 cm³ d'O. En passant dans les tissus, l'oxyhémoglobine abandonne son oxygène aux cellules et redevient de l'hémoglobine. C'est donc en dissociant les molécules d'oxyhémoglobine que les cellules vivantes des Vertébrés se procurent l'oxygène nécessaire.

D. LE CYCLE DU CARBONE DANS LA NATURE.

Nous pouvons maintenant nous figurer la circulation du carbone dans la nature (fig. 72).

L'unique source de tout le carbone qui entre dans la composition des êtres vivants est CO_2 de l'atmosphère et CO_2 dissous dans l'eau des rivières, des lacs et des océans. Les seuls organismes capables d'en extraire le C sont les holophytes, c'est-à-dire ceux qui possèdent l'alimentation autotrophe : certains Flagellates, les Algues, et surtout les Végétaux. Grâce à leurs chromophylles ils captent l'énergie solaire et l'emmagasinent dans les molécules qu'ils incorporent à leur protoplasme.

A partir d'ici, les substances organiques ont des destinées diverses. Une certaine proportion est directement oxydée par la respiration, et retourne ainsi à l'atmosphère, où elle est de nouveau à la disposition des holophytes.

Une deuxième fraction devient la proie des herbivores : Protistes à alimentation vacuolaire et Animaux.

Une dernière reste dans les détritus : cadavres, feuilles mortes, etc.

La matière qui est assimilée par un herbivore se divise à son tour en trois parties ; celle qui est employée à la respiration celle qui passera dans les résidus, y compris le cadavre, et une dernière qui est dévorée par un carnivore. Dans l'économie de ce dernier, nouveau partage entre ce qui est brûlé par la respiration et ce qui se retrouve dans les détritus.

Nous voici arrivés au point où toute la matière élaborée par les chromophylles et la lumière solaire est ou bien déjà renvoyée à l'atmosphère ou bien enfermée dans les déchets. Comment le carbone de ces derniers sera-t-il remis à la portée des holophytes, et rendu ainsi à la circulation de la vie mondiale Les détritus comprennent essentiellement : a) des matières hydrocarbonées insolubles, telles que la cellulose, la lignine, etc ; b) des sels organiques, par exemple l'oxalate de calcium ; c) des corps azotés, qui sont surtout des albuminoïdes, ainsi que leurs dérivés (kératine, chitine, etc.) et leurs produits de décomposition ,acide urique, urée, xanthine, guanine, etc.). Il n'y a que les Protistes à alimentation diffusive (surtout Bactéries et Champignons), qui soient capables de faire passer ces corps à l'état minéral : CO_2, H_2O, NH_3, sulfates, phosphates, etc. Certains d'entre eux, par exemple les ferments butyriques, attaquent la cellulose ; d'autres qui sont aérobies, oxydent les oxalates (p. 77) ; d'autres encore provoquent les fermentations ammoniacales (p. 90) et font passer le carbone et l'azote dans des molécules de $CO_3(NH_4)^2$.

Ce sont donc en dernière analyse les Protistes qui ferment le cycle du carbone. Sans eux les résidus organiques, définitivement soustraits à la circulation, s'accumuleraient de plus en plus à la surface de la terre et au fond des océans ; le stock de CO_2 s'appauvrirait sans cesse et un jour viendrait où la Terre ne serait plus qu'une vaste nécropole, inapte à toute vie.

Il reste pourtant un hiatus. Dans certaines

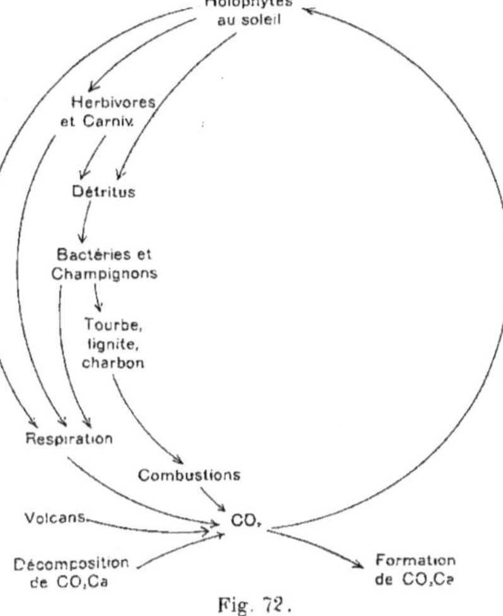

Fig. 72.

LE CYCLE DU CARBONE DANS LA NATURE VIVANTE.

conditions les cadavres végétaux ne sont pas totalement brûlés par les Bactéries et les Champignons : il en persiste une partie, qui devient de la tourbe, celle-ci pouvant se transformer ultérieurement en lignite et en charbon. L'industrie s'occupe activement de brûler cette petite quantité de carbone qui échappe au cycle général.

Enfin, il y a en dehors du grand cercle des causes accessoires qui pourraient faire varier la proportion de CO_2 de l'atmosphère. Les volcans déversent des quantités appréciables de CO_2 : des carbonates se décomposent sous l'action soit de la chaleur, soit des acides. A ces gains de CO_2, s'oppose une cause d'appauvrissement : des organismes marins, en particulier les Foraminifères, les Polypiers, les Mollusques et certaines Algues se font des carapaces, des coquilles, des loges, etc., en CO_3Ca. Les calcaires et la craie ont la même origine.

Tout cet ensemble de phénomènes peut être condensé dans le schéma de la page précédente.

§ 3. L'ÉLIMINATION DES PRODUITS DE LA DÉSASSIMILATION.

Les corps volatiles, liquides ou solubles (CO_2, H_2O, urée, etc.) qui résultent de la désassimilation des matières organiques, sont éliminés sans peine par la cellule : tantôt ils diffusent simplement par la périphérie, tantôt ils sont expulsés par des organes spéciaux, tels que les vacuoles pulsatiles.

Mais il s'en faut de beaucoup que la substance soit toujours brûlée jusqu'au bout. L'oxydation s'arrête souvent en chemin, et certains des produits ainsi formés sont toxiques pour le protoplasme.

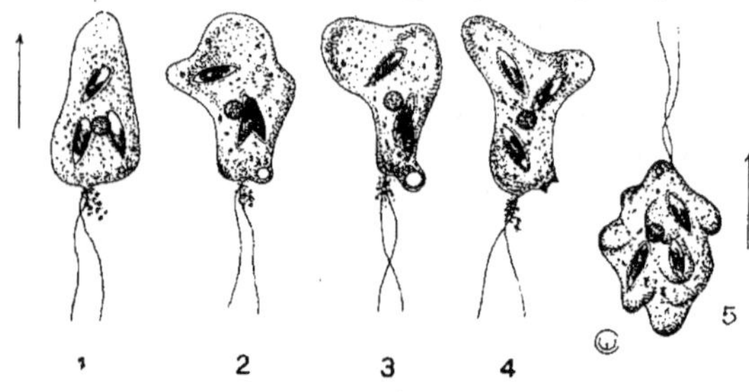

Fig. 73.

L'ALIMENTATION, L'EXCRÉTION ET LE FONCTIONNEMENT DE LA VACUOLE CONTRACTILE CHEZ UN FLAGELLATE (*Dimastigamoeba vorax*)

1 à 4, individu rampant avec les fouets traînants ; il a ingéré par son extrémité antérieure (loin des fouets) 3 cellules vertes d'un Phycoflagellate ; une vacuole alimentaire vient de crever près de l'extrémité postérieure (près des fouets) et de déverser les excréments. Une vacuole contractile naît, puis grandit et enfin s'ouvre à droite de l'insertion des fouets. **5**, l'individu s'est détaché et retourné ; il nage librement.

Quelques-uns deviennent insolubles ; ainsi l'acide oxalique est rendu inoffensif sous la forme d'oxalate de calcium. D'autres, par exemple les tannins et les alcaloïdes, s'accumulent dans le suc cellulaire, d'où la semi-perméabilité du cytoplasme les empêche de sortir.

La figure 73 résume l'ensemble des échanges matériels qui constituent la nutrition, depuis la préhension des aliments jusqu'à l'élimination des résidus.

Des Flagellates verts (*Chlorogonium euchlorum*) qui s'étaient nourris de matières uniquement minérales (CO_2, H_2O, sels) sont devenus la proie d'un Flagellate sans chromophylle (*Dimastigamaeba vorax*), qui les englobe dans ses vacuoles alimentaires.

D'abord s'effectue la digestion, puis les substances ainsi obtenues sont utilisées par le protoplasme. L'une et l'autre de ces opérations laissent des résidus : ceux de la digestion sont rejetés sous forme d'excréments ; le jeu des vacuoles pulsatiles élimine ceux de la respiration.

C. L'Irritabilité.

Tout acte protoplasmique doit être envisagé sous deux aspects : d'une part, on étudiera les phénomènes chimiques et les changements matériels qui libèrent l'énergie nécessaire à son accomplissement ; d'autre part, on l'examinera au point de vue de l'irritabilité, c'est-à-dire qu'on recherchera vis-à-vis de quelle excitation il est une réaction.

Généralité des réflexes non nerveux. — Les Métazoaires possèdent un appareil particulier qui relie les diverses parties de l'organisme et établit la connexion entre les endroits d'où vient l'excitation et ceux qui doivent produire la réaction. Mais le système nerveux ne régit pas l'irritabilité de toutes les cellules de l'Animal. Les éléments libres (leucocytes, spermatozoïdes) n'ont aucun rapport avec lui. D'ailleurs, tous les phénomènes délicats de la vie du protoplasme se passent de son aide : les cellules se divisent, se développent et prennent leurs caractères distinctifs, — le spermatozoïde féconde l'œuf — celui-ci se segmente et donne une gastrula, — les cellules glandulaires réagissent vis-à-vis des hormones... sans que les nerfs interviennent en rien.

Ceux-ci n'apparaissent d'ailleurs qu'après les premières segmentations de l'œuf et la gastrula d'une Astérie est encore privée de tout appareil nerveux, alors qu'elle nage déjà librement et qu'elle doit se guider à travers le monde extérieur.

Chez les Animaux adultes, les diverses phases du réflexe se spécialisent sur des cellules distinctes ; entre les cellules purement sensorielles et les cellules purement réactionnelles s'interposent des cellules d'un nouveau genre, les cellules nerveuses, qui élaborent et transmettent les sensations. Cet appareil nerveux se différencie et se complique de plus en plus, jusqu'à ce que dans les termes ultimes de son évolution il soit le siège des phénomènes de conscience, de pensée, d'association d'idées...

Un système aussi complexe est en dehors des cadres de la biologie générale. Contentons-nous de signaler ici le plus primitif de ces dispositifs, celui des Cœlentérés (fig. 74).

Dans la physiologie animale, les réflexes nerveux et les autres manifestations du système nerveux ont si complètement accaparé l'intérêt que les réflexes non nerveux étaient restés presque complètement ignorés. C'est

7

seulement dans ce dernier tiers de siècle que les recherches sur l'immunité, sur les hormones, sur l'embryomécanique, etc., ont fixé l'attention sur les phénomènes d'irritabilité qui sont indépendants de l'action nerveuse.

Il n'en reste pas moins vrai que les réflexes non nerveux sont beaucoup mieux étudiés chez les Plantes et les Protistes que chez les Animaux ; aussi dans les pages suivantes n'aurons-nous guère à citer les Animaux.

Les phases d'un réflexe non nerveux. — Un réflexe, si simple soit-il, même s'il se passe en entier dans une seule cellule, peut être décomposé en plusieurs phases. Ainsi, quand une cellule d'*Euglena* (fig. 35) est éclairée, l'axe de son corps s'oriente tout de suite parallèlement, avec l'extrémité antérieure vers la source lumineuse.

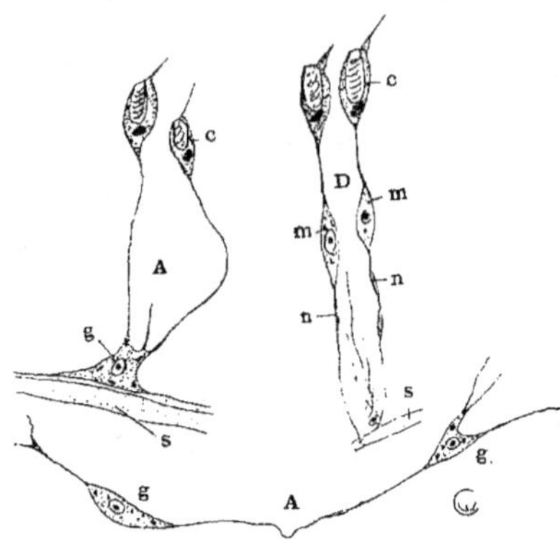

Fig. 74.

CELLULES SENSORIELLES ET NERVEUSES D'HYDROMÉDUSES.

c, cellules sensorielles (cnidoblastes) ; **g**, cellules ganglionnaires, nerveuses ; **m**. cellules musculaires ; **n**, fibrilles nerveuses ; **s**, lamelle de soutien. **A, A**, *Hydra grisea* ; **D**, *Lucernaria quadricornis*. (D'après M. Chapeaux, 1892.)

Or, c'est le stigma qui est sensible à la lumière, et ce sont les battements du fouet qui donnent au corps sa direction. Le point qui reçoit l'excitation est donc distinct de celui qui accomplit la réaction, et entre les deux a dû s'effectuer une conduction. Mais ce n'est évidemment pas l'énergie lumineuse captée par le stigma qui va directement influencer les fouets : il doit exister un poste intermédiaire où s'effectue la transformation, et il est fort probable que le blépharoplaste a des attaches avec lui. Dans ce réflexe, si peu compliqué pourtant, on peut donc reconnaître cinq phases : 1° l'excitation par la lumière ; 2° la conduction de l'excitation ; 3° la sensation ; 4° la conduction de l'ordre de mouvement ; 5° la réaction motrice.

Voici un réflexe d'un tout autre genre. Beaucoup de plantes

Fig. 75.

Fig. 75.

L'ACTION DE LA DÉCAPITATION ET DE L'ANNÉLATION.

Rameau d'Aubépine (*Crataegus monogyna*) qui a été décapité : les bourgeons situés sous la section se sont développés. Ceux qui sont sous l'annélation se développent également. La partie terminale qui a été enlevée de ce rameau portait 12 bourgeons : dans les conditions normales aucun des bourgeons représentés ne se serait accru. Le dessin a été fait trois jours après la décapitation et l'annélation.

donnent des tiges verticales qui continuent à s'allonger fort longtemps, sans se ramifier, pourvu que le bourgeon terminal soit intact. Dès que le sommet est détruit, les bourgeons axillaires situés sous la décapitation se développent. Le même résultat s'obtient sur une tige encore pourvue de son sommet, mais à laquelle on fait une annélation (c'est-à-dire qu'on enlève à la tige, sur une hauteur d'un centimètre, tous les tissus parenchymateux superficiels en ne laissant que le bois) ; on a ainsi supprimé les plasmodesmes qui assuraient les communications entre les cellules du haut de (tige et celles du bas. Après l'annélation, on voit les bourgeons situés immédiatement en dessous se développer et former des rameaux (fig. 75). Cette expérience montre que le bourgeon terminal émet une excitation, encore inconnue dans son essence, qui empêche la croissance des bourgeons latéraux. Dès que l'excitant inhibiteur n'est plus émis (décapitation) ou dès qu'il ne peut plus parvenir aux bourgeons (annélation), ceux-ci se réveillent tout de suite. Dans ce réflexe, les diverses phases se reconnaissent aussi très nettement.

I. L'EXCITATION.

A. Les organes sensoriels.

L'excitation résulte de l'influence directe, sur le protoplasme, d'un agent approprié. Mais ceci suppose la présence d'un dispositif capable de recevoir l'impression, c'est-à-dire d'un organe sensoriel.

Les mieux connus sont ceux qui renseignent la cellule sur la présence de corps résistants, sur la direction de la pesanteur et sur la lumière.

Beaucoup d'organes végétaux exécutent des mouvements quand ils sont touchés ou secoués. Pour que se produise l'impression de contact, il faut que des points voisins du protoplasme subissent des pressions différentes.

Fig. 76.

ORGANES TACTILES.
CELLULES ÉPIDERMIQUES D'UNE VRILLE
DE CONCOMBRE (*Cucumis sativus*).
La paroi externe est percée de cavités dans lesquelles s'engage le cytoplasme.
(D'après M. PFEFFER, 1885.)

Un cas très simple est celui-ci : un prolongement cytoplasmique s'engage dans un creux de la membrane. Il en est ainsi chez beaucoup de vrilles, organes filamenteux qui s'enroulent autour de corps étrangers (fig. 76).

Une structure analogue se reconnaît chez les *Drosera*. La feuille de ces plantes carnivores porte de nombreux tentacules (fig. 77). Les cellules épidermiques de leurs renflements terminaux possèdent le long des bords des doigts de cytoplasme qui pénètrent dans des logettes creusées dans l'épaisseur de la membrane. Quand un

Insecte, attiré par la sécrétion brillante des tentacules, vient s'y poser, il excite les cellules sensorielles, et bientôt les tentacules touchés, puis leurs voisins, se recourbent sur lui.

Ailleurs, le principe est autre : une longue soie, raide et dure, est posée sur une base souple et aisément déformable. Tout déplacement de la hampe rigide comprime ou étire la partie basilaire.

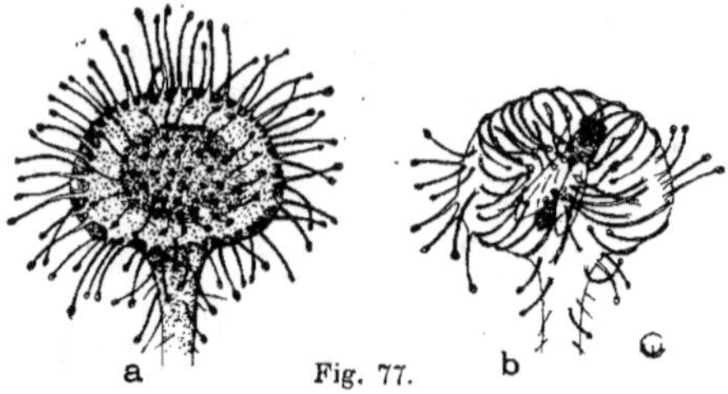

Fig. 77.

ORGANES TACTILES.
FEUILLES DE DROSERA ROTUNDIFOLIA

a, feuille ouverte, avec les tentacules étalés ; **b**, feuille dont les tentacules se sont refermés sur un Insecte.
(D'après ERRERA ET LAURENT, 1897.)

La feuille de *Dionaea muscipula*, une autre plante carnivore, est formée de deux lobes réunis par une charnière longitudinale. La surface de chaque lobe est munie de trois poils construits sur le modèle qui vient d'être décrit (fig. 78). Le moindre attouchement d'un poil, par exemple par un Insecte qui se promène sur la

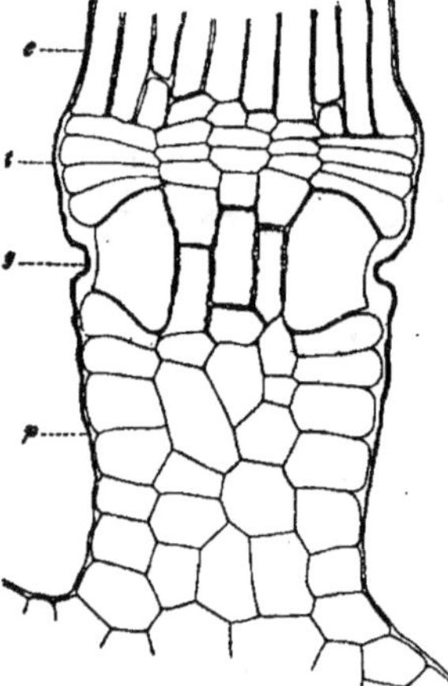

Fig. 78.

ORGANES TACTILES.

BASE D'UN GROS POIL TACTILE
DE DIONAEA MUSCIPULA,
EN COUPE LONGITUDINALE.

e, partie inférieure de la longue hampe raide ; **t**. cellules tabulaires ; **g**, cellules qui reçoivent l'excitation ; **p**, socle du poil.
(D'après M. HABERLANDT, 1901.)

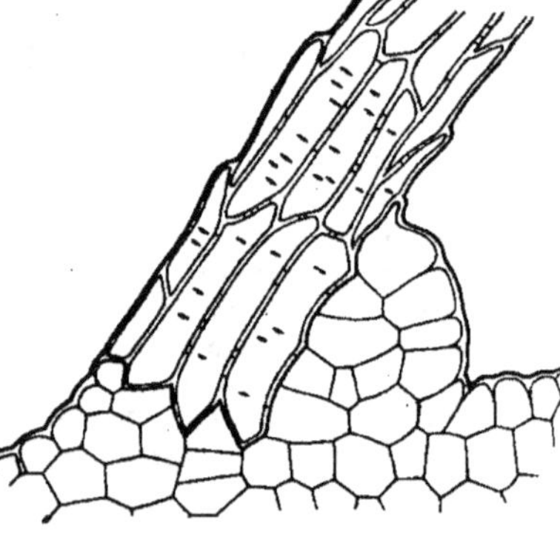

Fig. 79.

ORGANES TACTILES.
BASE D'UN POIL SENSORIEL DE MIMOSA PUDICA.
(D'après M. HABERLANDT, 1901.)

feuille, détermine une déformation des cellules sensorielles ; aussitôt

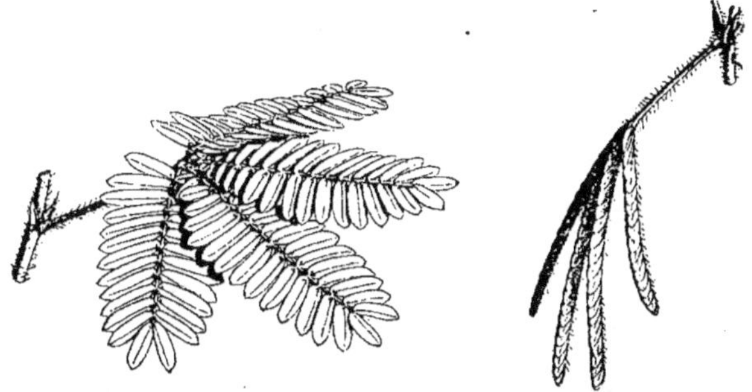

Fig. 80.

MOUVEMENTS DES FEUILLES.

Deux feuilles de la Sensitive (*Mimosa pudica*). A gauche, feuille non excitée, étalée ;
à droite, feuille qui a été excitée par la secousse et qui s'est repliée et abaissée.
(D'après DUCHARTRE.)

une impulsion est conduite vers la charnière et provoque la fermeture de la feuille.

Les poils tactiles de la Sensitive (*Mimosa pudica*) reposent sur un
coussinet de cellu-
les à parois minces
(fig 79). Les secous-
ses imprimées à la
plante se commu-
niquent aux soies
rigides, puis l'impul-
sion arrive, par l'in-
termédiaire des lon-
gues cellules con-
ductrices dont nous
parlerons plus loin,
aux bourrelets mo-
teurs qui sont à la
base des feuilles et
des folioles et y dé-
terminent des mou-
vements (fig. 80.)

Nous verrons bien-
tôt que beaucoup de
tiges et de racines

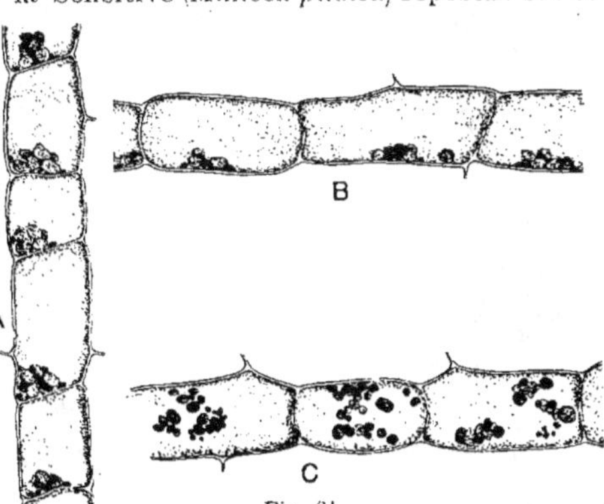

Fig. 81.

ORGANES SENSIBLES A LA GRAVITATION.

Cellules de la gaine amylifère d'*Impatiens Sultani*. A,
tige dressée : les grains d'amidon sont couchés sur les cloisons
transversales ; B, tige placée horizontalement : les grains
d'amidon sont tombés sur une paroi longitudinale ; C, tige
placée sur le clinostat (voir p. 108) : les grains d'amidon sont
distribués irrégulièrement dans la cellule.

écartées de la position verticale exécutent une courbure qui les y ramène. L'appareil sensoriel pour la gravitation est tout à fait comparable aux statocystes des Animaux : ce sont de gros grains d'amidon, notablement plus denses que le cytoplasme, et que leur poids entraîne donc vers le bas. Dans la tige, ils sont dans les cellules de la gaine amylifère ou endoderme (fig. 81). Lorsque la tige est verticale, ils se tassent sur une paroi transversale; mais quand elle est mise horizontalement, ils se couchent sur l'une des parois latérales. La pression insolite qu'exercent les grains pesants sur une face non occupée par eux dans les conditions normales agit comme excitant et la tige y répond par une courbure qui est effectuée par les cellules de la zone de croissance.

Dans les racines, les cellules sensorielles pour la gravitation sont

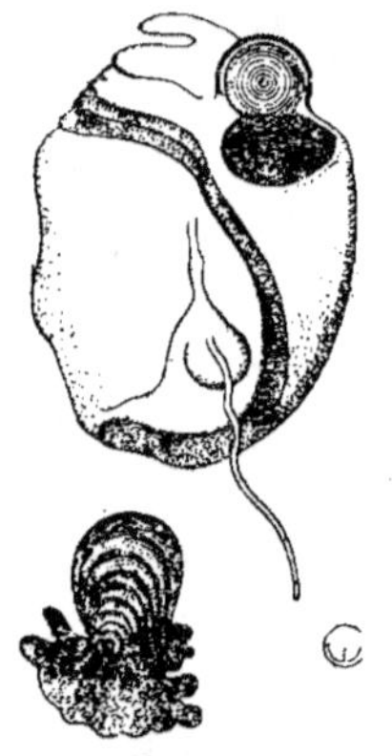

Fig. 82.
STIGMAS
DE FLAGELLATES,
AVEC LENTILLES.

Pouchetia cornuta : devant le stigma une grosse lentille très convexe. En bas, stigma et lentille de *Pouchetia Juno.*
(D'après
M. Schütt, 1895. —
Copié
dans Lang, 1913.)

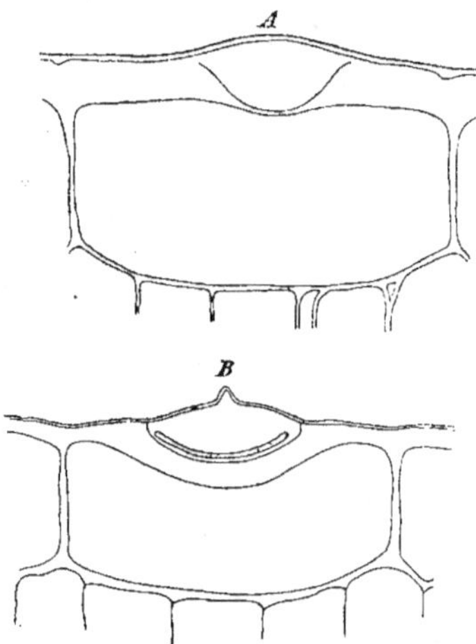

Fig. 83.
CELLULES ÉPIDERMIQUES MUNIES
D'UNE LENTILLE.
A, lentille en silice de la feuille de *Campanula persicifolia ;* **B**, lentille de la feuille de *Petraea volubilis,* formée d'une cellule spéciale, enchâssée au milieu de la paroi externe.
(D'après M. Haberlandt, 1909.)

dans la coiffe. Quand la racine est placée horizontalement, ils se déplacent de la même façon que dans une tige.

Enfin, il y a aussi des organes sensoriels pour la lumière.

Nous connaissons déjà la tache oculaire ou stigma que portent beaucoup de cellules mobiles, vertes, jaunes ou brunes des Flagellates et des Algues (fig. 20, 35). Parfois le stigma est accompagné d'une lentille qui concentre la lumière (fig. 82).

Les feuilles d'un très grand nombre de plantes possèdent une exquise sensibilité vis-à-vis de la lumière : une courbure de leur pétiole oriente exactement leur face supérieure vers la lumière la plus avantageuse : c'est donc sur le limbe que se trouve l'organe sensoriel, alors que le mouvement est exécuté par le pétiole. En effet, l'épiderme supérieur a une structure très particulière chez beaucoup de plantes qui vivent dans l'ombre des forêts et qui ont donc un intérêt prépondérant à tourner leurs feuilles avec précision vers la lumière. Les cellules, au lieu d'avoir une surface externe plane, sont fortement bombées. Les rayons se concentrent donc vers le milieu de la face profonde des cellules, lorsque la feuille est normale à la lumière ; mais est-elle oblique, les rayons sont déviés vers le bord et le limbe ainsi renseigné sur les défectuosités de sa position transmet au pétiole une impulsion qui y provoque le mouvement approprié. Parfois la paroi externe est épaissie au centre en forme de lentille biconvexe. L'épaississement est tantôt en cellulose, tantôt en silice (fig. 83, A). Le cas le plus remarquable est celui où une petite cellule très bombée est enchâssée dans la paroi périphérique des cellules de l'épiderme foliaire (fig. 83, B).

B. L'ANESTHÉSIE.

Certaines substances déterminent l'anesthésie, c'est-à-dire qu'elles suppriment le fonctionnement des organes sensoriels. Leur action n'est pas spéciale aux Animaux ; elle se retrouve avec les mêmes caractères chez les Protistes et les Végétaux.

Une Sensitive (*Mimosa pudica*), dans une atmosphère d'éther, devient insensible aux secousses. Des racines chloroformées ne se courbent plus sous l'influence de la pesanteur ; les grains d'amidon continuent à tomber dans la partie déclive des cellules sensorielles, mais celles-ci ne perçoivent plus le déplacement. De même, des Noctiluques (Flagellates), qui dans les conditions normales émettent de la lumière à la moindre secousse, n'en dégagent plus quand elles sont soumises à l'éther ou à la paraldéhyde.

C. LA NATURE DES EXCITANTS.

1. *Les excitants internes.*

Dresser la liste des excitants qui peuvent déclancher un réflexe non nerveux, c'est énumérer les sens des cellules. Cette liste est plus longue qu'on ne l'imagine généralement.

On divise les excitants en internes et externes : les premiers sont ceux qui ont pour point de départ l'organisme lui-même, tandis que les seconds viennent du dehors. Ainsi, dans un embryon animal, c'est parce que les cellules se sentent les unes les autres qu'elles produisent chacune un secteur déterminé de l'adulte (fig. 54) ; il suffit souvent de les séparer, au stade 2 (voir fig. 84), 4 ou 8, pour que chacune se développe en un individu complet. A un stade plus avancé de l'embryologie, la transformation de la blastula en une gastrula implique également l'existence de relations sensorielles entre les cellules (fig. 54).

L'action inhibitoire que le bourgeon terminal exerce sur les bourgeons axillaires (fig. 75), l'influence au noyau quand il amène le cytoplasme à sécréter une membrane (fig. 49), la régulation de l'hérédité par les chromosomes, sont autant de réflexes dont le point de départ est un excitant interne.

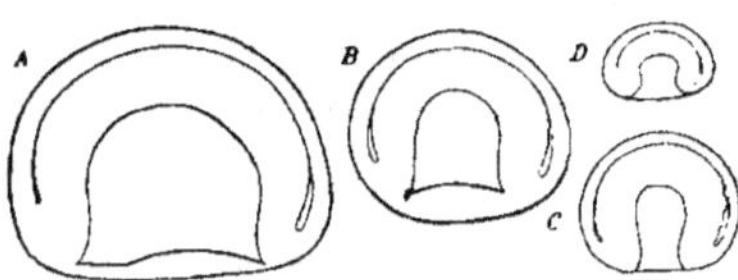

Fig. 84.

EMBRYONS PROVENANT DE PORTIONS D'ŒUFS.

Gastrula d'*Amphioxus* produite par un œuf entier (**A**), par une seule cellule d'un embryon déjà formé de 2 cellules (**B**), par une seule cellule d'un embryon déjà formé de 4 cellules (**C**) et déjà formé de 8 cellules (**D**).

(D'après M. WILSON, 1893.)

Mais il n'est pas toujours facile de séparer les excitations internes des excitations externes. Il est bien certain, en effet, que les excitants internes n'exercent leur effet que lorsqu'ils ont modifié le protoplasme, c'est-à-dire lorsqu'ils sont devenus internes. Ainsi, les Noctiluques s'illuminent par la secousse ; en réalité pourtant, ce n'est pas la secousse, phénomène externe, qui les excite, mais la déformation de la cellule, phénomène interne, puisqu'on obtient la même émission de lumière quand on déforme la cellule en appuyant dessus, sans la secouer le moins du monde. D'autre part, les premiers organismes ne répondaient évidemment qu'à des actions du dehors, et on peut donc affirmer que tous les excitants internes, même les plus subtils qui existent chez les Animaux supérieurs, tels que ceux qui provoquent l'éclosion des idées, ont eu une origine externe.

La distinction entre excitants externes et excitants internes est purement didactique Si nous la maintenons, c'est uniquement parce que nous ignorons la nature réelle des excitants internes. En quoi consistent, par exemple, les stimulants qui émanent du noyau? est-ce par voie chimique, électrique, mécanique... que les cellules provenant de la segmentation de l'œuf s'influencent entre elles? Les seuls stimulants internes que nous connaissions quelque peu sont certains produits chimiques, élaborés par des cellules déterminées, qui vont impressionner d'autres cellules. Ainsi, les cellules de l'intestin des Mammifères forment une h o r m o n e, l a s é c r é t i n e qui, portée par le sang aux cellules pancréatiques, y déclanche les processus de la sécrétion de trypsine. De même, l'adrénaline et la thyroxine (p.2), formées l'une par les capsules surrénales, l'autre par la glande thyroïde, vont agir sur des organes éloignés et y provoquent des réactions variées. Quoiqu'il s'agisse manifestement ici d'excitants ayant leur point de départ dans l'économie, il est certainement plus logique de les classer avec les excitants chimiques. Nous ne laissons donc ici que les excitants internes dont la nature nous est encore cachée. Les principaux sont ceux qui dépendent de l'âge et de la forme.

A. *Age*. — Beaucoup de phénomènes ne se passent qu'à un âge déterminé. L'embryologie tout entière d'un Animal ou d'une Plante est le résultat d'une succession régulière de réflexes, chacun se produisant à un moment précis, qui est fixé par l'âge.

Les tout jeunes boutons de *Spergula arvensis* sont dressés, ou plutôt ils continuent la direction de l'axe sur lequel ils naissent. Mais dès que le pédicelle a atteint la longueur de quelques millimètres, il se courbe vers le bas. Au moment où le bouton va s'ouvrir se produit une nouvelle courbure, siégeant tout à la base du pédicelle, qui redresse la fleur vers le haut. Dans cette position, qui est celle où les visites des Insectes sont le plus faciles, la fleur attend d'être fécondée. Pendant que les graines mûrissent, une nouvelle courbure de la base du pédicelle dirige le jeune fruit vers le bas. Dès que les graines sont mûres, dernière courbure du pédicelle, redressant le fruit : celui ci s'ouvre maintenant et le vent pourra disséminer les graines. Il y a donc deux fois courbure vers le bas et deux fois courbure vers le haut. La direction verticale est déterminée par la sensibilité à la gravitation, mais le sens des mouvements, soit vers le haut, soit vers le bas, est uniquement sous la dépendance de l'âge.

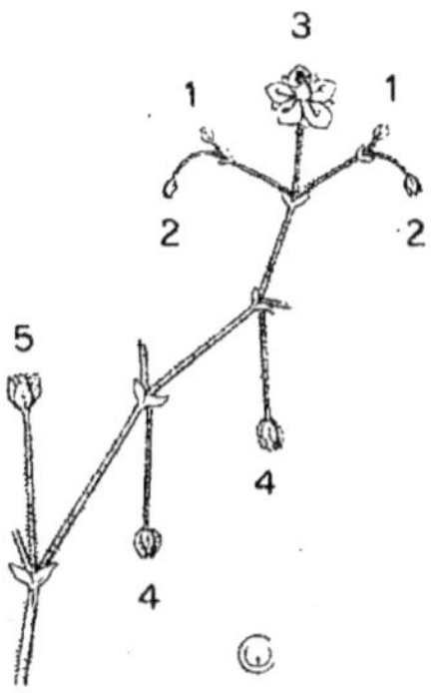

B. *Forme*. — Chaque particularité de structure est le point de départ d'une excitation qui agit sur toutes les cellules et tous les organes du voisinage.

a) *Corrélation des organes*. — Un organe ne naît et ne prend sa structure définitive que sous l'impulsion d'autres organes, ce qui revient à dire que la création d'un organe est l'aboutissement d'un réflexe dont l'excitation part d'une autre partie du corps.

Fig. 85.
L'ACTION DE L'AGE SUR L'ORIENTATION D'UNE FLEUR. Schémas des directions successives des boutons (1.2), d'une fleur (3) et des fruits (4, 5) de *Spergula arvensis*.

Dans les cas de grossesse extra-utérine, un placenta naît au point où se fixe l'embryon, quelque insolite que soit ce point. On voit, dans le même ordre d'idées, que le développement d'un bourgeon sur une feuille provoque l'organisation en tissus conducteurs du parenchyme foliaire voisin du bourgeon.

Chez les Phanérogames, dès qu'une fleur est fécondée, des modifications de tout genre se produisent autour des ovules. Au contraire, si la fécondation fait défaut, d'autres changements s'effectuent, qui conduisent à la chute de la fleur.

Dans une feuille d'*Osmunda regalis* (Fougère) les segments supérieurs sont sporifères, les inférieurs stériles. Si en un endroit quelconque de la portion stérile quelques sporanges se forment, aussitôt le limbe disparaît autour d'eux, et ce bout de feuille, si petit soit-il, prend tous les caractères de la portion fertile (fig. 86).

Quand on coupe la tête d'une Planaire d'eau douce, il se forme une nouvelle tête, avec son anatomie normale : système nerveux, yeux, tube digestif, bouche, etc. Immédiatement après l'amputation on voit s'accumuler sur la plaie une masse de cellules indifférentes. Peu à peu au contact des cellules nerveuses, musculaires, digestives, etc., de la surface de section, les cellules nouvelles s'organisent en cellules du même genre. Et ainsi, de proche en proche, la tête se reforme.

b) *Influence du sommet.* — Nous savons que le bourgeon terminal est le point de départ d'un excitant qui empêche le développement des bourgeons axillaires, et que cet excitant chemine par les cellules parenchymateuses (fig. 75). Le problème se complique lorsqu'il y a des bourgeons de plusieurs sortes.

Le cas le plus net est celui des jeunes *Araucaria excelsa,* tels que nous les connaissons dans les serres (fig. 87 et 88). La tige principale, ou flèche, s'allonge par un bourgeon terminal (fig. 88 A), qui est la continuation directe du bourgeon porté par l'embryon. La flèche porte latéralement des feuilles ; de place en place, il y a 4 à 7 feuilles voisines dont les bourgeons axillaires (fig. 88 B) se développent en rameaux horizontaux ; ceux-ci forment donc des étages superposés Chaque rameau horizontal est terminé par un bourgeon qui pourvoit à son allongement. Sur les flancs droit et gauche du rameau horizontal, quelques bourgeons axillaires (fig. 88 C) se développent en rameaux, également horizontaux, qui ne se ramifient pas, et qui s'allongent aussi par un bourgeon terminal.

Que peuvent devenir les bourgeons dormants situés à l'aisselle des feuilles *a)* sur la flèche, *b)* sur les rameaux de deuxième ordre, *c)* sur les rameaux de troisième ordre ?

a) Les bourgeons latéraux qui ne se sont pas développés tout de suite pour former des rameaux horizontaux, restent inactifs jusqu'à ce que le sommet soit détruit ou jusqu'à ce qu'une annélation ait empêché l'excitant inhibitoire de les atteindre ; ils sortent alors de leur torpeur et donnent une flèche.

b) De même, les bourgeons restés inactifs (b) sur les rameaux du deuxième

Fig. 86.

Un segment de feuille d'une Fougère (*Osmunda regalis*) à l'union des segments fertiles (plus hauts) et des segments stériles (plus bas). Dans le segment représenté, les pinnules du haut, déjà en partie tombées, sont complètement fertiles et leur limbe a disparu ; les pinnules du bas ne sont que partiellement fertiles ; dans les région fertiles le limbe s'atrophie.

ordre ne se développent que si le bourgeon terminal du rameau est lésé et ils le remplacent alors.

c) Enfin les bourgeons axillaires (c), situés sur les rameaux de troisième ordre, ne se développent également qu'en cas de destruction du bourgeon terminal de ce rameau.

Fig. 87.
JEUNE ARAUCARIA EXCELSA.
(Copié dans *Revue de l'Horticulture belge et étrangère,* 1878.)

Il y a donc six sortes de bourgeons, complètement différenciés :

A, le bourgeon terminal de la flèche ;
a, les bourgeons de remplacement de la flèche.
B, le bourgeon terminal du rameau de deuxième ordre ;
b, les bourgeons de remplacement de ce rameau.
C, le bourgeon terminal du rameau de troisième ordre ;
c, les bourgeons de remplacement de ce rameau.

Or chaque sorte de bourgeon terminal émet une excitation inhibitoire qui maintient au repos tous ses bourgeons de remplacement, mais non les autres.

Ainsi, il est facile de greffer à la place du bourgeon terminal de la flèche un autre bourgeon terminal de flèche : dans ce cas les bourgeons de remplacement restent au repos. Mais si on remplace le bourgeon terminal de flèche par un bourgeon terminal de rameau de deuxième ordre, aussitôt les bourgeons de remplacement situés le plus haut se développent en flèches.

c) *Polarité.* — Chez *Araucaria* les flèches de remplacement naissent toujours dans le haut de la flèche décapitée, ou immédiatement sous l'annélation. Cette localisation tient-elle à ce que la tige possède une polarité qui fait naître les nouvelles tiges toujours au bout distal, ou bien tient-elle à sa sensibilité à la gravitation qui fait naître les nouvelles tiges le plus haut possible.

Pour séparer les deux excitations il suffit de cultiver la plante sur le

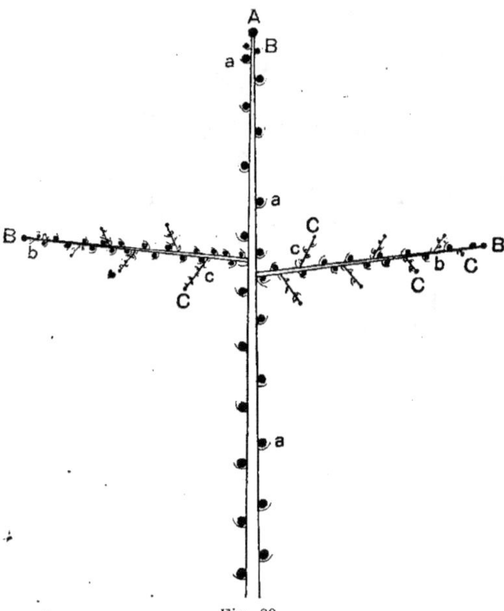

Fig. 88.

LES DIVERS BOURGEONS D'ARAUCARIA EXCELSA ET LEUR DESTINÉE.
A et **a**, bourgeons terminal et latéral donnant la flèche; **B** et **b**, bourgeons terminal et latéral donnant les branches horizontales disposées en étages; **C** et **c**, bourgeons terminal et latéral donnant les petits rameaux horizontaux.

clinostat. C'est essentiellement un disque qu'on fait tourner très lentement dans toutes les positions entre l'horizontale et la verticale. Quand la plante est attachée sur le disque tournant autour d'un axe horizontal, elle présente successivement, en l'espace d'une demi-heure par exemple, toutes ses faces vers le haut et vers le bas. Dans ces conditions la gravitation ne peut plus déterminer de réactions, et les excitants internes restent seuls en jeu. Or que constate-t-on sur un *Araucaria* ainsi soustrait à l'influence directrice de la pesanteur? Il continue à faire ses nouvelles tiges près de son extrémité distale. Il y a donc un excitant interne, la polarité, qui opère un choix entre les bourgeons.

Quand une bouture de Saule est piquée en terre dans sa position normale, c'est-à-dire le bout proximal en bas, elle forme des nouvelles tiges aux dépens des bourgeons distaux et elle donne des racines à son bout proximal. — Quand on la pique en terre par l'autre extrémité, elle continue à produire des racines au bout proximal, qui est en l'air, et des tiges près du bout distal. — Quand on la couche sur le sol humide, même résultat : les racines au bout proximal, les tiges au bout distal (fig. 89, en haut).

Il y a donc chez cette espèce un pôle radiculaire, qui est proximal et un pôle gemmaire, qui est distal. Cette polarité est tout à fait comparable à celle du barreau aimanté, et de même qu'il suffit de rompre un barreau pour faire naître un nouveau pôle austral au tronçon boréal et un nouveau pôle boréal au tronçon austral, il suffit de couper en deux une bouture de Saule pour qu'un nouveau pôle gemmaire naisse au bout distal de la moitié proximale qui n'avait que le pôle-radiculaire, et un nouveau pôle radiculaire au bout proximal de la moitié distale qui n'avait que le pôle gemmaire.

La plupart des Plantes supérieures possèdent cette double polarité, mais il y a des exceptions Ainsi *Kleinia Anteuphorbium*, une Compositacée à tiges charnues, forme toujours ses racines au bout proximal, mais des bourgeons se développent indifféremment sur toute la longueur de la bouture (fig. 89, 2).

Il en est tout autrement des plantes, telles que les Ronces, qui ont des tiges décombantes, c'est-à-dire des tiges retombant par terre et s'y enracinant pour repousser ensuite avec une nouvelle vigueur. Ces tiges ont une polarité gemmaire, mais pas de polarité radiculaire (fig 89, 3).

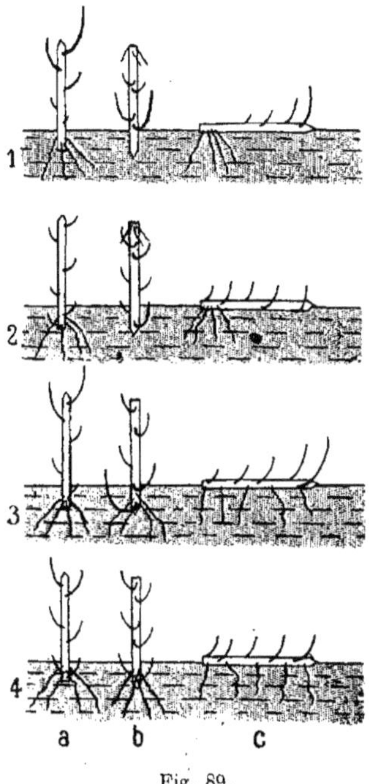

Fig. 89.

LA POLARITÉ DES TIGES.

Les boutures sont faites de 3 façons différentes : **a**, piquées en terre par leur bout proximal ; **b**, piquées en terre par leur bout distal ; **c**, couchées sur la terre humide. 1. *Salix viminalis* ; 2. *Kleinia Anteuphorbium* ; 3. *Rosa arvensis* ; 4. *Aloë frutescens*.

Enfin, quelques plantes grasses, par exemple *Aloë frutescens*, n'ont aucune polarité (fig. 89, 4).

Dans ces divers cas, la polarité triomphe de la sensibilité à la gravitation. Mais il n'en est pas toujours ainsi. Quand on décapite un Caféier placé dans les conditions habituelles, il remplace sa flèche à l'aide des bourgeons situés le plus haut possible, immédiatement sous la décapitation (fig. 90, A). Mais un *Coffea* cultivé sur le clinostat développe, au contraire, les bourgeons de la tige tout contre la terre (fig. 90, B). Chez cette plante, la sensibilité à la pesanteur l'emporte donc sur la polarité gemmaire et, chose plus curieuse encore, la polarité gemmaire et la polarité radiculaire siègent l'une et l'autre à l'extrémité proximale.

Beaucoup de Métazoaires présentent également une polarité, surtout chez les espèces fixées. Ainsi quand on enlève à une tige de *Tubularia Mesembryanthemun* (Hydroïde) son hydranthe ou ses crampons, on voit se reformer un hydranthe à l'extrémité distale et des crampons à l'extrémité proximale. Toutefois, cette polarité n'est pas

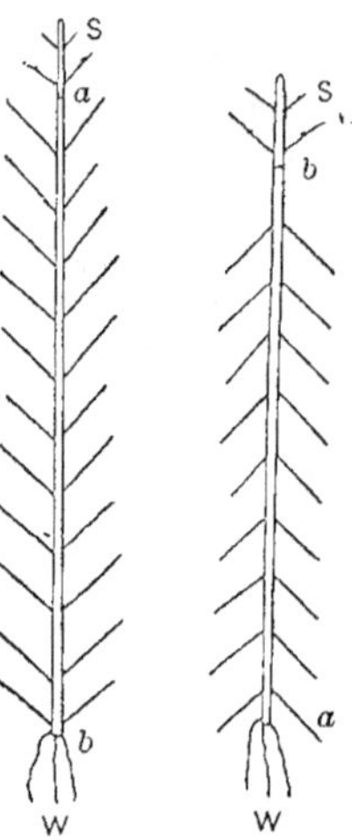

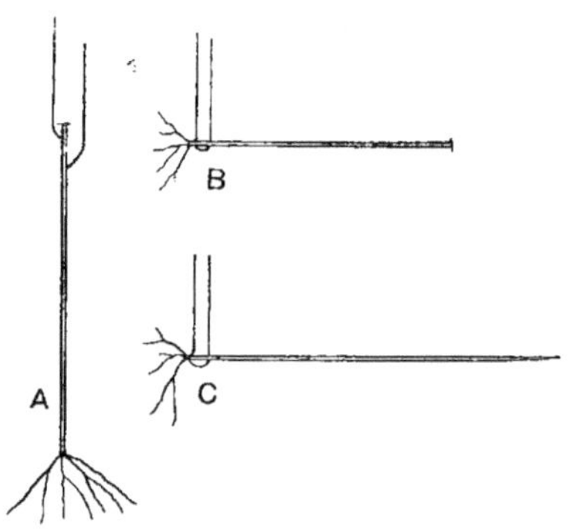

Fig. 90.

LA POLARITÉ CHEZ LE CAFÉIER.

(Coffea arabica).

A, après décapitation de la flèche, de nouvelles flèches naissent près du bout supérieur ; **B**, quand la plante décapitée est mise sur le clinostat, ou couchée horizontalement, de nouvelles flèches naissent tout près de la base ; **C**, il en est de même lorsqu'une plante non décapitée, est mise sur le clinostat ou couchée horizontalement.

Fig. 91.

LA POLARITÉ
CHEZ UN HYDRAIRE.

A gauche une tige d'*Antennularia antennina* dans sa situation normale : des hydranthes sont nés à l'extrémité distale (**a**), et des crampons à l'extrémité proximale (**b**). A droite, une tige retournée : des hydranthes sont nés à l'extrémité proximale (**b**), placée en haut, et des crampons à l'extrémité distale (**a**), placée en bas. (Comparez avec la fig. 84. ₄).

(D'après M. Loeb, 1892. Copié dans Davenport, 1899).

absolument stricte, puisqu'on réussit à faire naître aussi un hydranthe au pôle proximal).

Chez d'autres Cœlentérés, la polarité est nulle (fig. 91).

d) *Arcures.* — Chaque fois qu'un organe se courbe, la partie arquée devient le siège d'une excitation, dont la réaction consiste souvent dans le redressement de l'organe. Ainsi quand une tige couchée horizontalement se relève en réponse à la gravitation, il suffit de la mettre sur le clinostat pour la voir reprendre sa rectitude ; il faut naturellement faire l'expérience avant que le cellules aient eu le temps de solidifier leurs parois dans leur nouvelle position.

Mais la courbure provoque encore d'autres réflexes. Les filaments mycéliens de Champignon, quand ils sont courbés, ne se ramifient que sur le flanc convexe. Il en est de même des racines (fig. 92).

C. *Souvenir des réflexes antérieurs.* — Tout réflexe laisse dans les cellules où il a été exécuté un souvenir qui modifie pour longtemps leur irritabilité. Dans les cas les plus typiques, la réaction pourra se répéter sans une nouvelle excitation externe : les réflexes antérieurs ont fait naître un excitant interne qui suffit à déclancher tout le processus. En d'autres termes, on peut faire l'éducation d'un organisme dépourvu de système nerveux. Nous allons en donner quelques exemples; mais auparavant faisons remarquer que le souvenir des réflexes antérieurs peut même être transmis aux enfants : un instinct, en effet, n'est pas autre chose qu'un réflexe devenu héréditaire.

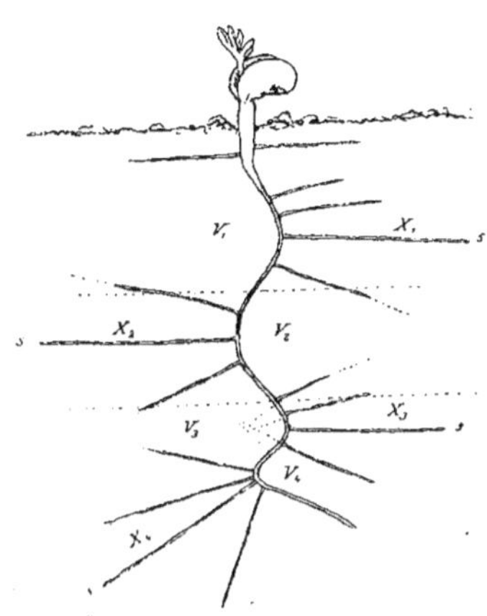

Fig. 92.

SENSIBILITÉ A L'ARCURE CHEZ UNE RACINE DE LUPIN.

Des racines secondaires naissent sur le flanc convexe (**X₁, X₂**...), mais non sur les flancs concaves (**V₁, V₂**...); s: la racine secondaire la plus forte de chaque groupe.
(D'après NOLL, 1900.)

On a réussi à imprimer un rhythme à des plantes. Voici un exemple précis. Des plantules de *Phalaris canariensis* (Glumiflorale) sont exposées à une lumière unilatérale, venant de gauche (fig. 93). Au bout de quinze minutes, on les tourne de 180º, de façon qu'elles aient maintenant la lumière à droite. Aucune courbure ne se produit pendant ces deux périodes. Au bout de quinze minutes, nouveau retournement; elles se courbent vers la lumière placée à gauche. Après quinze minutes, on les tourne de nouveau ; aussitôt elles changent le sens de leur courbure. Après quinze minutes, on les tourne une dernière fois; pendant cette cinquième période, les plantules changent de nouveau le sens de leur courbure. Jusqu'ici rien de très inattendu, sauf que la courbure est devenue régulière. Mais voici qui est plus intéressant. Après cinq minutes, on supprime la source lumineuse : les plantules continuent à effectuer leur courbure; mais, chose remarquable, elles changent une première fois de sens après une quinzaine de minutes et une seconde fois après une période à peu près égale. En l'absence de tout excitant extérieur, les plantules ont donc « appris » le rhythme d'environ quinze minutes.

On peut de la même manière leur imprimer un rhythme d'une demi-heure.

Les Noctiluques émettent de la lumière quand on les déforme (p. 104), mais ce réflexe est limité à la nuit : on a beau les secouer pendant la journée, on n'aperçoit aucune phosphorescence. Cette périodicité se maintient alors même que les cellules sont soustraites aux alternances de jour et de nuit. Peu importe qu'on les conserve à la lumière persistante ou à l'obscurité persistante, elles continuent à se « souvenir » de la succession régulière des jours et des nuits et elles se mettent à briller (lors d'une secousse) chaque soir, pour cesser de le faire le matin, quelque choc qu'on leur imprime.

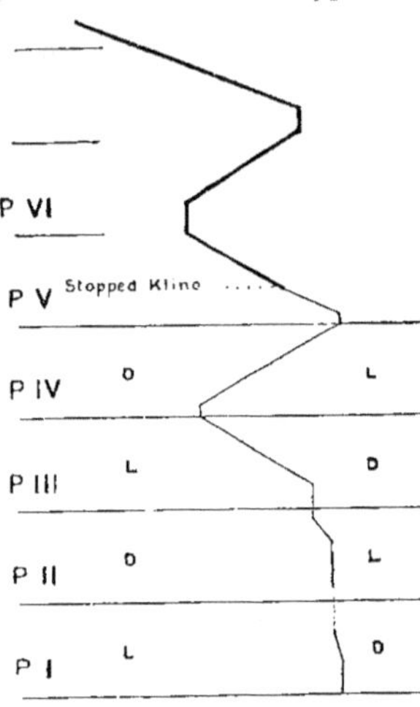

Fig. 93.

L'INDUCTION DU RHYTHME CHEZ UNE PLANTE.

P I à **P VI**, périodes de 15 minutes chacune, pendant lesquelles une plantule d'une Graminacée (*Phalaris canariensis*) est éclairée alternativement de gauche et de droite (**L** est le côté éclairé, **D** est le côté obscur). Il faut deux périodes pour que la plante réponde à l'excitation. Mais à la fin de la 2e, de la 3e et de la 4e périodes, elle se courbe nettement vers la lumière ; la ligne en zig-zag indique la direction de la courbure. Au bout des cinq premières minutes de la 5e période, on fait l'obscurité autour de la plante : quoique celle-ci ne reçoive donc plus aucune excitation lumineuse, elle accomplit encore deux oscillations rhythmiques. (D'après M. DARWIN ET Miss PERTZ, 1903.)

Beaucoup de feuilles, par exemple celles de *Mimosa pudica* (Sensitive) et d'*Albizzia*, prennent le soir une position de « sommeil », différente de celle de « veille » qu'elles ont le jour. Quand une Sensitive est exposée à la lumière continue, elle prend néanmoins chaque soir la position de sommeil et chaque matin celle de veille. De même, à l'obscurité continue (fig. 94). Toutefois, dans l'un et dans l'autre cas, les mouvements sont de moins en moins marqués à mesure que l'expérience se prolonge, et les feuilles finissent par s'arrêter dans une position fixe : la plante a « oublié ».

On peut « enseigner » à ces plantes un autre rhythme. Si on les cultive dans une chambre close où la lumière et l'obscurité se succèdent de dix-huit en dix-huit heures, et qu'on supprime ensuite l'alternance, la plante continue à exécuter des mouvements suivant le nouveau rhythme.

2. *Les excitants externes.*

De toutes les formes de l'énergie, le magnétisme est la seule qui n'influence, semble-t-il, aucun organisme. La plupart des excitants externes agissent à la fois sur les Animaux, sur les Végétaux

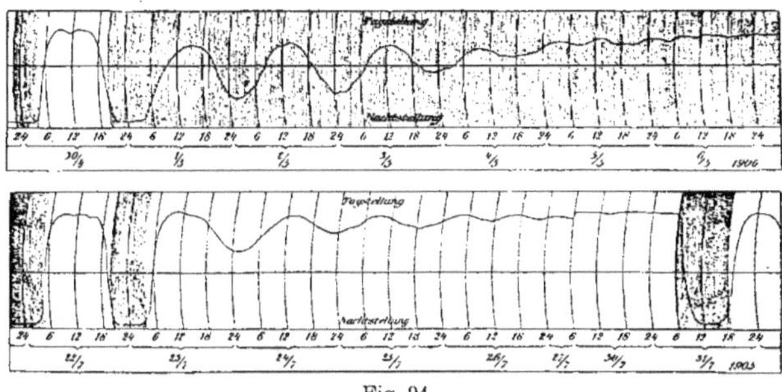

Fig. 94.

L'INDUCTION DU RHYTHME CHEZ UNE PLANTE (*Albizzia lophanta*).

Les mouvements d'une feuille s'inscrivent sur un cylindre enregistreur : la ligne montante représente le relèvement de la feuille (vers la position diurne) ; la ligne descendante indique l'abaissement de la feuille (vers la position nocturne). En bas, la plante prise dans une serre est placée à la lumière continue : son rhythme journalier ne s'efface que peu à peu ; mise à l'obscurité, elle réagit tout de suite. En haut, une plante analogue est mise à l'obscurité continue : son rhythme se poursuit aussi pendant quelques jours.

(D'après PFEFFER, 1907.)

et sur les Protistes ; pourtant on ne connaît jusqu'ici que les Animaux qui soient sensibles au son.

A. EXCITANTS MÉCANIQUES. — Ce sont tous ceux qui amènent des déplacements de matière, principalement la gravitation (et la force centrifuge), le courant liquide, le contact, la secousse, la compression, la traction et le son. Examinons seulement la gravitation et le contact.

a) *La gravitation* provoque les réactions les plus diverses chez un très grand nombre d'organismes. On peut la remplacer par la force centrifuge qui détermine dans les cellules les mêmes déplacements matériels (fig. 81).

Beaucoup de Protistes, par exemple les *Euglena* (Flagellates) gagnent toujours les parties les plus élevées du liquide où ils nagent. Voici une expérience tout à fait démonstrative. Du liquide riche en Euglènes est mélangé à du sable blanc de façon à faire une pâte consistante. Celle-ci est appliquée sur une surface verticale, par exemple à la face interne d'un cylindre placé verticalement et le tout est mis à l'obscurité. Après quelques heures, tous les Flagellates ont nagé vers le bord supérieur de la couche de sable où ils font un liseré vert. Il est évident que dans cette expérience c'est uniquement la sensibilité à la pesanteur qui est en jeu et non la sensibilité à l'oxygène, puisque celui-ci a accès sur toute l'étendue de la couche de sable.

8

Les gastrulas d'*Asterias rubens* (Echinoderme) présentent la même réaction : elles s'accumulent dans ces couches supérieures du liquide et s'y maintiennent avec le blastopore tourné exactement vers le bas.

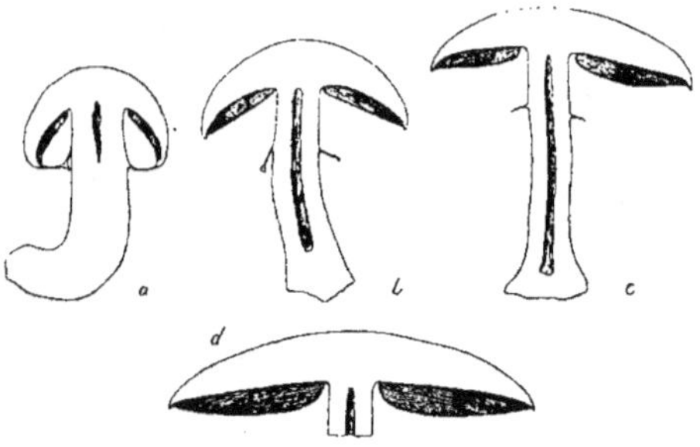

Fig. 95.

COUPES VERTICALES A TRAVERS LE CHAPEAU D'UN CHAMPIGNON (*Psalliota arvensis*).
L'étalement du chapeau amène dans la position convenable les lamelles attachées à la face inférieure.
(D'après M BULLER, 1909.)

C'est aussi la pesanteur qui oriente le chapeau sporifère d'un grand nombre d'Hyménomycètes (Champignons).

Chez les Agaricacées, les spores naissent sur des lamelles rayonnantes fixées à la face inférieure du chapeau (fig. 95).

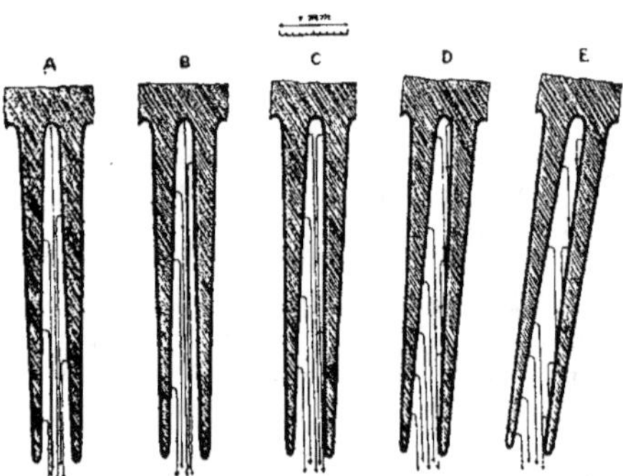

Fig. 96.

COUPES VERTICALES A TRAVERS LES LAMELLES DE LA FACE INFÉRIEURE DU CHAPEAU D'UN CHAMPIGNON DE COUCHE.
(*Psalliota campestris.*)
A, position normale, exactement verticale. **B**, les lamelles sont supposées inclinées de 1° 30'. **C**, les lamelles sont supposées inclinées de 2° 30' : aucune spore n'est encore arrêtée dans sa chute. **D**, **E**, les lamelles sont supposées inclinées de 5° et de 9° 30' : des spores de plus en plus nombreuses restent accrochées aux lamelles. Les lignes terminées par des flèches indiquent les trajets des spores depuis le moment où elles sont lancées.
(D'après M. BULLER, 1909.)

Au moment où la spore quitte la baside sur laquelle elle est née, elle est projetée à une distance d'environ 1/10 à 2/10 de millimètre ; puis elle tombe verticalement. Si les lamelles, qui sont rapprochées les unes des autres, avaient une direction tant soit peu oblique, les spores y resteraient collées en tombant (fig. 96).

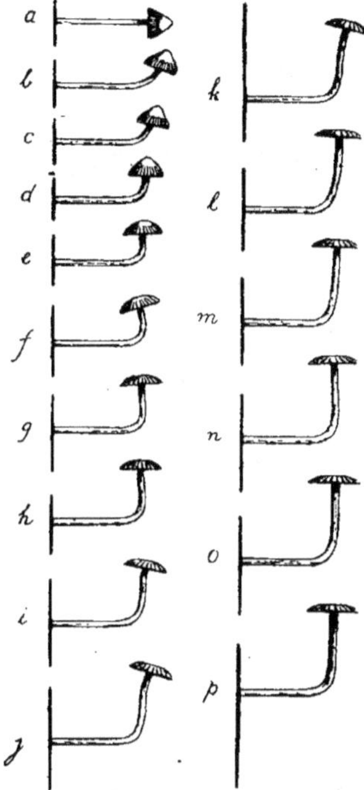

Fig. 97.

LES POSITIONS SUCCESSIVES OCCUPÉES PAR UN MÊME CHAMPIGNON
(Coprinus plicatilis)
QUI A ÉTÉ DISPOSÉ HORIZONTALEMENT.

b, position après deux heures ; **c** et **d**, positions de demi-heure en demi-heure ; après trois heures (**d**) le plan du chapeau est devenu horizontal, mais le mouvement continue et le chapeau dépasse la position horizontale (**f**) ; il la retrouve après cinq heures (**h**), mais la dépasse de nouveau (**i**) ; après des mouvements oscillatoires successifs, de plus en plus réduits, le chapeau assume sa position définitive (**o**) après huit heures. Une heure après (**p**), il est resté immobile. On suit aussi les mouvements d'étalement du chapeau. (Comparer avec la figure 95.)

(D'après M. BULLER, 1909.)

Comment la verticalité rigoureuse des lamelles est-elle obtenue, alors que le chapeau se forme dans les situations les plus diverses ? Par des mouvements qu'exécute le stipe central du chapeau. La figure 97 montre les phases successives du relèvement d'un chapeau après qu'il a été couché horizontalement. On y voit comment le Champignon corrige successivement les petites erreurs qu'il commet.

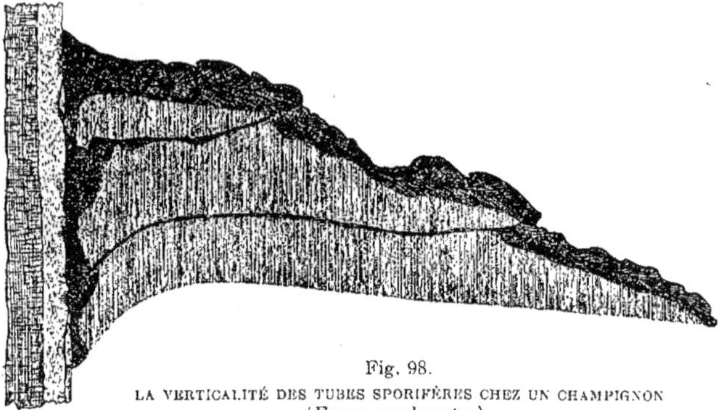

Fig. 98.

LA VERTICALITÉ DES TUBES SPORIFÈRES CHEZ UN CHAMPIGNON
(*Fomes applanatus*).

Le chapeau, âgé de 3 ans, est coupé verticalement. La face supérieure est stérile.
(D'après M. BULLER, 1909.)

Les Polyporées donnent leurs spores non sur des lamelles, mais dans des tubes qui s'ouvrent à la face inférieure du chapeau. Ici aussi la verticalité est absolument indispensable.

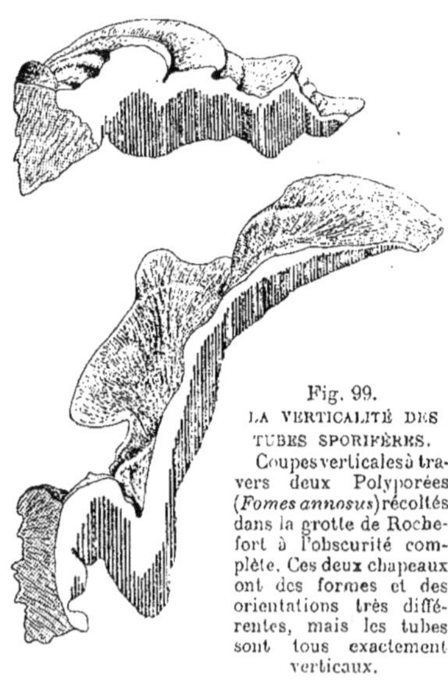

Fig. 99.

LA VERTICALITÉ DES TUBES SPORIFÈRES.

Coupes verticales à travers deux Polyporées (*Fomes annosus*) récoltés dans la grotte de Rochefort à l'obscurité complète. Ces deux chapeaux ont des formes et des orientations très différentes, mais les tubes sont tous exactement verticaux.

La figure 98 montre qu'un Champignon qui vit plusieurs années de suite et ajoute chaque année une nouvelle couche à son chapeau garde toujours ses pores exactement verticaux.

L'orientation des tubes ne dépend pas de celle du chapeau : quelle que soit la direction de ce dernier, les tubes sont toujours verticaux (fig. 99).

Comment le chapeau réagit-il quand il est retourné de haut en bas ? La face fertile, devenue maintenant supérieure, cesse aussitôt de croître, tandis que de nouvelles couches de tissu sporifère naissent en des points variés.

La figure schématique 100 résume les diverses possibilités. On y voit en même temps comment se comporte un chapeau qui a été tourné de 90°.

Les figures 101, 102 et 103 montrent les résultats des expériences. Elles sont assez démonstratives et n'ont pas besoin d'être commentées.

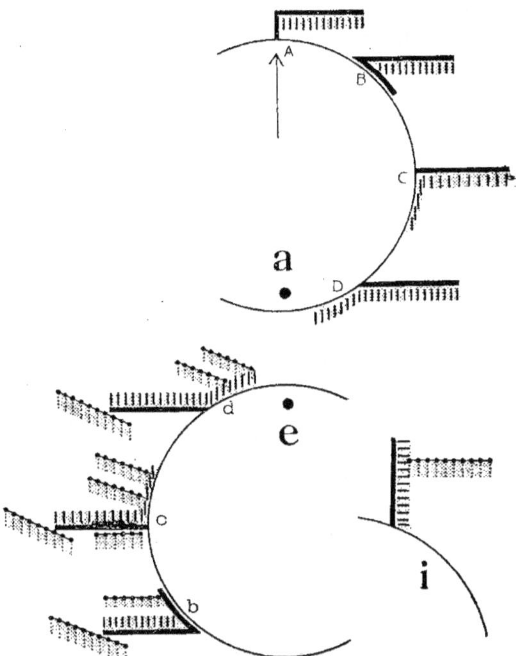

Fig. 100.

LA SENSIBILITÉ DES POLYPORÉES A LA GRAVITATION.

a) Coupe transversale d'un tronc d'arbre couché par terre ; la flèche indique le haut, et le point noir le bas. Le tronc porte des chapeaux de Polyporées orientés normalement. Ils sont insérés dans diverses positions : **A**, chapeau né sur le flanc supérieur du tronc ; il a commencé par s'élever jusqu'à ce qu'il pût former une console horizontale (comparer avec la fig. 104). **B**, chapeau né sur le flanc oblique supérieur ; il se prolonge en-dessous du point d'attache par du tissu stérile. **C**, chapeau né sur le flanc latéral ; il se prolonge en-dessous du point d'attache par du tissu fertile. **D**, chapeau né sur le flanc oblique inférieur ; il se prolonge aussi par du tissu fertile.

e) Le même tronc retourné de 180°, de façon que les chapeaux aient maintenant la face stérile tournée vers le bas et la face fertile tournée vers le haut. Partout le chapeau a cessé de croitre. De nouvelles consoles (représentées en pointillé sont nées sur le bord libre des chapeaux, en **b, c d** (comparer avec la fig. 101) et sur les tissus qui prolongeaient le chapeau en dessous de son insertion, en **b, c, d** ; plus rarement de nouveaux tubes se sont formés sur l'ancienne face stérile, en **c** (comparer avec la fig. 103 à gauche).

i) Un tronc tourné de 90° de façon que les consoles, d'abord horizontales, soient maintenant verticales. Les chapeaux ont cessé de s'accroitre, et ils en ont formé de nouveaux sur leur face fertile (comparer avec la fig. 102 et la fig. 103, à droite).

Presque toujours les chapeaux en forme de console s'insèrent latéralement sur des souches. Quand le Champignon croît sur une surface horizontale

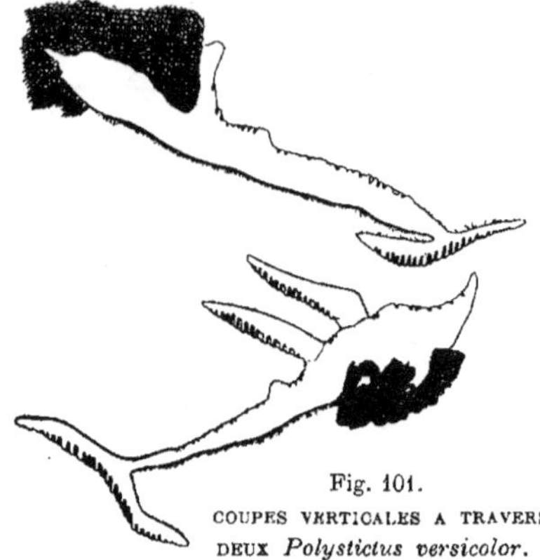

Fig. 101.

COUPES VERTICALES A TRAVERS
DEUX *Polystictus versicolor*.

Le Champignon d'en haut avait été tourné de 180° ; il a formé une nouvelle console sur le bord de l'ancienne (voir la fig. 100, **e**, b, c, d). Celui du bas a été retourné de 210° ; de nouvelles consoles sont nées à la fois sur le bord et sur l'ancienne face inférieure.

(fig. 100, A), il commence par s'élever de quelques centimètres, et du socle ainsi construit se détachent alors les consoles (fig. 104).

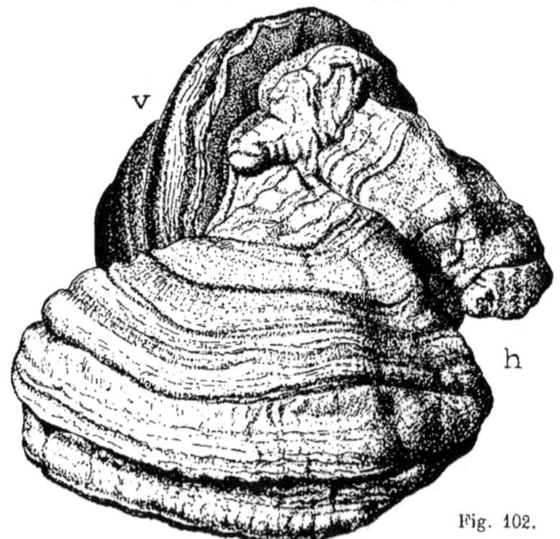

Fig. 102.

Un chapeau de *Fomes fomentarius* qui avait poussé sur un tronc d'arbre ; celui-ci a été tourné de 90°, de telle manière que la console **v**, d'abord horizontale, a été orientée verticalement. Dans cette nouvelle position elle a cessé de croître, mais deux nouvelles consoles **h**, sont nées sur sa face fertile, et se sont développées dans la position normale (voir fig. 100, **i**).

b) *Le contact* est aussi le point de départ des réflexes les plus variés. Contentons-nous de décrire un cas relatif aux Polyporées.

Les tissus des Champignons sont formés de filaments mycéliens qui se

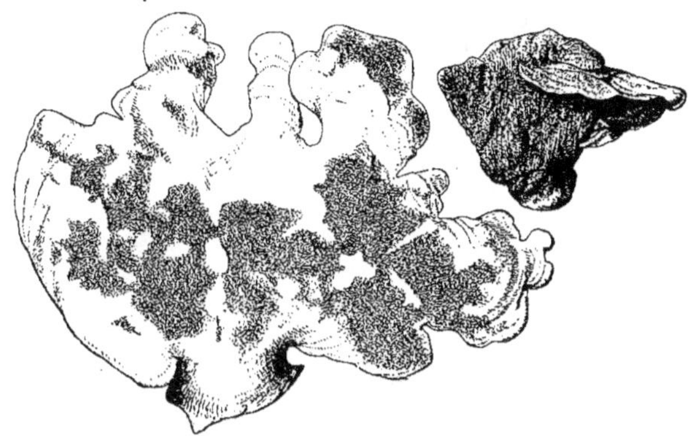

Fig. 103.

DEUX EXEMPLAIRES DE *Lenzites deplanata* QUI ONT ÉTÉ DÉPLACÉS.

Celui de gauche a été retourné complètement ; on voit de nouveaux tubes qui sont nés sur l'ancienne face supérieure (voir la fig. 100, **e**, d). A droite, un individu qui a été tourné de telle manière que la console soit verticale ; de nouvelles consoles sont nées sur l'ancienne face inférieure (voir fig. 100, i).

serrent et se déforment mutuellement (fig. 105). Le long du bord du chapeau, il y a des filaments jeunes qui s'allongent vers le dehors. Or, ces filaments

Fig. 104.

UN EXEMPLAIRE DE *Trametes gibbosa*
qui a poussé sur une surface horizontale ; il a produit d'abord un gros socle de tissu stérile, d'où se détachent latéralement les consoles (voir la fig. 100, **a**, A).

sont sensibles au contact ; la réaction consiste en un arrêt de la croissance. Quand un chapeau, en grandissant, rencontre un corps étranger tel que brin d'herbe, feuille de Graminacée, fibre. etc., les filaments touchés cessent aussitôt de s'allonger, tandis qu'à droite et à gauche les filaments voisins, non excités, continuent à croître. L'objet extérieur est donc bientôt entouré par les tissus du Champignon qui, après l'avoir dépassé, se rejoignent derrière

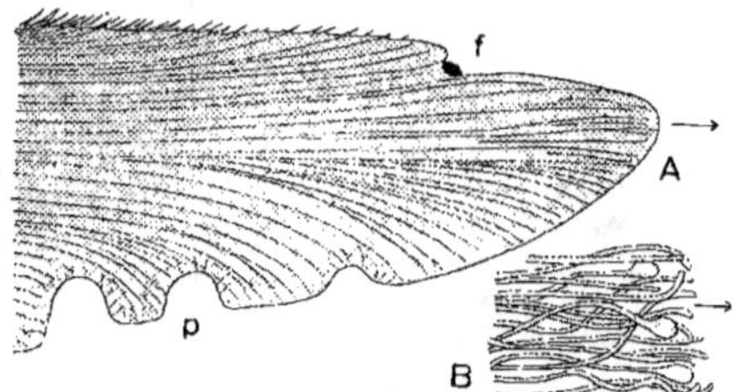

Fig. 105.

COUPE VERTICALE A TRAVERS LE BORD D'UN CHAPEAU
DE *Polystictus versicolor.*

A, coupe faiblement grossie montrant la direction des filaments ; **f,** petit bout de feuille morte contre lequel les filaments ont cessé de croître ; **p,** ébauches de pores ; **B,** portion plus grossie, près de la flèche. Les petites vésicules sont remplies de glycogène.

lui. Ceci montre que les filaments mycéliens distinguent le contact d'un corps étranger d'avec le contact d'un autre filament mycélien, puisque ce

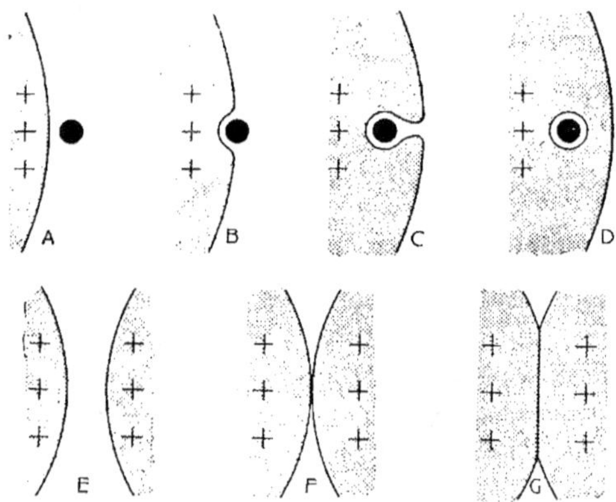

Fig. 106.

LA SENSIBILITÉ TACTILE CHEZ LES POLYPORÉES.

En haut, les phases de l'englobement d'un corps étranger par le bord d'un chapeau en voie de croissance (comparer avec la fig. 107).
En bas, les phases de la soudure de deux chapeaux (comparer avec la fig. 108).

dernier attouchement n'arrête pas leur croissance. Bien plus : des chapeaux distincts, dès qu'ils arrivent à se toucher, confondent leurs tissus et se soudent ensemble.

Fig. 107.

CHAPEAU DE *Trametes gibbosa* QUI A RENCONTRÉ UN MORCEAU DE BOIS
ET L'A ENTOURÉ DE SES TISSUS.
(Voir la fig. 106, en haut.)

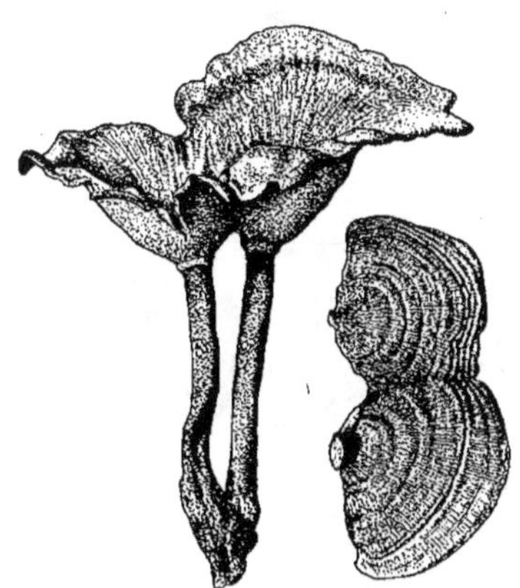

Fig. 108.

POLYPORÉES SOUDÉES.

A gauche, deux *Ganoderma rugosum*; à droite, deux *Polystictus versicolor*.
(Voir la fig. 106, en bas.)

Ces divers cas sont représentés par les figures 106, 107 et 108.

B. EXCITANTS PHYSIQUES. — Ils comprennent, d'une part, les forces liées à la matière (pression osmotique, électricité, chaleur), et, d'autre part, celles qui consistent en ondulations :

Rayons X et rayons γ du radium $(\lambda = 0.07 \times 10^{-8}$ centimètres à 12×10^{-8} centimètres);

Rayons ultra-violets $(\lambda = 0.10 \times 10^{-4}$ centimètres à 0.36×10^{-4} centimètres);

Rayons lumineux $(\lambda = 0.36 \times 10^{-4}$ centimètres à 0.77×10^{-4} centimètres);

Rayons infrarouges ($\lambda = 0\,77 \times 10^{-4}$ centimètres à 130×10^{-4} centimètres);
Ondes hertziennes ($\lambda = 0,4$ centimètre à 10^{-6} centimètres).

Toutes ces formes de l'énergie ondulatoire agissent sur l'un ou l'autre organisme sans système nerveux, sauf les rayons infrarouges qui sont inefficaces aussi longtemps qu'ils ne sont pas transformés en chaleur.

a) *Lumière*. — La diversité de ses façons d'agir, la diversité des réactions qu'elle provoque et la diversité des organismes qu'elle influence en font un bon type d'excitant physique. Nous examinerons successivement la lumière au point de vue de son intensité (y compris l'action des diverses couleurs), les alternances de l'intensité, la répartition asymétrique de la lumière, ses variations brusques.

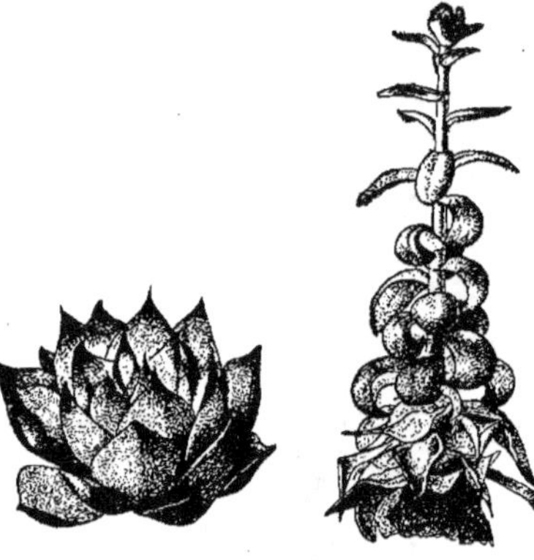

Fig. 109.
DEUX PLANTES DE SEMPERVIVUM TECTORUM.

A gauche, une plante prise en dehors, en février : elle a son aspect normal. — A droite, une plante semblable qui a été mise 75 jours auparavant à la température de 16-17°, et à la lumière constante : la chaleur a provoqué sa croissance, mais la lumière trop faible (quoique constante) a déterminé l'allongement des entrenœuds de la tige, la petitesse des feuilles et la forme convexe de leur face supérieure.

1° Beaucoup de réactions sont manifestement sous l'influence de l'intensité de la lumière, sans que pourtant une proportionnalité précise puisse être mesurée. Ainsi, il y a des graines qui germent à la lumière, mais non à l'obscurité, par exemple *Veronica Anagallis* et *Sedum stellatum;* la croissance de tous les Végétaux et même des Champignons est ralentie par la lumière; les chapeaux sporifères de la plupart des Champignons ne se forment qu'à la lumière ; (*Fomes annosus*, fig. 99, fait exception) ; à une lumière forte certaines Algues donnent des cellules sexuelles, tandis qu'à une lumière faible elles ne produisent que des spores asexuelles ; la plupart des organes aériens n'acquièrent leur structure normale qu'à une lumière suffisante (voir fig. 109 et 122); beaucoup de Phanérogames, par exemple *Holcus mollis*, croissent fort bien à l'ombre, mais n'y fleurissent jamais ; les feuilles de la Sensitive et de beaucoup d'autres plantes et aussi beaucoup de fleurs se ferment à l'obscurité et s'ouvrent à la lumière.

D'une façon générale, les rayons les plus réfrangibles ont une influence plus grande que celle des rayons rouges.

2° La répartition asymétrique de la lumière provoque des

mouvements d'orientation. Les feuilles et les tiges se courbent vers la lumière, les Euglènes se déplacent en entier.

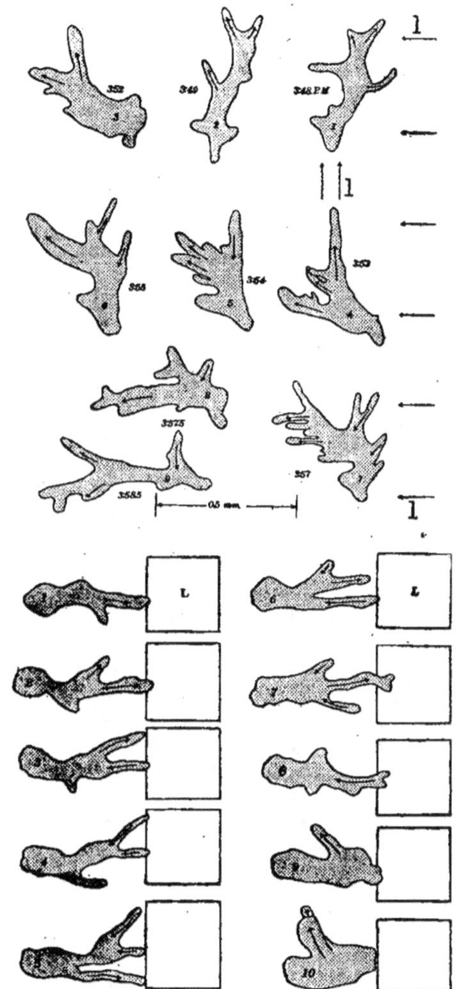

Fig. 110.

LA SENSIBILITÉ D'UNE AMIBE (AMOEBA PROTEUS) A LA LUMIÈRE.

En haut : **1,** Une Amibe se dirige vers le haut du dessin, en réponse à une lumière venant du bas du dessin ; à 3 h. 48, elle est éclairée par la droite ; **2,** après une minute elle a continué à ramper vers le haut ; **3,** après 4 minutes, ses pseudopodes se dirigent tous vers la gauche ; **4 à 9,** tous les pseudopodes qui sont poussés vers le haut s'effacent aussitôt ; seuls subsistent et s'accroissent ceux qui se dirigent vers la gauche.

En bas : **1 à 10,** phases successives de la réaction. Une Amibe rampant vers la droite, rencontre un carré fortement illuminé (**L**) ; **2,** Aussitôt elle rétracte le pseudopode antérieur et en avance un second ; **3,** celui-ci rencontre aussi le carré éclairé ; **4,** il est rétracté, tandis qu'un troisième se forme ; **5,** celui-ci touche la tache de lumière, et **6,** il est retiré ; **7,** un 4ᵉ pseudopode est poussé en avant, mais **8,** il est rétracté à son tour. **9, 10,** l'Amibe se dirige décidément dans l'autre sens.

Entre ces dessins successifs, il s'écoule environ 30 secondes.

(D'après M. MAST, 1910.)

3° Enfin une augmentation brusque de l'intensité lumineuse exerce également une action spéciale. Quand certains Rhizopodes, par exemple des Amibes, passent, en rampant, d'une lumière faible à une lumière beaucoup plus forte, leurs pseudopodes antérieurs s'arrêtent brusquement, puis se rétractent et, après quelques tentatives infructueuses, la cellule finit par rebrousser chemin. Si l'augmentation de l'intensité est graduelle, aucune excitation ne se produit.

b) *Chaleur.* — On pourrait répéter ici tout ce que nous avons dit à propos de la lumière. Contentons-nous de citer quelques exemples.

Beaucoup d'organismes exécutent des mouvements pour fuir les températures trop hautes ou trop basses et pour se rapprocher de la température optimale (fig. 111).

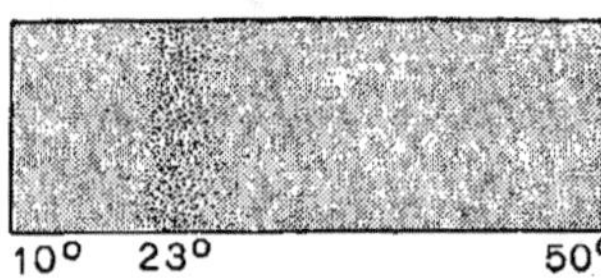

Fig. 111.
LA SENSIBILITÉ A LA CHALEUR CHEZ UN FLAGELLATE
(*Chilomonas Paramaecium*).
Les cellules se rassemblent dans la partie du liquide où la température est voisine de 23°.

Voici un cas où l'excitation résulte d'une variation brusque de la température.

La division cellulaire est, comme tout autre acte protoplasmique, une réaction à une excitation ; en d'autres termes, quand une cellule est devenue adulte et qu'elle renferme les réserves nécessaires, il faut encore un excitant pour qu'elle se mette en division. Nous ne connaissons en général pas cet excitant. Il y a pourtant un Flagellate, *Chilomonas Paramaecium*, chez lequel nous pouvons à volonté déclancher la bipartition. Il suffit de chauffer brusquement la culture (voir fig. 126). Mais un échauffement lent et graduel ne provoque pas la réaction. Ainsi des *Chilomonas* qui nagent de la partie froide d'une culture vers une partie chaude ne se mettent pas en division.

L'intensité de la chaleur influence pourtant la division cellulaire chez cet organisme, seulement c'est pour modifier sa vitesse et non pour la déclancher : à 14°, il faut 33 minutes pour qu'une cellule se divise ; à 35°, il n'en faut que 5.

Rappelons que l'élévation de la température active d'une façon générale tous les actes protoplasmiques (p. 10).

c) *Courant électrique.* — Parmi les réflexes que provoque l'électricité, les mieux connus sont les déplacements des Protistes au passage du courant. Beaucoup d'organismes, par exemple *Paramaecium* (Infusoire) et les Amibes descendent le courant, c'est-à-dire vont de l'anode vers la cathode, en suivant les lignes de force (fig 112); d'autres, par exemple *Polytoma Uvella* (Flagellate), nagent en sens inverse du courant; il en est même, par exemple *Spirostomum ambiguum* (Infusoire) qui s'arrêtent au moment de l'établissement du courant et qui se placent ensuite perpendiculairement. Les leucocytes des Vertébrés vont vers l'anode sous l'action d'un courant continu.

d) *Pression osmotique*. — Nous avons déjà parlé de la pression osmotique comme excitant de réflexes moteurs (fig. 5).

L'action des solutions concentrées est-elle vraiment due à leur pression osmotique; en d'autres termes, l'excitation qu'elles provoquent est-elle proportionnelle à la pression? Voici une expérience qui démontre qu'il en est bien ainsi.

Dans une goutte d'eau où nagent de nombreux *Spirillum* (Bactéries), on dépose des tubes

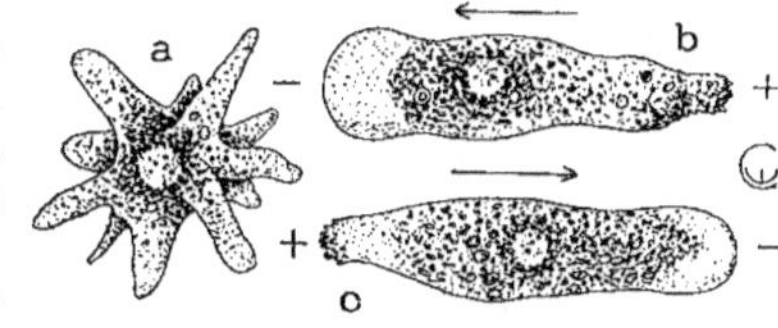

Fig. 112.

L'ÉLECTROTAXISME D'UNE AMIBE

(*Amoeba Proteus*).

A gauche, un individu non excité, et produisant des pseudopodes dans tous les sens ; à droite, un individu excité par le courant électrique, successivement dans les deux sens : il se déplace dans le sens du courant.

(D'après M. VERWORN, 1897. — Copié dans LOEB 1901.)

capillaires ouverts à une extrémité, contenant une solution de $CO_3 K_2$ à 0,00691 p. c. : une telle solution attire très fortement les Spirilles,

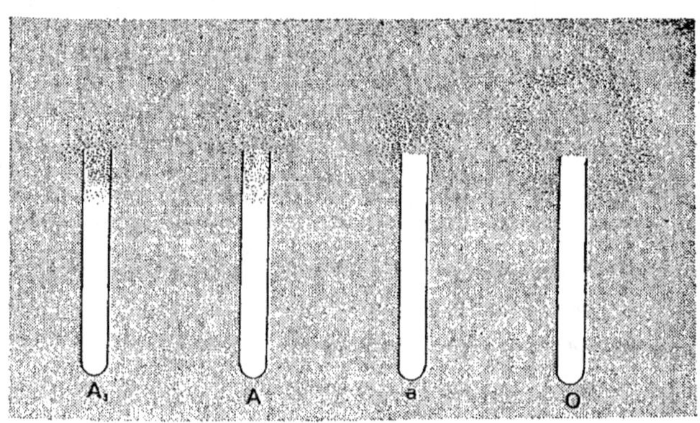

Fig. 113.

LA SENSIBILITÉ A LA CONCENTRATION CHEZ UNE BACTÉRIE.

Le tube **A₁** renferme une solution très faible d'une substance qui attire les Bactéries ; le tube **A**, qui contient en outre une matière saline, les attire aussi ; mais l'attraction est faible ou même nulle lorsque la solution saline est plus concentrée (**a** et **O**).

qui s'y amassent en nombre colossal (fig. 113, A₁) ; si on ajoute à la solution des quantités croissantes de sels, on constate qu'aux faibles concentrations, l'attraction est tout aussi manifeste (A); mais à partir d'une certaine dose, les Spirilles n'entrent plus dans les tubes (*a*) : ils forment un nuage tout autour de son ouverture, ce qui indique clairement que le CO_3K_2 continue à les attirer, mais que la solution saline les repousse ; à une concentration supérieure, il n'y a même plus d'accumulation près de l'entrée ; au contraire, les Spirilles qui nageaient dans le liquide se sont retirés au loin (O). Or, la comparaison d'un grand nombre d'expériences faites avec des sels différents montre que pour des sels ayant une constitution chimique analogue, l'action répulsive est proportionnelle au nombre de molécules dissoutes, ce qui est conforme à la théorie physicochimique des solutions. La répulsion est donc un phénomène purement osmotique

Les substances osmotiques jouent un rôle essentiel dans l'une des méthodes qui permettent d'obtenir la division parthénogénétique des œufs d'Oursin (fig. 114.)

Les oosphères d'Oursin (*Paracentrotus lividus*) sont d'abord déposés dans l'eau de mer additionnée d'acide butyrique, puis dans l'eau de mer pure, puis dans l'eau de mer rendue hypertonique par NaCl, enfin de nouveau dans l'eau de mer pure. Un grand nombre d'œufs se développent et donnent des blastulas.

L'acide butyrique a pour effet de provoquer la division longitudinale

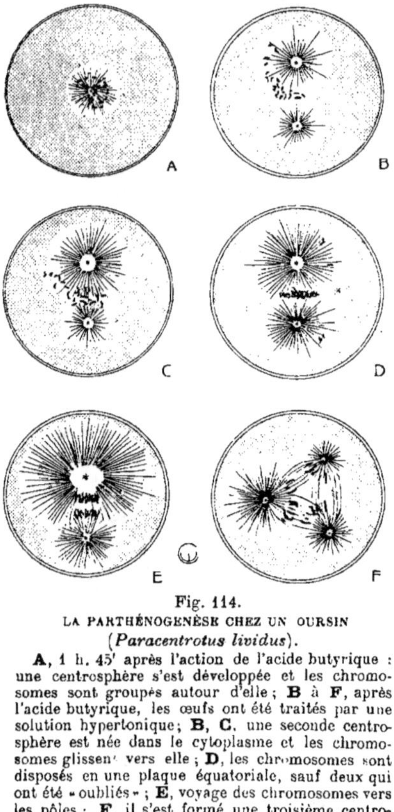

Fig. 114.

LA PARTHÉNOGENÈSE CHEZ UN OURSIN

(*Paracentrotus lividus*).

A, 1 h. 45' après l'action de l'acide butyrique : une centrosphère s'est développée et les chromosomes sont groupés autour d'elle ; **B** à **F**, après l'acide butyrique, les œufs ont été traités par une solution hypertonique ; **B, C**, une seconde centrosphère est née dans le cytoplasme et les chromosomes glissent vers elle ; **D**, les chromosomes sont disposés en une plaque équatoriale, sauf deux qui ont été « oubliés » ; **E**, voyage des chromosomes vers les pôles ; **F**, il s'est formé une troisième centrosphère, et la répartition des chromosomes se fait irrégulièrement.

(D'après HERLANT, 1919.)

des chromosomes de l'oosphère, mais comme il n'y a qu'une seule centrosphère (sans doute celle de l'oosphère, qui n'a pas disparu), la division cellulaire est impossible. Pendant le séjour dans la solution hypertonique, du NaCl pénètre dans le protoplasme. Plus tard, dans l'eau de mer pure, de l'eau est attirée par les molécules de NaCl, et c'est cela qui détermine la formation d'une seconde centrosphère dans le cytoplasme. Celle-ci appelle vers elle les chromosomes accumulés autour de la première centrosphère, puis la division cellulaire s'opère. Souvent il se forme plus qu'une centrosphère accessoire, ce qui donne lieu à des divisions anormales.

Signalons encore le curieux phénomène que voici. Des œufs d'Oursin fraîchement fécondés sont placés dans de l'eau de mer à laquelle on a ajouté 2 p. c. de NaCl. Les œufs restent vivants, mais la division cellulaire ne s'opère pas. Si après deux ou trois heures on les remet dans de l'eau de mer normale, ils se divisent non en deux cellules, mais directement en quatre. L'excès de pression osmotique avait donc déterminé l'inhibition de la segmentation.

C. Excitants chimiques. — Les excitants chimiques, c'est-à-dire ceux où les propriétés chimiques des substances sont seules en jeu, — à l'exclusion de leurs propriétés mécaniques ou physiques, — sont probablement les plus importants de tous pour le fonctionnement régulier de l'organisme.

Rappelons que nous avons déjà signalé plusieurs cas d'excitation chimique : l'oxygène oriente les mouvements des Protistes (fig. 7) ; l'eau provoque des changements de forme chez les plantes (fig. 10 à 13) ; la présence de substances alimentaires détermine chez les Champignons la sécrétion d'enzymes appropriées (p. 75), de même que la secrétine déclanche la formation de trypsine dans les cellules du pancréas (p. 104).

Voici encore d'autres exemples d'excitation chimique :

Dans les conditions normales, il est impossible de féconder les œufs d'Oursin par des spermatozoïdes d'Astérie ; mais dès que l'eau de mer est légèrement alcalinisée, les spermatozoïdes pénètrent dans les œufs et la fécondation s'opère.

Rappelons l'action de l'acide butyrique dans la parthénogenèse des œufs d'Oursin (fig. 114). L'anhydride carbonique agit fréquemment d'une façon analogue.

Autre modification de l'embryologie par un moyen chimique : quand les œufs fécondés d'Echinodermes se sont divisés en deux ou quatre blastomères, il suffit de transporter ces tout jeunes embryons dans de l'eau de mer privée de calcium pour qu'aussitôt les cellules se libèrent et se séparent.

De même qu'on peut à coup sûr provoquer la division cellulaire chez *Chilomonas* (Flagellate) (p. 124) par un échauffement brusque, on obtient le même résultat en traitant les cellules par l'alcool éthylique.

Les *Euglena, Eutreptia* et d'autres Flagellates contractent leur corps d'une façon caractéristique ; en outre, ils nagent à l'aide du fouet. Dans un milieu neutre, les deux formes de mouvement coexistent ; quand on ajoute un peu d'alcali, les battements du fouet se ralentissent et cessent bientôt, tandis que les contractions du corps s'exagèrent ; il n'y a qu'à acidifier le liquide pour voir réapparaître les mouvements du fouet (fig. 115).

Beaucoup de poisons, par exemple Zn, Cu, Hg, Fl, ajoutés à très petite dose à des milieux de culture, activent nettement la croissance des Champignons, des Algues et des Phanérogames.

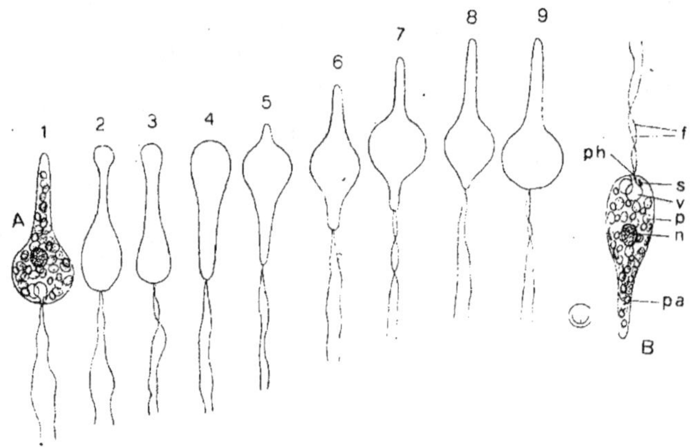

Fig. 115.

(*Eutreptia viridis*).

A, 1 à 9, aspects successifs d'un individu traité par une solution de carbonate de potassium à 1/200 : il rampe avec les fouets traînants ; **B,** individu nageant avec les fouets en avant, dans une solution neutre; **f,** fouets; **ph,** entonnoir de l'appareil vacuolaire ; **s,** stigma; **v,** appareil vacuolaire; **p,** plastides ; **n,** noyau; **pa,** grains de paramylon.

Dans les cultures de Mucorinées (Champignons), on voit presque toujours les filaments sporangifères, dressés dans l'air, s'écarter du centre de la culture, en forme de bouquet. Cette disposition tient à ce qu'ils sont sensibles à la vapeur d'eau et qu'ils se courbent dans le sens où se meuvent les molécules de vapeur (fig. 116). Comme chaque filament transpire, ils se repoussent naturellement les uns les autres.

Les Bactéries sont attirées (fig. 7 et 113) par certaines substances chimiques, par exemple l'oxygène et le carbonate de potassium. De même les spermatozoïdes de Fougère sont sensibles à l'acide malique, ceux des *Isoëtes* à l'acide citrique, ceux des Mousses à la saccharose; rien n'est plus facile que d'amener des milliers de ces cellules dans un tube capillaire contenant une solution convenable. La saccharose attire aussi les tubes polliniques des Phanérogames : ils se courbent vers l'endroit d'où diffuse la substance. Il n'est pas douteux que la sensibilité chimique des spermatozoïdes et des tubes polliniques joue un rôle dans la fécondation.

Signalons enfin la sensibilité des leucocytes des Vertébrés aux sécrétions de certaines Bactéries : un tube capillaire rempli du

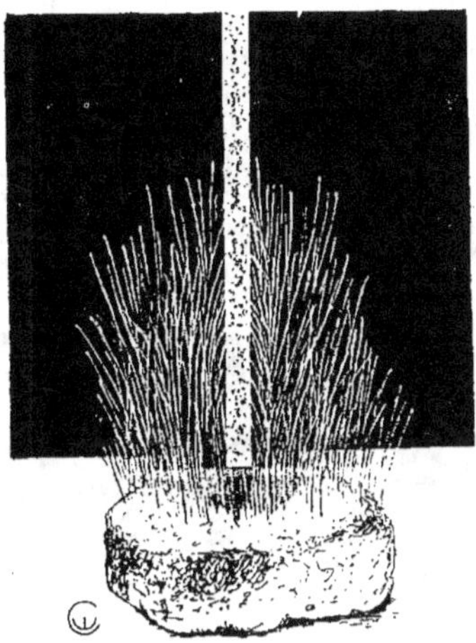

Fig. 116.

Les filaments se courbent vers une lame de kaolin qui condense l'humidité ; ils descendent donc le courant de vapeur d'eau.
(D'après ERRERA, 1906.)

liquide où a vécu la Bactérie est laissé quelques heures dans la cavité péritoniale d'un Lapin ; il est alors tout bourré de leucocytes.

2. LA CONDUCTION DE L'EXCITATION,

LA SENSATION ET LA CONDUCTION DE LA SENSATION.

Les phénomènes qui s'intercalent entre l'excitation et la réaction sont très mal connus. Ils comprennent : a) la transformation de l'impulsion qui est partie de la cellule excitée, et b) la conduction depuis l'endroit de l'excitation jusqu'à celui de la réaction.

Cette transmission ne s'opère que par les cellules vivantes ; aussi ne se fait-elle pas par le bois (voir fig. 75) où les îlots de cellules vivantes sont séparés par des fibres, des vaisseaux et d'autres éléments morts.

Il semble bien que les plasmodesmes doivent y jouer un rôle important. On ne comprendrait pas autrement comment s'établiraient les relations intercellulaires qui sont indispensables pour la coordination des actes si complexes de la vie. Nous avons d'ailleurs

9

vu plus haut (fig. 49) que le noyau peut agir à distance sur du cyto-plasme pour lui faire sécréter une membrane, à condition que des plasmodesmes persistent.

Non seulement les plasmodesmes établissent la continuité entre toutes les cellules de l'organisme comme si elles ne faisaient qu'un immense symplaste, mais il s'en produit même entre des espèces distinctes, greffées l'une sur l'autre (fig. 45). Ceci permet de comprendre qu'une excitation puisse passer du greffon au sujet. Ainsi, nous savons (p. 107) qu'une excitation partant du sommet est transmise à tous les bourgeons latéraux pour les empêcher de croître. Mais nous avons vu aussi que le résultat

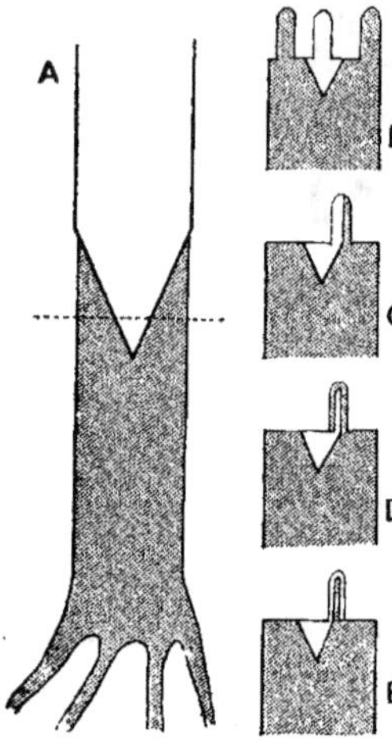

Fig. 117.

LA PRODUCTION DE CHIMÈRES.

A, on a greffé *Solanum Lycopersicum* sur *S. nigrum* ; puis, après cicatrisation, on a sectionné en travers du cal ; **B,** des bourgeons naissent sur *S. L.* et sur *S. n.* ; ils donnent soit *S. L.*, soit *S. n.* ; **C,** un bourgeon est formé à droite de *S. L.*, à gauche de *S. n.* (voir fig. 118 et 119) ; **D,** un bourgeon est formé de *S. L.* à l'intérieur, de *S. n.* à l'extérieur ; **E,** un bourgeon est formé de *S. n.*, à l'intérieur; de *S. L.* à l'extérieur (voir fig. 120).

Fig. 118.

Chimère de *Solanum nigrum* (à droite) et de *S. Lycopersicum* (à gauche). A comparer à la figure 117 C.

(D'après M. WINKLER, 1907.)

reste le même quand on enlève le sommet de la tige et qu'on greffe à sa place un autre sommet de tige : celui-ci exerce, en effet, la même influence inhibitrice.

Un cas encore plus remarquable est celui des chimères. Voici en quoi il consiste.

Beaucoup de plantes ont la faculté de produire des bourgeons adventifs aux dépens de cellules quelconques de la tige, de la racine ou des feuilles (voir fig. 26). Ainsi *Solanum nigrum* (Morelle noire) et *S. Lycopersicum* (Tomate) donnent facilement des bourgeons sur la tige. Greffons un *S. Lycopersicum* sur un *S. nigrum* (fig. 117 A).

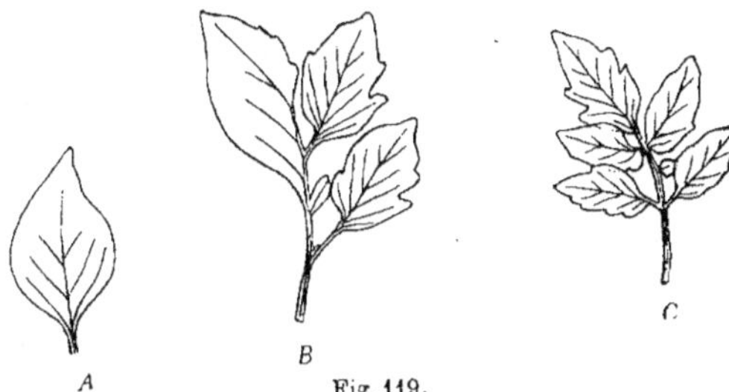

Fig. 119.

FEUILLES D'UNE CHIMÈRE ANALOGUE A CELLE DE LA FIGURE 118.

A, feuille de *Solanum nigrum* ; **C**, feuille de *S. Lycopersicum*; **B**, feuille formée à la limite entre les deux plantes soudées : elle est *S. nigrum* à gauche et *S. Lycopersicum* à droite.
(D'après M. Winkler, 1907.)

Puis, quand la greffe est bien reprise, sectionnons-la de façon à intéresser à la fois les deux plantes. Des bourgeons vont naître un peu partout sur la surface de section. Ceux qui naissent sur les tissus de Tomate sont purement des rameaux de Tomates : ceux qui naissent sur la partie formée de Morelle noire sont purement des Morelles noires (fig. 117 B.) Quant à ceux qui naissent à cheval sur les deux tissus, ils donnent une chimère qui est Tomate d'un côté et Morelle noire de l'autre (fig. 117 C, 118 et 119).

Les deux plantes qui sont ainsi obligées de vivre en commun, se comportent fonctionnellement comme une plante unique; tous les réflexes qui établissent les coordinations entre les cellules continuent donc à s'accomplir d'une façon normale, ce qui implique l'existence de communications entre les deux constituants de la chimère.

Fig. 120.

RAMEAU DE *Solanum tubingense.*

Une chimère périclinale formée de tissus internes de *Solanum Lycopersicum*, et d'un épiderme de *S. nigrum.*
(D'après M. Winkler, 1908.)

On a même obtenu des êtres synthétiques encore plus étranges. Supposons que les deux organismes, au lieu d'être placés côte à côte, soient l'un au centre du bourgeon, l'autre à la périphérie (fig. 117 D, E). Nous aurons ainsi une chimère périclinale formée par ex. de *S. Lycopersicum* entouré d'une ou plusieurs couches de *S. nigrum*, ou bien de *S. nigrum* dans une gaine de cellules de *S. Lycopersicum* (fig. 120). Pour qu'une feuille d'une pareille chimère s'oriente vers la lumière, il faut que les impressions lumineuses reçues par les cellules épidermiques d'une espèce soient transmises sous la forme convenable aux cellules internes du pétiole appartenant à l'autre espèce.

Les plasmodesmes, à eux seuls, ne suffiraient pas à expliquer la transmission des impulsions à travers les tissus, du limbe au pétiole, par exemple. Il faut encore un dispositif qui active le transport d'un bout à l'autre de chaque cellule. On a mis en évidence, dans beaucoup d'organes végétaux, des fibrilles protoplasmiques qui traversent la cellule de part en part, établissant la continuité entre les plasmodesmes.

Enfin, dans certains cas, la conduction se fait d'une façon plus rapide et plus brutale, par exemple chez *Mimosa pudica* (Sensitive): elle est hydraulique. L'impulsion résultant de l'excitation perçue par les poils sensoriels (fig. 79) est transmise à de longues cellules pleines de liquide sous pression, qui sont des tubes criblés et font partie du liber. A travers les perforations du crible le liquide passe facilement, et ainsi les modifications de la pression hydraulique se transmettent avec rapidité à travers toute l'économie. La moindre blessure à l'appareil conducteur fait sourdre une goutte de liquide, ce qui amène une chute de pression et un mouvement dans les bourrelets qui occupent la base des folioles, des quatre segments foliaires et de la feuille elle-même.

On se rend facilement compte de la vitesse de transmission par l'expérience suivante. Une Sensitive étant placée dans des conditions favorables de température, de lumière et d'humidité, on blesse avec délicatesse la foliole terminale de l'un des segments (voir fig. 80) ou mieux encore on la brûle légèrement, ce qui évite toute secousse. Aussitôt les deux folioles subterminales se replient l'une vers l'autre, puis les deux folioles voisines, puis encore les deux voisines et ainsi de suite jusqu'à la base du segment. Dès que la chute de pression s'est communiquée au bourrelet du segment et à ceux des segments voisins, on voit les quatre segments se rapprocher brusquement. A présent les folioles des segments voisins se replient aussi, mais leur mouvement commence naturellement à la base de chaque segment pour se poursuivre vers le sommet. Cependant, la chute de pression s'est propagée à travers le pétiole général de la feuille; au moment où elle atteint son bourrelet moteur basilaire, celui-ci se courbe vivement et incline toute la feuille vers le bas (fig. 80, à droite). Si l'excitation a été assez forte, et si la plante est tout à fait bien portante, l'impulsion peut se transmettre aux feuilles situées plus haut et plus bas sur la tige. Le tout n'a pas pris plus qu'une ou deux minutes.

3. LA RÉACTION.

Tout organisme, par cela même qu'il vit, est le siège d'une activité incessante dont chaque manifestation est une réaction vis-à-vis de quelque excitant.

Les réflexes sont merveilleusement divers quant à leur nature et à leurs effets. Nous n'apercevons directement que les plus grossiers et les plus brutaux, qui se manifestent par une réaction extérieure. Mais les plus importants pour l'activité protoplasmique sont trop délicats et trop fugitifs pour être accessibles à nos sens. Ces réactions élémentaires sont préparatives, en ce sens qu'elles sont nécessaires pour préparer le protoplasme : elles le mettent en état de répondre à d'autres excitants par des réactions qui, elles, seront visibles.

Un exemple précis fera mieux comprendre de quels phénomènes il est question ici. Une graine sèche est inexcitable. Fournissez-lui de l'eau, et la voilà apte à présenter la suite des processus si complexes de la germination : toute variation de la température se répercutera dans sa vitesse de croissance ; les zymases nécessaires vont être sécrétées au bon moment; la pression osmotique de ses cellules va se modifier selon les besoins ; les cellules se mettront en division... Bref, l'eau a tiré la graine de sa torpeur ; elle a préparé le cytoplasme à subir les effets d'autres excitants.

Nous ne connaissons en général que l'excitation qui est le prologue du réflexe, et la réaction, le coup de théâtre qui le termine. Si nous tenions tous les fils de l'intrigue, nous constaterions sans doute que les acteurs sont restés les mêmes et qu'ils ont simplement changé leur jeu. De même, la réaction finale d'un réflexe n'est que l'effet des changements qu'a subi le jeu des réactions élémentaires.

Toutefois, la simplicité des moyens n'exclut pas la diversité des résultats : alors que certaines réactions ne nous apparaissent que sous l'aspect de modifications quantitatives de ce qui existait déjà quand l'excitant est arrivé, d'autres sont manifestement des modifications qualitatives, plus profondes.

Nous distinguerons donc :

a) Les réactions préparatives ou tonus;

b) Les réactions quantitatives consistant essentiellement en un changement soit de la vitesse, soit de l'intensité des réactions élémentaires du protoplasme. On les appelle aussi des interférences;

c) Les réactions qualitatives faisant apparaître une chose neuve qui ne se serait pas produite, même à l'état d'ébauche, si l'excitant n'avait pas agi. A cause de la brièveté et de la brusquerie de ces réactions, on les a appelées des ripostes.

La distinction entre tonus, interférences et ripostes est plutôt didactique qu'essentielle.

A. LES TONUS.

Nous venons de donner un exemple de réaction préparative : la graine que l'eau tire de sa torpeur. Il s'agit là d'un organisme à l'état de vie ralentie qui passe à la vie manifestée.

Pendant celle-ci, l'une des conditions nécessaires à la vie (voir p. 7) peut partiellement faire défaut sans mettre la vie en danger immédiat; ainsi les cellules peuvent être à une température légèrement trop basse, elles peuvent manquer d'oxygène ou être plasmolysées, etc. Pendant toute la durée de l'exposition à ces conditions insuffisantes, l'organisme est incapable de répondre aux excitants.

Il y a encore une troisième sorte de réactions préparatives, celle-ci plus spéciale. Certains excitants ne produisent d'effet que si le protoplasme a été rendu réceptif par des réactions antérieures. En voici un exemple :

Nous avons vu (p. 112) que deux individus de Sensitive (ou d'*Albizzia*) qui sont placés, l'un à la lumière constante, l'autre à l'obscurité constante, continuent à effectuer pendant plusieurs jours les mouvements de veille et de sommeil (fig. 94). Mais peu à peu les mouvements deviennent moins étendus pour s'arrêter à la fin tout à fait. En ce moment, les deux plantes, en apparence semblables, sont en réalité dans des états fort différents. En effet, celle qui est restée à la lumière a conservé intacte son irritabilité, et il suffit de l'obscurcir un instant pour que ses feuilles se referment; l'autre, au contraire, est rigide : elle ne répond pas immédiatement à l'excitant lumineux et on ne lui rend son irritabilité que par une exposition à la lumière. Pour que cette plante soit en état de ressentir l'excitation lumineuse, il faut donc que son protoplasme y ait été préparé par un tonus.

B. Les interférences.

Nous désignons par ce terme toutes les modifications purement quantitatives des réflexes qui sont en train de s'accomplir. Il ne s'agit pas seulement des réflexes élémentaires. Toute riposte peut être changée dans sa vitesse, dans son intensité, même dans sa direction par un excitant étranger venant interférer avec l'excitant initial; ainsi une courbure, se produisant par exemple à la suite d'un éclairement unilatéral, s'accomplira plus ou moins vite suivant les températures.

Mais les interférences les plus intéressantes sont certainement celles que subissent les réactions élémentaires.

Ainsi il est évident que des excitants divers influencent sans cesse le chimisme du protoplasme : la sécrétion d'enzymes, l'assimilation des aliments, la mise en réserve de substances, leur utilisation subséquente, etc.

Voici un exemple de balancement de la croissance sous l'action de la pesanteur. Beaucoup de plantes, par exemple l'Ortie, ont des feuilles opposées, les deux organes de chaque paire étant de même grandeur. Mais chez d'autres espèces, les feuilles ne sont semblables que sur les rameaux dressés. S'ils sont horizontaux ou obliques, les feuilles deviennent inégales : celles qui sont dirigées vers le haut restent petites; celles qui sont tournées vers la terre grandissent davantage; seules celles qui se dirigent latéralement ont les mêmes dimensions que sur les rameaux verticaux. La pesanteur a donc affaibli la croissance des feuilles qui montent et elle a renforcé la croissance de celles qui descendent (fig. 121).

Nous touchons ici à l'un des problèmes les plus délicats et les plus importants de l'irritabilité : la forme et la structure de l'organisme à tous les âges sont le résultat d'une foule d'interférences.

La formation de la blastula et de la gastrula (fig. 54 et 84), la naissance des organes larvaires, puis leur remplacement par les organes définitifs; bref, toute l'ontogénie et toute l'organogénie sont la conséquence de réactions aussi nombreuses que variées.

Comme les Plantes croissent pendant toute leur vie et n'arrêtent jamais de faire des feuilles, des fleurs, etc., leurs réactions formatives ne chôment à aucun âge.

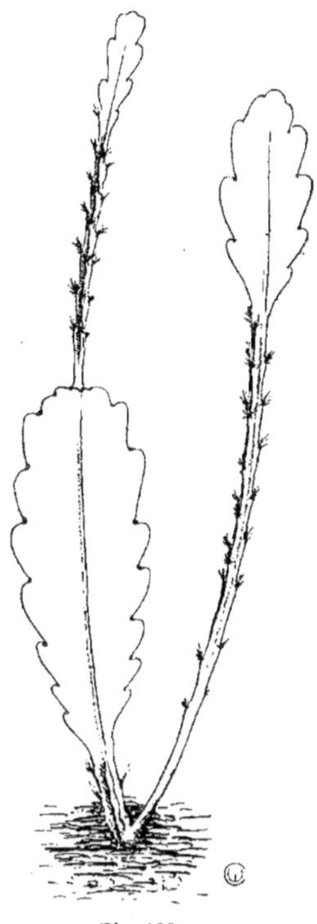

Fig. 122.

(*Phyllocactus crenatus*).

Une tige normale, pla'e, a été cultivée à une lumière insuffisante pendant 21 mois : elle a donné deux rameaux prismatiques, minces, portant des épines. Puis elle a été replacée à une lumière convenable : les rameaux ont aussitôt repris la forme plate, habituelle.

Fig. 121.

RAMEAU OBLIQUE DE *Centradenia floribunda*.
Les feuilles sont opposées-décussées; mais dans chaque paire la feuille qui va vers le bas devient plus grande et celle qui va vers le haut reste plus petite que sur les rameaux dressés.

En certains points les cellules se divisent activement, soit au sommet, soit à la base, soit au pourtour des organes; ceux-ci s'allongent, puis s'arrêtent, puis se remettent à croître; des organes nouveaux naissent en des endroits déterminés ; des bourgeons latents sortent de leur torpeur ; tels bourgeons se développent, tandis que d'autres, en apparence équivalents, mais placés autrement, restent inertes (fig. 75) ; les tiges, les feuilles, les fleurs exécutent les courbures les plus variées (fig. 85). Et pour changer l'aspect extérieur et même la structure intime de cet édifice si compliqué, il suffira d'introduire un nouvel excitant ou de supprimer un seul des excitants habituels.

Ainsi, parmi les plantes grasses de l'ordre des Opuntiales, le genre *Phyllocactus* diffère de ses congénères par ses tiges simplement plates et non anguleuses et par l'absence des piquants qui sont si caractéristiques de la plupart des autres genres. Mais cette structure aberrante ne naît qu'à une lumière forte : à l'ombre, on voit se former des tiges anguleuses et épineuses qui feront place aux organes plats et inermes dès qu'on rend la lumière intense (fig. 122). Et, chose étrange, nous verrons que la tige anguleuse représente l'état ancestral ; ce qui revient à dire qu'il faut la lumière forte pour faire surgir l'état actuel.

La forme de l'organisme résulte donc de la superposition et du conflit d'innombrables réflexes. Lesquels ont l'action prépondérante, des excitants internes ou des excitants externes ? Chez les Animaux, il semble bien que ce soient les excitants internes ; en effet, quelles que soient les conditions où vit l'individu, du moment qu'elles lui permettent de se développer, il acquerra sensiblement les mêmes organes avec les mêmes structures. Quant à la Plante, elle subit beaucoup plus le modelage par les agents extérieurs. Sans doute, quand on la cultive sur le clinostat, — où elle est soustraite à la fois à l'action directrice de la pesanteur et à celle de la lumière, — elle continue à produire des racines, des tiges, des feuilles, des fleurs dont l'anatomie est normale, mais plus aucune de ces parties n'a son orientation habituelle et l'ensemble offre l'aspect le plus insolite (voir fig. 90).

C. LES RIPOSTES.

Ce sont les réactions les plus nettes et les mieux connues ; en général, les traités de botanique ou de protistologie n'en étudient pas d'autres.

On peut distinguer les ripostes f o r m a t r i c e s qui donnent lieu à la production de nouveaux éléments anatomiques ; les ripostes m o t r i c e s caractérisées par un mouvement ; les ripostes ch i m i q u e s qui consistent dans la production de composés chimiques nouveaux.

a) Ripostes formatrices. — Elles donnent naissance à des cellules ou à des organes ; rappelons la bipartition que nous pouvons provoquer à volonté chez un Flagellate (p. 124) et les bourgeons adventifs qui naissent sur des feuilles ou des racines (fig. 26).

b) Ripostes motrices. — Elles sont de deux sortes :

1° Les d é p l a c e m e n t s, par exemple la natation à l'aide de cils ou de fouets, réglée par les blépharoplastes, — la reptation déterminée par les pseudopodes, — les déformations du corps sous l'action des acides et des bases (p. 127), etc. ;

2° Les mouvements angulaires qui orientent, soit l'organisme entier, soit ses organes ; ils ne produisent jamais aucun transport

Fig. 123.

GRAVURE SUR OS, DE L'AGE MAGDALÉNIEN (*Paléolithique supérieur*).

Trouvé dans la grotte du Mas d'Azil (Ariège, France). On y avait représenté une plante avec le géotropisme descendant des racines, le géotropisme ascendant de la tige principale, et le géotropisme ascendant-oblique des rameaux.

(Copié dans RUTOT, 1919.)

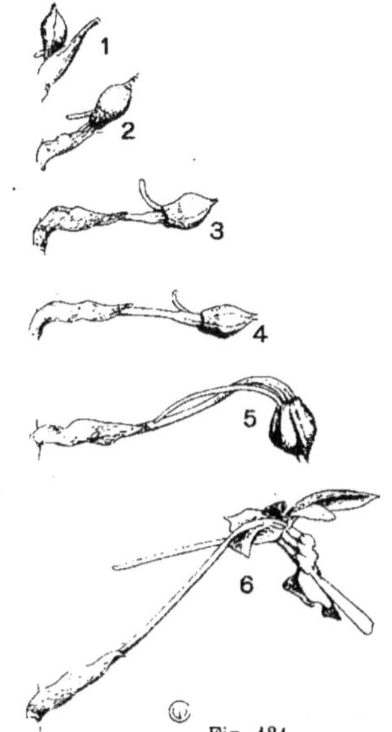

Fig. 124.

ORIENTATIONS SUCCESSIVES DE LA FLEUR D'UNE ORCHIDACÉE (*Calanthe veratrifolia*).

1, bouton jeune, courbé vers le haut ; 2, le bouton s'abaisse ; 3, 4, le pédicelle, devenu horizontal, se tord de façon à amener l'éperon vers le bas; 5, le pédicelle se courbe en forme d'S ; 6, la fleur est ouverte.

d'ensemble, mais ils amènent l'axe du corps (êtres mobiles) ou l'axe d'un organe (êtres fixés) dans une position qui fait un angle avec la direction primitive. Les principaux sont les taxismes, les tropismes, les strophismes et les nastismes.

Taxismes. — Déviation du corps des organismes unicellulaires (par exemple : Infusoires, Flagellates, Amibes), des colonies (par exemple : *Eudorina*) et des larves (par exemple : gastrulas d'Echinodermes) sous l'action d'excitants extérieurs. Rappelons notamment l'électrotaxisme de beaucoup de cellules (fig. 112), le phototaxisme des Amibes (fig. 110), le géotaxisme des gastrulas d'Astérie (p. 114).

Tropismes. — Courbures des organes chez les êtres fixés ; elles sont orientées vis-à-vis de l'excitant. Ainsi sous l'action de la pesanteur, la racine principale d'une plante descend verticalement dans la terre, les racines secondaires descendent obliquement, la tige principale se dresse verticalement, les rameaux latéraux prennent une position oblique vers le haut; enfin, les feuilles se disposent horizontalement.

Depuis longtemps l'Homme a été frappé de ce que les organes d'une même plante réagissent différemment. L'artiste de l'âge de la

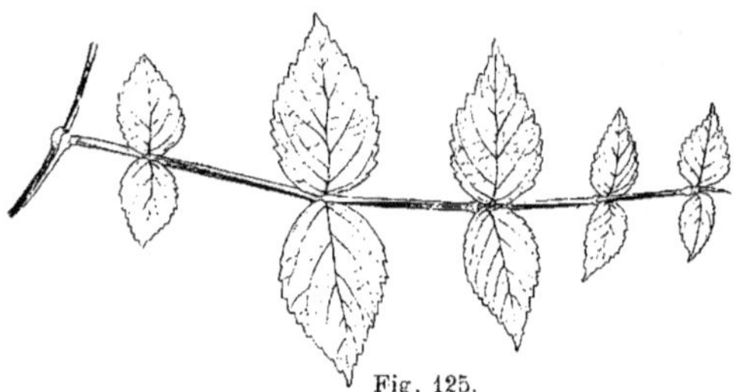

Fig. 125.

TORSIONS D'UN RAMEAU HORIZONTAL DE *Russelia sarmentosa.*
Les feuilles sont opposées-décussées, mais des torsions de 90°, alternativement à droite et à gauche, siégeant dans les entrenœuds. et des torsions des pétioles, amènent toutes les feuilles dans le plan horizontal.

pierre qui a gravé le dessin stylisé de la figure 123 avait déjà fait cette observation.

Il y a donc à distinguer un tropisme descendant (cata-), un tropisme ascendant (ana-), un tropisme transversal (dia-) et des tropismes obliques (plagio-). On peut appliquer ces mêmes termes aux cas où l'excitant consiste en un mouvement vibratoire ou en une conduction.

Un organe déterminé exécute des tropismes variés. Prenons comme exemple le filament sporangifère de *Phycomyces* (Champignon). Il se courbe vers le haut, vers la lumière et vers le corps qui le touche (anatropismes), tandis que vis-à-vis de la chaleur, des ondulations hertziennes et de la vapeur d'eau (fig. 116), il fait une courbure en sens inverse (catatropismes).

Strophismes. — Les organes, au lieu de se courber, se tordent. C'est par une torsion du pédicelle que les fleurs de Pensée s'orientent vers la lumière et que celles des Orchidacées dirigent leur labelle vers le bas (fig. 124).

Plus compliquées sont les torsions par lesquelles les feuilles opposées-décussées de *Russelia sarmentosa* se mettent dans un même plan, quand elles sont portées par un rameau horizontal (fig. 125). Chaque entrenœud exécute une torsion de 90° et chaque pétiole également.

Nastismes. — Courbures orientées vis-à-vis du corps et non par rapport à l'excitant, qu'exécutent les feuilles et les fleurs sous l'influence d'agents très variés. Citons l'ouverture et la fermeture des fleurs où interviennent les courbures vers le dehors et vers le dedans des sépales, des pétales et des étamines. Les mouvements de veille et de sommeil des feuilles (fig. 94) et ceux de la Sensitive sous l'action d'un choc (fig. 80), sont également des nastismes.

4. DURÉE ET INTENSITÉ DES PÉRIODES DU RÉFLEXE.

Les phases du réflexe telles que nous les avons décrites (p. 98), sont en partie hypothétiques. En effet, il nous est impossible de séparer la sensation ni de l'excitation, ni des diverses étapes de la conduction.

Si nous désirons mesurer les parties d'un réflexe, nous devrons donc nous contenter de le diviser en périodes bien délimitées : l'excitation, le temps de latence et la réaction.

Pour qu'un agent approprié produise une excitation, il doit être compris entre une intensité minimale et une intensité maximale ; entre ces deux extrêmes, il y a une valeur optimale de l'excitant. Il faut aussi que l'excitant agisse pendant une durée minimale.

a) *Seuil d'intensité.* — L'Homme n'a une sensation tactile, même avec le doigt qui est l'un de ses organes les plus sensibles, que si la pression est au moins de 24 mg par millimètre carré. Une vrille de *Sicyos angulatus* (Rubiale) exécute déjà une courbure quand on y dépose un fil pesant 0.00025 mg.

Voici un autre exemple de sensibilité à la pression. Beaucoup de cellules mobiles sont sensibles au courant liquide. Lorsque le liquide

La sensibilité à la vitesse du courant.

(D'après Mme Levenson-Lipchitz, 19 0.)

	SEUIL D'INTENSITÉ, exprimé par la vitesse minimale du courant auquel réagissent les organismes	MAXIMUM DE RÉAGIBILITÉ, exprimé par la vitesse maximale du courant à laquelle les organismes peuvent résister
Flagellates		
Distigma proteus	50 µ par seconde.	110 µ par seconde.
Menoidium pellucidum . .	60 »	150 »
Peridinium platiciformis. .	95 »	185 »
Chilomonas Paramaecium .	110 »	200 »
Euglena viridis.	160 »	270 »
Infusoires		
Coleps hirtus	180 »	505 »
Paramaecium putrinum . .	290 »	470 »
P. aurelia	545 »	1,180 »

où elles nagent se déplace, elles tournent leur extrémité antérieure vers l'amont et remontent le courant. Mais cette orientation ne se produit que si la vitesse du liquide atteint une certaine valeur, en dessous de laquelle l'excitation ne se produit pas. Les expériences du tableau de la page 139 ont été faites à 18-20°.

Nous avons vu que chez *Chilomonas* (Flagellate) nous pouvons à volonté déclancher la division cellulaire : il suffit de chauffer

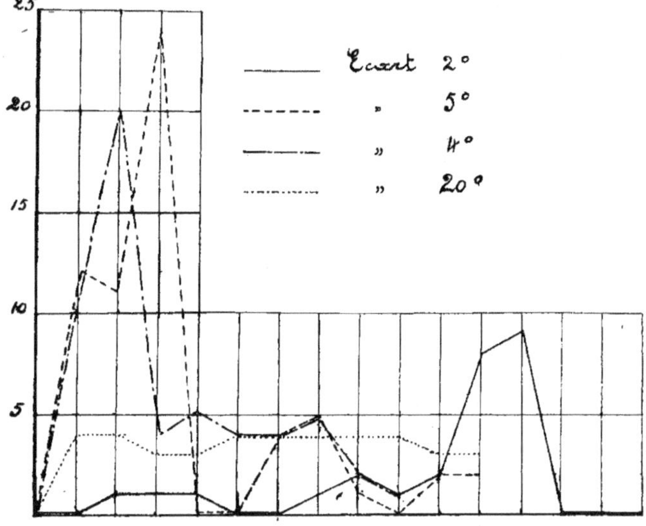

Fig. 126.

INFLUENCE DE L'INTENSITÉ DE L'EXCITATION SUR LA DIVISION CELLULAIRE D'UN FLAGELLATE (*Chilomonas Paramaecium*) : ÉCARTS DE 2°, 5°, 14°, 20°.

(D'après Melle MALTAUX ET MASSART, 1906.)

brusquement la culture (p. 124) ou d'y ajouter de l'alcool (p. 127), mais il faut que l'excitant ait une certaine valeur minimale.

Ainsi, quand la culture est faite à 14°, un échauffement de 1° ne produit aucun effet. Il faut la chauffer au moins de 2° (c'est-à-dire à 16°) pour obtenir un résultat; encore celui-ci est-il faible et tardif. Augmentons l'écart de température (jusqu'à une certaine limite) et nous voyons le nombre des individus en division augmenter, tandis que le temps de latence diminue. Nous reviendrons plus loin sur ces points. Le tableau suivant et la figure 126 montrent nettement le seuil.

Relations entre la grandeur de l'excitation, la longueur du temps de latence et la grandeur de la réaction.

(D'après Melle Maltaux et Massart, 1906.)

Écart de température	Temps qui s'écoule entre l'excitation et le début de la réaction (temps de latence)	Pourcent d'individus qui se mettent en division
1°	—	0
2°	50 minutes	17
3°	35 »	20
4°2	5 »	38
5°	5 »	56
6°	10 »	40
10°	5 »	45
14°	5 »	53
20°	—	0

Dose d'alcool p. c.	Temps de latence	Pourcent d'individus qui se mettent en division
1	— minutes	0
2	20 »	98
3	5 »	105
4 ·	5 »	125
5	5 »	104
6	5 »	148
7	5 »	135

Pour l'alcool, les résultats sont sensiblement les mêmes, sauf que le nombre des Flagellates en division est plus grand. Comme l'excitant continue à agir, des individus qui s'étaient déjà divisés subissent une nouvelle bipartition, ce qui fait que la proportion des divisions dépasse 100 p. c.

On comprend qu'il est possible de remplacer la pesanteur par la force centrifuge, puisque les grains d'amidon se déplaceront de la même manière. Grâce à la machine centrifuge, on peut déterminer le seuil : les racines de *Lupinus albus* sont déjà sensibles à une force centrifuge égale à 0.001 *g*.

Enfin, voici des déterminations relatives à la lumière. Les plantules de *Lepidium sativum* (Cresson alénois) se courbent vers une lumière égale à 0.0003 bougie; pour celles de *Helianthus annuus* (Grand Soleil), il faut 0.016 bougie et les rameaux étiolés de *Salix* ne réagissent que si la lumière a une intensité supérieure à 10 bougies.

b) *Seuil de durée d'exposition.* — Il ne suffit pas que l'excitant soit assez énergique, il faut encore qu'il agisse pendant un temps suffisant. Ainsi pour *Chilomonas* soumis à un échauffement de 5° (de 14° à 19°), si les cellules n'y restent exposées que pendant une ou deux minutes, puis sont remises à 14°, il n'y a aucun effet; mais si on prolonge l'action pendant trois minutes, des cellules se mettent en division.

Relations entre la durée de l'excitation, le temps de latence et la grandeur de la réaction.

(D'après Melle MALTAUX ET MASSART, 1906.)

Exposition à un échauffement de 5°	Temps de latence	Pourcent de cellules en division
1 minute.	—	0
2 minutes.	—	0
3 »	35 minutes.	17
4 »	5 »	31

c) *Relation entre l'intensité de l'excitation et le seuil de durée.* — L'expérience montre qu'à mesure que l'intensité de l'excitation diminue, la durée d'exposition doit augmenter, et inversement. Il en résulte que pour chaque organisme et chaque excitant, le produit de l'intensité et du seuil de durée est une constante.

Ainsi, pour la première feuille de la plantule d'Avoine, le produit de l'intensité lumineuse (en bougies) multiplié par le seuil de durée est voisin de 20 (extrêmes 17.2 et 27.5). Les intensités essayées étaient comprises entre 0.000439 bougie (seuil 13 heures = 40 800″) et 26520 bougies (seuil 1″.1000).

Pour le même organe, vers 24°, le produit de l'intensité en *g* multiplié par le seuil de durée est compris entre 240 et 290; pour la racine de *Lepidium sativum*, ce même produit varie de 343 à 384.

Il semblerait donc que l'organisme se comporte comme une plaque photographique : on obtient la même impression avec une lumière forte et une exposition courte qu'avec une lumière faible et une exposition d'autant plus longue. Mais cette comparaison n'est pas absolument juste, puisque en dessous du seuil d'intensité l'exposition reste inefficace, quelle que soit sa durée.

d) *Sommation des excitations.* — Qu'arrive-t-il lorsqu'une excitation agit d'une façon intermittente? Il y a persistance des excitations (tout comme pour la rétine et pour l'oreille des Animaux). Les excitations, dont chacune prise isolément aurait une durée insuffisante, s'additionnent, et lorsque le total des expositions discontinues atteint le seuil de durée, la réaction s'accomplit.

e) *Optimum de sensibilité.* — Très souvent il y a un optimum pour chaque excitant.

Nous en avons déjà vu des exemples pour la sensibilité des organismes inférieurs vis-à-vis de l'oxygène (fig 7), de la température (fig. 111) et de la concentration (fig 5) : les Protistes quittent les régions où l'excitation est trop forte ou trop faible pour s'accumuler dans une zone intermédiaire, optimale.

f) *Temps de latence.* — D'une façon générale, le temps qui se passe entre la fin de l'excitation et le début de la réaction décroît quand l'excitation est plus forte, soit parce que son intensité est augmentée, soit parce que le temps d'exposition est prolongé Cette relation ressort nettement des tableaux des pages 141 et 142 et de la figure 126.

g) *Comble d'excitation.* — De même qu'une excitation trop faible reste sans effet, une excitation exagérée est inefficace, ainsi qu'on le voit dans le tableau de la page 141 et la figure 126 : lorsque l'échauffement atteint 20°. il ne produit plus aucun résultat ; le nombre des *Chilomonas* qui sont en division n'est pas supérieur à celui qui est habituel à la température de 34°.

h) *Intensité de la réaction.* — Le tableau de la page 141 montre que le nombre des Flagellates en division est plus grand lorsque l'excitation est forte que lorsqu'elle est faible, mais il ne permet pas d'analyser davantage la relation entre l'excitation et la réaction.

Mais voici une expérience plus décisive. Les cellules épidermiques de *Rhoeo discolor* (Commélinacée) ont normalement une pression osmotique de 120 *is* (*is* = la pression de la solution contenant par litre 0 001 du poids moléculaire exprimé en grammes de NO_3K ; elle équivaut à 0.0467 atm.). Quand on plonge la cellule dans des solutions plus diluées que celles qui la baignent d'habitude, sa pression interne diminue ; au contraire, dans des solutions plus fortes, la cellule réagit en augmentant sa propre pression. Voici les résultats :

Accroissement réflexe de la pression intracellulaire.

(D'après Van Rysselberghe, 1899.)

			+	+	+ *	+	● *	+		●		+	*			●	
Excitation = Solution externe en *is*.	0	1	5	10	20	40	60	80	100	120	140	160	180	220	220	240	260
Pression intracellulaire en *is*	80	90	130	150	170	180	200	210	220	220	230	230	230	240	240	240	plasmolyse.
Réaction osmotique (= différence entre 120 *is* et la pression obtenue)	-40	-30	10	30	50	70	80	90	100	100	110	110	110	120	120	120	

Comme l'excitation et la réaction s'expriment par la même unité (*is*), la comparaison sera facile.

Comparons d'abord les colonnes marquées +.

Excitation . . .	5	$10 = 5 \times 2$	$20 = 5 \times 2^2$	$40 = 5 \times 2^3$	$80 = 5 \times 2^4$	$160 = 5 \times 2^5$
Réaction. . . .	10	$10 + 20 = 30$	$10 + (20 \times 2) = 50$	$10 + (20 \times 3) = 70$	$10 + (20 \times 4) = 90$	$10 + (20 \times 5) = 110$

On voit que l'excitation croît en progression géométrique, alors que la réaction croît en progression arithmétique, ce qui est conforme à la loi psychophysique de Weber-Fechner.

La même conclusion se dégage de l'observation des colonnes marquées *, puis de celles marquées ●.

Excitation	20	$60 = 20 \times 3$	$180 = 20 \times 3^2$
Réaction	50	$50 + 30 = 80$	$50 + (30 \times 2) = 110$

Excitation	60	$120 = 60 \times 2$	$240 = 60 \times 2^2$
Réaction	80	$80 + 20 = 100$	$80 + (20 \times 2) = 120$

La loi de Weber-Fechner peut encore s'énoncer d'une autre façon : la plus petite différence perceptible entre deux excitations d'intensité inégale est proportionnelle à leur intensité. Ainsi l'Homme qui perçoit une différence entre une lumière de 30 bougies et une autre de 31 bougies, distinguera aussi deux lumières de 60 et 62 bougies ou de 3 et 3.1 bougies. La plus petite différence perceptible s'appelle la constante proportionnelle ; dans le cas cité, elle serait égale à 1/30.

On peut faire des expériences du même genre avec des Protistes et des Végétaux. On les dispose entre deux lumières inégales et on note de combien l'une des lumières doit être plus forte pour qu'ils se courbent vers elle.

La détermination de la constante proportionnelle a aussi été faite pour la sensibilité aux propriétés chimiques. Nous avons appris (p. 128) que les spermatozoïdes de Végétaux sont sensibles à certaines substances chimiques et se dirigent vers elles. Quand on dépose un tube capillaire contenant une solution attractive dans une goutte d'eau où nagent les spermatozoïdes, on les voit s'amasser dans le tube. Mais qu'arrive-t-il si on dissout la même substance dans le liquide extérieur ? Pour que l'attraction se manifeste, il faudra évidemment que l'organisme sente la différence entre les deux solutions. Pour les spermatozoïdes de Fougères, la solution dans le tube doit être trente fois plus concentrée que celle où ils nagent.

Des expériences analogues ont été faites avec des Bactéries et avec des organes filamenteux qui se courbent vers la solution la plus forte : filaments mycéliens de Champignons et tubes polliniques. Le tableau suivant résume les observations. On y a ajouté, pour la comparaison, quelques données relatives à l'Homme.

Les constantes proportionnelles

ORGANISMES	Excitant	Constante proportionnelle	Observateur
Spermatozoïdes d'*Isoëtes*.	Ac. malique / Ac. succinique / Ac. fumarique	400/1	Shibata
» de Mousses	Saccharose	50/1	Pfeffer
» de Fougères . . .	Ac. malique	30/1	»
Bacterium Termo.	Extrait de viande	5/1	»
Mycélium de Champignons	Saccharose	10/1	Miyoshi
Tubes polliniques.	»	5/1	»
Phycomyces nitens (Champignon). .	Lumière (4 h. d'expos.)	1/5,5	Massart
Plantules de *Brassica Napus* . . .	» (6 h. d'expos.)	1/42	Haberlandt
» *Trifolium incarnatum* .	» »	1/12,5	»
» *Lepidium sativum* . .	»	1/26	»
» *Ipomaea purpurea* . .	» »	1/38	»
» *Avena sativa*		1/17	»
Pédoncule de *Bellis perennis* . . .	» »	1/15	»
» *Capsella Bursa-Pastoris*	»	1/75	»
Homo sapiens	Poids	1/13,5	
»	Son	1/3	
»	Lumière	1/186 / 1/120-1/100 / 1/30	

i) *Temps de mémoire.* — C'est le temps pendant lequel les cellules conservent la mémoire d'une sensation envers laquelle elles n'ont pas pu réagir. Supposons une racine couchée horizontalement ; elle va courber sa pointe vers le bas. Mais si l'organe est inclus dans le plâtre, la réaction ne pourra pas s'effectuer. Après une exposition suffisante, on soustrait la racine engypsée à l'action directrice de la pesanteur en la faisant tourner sur le clinostat. Or la racine, d'abord engypsée, puis mise sur le clinostat, se courbe dans la direction où elle était sollicitée par la pesanteur alors qu'elle était couchée. On constate la même courbure lorsqu'on laisse la racine engypsée, après l'avoir mise sur le clinostat. Le temps pendant lequel on peut la maintenir emprisonnée sans lui enlever la faculté de se courber après coup, c'est-à-dire le temps de mémoire, croît avec la durée de l'exposition.

j) *Fatigue.* — Les réflexes non nerveux peuvent-ils présenter de la fatigue; en d'autres termes, l'exercice exagéré d'un réflexe peut-il empêcher sa continuation ?

Lorsqu'une Sensitive (*Mimosa pudica*) est secouée, elle referme ses feuilles et les abaisse (voir fig. 80). Mais si on la secoue pendant une demi-heure ou une heure, elle ne réagit plus et elle garde ses feuilles ouvertes et relevées. Après quelques heures, elle a repris la faculté d'effectuer le réflexe habituel.

Les Infusoires et les Flagellates qui réagissent vis-à-vis d'un courant liquide présentent quelque chose de semblable. Quand on fait agir sur eux un courant qui est à la limite de la réagibilité (voir tableau p. 159), on les voit tout à coup céder au courant pendant quelques secondes, puis s'orienter de nouveau vers l'amont pour se laisser entraîner encore quelques secondes plus tard, et ainsi de suite.

Les Noctiluques sont des Flagellates marins qui émettent de la lumière quand ils sont secoués. Mais, pendant la tempête, quand les heurts sont trop nombreux et trop violents, les vagues ne s'illuminent pas, à moins qu'il n'y ait une secousse exceptionnellement forte. L'expérience peut se répéter très facilement dans le laboratoire, et on constate alors que le repos rend aux Noctiluques leur excitabilité première.

5. GENÈSE DES CELLULES.

Après avoir étudié la structure des cellules, leur disposition et leurs principales fonctions, nous allons examiner comment elles naissent.

Parfois le protoplasme subit une refonte complète, sans qu'il y ait pourtant production d'éléments vraiment nouveaux. Ainsi, les zoospores, cellules munies de fouets ou de cils qui servent à la procréation, naissent souvent de cellules qui ont rempli jusque-là des fonctions purement végétatives et qui ne possèdent donc ni appareil locomoteur, ni vacuoles pulsatiles, ni tache oculaire.

De même, les spermatozoïdes proviennent de cellules immobiles, et ils doivent acquérir tout ce qui est nécessaire à la natation.

Mais ni dans l'un ni dans l'autre de ces cas, il n'y a vraiment formation de cellules. Les processus qui donnent naissance à des cellules sont, d'une part, la d i v i s i o n qui conduit à leur multiplication ; d'autre part, la c o n j u g a i s o n et la r é d u c t i o n c h r o m a t i q u e qui donnent des cellules nouvelles.

A. DIVISION.

Tantôt les deux cellules-filles sont semblables (fig. 29), tantôt elles sont plus ou moins inégales. Elles ont souvent alors des destinées différentes; aussi, chaque bipartition d'une cellule initiale donne deux cellules-filles dont l'une reste cellule initiale, tandis que l'autre va faire partie des tissus définitifs (fig. 56 et 127).

Le cas le plus remarquable de la bipartition inégale est le bourgeonnement. En un point de la surface apparaît une saillie, dans laquelle pénètrent un noyau, du cytoplasme et des réserves, en un mot tout ce qu'il faut pour constituer une cellule (fig. 128).

Suivons maintenant les phases de la division. Nous décrirons le cas habituel, où la substance du noyau subit les modifications compliquées qui sont caractéristiques de la division indirecte, ou mitose ou caryocinèse (fig. 129).

Tout au début, la centrosphère se divise en deux, — par simple étranglement, semble-t-il (a). — Le plus souvent, d'ailleurs, elle est déjà divisée depuis longtemps dans la cellule au repos. Puis le réseau de chromatine, répandu irrégulièrement à travers le noyau, se dispose en un filament sinueux pelotonné dans la cavité

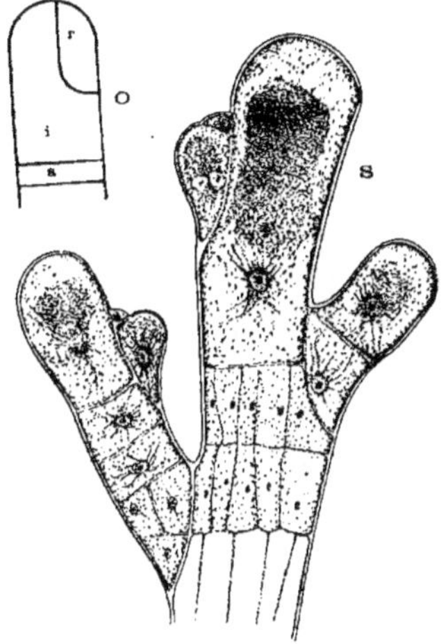

Fig. 127.

POINT VÉGÉTATIF D'UNE ALGUE BRUNE
(*Halopteris*).

s, vue superficielle générale, montrant le mode d'accroissement et de ramification. **o**, coupe optique du sommet, montrant la grande cellule initiale (**i**) qui découpe deux sortes de cellules-filles : les unes basilaires (**a**), destinées à allonger la tige ; les autres latérales-obliques (**r**), destinées à former des rameaux. On y voit aussi l'attache rectangulaire des jeunes cloisons.

nucléaire (c). En même temps, les deux centrosphères s'écartent et la membrane nucléaire disparaît progressivement (d).

Le filament de chromatine subit maintenant deux divisions, une transversale et une longitudinale (d, e). La première le découpe en un nombre déterminé de tronçons, ou chromosomes ou anses nucléaires ; la seconde sépare chaque chromosome en deux moitiés jumelles contiguës.

Les centrosphères sont à présent arrivées aux pôles du noyau (f). D'elles partent des radiations : les unes vont à travers le cytoplasme vers les confins de la cellule, les autres se dirigent à travers le noyau vers la centrosphère opposée. Ce dernier ensemble de filaments constitue le **fuseau achromatique**, ainsi nommé parce qu'il ne se colore pas par les réactifs habituels de la matière chromatique.

Les chromosomes, toujours formés de deux moitiés jumelles, se déplacent le long des filaments achromatiques vers l'équateur de la figure. Ils se disposent ici en une couronne équatoriale sur les fila-

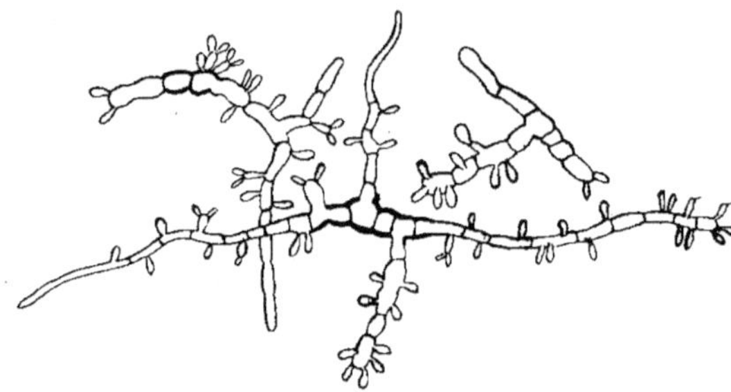

Fig. 128.

BOURGEONNEMENT DE JEUNES INDIVIDUS D'UN CHAMPIGNON
(*Dematium pullulans* qui est un accommodat de *Hormodendron cladosporoides*)
(D'après LAURENT, 1888.)

ments périphériques du fuseau (*f*). C'est à ce moment-ci que les moitiés jumelles se séparent. Attirées, dirait-on, par les filaments achromatiques, on les voit glisser vers les pôles du fuseau (*g*, *h*).

Arrivées là, les chromosomes perdent peu à peu leurs contours réguliers : de leurs bords se détachent des prolongements inégaux en même temps que leur substance même s'alvéolise (*i*, *j*). Chaque chromosome se transforme ainsi en une masse plus ou moins vacuoleuse, émettant de toutes parts des fils ténus, qui le relient à ses voisins, si bien que l'ensemble des chromosomes prend un aspect spongieux ; il n'est plus possible à présent de distinguer les chromosomes individuels (*k*, *l*).

Voilà reconstitué le réseau chromatique dont nous sommes partis.

Au début de la caryocinèse suivante, c'est ce réseau qui va reformer les chromosomes. Il est fort probable que les particules qui se rejoindront pour constituer chaque chromosome sont précisément celles qui étaient ensemble lors de la division précédente et que les anastomoses reliant les chromosomes voisins se rompent. Ceci revient à dire que les chromosomes conservent leur individualité à travers toutes les divisions successives et qu'ils sont toujours composés des mêmes granulations chromatiques.

Pour la facilité de l'exposition, on a groupé les étapes de la caryocinèse en quatre séries de phases : les prophases (fig. 129, *a* à *e*), la métaphase (fig. 129, *f*), les anaphases (fig. 129, *g* et *h*) et les télophases (fig. 129, *i* à *k*).

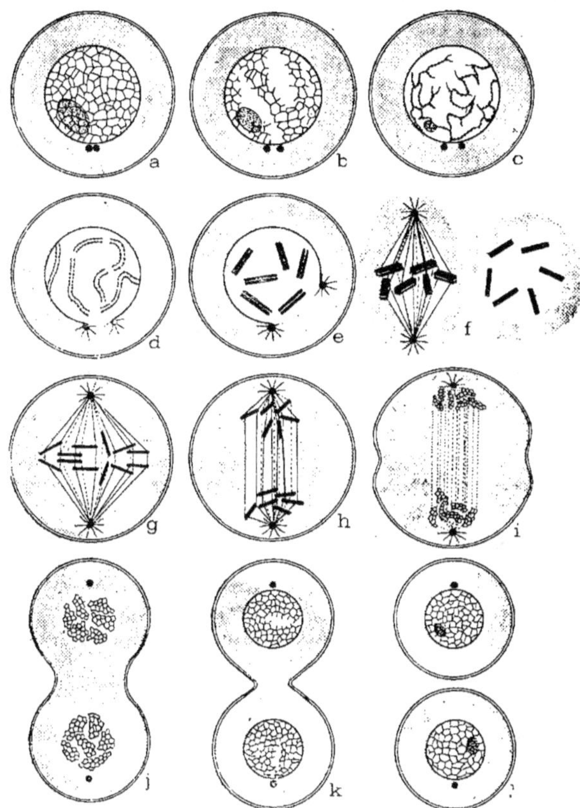

Fig. 129.

SCHÉMA DE LA DIVISION CARYOCINÉTIQUE.

Prophases : **a.** cellule au repos, avec le centrosome déjà divisé ; **b,** les anastomoses du réseau nucléinien se rompent ; **c,** la chromatine forme un filament unique ; **d,** les chromosomes se clivent longitudinalement ; les centrosphères s'écartent et le noyau s'ouvre ; **e.** les chromosomes se sont encore raccourcis.

Métaphase : **f,** à gauche, la plaque équatoriale vue de profil ; à droite, la plaque équatoriale vue de face.

Anaphases : **g,** séparation des chromosomes provenant du dédoublement des chromosomes primitifs ; **h,** écartement des chromosomes vers les pôles.

Télophases : **i.** les chromosomes se vacuolisent ; **j,** ils se rapprochent de plus en plus ; **k,** la membrane nucléaire se reforme ; **l,** les noyaux-fils sont complets.

(D'après les recherches de STRASBURGER, 1883, de FLEMMING, 1882, de VAN BENEDEN, 1883.)

La division caryocinétique, telle que nous venons de la décrire, est celle qui est caractéristique pour les cellules des Animaux et de beaucoup d'autres organismes. D'autres cellules présentent de petites variantes qui concernent surtout la centrosphère.

Chez les Ascomycètes, le centrosome est collé contre la membrane du

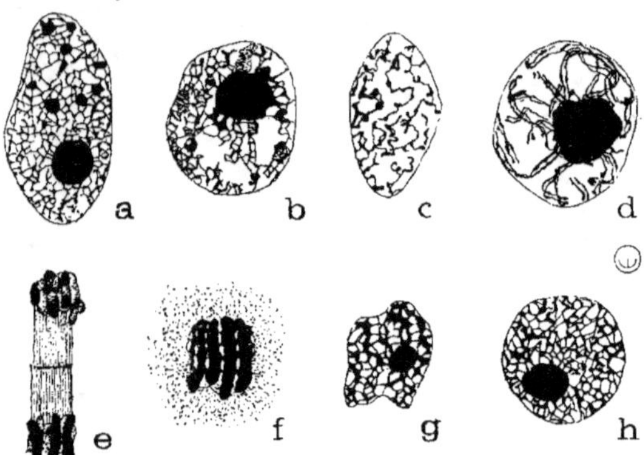

Fig. 130.

LES RAPPORTS ENTRE LE RÉSEAU DE CHROMATINE ET LES CHROMOSOMES.

Prophases (**a** à **d**) et *métaphases* (**e** à **h**) de divisions caryocinétiques dans la racine de Fève (*Vicia Faba*) ; **a**, noyau au repos ; **b**, les anastomoses entre les chromosomes vacuolisés se rompent ; **c**, tous les chromosomes forment un filament continu ; **d**, fission longitudinale des chromosomes; — **e**, les deux noyaux-fils déjà écartés ; **f**, les chromosomes commencent à se vacuoliser ; **g**, progrès de la vacuolisation ; **h**, noyau au repos.
(D'après M. Sharp 1914.)

noyau et celle-ci ne s'efface que tout à la fin de la division. Chez les Infusoires, le micronucléus possède également un centrosome qui fait corps avec lui.

La modification la plus intéressante est celle que présentent les Plantes supérieures. Leurs cellules n'ont pas de centrosphère ; le fuseau achromatique naît en plusieurs points dans le cytoplasme, des fusions successives rendent finalement le fuseau bipolaire.

Négligeons ces variantes et essayons de dégager ce qui est essentiel dans la division caryocinétique :

a) Le clivage longitudinal des chromosomes fait que les cellules-filles se partagent d'une manière scrupuleusement égale toutes les parcelles de chromatine de la cellule-mère.

On remarque parfois que les chromosomes n'ont pas une structure homogène, mais sont formés de grains ou chromioles ou chromomères, disposés en une rangée unique. On voit alors chacun de ces grains se séparer en deux moitiés, dont l'une ira dans l'une des cellules-filles et l'autre dans sa sœur (fig. 129, *d* et 130, *d*);

b) Les chromosomes conservent leur individualité à travers toutes les caryocinèses et à travers toutes les périodes de repos qui les séparent. Il semble bien, en effet, que ce soient toujours les mêmes chromioles qui aillent former les mêmes chromosomes et qu'au début de la caryocinèse le filament chromatique se découpe aux mêmes points. Toujours est-il que lorsque les chromosomes ont, dans une espèce, des formes ou des dimensions caractéristiques, on les retrouve nettement reconnaissables dans les caryocinèses de toutes les cellules (fig. 131).

Fig. 131.

PLAQUE ÉQUATORIALE
D'UNE CELLULE DIPLOÏDE DE
Spinacia oleracea (Epinard).
Les douze chromosomes se correspondent
deux à deux.
(D'après M. STOMPS, 1910.)

Nombre de chromosomes

n	$2n$		
1	2	Ascaris megalocephala univalens	Nématode
2	4	„ „ bivalens	„
„	„	Ophryotrocha	Annélide
„	„	Puccinia	Basidiomycète
„	„	Hygrophorus	„
3	6	Crepis virens	Dicotylédonée
4	8	Coronilla	Nématode
„	„	Anthoceros	Hépatique
„	„	Sphaerotheca	Ascomycète
„	„	Crepis tectorum	Dicotylédonée
5	10	„ lanceolata	„
6	12	Spiroptera	Nématode
„	„	Prostheceraeus	Turbellarié
„	„	Caloptenus	Insecte
„	„	Mnium, Polytrichum	Mousse
„	„	Spinacia	Dicotylédonée
„	„	Naïas	Monocotylédonée
7	14	Pentatoma	Insecte
„	„	Pisum sativum	Dicotylédonée
„	„	Œnothera Lamarckiana	„
8	16	Hydrophilus	Insecte
„	„	Limax	Gastropode

n	$2n$		
8	16	Phallusia	Tunicier
"	"	Pellia	Hépatique
"	"	Taxus	Gymnosperme
"	"	Triticum	Monocotylédonée
9	18	Echinus	Échinoderme
"	"	Thysanozoon	Turbellarié
"	"	Ascidia	Tunicier
"	"	Sagitta	Chétognathe
"	"	Daphne Mezereum	Dicotylédonée
10	20	Lasius	Insecte
"	"	Bryum capillare	Mousse
12	24	Myzostoma	Annélide
"	"	Helix	Gastropode
"	"	Branchipus	Crustacé
"	"	Salmo	Poisson
"	"	Salamandra, Rana	Batraciens
"	"	Mus	Mammifère
"	"	Zamia	Gymnosperme
"	"	Ginkgo	"
"	"	Lilium	Monocotylédonée
14	28	Tiara	Hydroméduse
"	"	Pieris	Insecte
16	32	Cerebratulus	Némertien
"	"	Dictyota	Algue
"	"	Marsilea	Ptéridophyte
18	36	Torpedo	Sélacien
20	40	Polysiphonia	Floridée
22	44	Osmunda	Fougère
30	(60)	Crepidula	Gastropode
84	168	Artemia	Crustacé

Il résulte de ce qui vient d'être dit, que le nombre des chromosomes est constant dans toutes les cellules d'une espèce déterminée, mais qu'il peut être différent d'une espèce à l'autre.

Le tableau précédent indique le nombre des chromosomes dans des cellules haploïdes (n) et des cellules diploïdes ($2n$). (Pour la signification de ces termes, voir p. 158.)

La division du noyau se fait toujours par voie caryocinétique lorsque les cellules-filles ont un rôle notable à jouer ou lorsqu'elles peuvent encore avoir à se diviser ultérieurement. Dans les cas, beaucoup plus rares, où la destinée des cellules est moins importante, leur noyau se multiplie par amitose, c'est-à-dire par simple étranglement et fragmentation. (Voir le leucocyte de la fig. 9.)

Voyons maintenant comment se multiplient les autres organes de la cellule.

Les plastides et les mitochondries se divisent par étranglement (fig. 132).

Les stigmas et les fouets (avec leur blépharoplaste) se divisent chez les Flagellates (fig. 133). On ne connaît pas les détails de leur bipartition.

Dès que le noyau, la centrosphère — et éventuellement les plastides, le stigma et l'appareil locomoteur — se sont divisés, la cellule dans son ensemble se prépare à la bipartition (fig. 129).

Si elle est nue, ou si elle est entourée d'une simple pellicule, son cytoplasme subit une constriction de

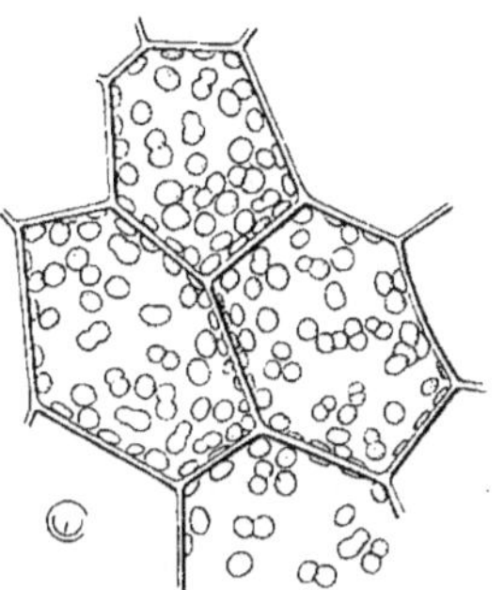

Fig. 132.
LA DIVISION DES PLASTIDES VERTES DANS LES CELLULES D'UN PROTHALLE DE FOUGÈRE (*Athyrium Filix-foemina*).

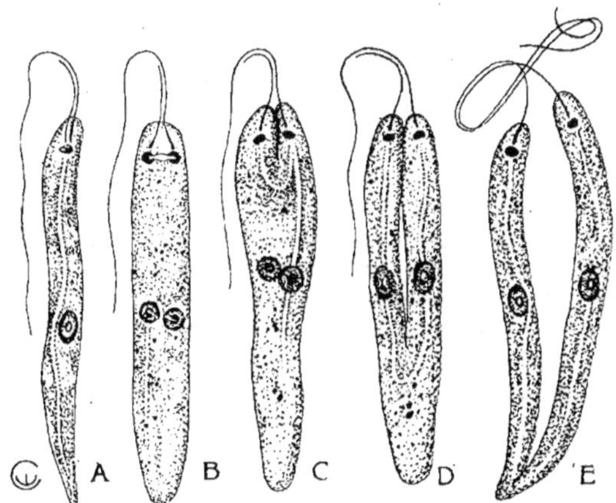

Fig. 133.
CELLULES D'UN FLAGELLATE *(Leptomonas drosophilae)* EN DIVISION.
Le blépharoplaste subit la bipartition.
(D'après MM. Chatton et Léger, 1911. — Copié dans Lang, 1913.)

plus en plus accentuée, qui finit par séparer toute la masse cytoplasmique en deux moitiés (fig. 19, 29, 129).

Les choses sont plus compliquées quand la cellule est renfermée dans une membrane.

Chez les Schizophytes, les Champignons, les Algues, la nouvelle paroi séparant les cellules-filles naît par voie centripète. Elle apparaît d'abord sous la forme d'un anneau, à l'intérieur de la membrane ancienne, et cet anneau s'élargit progressivement jusqu'à atteindre l'axe de la cellule-mère (fig. 17).

Dans les cellules des plantes supérieures, le fuseau achromatique prend part à la formation de la nouvelle membrane. A l'équateur du fuseau apparaissent des granulations dont l'ensemble forme le phragmoplaste : ces granulations se fusionnent en une plaque qui s'accroît de l'intérieur vers l'extérieur, c'est-à-dire que le développement de la membrane est alors centrifuge.

Parfois le noyau se divise un grand nombre de fois par caryocinèse et le cytoplasme s'accroît énormément, sans que la division cellulaire se poursuive du même pas.

On obtient ainsi une apocytie temporaire. Après quelque temps, des membranes s'y forment. Leur production est toujours précédée de la réapparition des fuseaux achromatiques et des phragmoplastes

D'après ce qui vient d être dit, nous voyons que si les fouets, les cils, le stigma et les vacuoles peuvent naître de toutes pièces dans une cellule, ils peuvent aussi dériver d'organes similaires, par division.

Quant au cytoplasme, au noyau, à la centrosphère et aux plastides, leur « génération spontanée » au sein d'une cellule est aussi impossible que celle de la cellule elle-même. Ces organes ne naissent pas, ils se continuent par division. Bien plus, en ce qui concerne le noyau, on peut sans doute affirmer que les chromosomes et même les chromioles conservent leur individualité à travers toutes les divisions successives.

B. Conjugaison.

Ici la nouvelle cellule résulte de la fusion de deux protoplasmes. C'est le phénomène fondamental de la reproduction sexuelle.

Les éléments qui conjuguent, ou gamètes, sont tantôt semblables (isogamie, voir fig. 135, 136), tantôt dissemblables (hétérogamie, voir fig. 134). Dans ce dernier cas, on distingue une cellule petite, mobile, le spermatozoïde provenant de l'individu mâle, et une cellule beaucoup plus grosse, gorgée de réserves, l'oosphère provenant de l'individu femelle. Nous donnerons au produit de la conjugaison le nom de zygote [1].

---

[1] Beaucoup de zoologistes appellent œuf à la fois la cellule non encore réduite (voir p. 156), la cellule prête à être fécondée, et le produit de la conjugaison. D'autres appellent ovule le gamète femelle, réservant le nom d'œuf au produit de la fécondation ; mais les botanistes appellent ovule le macrosporange des Phanérogames. Pour éviter toute amphibologie nous appelons oosphère, à l'exemple des botanistes, le gamète femelle non fécondé. Le terme œuf reprend alors sa signification banale : la masse de protoplasme d'où naît un jeune organisme : œuf de poule, œuf de papillon.

Pendant que l'oosphère acquiert les caractères de gamète femelle, elle perd sa centrosphère et se charge de grandes masses d'albuminoïdes, d'hydrates de carbone, de graisse et d'autres réserves. Chez les êtres à alimentation autotrophe, elle garde soit les plastides, soit des mitochondries capables de se transformer en plastides.

Le spermatozoïde ne contient que très peu de cytoplasme ; son noyau se condense fortement de façon à occuper peu de place ; la

Fig. 134.

SCHÉMA DE LA CONJUGAISON.

a, le spermatozoïde approche de l'oosphère ; à la périphérie de celle-ci les plastides ; **b**, la centrosphère de l'oosphère a disparu ; **c**, les deux gamètes confondent leur cytoplasme ; **d**, le noyau et la centrosphère du spermatozoïde se dirigent vers le noyau de l'oosphère ; **e**, le noyau du spermatozoïde grossit ; **f**, les deux noyaux s'unissent, mais les chromosomes restent indépendants.
(Principalement d'après Van Beneden, 1883.)

centrosphère se maintient intacte ; les plastides disparaissent : le plus souvent il se forme un appareil locomoteur complet, avec cils ou fouets et blépharoplastes (voir fig. 134).

Le spermatozoïde abandonne son appareil de locomotion et son cytoplasme au moment où il pénètre dans le cytoplasme de la cellule femelle. Son noyau et sa centrosphère se meuvent ensemble jusqu'au voisinage du noyau femelle. Pendant ce voyage, le noyau mâle a réabsorbé de l'eau et s'est gonflé ; on constate maintenant qu'il possède le même nombre de chromosomes que le noyau de l'oosphère. Dès que les deux noyaux se touchent, ils se fusionnent, tout en conservant isolés leurs chromosomes.

Il y a en ce moment dans l'œuf fécondé : a) du cytoplasme provenant de l'oosphère, donc du parent maternel ; b) une centrosphère provenant du spermatozoïde, donc du parent paternel ; c) des plastides ou des mitochondries provenant de l'oosphère ; d) un noyau dont les chromosomes viennent, par parts absolument égales, du père et de la mère.

Or, la toute première division de l'œuf, aussi bien que toutes celles qui vont suivre pendant la vie entière de l'individu, sont caryocinétiques. Le noyau, le cytoplasme, la centrosphère et les mitochondries ou les plastides vont donc se multiplier à chaque division, suivant le procédé que nous venons d'étudier, sans que jamais ces organes naissent de toutes pièces, par génération spontanée. Ce qui revient à dire que toutes les cellules d'un végétal ou d'un animal tiennent leur cytoplasme et leurs plastides du géniteur femelle, leur centrosphère du géniteur mâle, et le noyau par moitiés égales du mâle et de la femelle.

C. Réduction chromatique.

Les deux gamètes qui conjuguent apportent le même nombre de chromosomes ; représentons-le par n : la zygote et toutes les cellules qui dérivent d'elle par caryocinèse possèdent donc $2n$ chromosomes. Si les gamètes formés par ce nouvel individu possédaient également $2n$ chromosomes, ils produiraient par leur union une zygote avec $4n$ chromosomes. Bref, à chaque génération, le nombre des chromosomes doublerait.

Il doit, par conséquent, exister dans la vie de chaque organisme un moment où le nombre des chromosomes est ramené à n.

Cette réduction chromatique s'opère toujours lors d'une division cellulaire. Entre la zygote, point de départ d'un individu, et les gamètes provenant de cet individu, l'innombrable série des divisions caryocinétiques est donc interrompue, une seule fois, par une division qui réduit de moitié le nombre des chromosomes.

A quel moment se produit cette unique division réductionnelle intercalée entre les divisions équationnelles ?

Faisons remarquer d'abord que les organismes les plus primitifs, par exemple les Bactéries, ne possédant pas la conjugaison cellulaire, ne présentent pas non plus la réduction.

De ces êtres agames dérivent ceux qui ont acquis à la fois la conjugaison et la réduction.

a) Chez certains de ces Protistes (par exemple les Héliozoaires, les Grégarines, les Infusoires, les Diatomées) la réduction accompagne la formation des gamètes et précède donc immédiatement la conjugaison (fig. 135). Deux cellules ordinaires se rejoignent et rapprochent leurs protoplasmes ; le plus souvent ce ménage s'entoure d'une membrane plus ou moins résistante. Puis la réduction s'opère, et tout de suite les gamètes ainsi formés conjuguent.

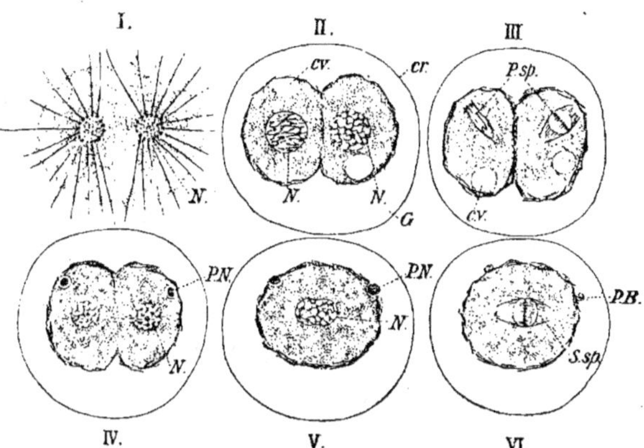

Fig. 135.

LA RÉDUCTION CHROMATIQUE ET LA CONJUGAISON CHEZ UN HÉLIOZOAIRE
(*Actinophrys sol*).

I, deux individus, jusqu'ici libres, s'unissent; II, ils s'entourent d'un cyste commun, et leurs noyaux se préparent à la division; III, la division réductionnelle; IV, suppression de l'un des noyaux-fils dans chaque cellule; V, conjugaison des noyaux conservés; VI, première division caryocinétique; N., noyau; P.N., P.B., noyaux qui s'effacent; P.sp., division réductionnelle; S.sp., division caryocinétique; cr., vacuole contractile; cv., paroi cystique.

(D'après Schaudinn, 1896. — Copié dans Ray Lankester, 1909.)

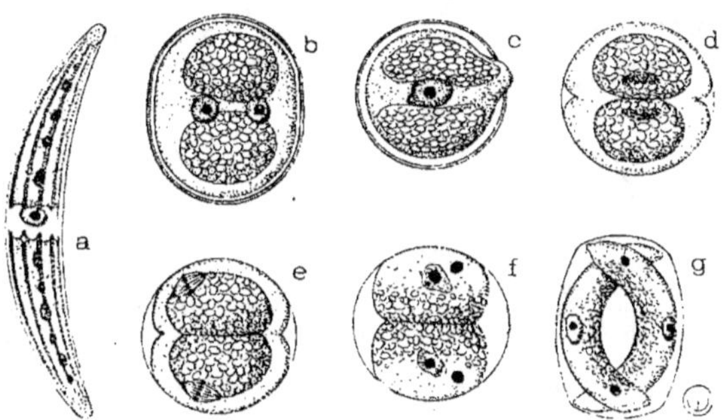

Fig. 136.

LA CONJUGAISON ET LA RÉDUCTION CHEZ UNE DESMIDIÉE (*Closterium*).

a, cellule végétative avec le noyau au centre, les deux plastides pourvues de 5 ou 6 pyrénoïdes et les deux vacuoles contractiles; b, deux cellules ont rejeté leur paroi, et leurs protoplasmes se sont réunis dans une membrane commune; c, les deux noyaux ont conjugué; la zygote rampe hors de la membrane; d, la zygote s'est divisée par caryocinèse; e, chaque noyau se divise une nouvelle fois (cette division est réductionnelle); f, des deux noyaux ainsi formés dans chaque cellule, un seul se maintient, l'autre se ratatine; g, les deux cellules s'allongent et prennent la forme du *Closterium* adulte.

(D'après M. Klebahn, 1891.)

Chez les Animaux, c'est également lors de la formation des gamètes que s'effectue la réduction chromatique.

b) Chez d'autres Protistes, par exemple les Algues vertes, la réduction suit la conjugaison au lieu de la précéder (fig. 136). Tantôt c'est immédiatement après l'union des gamètes, comme chez *Spirogyra* et *Closterium*, tantôt après un délai variable, comme chez les descendants des Algues vertes, par exemple les Mousses. Dans ce dernier cas, la vie d'un individu comprend deux phases distinctes : celle qui suit la conjugaison, où les cellules ont 2 *n* chromosomes

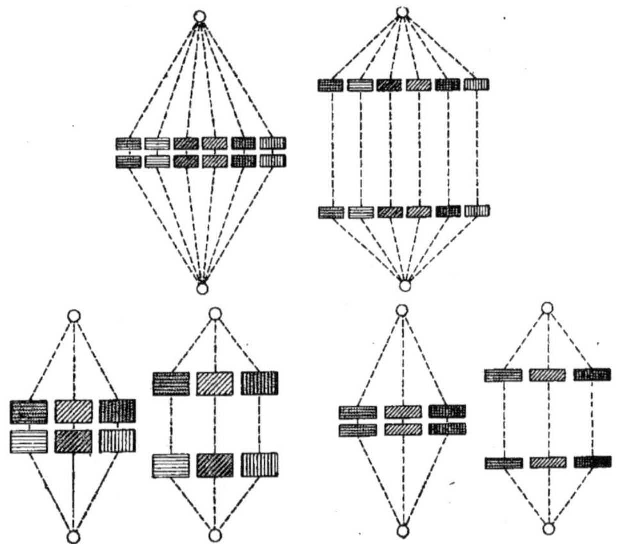

Fig. 137.

Schémas de la division équationnelle d'une cellule diploïde (en haut) ; de la division réductionnelle de la même cellule (en bas à gauche); et de la division équationnelle de l'une des deux cellules haploïdes ainsi produites (en bas à droite). Chaque schéma représente la plaque équatoriale et la séparation des chromosomes vers les pôles.

(phase diploïde); celle qui va de la réduction à la conjugaison suivante (phase haploïde, à *n* chromosomes).

La division réductionnelle ressemble beaucoup à une division équationnelle, c'est-à-dire caryocinétique (fig. 137). Seulement, pendant la prophase, les chromosomes, au lieu de se diviser longitudinalement, s'étirent fortement de manière à former des fils très minces, puis ils se rapprochent deux à deux et s'accouplent (fig. 139 à 141); c'est le phénomène du synapsis. Puis les couples de chromosomes, après s'être raccourcis, viennent se placer à l'équateur, de la même

manière que les chromosomes dédoublés de la division caryocinétique. A l'anaphase, l'un des chromosomes de chaque couple se
rend vers l'un des pôles, l'autre vers le pôle opposé. Il se produit

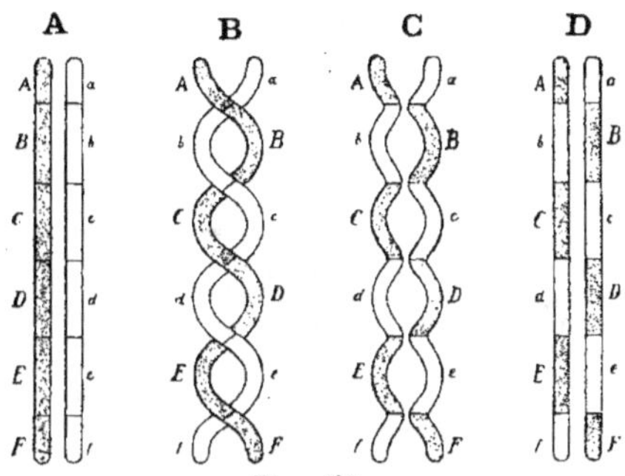

Fig. 138.

SCHÉMAS DE LA SOUDURE ET DE LA SÉPARATION DES CHROMOSOMES LORS DU SYNAPSIS.

A, Schéma ancien : les chromosomes se séparent tels qu'ils sont unis ; **B**, les chromosomes s'enroulent l'un autour de l'autre; **C**. une scission longitudinale sépare les deux chromosomes, qui sont formés chacun de parties empruntées à tous les deux ; **D**, les nouveaux
chromosomes après redressement.

(D'après M. WILSON, 1913. — Copié dans JANSSENS, 1919.)

ensuite une constriction du cytoplasme ou bien il naît une nouvelle
cloison séparative qui partage la cellule-mère en deux cellules-filles,
n'ayant plus que le nombre réduit de chromosomes.

L'accouplement des chromosomes consiste-t-il en un simple
rapprochement de la matière chromatique? Il est plus probable qu'il

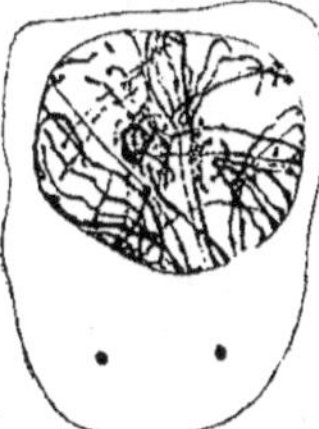

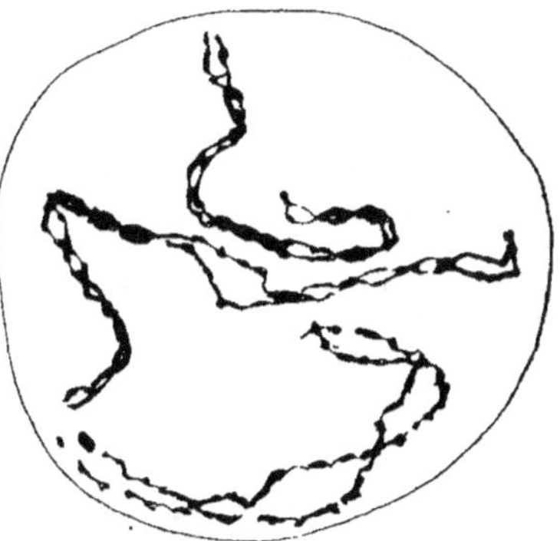

Fig. 139.

L'ACCOUPLEMENT DES CHROMOSOMES
DANS LES CELLULES-MÈRES DES
SPERMATOZOÏDES.

A gauche, chez le Chat (d'après
MM. DE WINIWARTER ET SAINMONT,
1909) ; à droite, chez un Sélacien
(*Scyllium*) (d'après M. MARÉCHAL,
1907).

Fig. 140.

L'ACCOUPLEMENT DES CHROMOSOMES.

La division réductionnelle dans les cellules-
mères des microspores d'un Lis (*Lilium speciosum*) : Les 6 chromosomes représentés dans la
coupe s'accouplent en 3 groupes.

(D'après M. GRÉGOIRE, 1907.)

y a fusion temporaire des chromosomes et même que des chromioles peuvent être échangés, par exemple suivant le schéma de la figure 138 (voir pp. 165 et 192). Dans ce cas, les chromosomes qui se séparent ne sont pas identiques à ceux qui s'étaient rejoints.

Jetons un coup d'œil d'ensemble sur la conjugaison et la réduction.

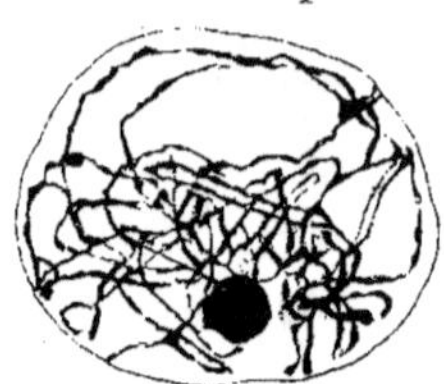

Fig. 141.

DEUX PHASES DE L'ACCOUPLEMENT DES CHROMOSOMES DANS LES CELLULES - MÈRES DES MICROSPORES D'UN AIL. (*Allium*). (D'après M. GRÉGOIRE, 1907.)

Nous constatons que les phénomènes cellulaires de la reproduction sexuelle comprennent trois étapes :

1° Deux cellules se rapprochent et unissent leurs cytoplasmes ;

2° Les noyaux s'unissent sans que les chromosomes se fusionnent. C'est à proprement parler le phénomène de la conjugaison, base de la reproduction sexuelle ;

3° Les chromosomes s'accouplent deux à deux, et échangent sans doute des chromioles. C'est le synapsis, préparant la réduction chromatique.

Les figures 139, 140 et 141 montrent, à la fois chez des Animaux et chez des Plantes, combien est intime l'accouplement des chromosomes lors du synapsis.

D. INTERPRÉTATION DE LA CARYOCINÈSE ET DU SYNAPSIS.

Donnons d'abord un tableau de l'évolution des chromosomes pendant la vie d'un organisme. Nous choisirons un exemple où les phases diploïde et haploïde sont toutes deux bien représentées, par exemple chez une Mousse :

a) Un gamète mâle et un gamète femelle contenant chacun n chromosomes, s'unissent pour donner

b) une zygote, dans laquelle les chromosomes maternels et les chromosomes paternels restent distincts ;

c) les $2\,n$ chromosomes de la zygote se fendent longitudinalement, et les nouveaux chromosomes ainsi formés se répartissent également entre

d) les deux cellules-filles. Des caryocinèses identiques se répètent un nombre indéfini de fois, en donnant des cellules qui renferment toujours exactement les mêmes chromosomes.

Mais à un certain moment, ces divisions équationnelles font place à une division réductionnelle :

e) Les chromosomes, jusque-là indépendants, s'accouplent deux à deux. Il est même probable qu'ils fusionnent partiellement ;

f) après s'être de nouveau séparés, ils se répartissent entre les deux cellules-filles ; celles-ci ne renferment plus que n chromosomes ;

g) ceux-ci recommencent à se diviser longitudinalement par caryocinèse et à répartir leurs moitiés jumelles entre les cellules-filles.

Les caryocinèses se répètent un grand nombre de fois, jusqu'à ce que finalement certaines cellules deviennent des gamètes.

Et ainsi le cycle se trouve fermé.

Demandons-nous maintenant s'il est possible d'imaginer pourquoi les chromosomes jouent, lors de la caryocinèse et de la réduction, une pantomime aussi compliquée, alors que les autres organes de la cellule, le cytoplasme, la centrosphère, les mitochondries et les plastides, se divisent par un procédé beaucoup plus simple et plus rapide.

Il nous faut pour cela risquer une hypothèse. La physiologie tend de plus en plus à nous faire admettre que toute fonction est liée à des parcelles de matière, et que même la pensée, si immatérielle qu'elle paraisse, a comme fondement certains éléments matériels des cellules cérébrales. On a même réussi à localiser dans des circonvolutions déterminées, telles facultés spéciales de l'esprit. Rappelons seulement que les images motrices des mots sont construites dans la troisième circonvolution frontale gauche:

N'y aurait-il pas également une base matérielle pour l'hérédité, cette singulière mémoire, passant d'une génération à l'autre, qui fait que les enfants ressemblent à leurs parents? Nous supposerons que oui, et c'est donc de cette hypothèse que nous partirons.

Tout d'abord, faisons remarquer que les caractères héréditaires de l'adulte sont déjà tous contenus en puissance dans la zygote dont il est issu. Si l'on prend, en effet, un œuf de Poule d'une race déterminée (par exemple la Malines), en d'autres termes, si l'on prend la zygote résultant de la fécondation d'une oosphère de cette race par un spermatozoïde de la même race, on obtiendra un poulet qui présentera intégralement tous les caractères de la Malines; et cela, quelle que soit la manière dont on a fait couver l'œuf. Il y avait donc déjà dans celui-ci les déterminants héréditaires de la Malines, c'est-à-dire les parcelles de matière, dont le développement amène fatalement l'éclosion des caractères de cette race.

Mais l'expérience apprend que chez tous les êtres l'enfant ressemble également à sa mère et à son père, c'est-à-dire que les déterminants héréditaires contenus dans l'œuf proviennent par parts égales de l'oosphère et du spermatozoïde. Or, nous savons (fig. 134) que le cytoplasme de la zygote dérive uniquement de l'organisme maternel, qu'il en est de même des mitochondries ou des plastides, que la centrosphère est fournie par le père, et que seuls les chromosomes dérivent par parts scrupuleusement identiques de l'un et de l'autre des parents. Nous conclurons que le support des tendances héréditaires n'est ni dans le cytoplasme, ni dans les mitochondries, ni dans les plastides, puisque dans ce cas l'enfant n'hériterait que de sa mère, — qu'il n'est pas davantage dans la centrosphère, puisque ce n'est pas le père seul qui transmet ses caractères, — mais qu'il y a beaucoup de raisons de croire que c'est dans les chromosomes que siègent les déterminants héréditaires.

Aussitôt toute la caryocinèse s'éclaire. Si les chromosomes et leurs constituants, les chromioles, sont les supports des propriétés héréditaires, on comprend pourquoi chaque chromosome et chaque chromiole se fend en deux moitiés semblables, qui seront partagées entre les dèux cellules-filles (fig. 130); c'est en effet la seule manière d'assurer qu'après un nombre énorme de générations cellulaires, les cellules continuent à posséder le stock complet des déterminants héréditaires à transmettre aux descendants. Tout au moins faut-il qu'il en soit ainsi pour les éléments de la lignée germinale (fig. 25).

Il y a d'ailleurs à côté de ces arguments indirects, des preuves plus immédiates.

On sait que beaucoup d'œufs d'animaux peuvent se développer sans fécondation, par parthénogenèse (fig. 114); dans beaucoup de cas on a pu s'assurer que l'œuf qui se développe par parthénogenèse a réellement subi la réduction chromatique, c'est-à-dire que c'est une oosphère avec n chromosomes. Que l'organisme ainsi formé porte uniquement des caractères maternels, rien de plus compréhensible.

Mais comment serait un individu provenant uniquement d'un spermatozoïde? La difficulté est d'accorder au gamète mâle le cytoplasme qui lui manque. Voici comment on opère. Des œufs d'Echinoderme sont secoués de manière à les rompre en plusieurs morceaux, puis ils sont mis en présence de spermatozoïdes d'une autre espèce. Ceux-ci pénètrent indifféremment dans les portions qui possèdent le noyau et dans celles qui en sont privées. Des larves, plus petites que les larves normales, naîtront aussi bien des morceaux qui n'ont reçu qu'un noyau mâle, que de ceux qui ont à la fois un noyau femelle et un noyau mâle. Les larves de la première catégorie possèdent uniquement les caractères paternels, c'est-à-dire ceux qui ont été apportés par les chromosomes du spermatozoïde (fig. 142). Par analogie avec le terme parthénogenèse, on a donné au développement du gamète mâle seul, le nom d'éphébogenèse.

Les expériences de parthénogenèse et d'éphébogenèse montrent que tout gamète, soit femelle, soit mâle, renferme l'assortiment complet de déterminants héréditaires, puisqu'il est apte à donner un individu muni de tous les caractères.

Si vraiment les chromosomes sont les seuls porteurs des tendances héréditaires, nous devons nous attendre à ce que si plusieurs individus proviennent d'un même œuf fécondé, ils soient tous exactement semblables entre eux; en effet, ils ne sont séparés que par des caryocinèses, et celles-ci ne modifient pas le stock de tendances héréditaires. En voici quelques exemples :

Chez les Mammifères, les jumeaux contenus dans le même amnios sont issus du même œuf, qui a exceptionnellement séparé ses cellules au stade 2, et dont chaque cellule s'est développée en un embryon complet. Des exemples de ce genre ne sont pas rares chez l'Homme, et l'on constate alors que les jumeaux sont du même sexe, et qu'ils se ressemblent étonnamment. Parfois, les jumeaux ne sont pas complètement séparés; ce fut le cas des frères Siamois et de Radica-Doodica.

Chez les Tatous, la polyembryonie est normale, en ce sens qu'il y a régulièrement plusieurs petits qui naissent d'une même zygote : ils sont toujours du même sexe. On peut encore citer les Hyménoptères du groupe des Chalcidides. Ainsi chez *Encyrtus fuscicollis*, parasite de la chenille d'*Hyponomeuta*, chaque œuf donne une centaine de petits, tous du même sexe.

Chez les Plantes, il

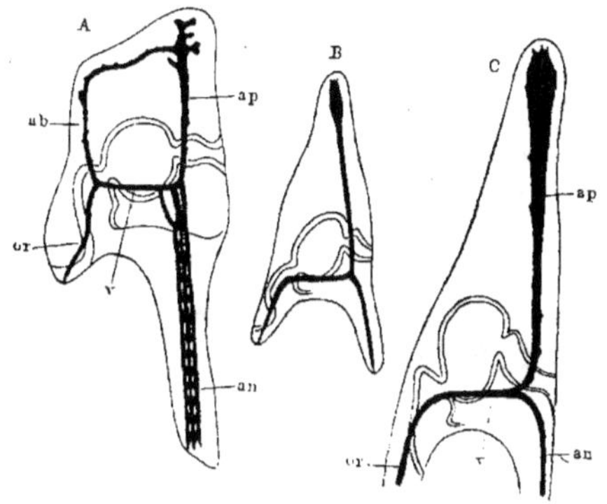

Fig. 142.

L'ÉPHÉBOGENÈSE.

A, larve pluteus normale de *Sphaerechinus granularis*, (Echinoderme) ; **C**, larve pluteus normale d'*Echinus microtuberculatus* (Echinoderme) ; **B**, larve pluteus obtenue en faisant pénétrer un spermatozoïde d'*Echinus* dans un fragment d'œuf énucléé de *Sphaerechinus* : la larve ressemble tout à fait par sa forme et par ses baguettes calcaires (**ab, an, or**) à celle de l'espèce qui a fourni le spermatozoïde, mais elle est plus petite puisqu'elle ne provient que d'un fragment d'œuf.

(D'après Boveri, 1895. — Copié dans Haecker.)

y a des cas où le nombre des descendants d'un même œuf est encore beaucoup plus grand. Le produit d'un œuf unique peut, en effet, être fractionné par le bouturage, le greffage ou le marcottage en une infinité de rejetons qui conservent fidèlement tous les caractères de l'individu primitif.

Ainsi le Rosier Gloire de Dijon, connu depuis 1853, a été multiplié depuis lors à des millions d'exemplaires, qui ont été cultivés dans toutes les parties du monde, sans avoir perdu une seule de leurs qualités originelles. Il y a même des arbres, datant de l'antiquité, totalement incapables de se reproduire par voie sexuelle, qui sont arrivés jusqu'à nous grâce à leur faculté de propagation végétative. Citons le Peuplier pyramidal (*Populus nigra pyramidalis*) dont il n'existe que des mâles, et le Saule pleureur (*Salix babylonica*) uniquement femelle.

C'est d'ailleurs par l'un ou l'autre procédé de propagation végétative que les horticulteurs multiplient les nouveaux Rosiers, Pommiers, Poiriers,

Dahlias, etc., qu'ils obtiennent dans leurs cultures, mais qui ne pourraient pas être reproduits par le semis, pour des raisons qui seront exposées dans un autre chapitre (p. 193).

Les plus insignifiantes modifications de structure ou de forme peuvent être fixées de façon parfaite. Les innombrables variétés de *Begonia Rex*, qui ne diffèrent que par d'infimes particularités dans la disposition des taches ou des bandes argentées à la face supérieure des feuilles, se conservent sans la moindre altération. Exemple d'autant plus intéressant que chez le *Begonia* les rejetons peuvent provenir non d'une bouture de tige, mais de cellules situées en un point quelconque d'un pétiole ou d'un limbe. Toute cellule de *Begonia Rex* est donc en possession de l'ensemble des déterminants héréditaires.

De ce que nous venons d'exposer, il résulte que si les organismes n'avaient que la multiplication cellulaire par voie caryocinétique, ils seraient indéfiniment prisonniers de leur hérédité. D'où leur est donc venue la variabilité, cet autre facteur de l'évolution? C'est ici qu'intervient l'accouplement des chromosomes lors de la réduction chromatique.

Nous avons vu plus haut que les chromosomes de chaque gamète portent l'ensemble complet des déterminants héréditaires, puisqu'un seul gamète, soit mâle, soit femelle, peut se développer en un individu pourvu de tous les caractères. Comme un organisme normal provient d'une zygote issue de la fusion de deux gamètes, chacune de ses cellules contient deux séries équivalentes de chromosomes, l'une d'origine maternelle, l'autre d'origine paternelle. Aussi chaque fois qu'on peut distinguer des différences entre les chromosomes (par exemple, fig. 131), constate-t-on que lors du synapsis, on voit que ce ne sont pas des chromosomes quelconques qui s'accouplent, mais des chromosomes correspondants, c'est-à-dire ceux qui se ressemblent deux à deux, ce qui signifie sans doute qu'ils portent les mêmes déterminants. Les couples comprennent donc chacun un chromosome venant du mâle et un autre venant de la femelle. Mais comment se répartissent-ils lors de la séparation vers les deux cellules-filles? Nous verrons à propos de la disjonction des caractères chez les hybrides que la répartition se fait sans aucun ordre; en d'autres termes, que toutes les combinaisons possibles se présentent en proportion égale. Ainsi dans le cas de cellules diploïdes avec huit chromosomes, seize sortes de gamètes sont également probables. Le tableau suivant indique comment ils naîtront deux par deux à la suite de chaque synapsis.

Les chromosomes sont numérotés de 1 à 4. Ceux d'un sexe sont en chiffres ordinaires; ceux de l'autre sexe en chiffres gras. Les deux gamètes produits par chaque sorte de séparation des chromosomes sont unis par une accolade.

Cellule diploïde : 1 2 3 4 **1 2 3 4**

Synapsis : 1**1** 2**2** 3**3** 4**4**

Gamètes produits :

$$\left\{\begin{array}{l} 1\ 2\ 3\ 4 \\ \mathbf{1\ 2\ 3\ 4} \end{array}\right.$$

$$\left\{\begin{array}{l} 1\ 2\ 3\ \mathbf{4} \\ \mathbf{1\ 2\ 3}\ 4 \end{array}\right. \qquad \left\{\begin{array}{l} 1\ 2\ \mathbf{3}\ 4 \\ \mathbf{1\ 2}\ 3\ \mathbf{4} \end{array}\right. \qquad \left\{\begin{array}{l} 1\ \mathbf{2}\ 3\ 4 \\ \mathbf{1}\ 2\ \mathbf{3\ 4} \end{array}\right. \qquad \left\{\begin{array}{l} \mathbf{1}\ 2\ 3\ 4 \\ 1\ \mathbf{2\ 3\ 4} \end{array}\right.$$

$$\left\{\begin{array}{l} 1\ 2\ \mathbf{3\ 4} \\ \mathbf{1\ 2}\ 3\ 4 \end{array}\right. \qquad \left\{\begin{array}{l} 1\ \mathbf{2}\ 3\ \mathbf{4} \\ \mathbf{1}\ 2\ \mathbf{3}\ 4 \end{array}\right. \qquad \left\{\begin{array}{l} \mathbf{1}\ 2\ \mathbf{3}\ 4 \\ 1\ \mathbf{2}\ 3\ \mathbf{4} \end{array}\right.$$

La réduction introduit donc la diversité dans les gamètes. Et maintenant n'oublions pas que chacun de ces seize gamètes différents a seize chances égales de rencontrer un quelconque des gamètes de l'autre sexe, ce qui fait que le nombre total des zygotes diverses, également probables, est $16^2 = 256$.

Mais la diversité des gamètes est encore plus grande que ne l'indique le calcul. En effet, si nous nous en tenions à ce qui vient d'être dit, nous devrions admettre que dans un organisme dont les gamètes renferment quatre chromosomes, il y aurait quatre groupes de caractères indissolublement liés ensemble, puisque les chromioles qui les portent sont unis en autant de chromosomes. Mais les expériences d'hybridation (voir p. 192) montrent que le nombre des caractères qui varient indépendamment est bien supérieur à celui des chromosomes. Nous sommes ainsi conduits à admettre que les chromosomes échangent des chromioles, ainsi que nous l'avons indiqué précédemment (fig. 138).

Ce serait donc à la réduction qu'est due la variabilité. Or, réduction et conjugaison vont nécessairement de pair, ce qui expliquerait l'avantage qu'ont eu les organismes, d'abord agames, à acquérir la conjugaison.

Un dernier point relatif à la réduction. Peut-être les Animaux dérivent-ils de Protistes chez lesquels la réduction s'opère au moment de la formation des gamètes et qui sont donc diploïdes pendant toute leur existence. Mais il n'en est certainement pas ainsi pour les Végétaux proprement dits. Ceux-ci ont pour ancêtres des Algues vertes où la réduction suit immédiatement la conjugaison et dont toutes les cellules sont donc haploïdes. Or, les Plantes supérieures restent diploïdes jusqu'aux quatre ou cinq divisions cellulaires précédant les gamètes. Peut-on entrevoir pourquoi les organismes accumulent dans chaque cellule deux assortiments complets de chromosomes, alors qu'un seul suffit? Peut-être l'avantage consiste-t il dans les répercussions éventuelles que les chromosomes auraient les uns sur les autres, facilitant l'accommodation aux variations du milieu.

E. DÉTERMINISME DU SEXE.

Examinons maintenant un cas particulier fort curieux où interviennent à la fois la caryocinèse, la fécondation et la réduction chromatique : le déterminisme du sexe.

L'étude des Protistes montre que les formes primitives, agames, sont suivies de celles qui ont acquis la conjugaison, mais non encore la sexualité, puisque leurs gamètes sont semblables (fig. 135, 136). Puis viennent les gamètes différenciés, mâle (♂) et femelle (♀).

Parfois un même individu produit à la fois des gamètes des deux sexes; il est alors hermaphrodite (☿). Chez d'autres espèces, l'individu est unisexuel, en ce sens qu'il donne uniquement soit des oosphères, soit des spermatozoïdes. Ainsi *Volvox globator* est ♂, *V. aureus* est unisexuel. D'ordinaire, les Animaux sont unisexuels et on admet généralement que les espèces hermaphrodites le sont devenues secondairement. Chez les Plantes supérieures, au contraire, l'hermaphroditisme est la règle et on y constate aisément que l'unisexualité tient à l'avortement des organes de l'autre sexe.

La question qui se pose est donc celle-ci : qu'est-ce qui détermine un individu à être ♂ ou à être ♀?

a) *Fixation du sexe par des facteurs externes.*

Disons tout d'abord qu'on n'a jamais réussi, ni chez les Plantes, ni chez les Animaux à modifier le sexe par des influences externes, lorsque la sexualité est définie dès l'origine, ce qui est le cas le plus général. Mais il existe quelques Animaux dont la sexualité est indifférente pendant le jeune âge et qui évoluent ensuite soit en ♂, soit en ♀, suivant les conditions.

Un cas remarquable est celui de *Bonellia viridis.* C'est un Ver Géphyrien, habitant la Méditerranée, chez lequel le dimorphisme sexuel est très marqué. Les mâles (fig 144), tout petits et privés de bouche, vivent en parasites dans l'utérus de la ♀. Celle-ci possède en avant une longue trompe bifurquée (fig. 143).

Fig. 143.
BONELLIA VIRIDIS.
Femelle montrant son appendice en forme de T.
(D'après M. DOFLEIN.)

Les larves sont indifférentes quant à la sexualité et peuvent se développer aussi bien en ♂ qu'en ♀. Elles deviennent mâles si elles ont l'occasion d'aller se fixer sur la trompe d'une femelle adulte d'où elles émigrent, après quelques jours, vers les organes génitaux ♀. Mais celles qui sont élevées loin de ♀ adultes restent d'abord neutres pendant longtemps, puis acquièrent tous les attributs de la ♀. Si on laisse la larve sur la trompe de la ♀ pendant un temps insuffisant et qu'on l'en sépare ensuite, on obtient un individu plus ou moins hermaphrodite (fig. 145).

Chez la Bonellie, c'est donc le contact parasitaire avec la ♀ qui détermine l'évolution en ♂. Il en est autrement pour

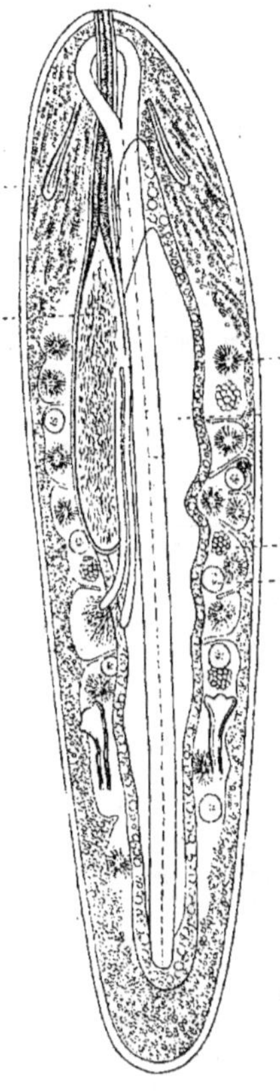

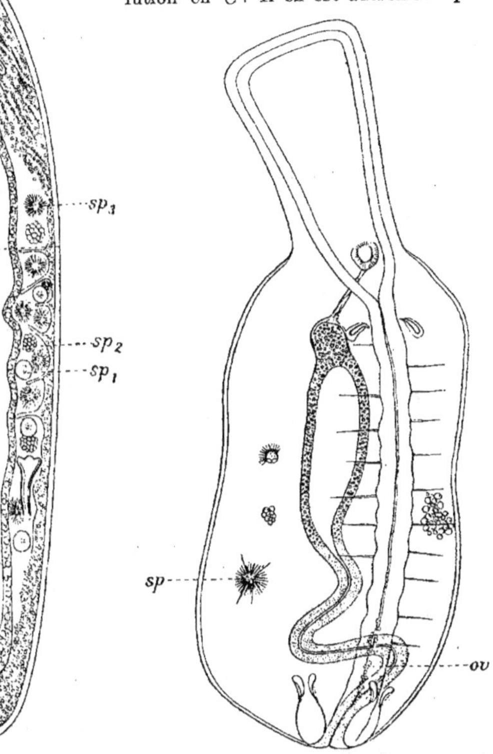

Fig. 144.

MALE ADULTE DE *Bonellia viridis*.
sa, réservoir séminal ; sp₁, sp₂, sp₃, stades de la spermatogenèse.
(D'après M. BALTZER, 1914.)

Fig. 145.

JEUNE INDIVIDU HERMAPHRODITE
DE *Bonellia viridis*.
sp, spermatozoïde : ov, ovaire.
(D'après M. BALTZER, 1914.)

Crepidula plana, un Mollusque Gastropode qui vit en société à l'intérieur de coquilles déjà habitées par un Bernard-l'Ermite. Chaque société compte de une à trois ♀, quelques ♂ plus petits, et quelques indifférents également petits. Les jeunes individus encore indifférents, qui vont se fixer dans une coquille, ont des destinées variées, suivant l'état de la société précédemment établie. Si celle-ci contient déjà un ou plusieurs grands individus, femelles, les nouveaux venus deviennent ♂. S'il n'y a pas encore de ♀, l'un ou l'autre devient ♀. Quand un mâle est séparé d'une société et isolé, il perd ses caractères ♂ et peu à peu devient ♀. Mais replacé en compagnie d'une ♀, avant qu'il n'ait pu lui-même devenir pleinement ♀, il se remet à faire des spermatozoïdes. La différenciation sexuelle dépend donc uniquement chez ce Mollusque du voisinage d'une ♀.

b) Fixation du sexe lors de la réduction chromatique.

On serait tenté de croire que lorsqu'un spermatozoïde, gamète à caractères ♂, se fusionne avec une oosphère, gamète à caractères ♀, il doit nécessairement en résulter une zygote où se combinent les deux sexes et qui produit un individu hermaphrodite. En réalité, il

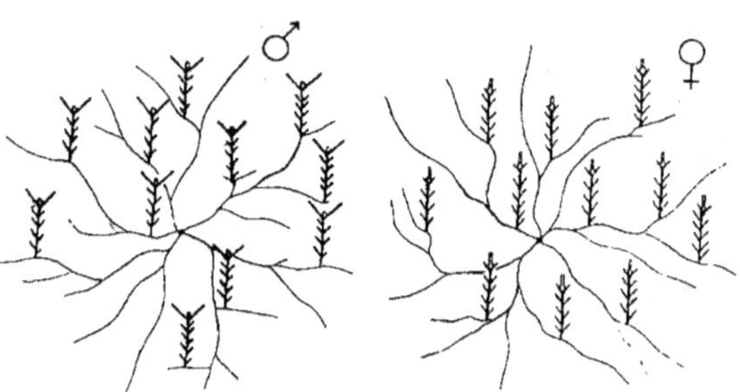

Fig. 146.
SCHÉMA D'UNE MOUSSE UNISEXUÉE.
Les Mousses nées d'une même spore sont toutes du même sexe : à gauche, elles sont mâles, à droite, femelles.

n'en est presque jamais ainsi, du moins chez les Animaux : l'individu diploïde est unisexué, comme nous l'expliquerons plus loin (p. 171).

Chez les Mousses pourtant, on a pu démontrer que dans le cas où la phase haploïde est unisexuée, la phase diploïde possède à la fois les deux sexes.

La spore de Mousse produit en germant de nombreux filaments verts ramifiés, constituant le protonema. Çà et là naissent sur ces filaments des tiges pourvues de rhizoïdes et de feuilles. Quand la tige est adulte, elle produit, chez les espèces unisexuelles, soit des spermatozoïdes, soit des oosphères. Toutes les tiges issues du protonema d'une seule spore sont du même sexe (fig. 146), ce qui est conforme aux prévisions (p. 163).

Supposons maintenant qu'une oosphère, portée au sommet d'une tige ♀, soit fécondée par un spermatozoïde. Aussitôt la zygote se développe en un pédicelle dressé portant à son extrémité supérieure une urne ; dans celle-ci se forment des cellules-mères de spores dont chacune donne quatre spores (fig. 147). Or, la réduction chromatique a lieu au moment de la première division de la cellule-mère des spores ; donc les spores, le protonema, la tige feuillée et les gamètes

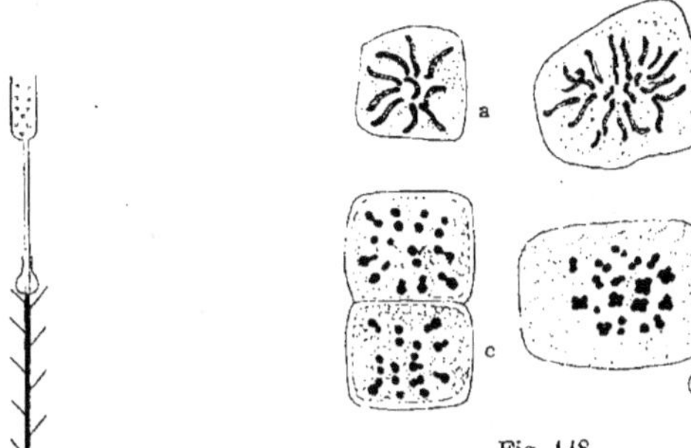

Fig. 147.

LA PHASE DIPLOÏDE (en blanc) SUCCÉDANT A LA PHASE HAPLOÏDE (en noir) CHEZ UNE MOUSSE.

L'oosphère portée par la Mousse femelle a été fécondée ; elle a donné naissance à une capsule où les spores se forment par quatre.

Fig. 148.

LES CELLULES DE L'INDIVIDU NORMAL (*univalens*) DE MOUSSE COMPARÉES A CELLES DE L'INDIVIDU OÙ LE NOMBRE DE CHROMOSOMES EST DOUBLÉ (*bivalens*).

a, cellule de l'anthéridie de *Bryum capillare univalens*, avec dix chromosomes dans la plaque équatoriale ; **A**, cellule de l'anthéridie de *B. c. bivalens*, avec vingt chromosomes ; **c**. cellules-mères de spore, au moment du synapsis, d'*Amblystegium serpens univalens*, avec douze couples de chromosomes ; **d**, cellule-mère de spore, au moment du synapsis, d'*A. s. bivalens*, avec douze groupes de quatre chromosomes (cette cellule est tétraploïde).

(**a** et **A**. d'après MM. EL. et EM. MARCHAL. 1911 ; **c** et **d**, d'après M. EM. MARCHAL, 1912.)

sont haploïdes ; le pédicelle, la capsule et les cellules-mères de spores sont diploïdes.

L'expérience montre que, dans le cas considéré, la phase haploïde est unisexuée. Mais comment est la phase diploïde ? Pour le savoir, il faudrait l'amener à produire des gamètes. Voici comment on y est arrivé.

Quand le pédicelle de certaines espèces est placé dans des conditions favorables, il produit des filaments de protonema, tout comme le font des morceaux de tiges ou de feuilles. Mais tandis que le protonema issu de tiges ou de feuilles est haploïde et du même sexe que la plante originelle, celui qui provient du pédicelle est diploïde et hermaphrodite ; les tiges qui dérivent de lui sont également diploïdes et hermaphrodites (fig. 148) : elles donnent naissance à la fois à des gamètes mâles et des gamètes femelles.

Il résulte de l'ensemble de ces expériences que la séparation des sexes se fait au moment de la réduction chromatique : la cellule-mère des spores est hermaphrodite et donne naissance à deux cellules, l'une ♂, l'autre ♀, qui se divisent chacune une nouvelle fois, de telle façon que de chaque cellule-mère sortent deux spores ♂ et deux spores ♀. Or, il y a un genre de Muscinées, *Sphaerocarpus*, où les quatre spores issues d'une même cellule-mère restent ensemble et germent en un groupe compact : chacun de ceux-ci comprend deux individus ♂ et deux ♀. La distinction entre les plantes ♂ et ♀ est facilitée par des caractères sexuels secondaires (fig. 149).

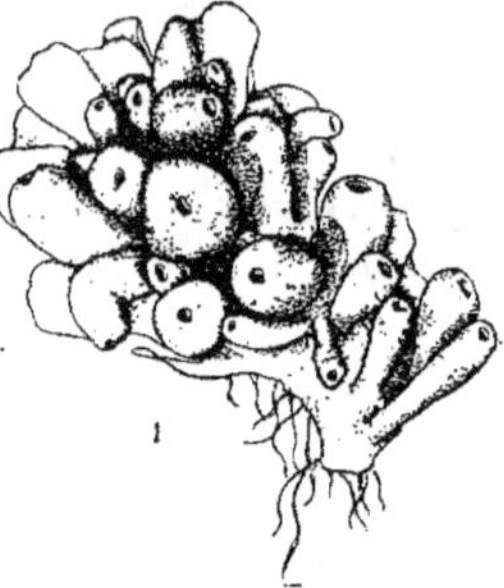

Fig. 149.

LE DIMORPHISME SEXUEL CHEZ UNE HÉPATIQUE
(*Sphaerocarpus Donnellii*).
1, femelle; **2**, mâle.
(D'après M. CH.-E. ALLEN, 1919.)

Il y a encore entre les deux plantes une autre différence que celle de la taille : les chromosomes du ♂ ne sont pas les mêmes que ceux de la ♀. Chaque cellule du ♂ renferme sept chromosomes ordinaires et un petit (y); chaque cellule de la ♀ renferme les sept mêmes chromosomes et un grand (x). Lors de la conjugaison, il se produit donc une zygote contenant deux fois sept chromosomes, plus les chromosomes x et y. Il est fort probable que chez *Sphaerocarpus*, comme chez les Mousses, cet individu diploïde est hermaphrodite. Lors de la première division de la cellule-mère des spores, qui est réductionnelle, x va d'un côté et y de l'autre; à la deuxième division, qui est équationnelle, tous les chromosomes, y compris x et y, se divisent et il naît donc deux spores avec x, donnant des individus ♀ et deux spores avec y, donnant des individus ♂.

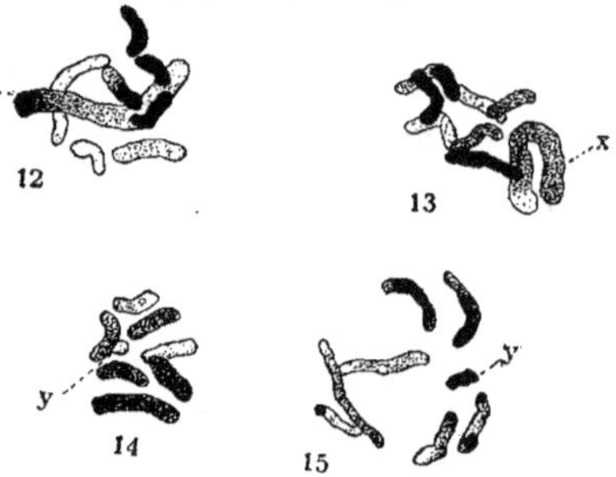

Fig. 150.

LA DIVERSITÉ DES CHROMOSOMES CHEZ UNE HÉPATIQUE
(*Sphaerocarpus Donnellii*).

12, 13, plaques équatoriales de cellules d'une plante femelle; **14, 15**, plaques équatoriales de cellules d'une plante mâle; **x**, le gros chromosome spécial à la femelle; **y**, le petit chromosome spécial au mâle.
(D'après M. CH.-E. ALLEN, 1919.)

C'est ce qui explique que les groupes de plantes nés d'une même cellule-mère comprennent toujours deux ♂ et deux ♀.

c) *Fixation du sexe lors de la fécondation.*

On connaît de nombreux Animaux où la constitution chromosomique change avec le sexe, mais il s'agit alors de ♂ et de ♀ diploïdes et non pas haploïdes comme dans les Muscinées.

Ainsi chez *Anasa tristis* (Hémiptère), les cellules diploïdes du ♂ renferment vingt chromosomes ordinaires se correspondant deux à deux et un chromosome plus grand (x). Dans les cellules de la ♀, il y a les mêmes vingt chromosomes et deux chromosomes x (fig. 151).

Lors de la réduction chez *Anasa* ♂, il naît donc un nombre égal de cellules de deux sortes : les unes (*A*) avec dix chromosomes ordinaires et le chromosome x ; les autres (*B*) ne possédant que les dix chromosomes ordinaires. Chez la ♀,

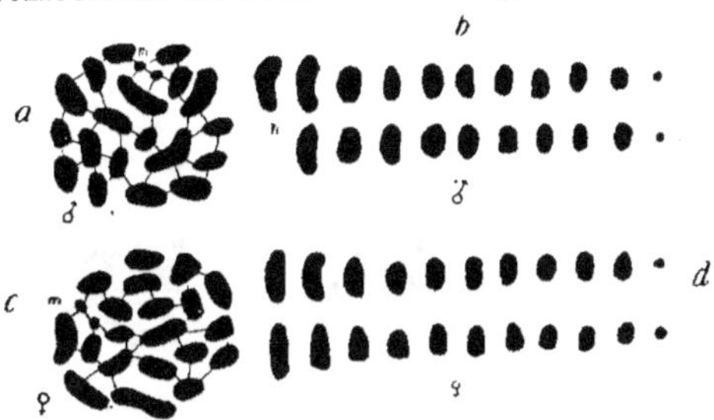

Fig. 151.

LES CHROMOSOMES DU MALE ET CEUX DE LA FEMELLE, CHEZ UN HÉMIPTÈRE (*Anasa tristis*).

a, plaque équatoriale d'une cellule diploïde du mâle ; b, les chromosomes disposés deux à deux pour montrer qu'il y a dix couples de chromosomes correspondants et un chromosome spécial ; c, plaque équatoriale d'une cellule diploïde femelle ; d, les chromosomes disposés de façon à montrer dix couples de chromosomes semblables à ceux du mâle, et les deux chromosomes spéciaux.
(D'après M. Paulmier, 1899. Copié dans Haecker.)

la réduction donne des cellules toutes semblables (*C* et *D*) renfermant à la fois les dix chromosomes ordinaires et le chromosome x. Or, il y a autant de probabilité pour qu'un spermatozoïde *A* rencontre une oosphère *C* que pour qu'il rencontre une oosphère *D*, et il en est de même pour le spermatozoïde *B*. Il y a donc quatre combinaisons également probables : *AC, AD, BC, BD*. Les combinaisons *AC* et *AD* donnent des zygotes avec vingt chromosomes ordinaires et deux hétérochromosomes ; ces zygotes produisent des femelles. Les combinaisons *BC* et *BD* donnent des zygotes avec vingt chromosomes ordinaires et un seul chromosome spécial ; ces zygotes produisent des ♂. Il naît donc sensiblement autant de ♂ que de ♀, ce qui est conforme aux observations.

Lors de la division caryocinétique, tous les chromosomes, y compris l'hétérochromosome, se divisent par fission longitudinale (fig. 152, *a*, *b*). Mais au moment du synapsis, seuls les chromosomes ordinaires s'accouplent deux à deux et se séparent ensuite vers les cellules-filles ; quant à l'hétérochromosome, il reste isolé quand il est unique (chez le mâle), et, à l'anaphase, il va vers l'une des cellules-filles, tandis que l'autre en est privée (fig. 152, c, d).

Un grand nombre d'Animaux appartenant aux groupes les plus divers possèdent ainsi un assortiment de chromosomes qui est différent pour le ♂ et pour la ♀. Souvent on constate l'existence de

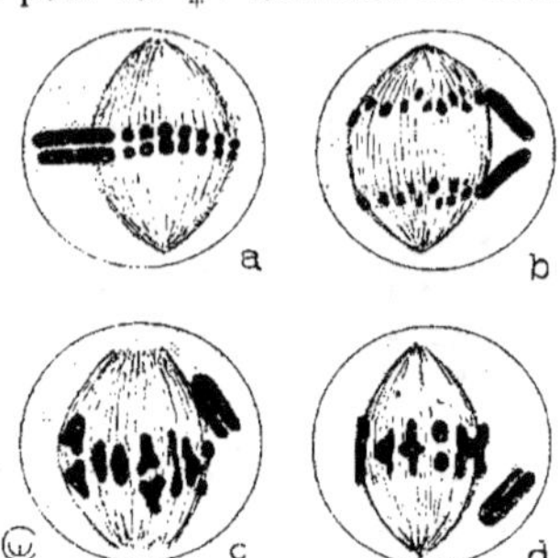

Fig. 152.

L'HÉTÉROCHROMOSOME CHEZ UN ORTHOPTÈRE MALE (*Orphania denticauda*).

a, b, deux phases de division d'une cellule diploïde : l'hétérochromosome se divise;
c, d. deux cellules en voie de division réductionnelle : l'hétérochromosome ne se divise pas
et l'une seulement des cellules-filles le reçoit.
(D'après M. DE SINÉTY, 1901.)

spermatozoïdes de deux sortes. Chez ces organismes, c'est uniquement le père qui fixe le sexe du rejeton.

Voici un déterminisme d'une tout autre nature. Les ♀ de beaucoup d'Hyménoptères sociaux, notamment de l'Abeille, pondent des œufs de deux sortes : les uns sont fécondés et donnent tous des ♀; les autres sont parthénogénétiques et donnent tous des ♂. Chez ces Insectes, le sexe dépend donc de la fécondation ou de la non-fécondation de l'oosphère. La femelle est diploïde. Le ♂ est haploïde : chez l'Abeille ♂, il y a seize chromosomes et les spermatozoïdes naissent sans réduction préalable. Une autre déduction curieuse est que le mâle de l'Abeille tient son sexe de sa mère, car il n'a pas de père.

Il s'en faut que la parthénogenèse donne toujours uniquement des ♂. Chez le Puceron du Rosier (*Aphis Rosae*) des ♂ ne naissent qu'à basse température; dans des serres chauffées, on a pu obtenir quatre-vingt-douze générations successives de femelles parthénogénétiques sans un seul ♂. Il y a même des Hémiptères, par exemple *Cryptococcus Fagi* (le Blanc du Hêtre), dont on n'a jamais vu de ♂ : la parthénogenèse y produit donc exclusivement des ♀.

Comment se comportent à ce point de vue les individus parthénogénétiques obtenus artificiellement? Chez les Echinodermes, ils sont toujours ♂; chez les Batraciens, on a obtenu les deux sexes.

Le tableau suivant résume nos connaissances sur le sort des œufs fécondés et des œufs parthénogénétiques chez quelques Animaux. On y voit combien est grande la diversité.

L'influence de la fécondation sur le sexe du produit.

	Œufs fécondés	Œufs parthénogénétiques
Apis (Abeille)..	♀	♂
Apus (Crustacé)	♂	♀ (et ♂)
Aphis (Puceron)	♀	♀ (puis ♀ et ♂)
Cryptococcus Fagi (Blanc du Hêtre)		♀
Bacillus Rossi (Orthoptère). . . .	♀ et ♂	♀
Rana (Grenouille)	♀ et ♂	♀ et ♂
Echinus (Oursin)	♀ et ♂	♂

Voici un dernier cas où se montre l'influence de la fécondation sur le sexe.

Certains Vers Nématodes sont hermaphrodites, mais de loin en loin on rencontre un ♂. Chez *Rhabditis elegans*, par exemple (fig. 153), on a compté 3 ♂ pour 20,032 hermaphrodites. Pourtant, quand on accouple des hermaphrodites avec un de ces ♂ exceptionnels, on obtient une proportion beaucoup plus forte de ♂ (463 ♂ pour 1,000 ♀). Le facteur déterminant est ici l'origine du spermatozoïde : quand celui-ci provient du même individu, la zygote est presque toujours ♀ ; quand il provient d'un autre individu, la zygote est ♂ une fois sur trois.

Il existe quelque chose d'analogue chez une Plante, *Mercurialis annua*. La plupart des individus sont strictement unisexuels ; leur croisement donne en nombre égal des ♂ et des ♀. Mais on rencontre parfois des individus ♀ portant quelques fleurs ♂ (fig. 154) : la fécondation des fleurs ♀ par le pollen de ces fleurs ♂ donne exclusivement des plantes ♀. Cette expérience montre que le pollen produit par les individus ♂ donne une progéniture 1/2 ♂, 1/2 ♀, tandis que le pollen des fleurs ♂ porté par les individus ♀ donne une progéniture exclusivement ♀.

Comme on le voit, le déterminisme du sexe est loin d'être un phénomène homogène. Quelques rares Animaux sont d'abord indifférents quant au sexe et c'est un facteur externe qui fait pencher la balance soit vers la sexualité ♂, soit vers la sexualité ♀. Le plus souvent, le sexe est lié à la constitution chromatique du noyau des chromosomes. Chez les Muscinées, les cellules haploïdes sont unisexuées, tandis que la phase diploïde est hermaphrodite. Chez les Animaux, le sexe est l'apanage des cellules diploïdes, mais il y est amené le plus souvent par une seule des deux cellules haploïdes, le spermatozoïde; c'est donc, en somme, le père seul qui détermine le sexe de l'enfant. Chez l'Abeille, le simple fait de la pénétration ou de la non-pénétration d'un

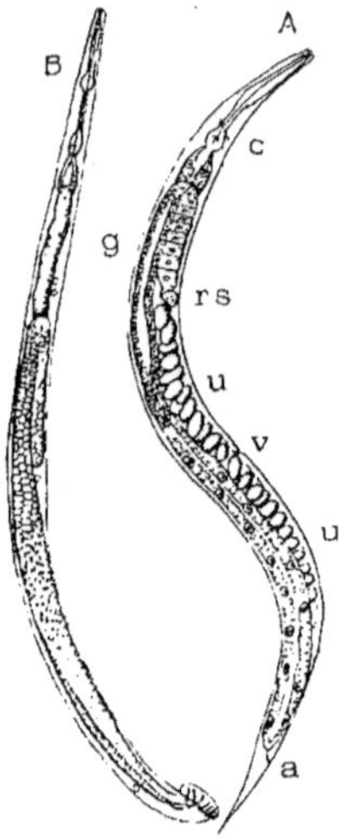

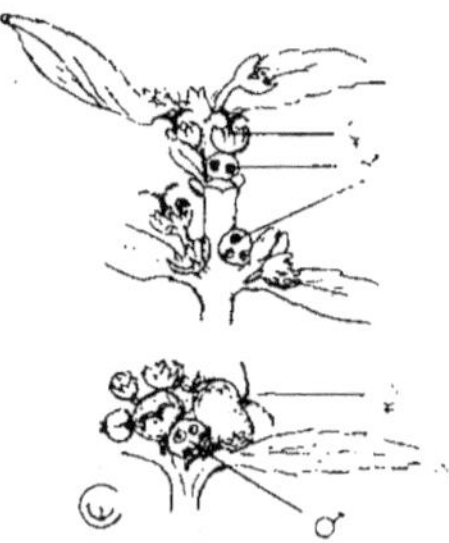

Fig. 153.

LA SÉPARATION DES SEXES CHEZ UN
VER NÉMATODE (*Rhabditis elegans*).
A, individu hermaphrodite ; **c**, collier nerveux; **g**, glande génitale; **rs**, réservoir séminal ; **u**, utérus ; **v**, vulve ;
a, anus ; **B**, individu mâle.
(D'après MAUPAS, 1900.)

Fig. 154.

PORTIONS DE DEUX PLANTES
FEMELLES DE
Mercurialis annua
AYANT PRODUIT
QUELQUES FLEURS MALES.
(D'après STRASBURGER, 1909.)

spermatozoïde suffit à fixer le sexe. Dans cette espèce, le ♂ est toujours haploïde, la ♀ diploïde. Enfin, il y a même des cas où c'est l'origine du spermatozoïde qui est seule agissante.

CHAPITRE III. — LES FACTEURS DE L'EVOLUTION.

Tous les organismes évoluent; les espèces qui existent actuellement dérivent de celles qui ont vécu aux époques antérieures.

Il n'y a plus un seul naturaliste qui mette en doute l'évolution. La discussion roule uniquement sur la façon précise dont elle s'opère ou plutôt sur les modalités d'action de ses trois facteurs essentiels : l'hérédité, la variabilité, la sélection.

On peut définir en peu de mots la part de chacun de ces facteurs. Grâce à l'*hérédité*, les individus reçoivent de leurs parents leurs caractères essentiels. Mais tous les descendants d'un même couple ne sont pas rigoureusement semblables entre eux et semblables à leurs parents : *variabilité*. Enfin, la *sélection* élimine sans cesse les individus moins bien doués au point de vue de l'existence dans des conditions déterminées; elle assure donc la survivance des mieux adaptés et leur permet de se reproduire et de transmettre à leur progéniture leurs caractères avantageux.

A. L'HÉRÉDITÉ.

Depuis que l'Homme élève des Animaux domestiques et qu'il cultive des légumes ou des céréales, l'expérience journalière lui a appris que les descendants ressemblent à leurs parents; que c'est en accouplant le taureau et la vache qu'on produit un veau; que pour obtenir un champ de Choux, il faut semer des graines récoltées sur un Chou... L'expression *qualis pater, talis filius*, montre que déjà les Romains avaient reconnu que les caractères propres à certaines lignées, beaucoup plus subtiles que les caractères spécifiques, se transmettent fidèlement.

En effet, ce ne sont pas seulement les caractères spéciaux à chaque espèce qui sont héréditaires, mais aussi des particularités extrêmement délicates, n'ayant sans doute aucune utilité réelle; citons le nez des Bourbon et la lèvre des Habsbourg, qui se sont transmis scrupuleusement à travers une longue file de générations.

Mais les connaissances sur le mécanisme de l'hérédité n'ont fait de réels progrès qu'à partir du moment où les naturalistes se sont mis à étudier scientifiquement les *hybrides*, c'est-à-dire la progéniture résultant de l'union de deux individus qui diffèrent par un certain nombre de caractères. Pour parler le langage cytologique, nous dirons que l'hybride résulte de la conjugaison de gamètes qui, étant produits par des individus dissemblables, ont apporté des patrimoines dissemblables de chromosomes (fig. 155).

Disons tout de suite que les hybrides se comportent très diversement suivant les cas. Tantôt ils tiennent assez exactement le milieu
entre leurs parents (*hybrides intermédiaires*); — tantôt ils ressemblent beaucoup plus soit au père, soit à la mère (*hybrides unilaté-
raux*); — tantôt la pro-
géniture hybride se
compose dès la pre-
mière génération de
deux types nettement
distincts (*hybrides gé-
mellaires*). Ces trois
sortes ont ceci de com-
mun que, par autofé-
condation, ces hybrides
donnent une progéni-
ture constante, indéfi-
niment semblable à
eux-mêmes. Il n'en est

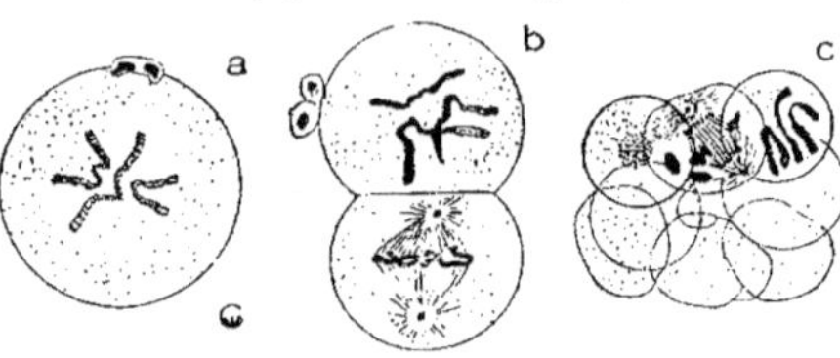

Fig. 155.

CELLULES D'UN HYBRIDE ENTRE *Ascaris megali cephala
univalens* (n = 1) ET *A. m. bivalens* (n = 2).

a, plaque équatoriale de l'œuf fécondé, au moment
de la 1re division ; b, les deux premières cellules se préparant à une nouvelle division : c, jeune embryon au stade 12.

(D'après M. HERLA, 1893.)

pas de même pour la quatrième catégorie, celle des *hybrides mendelisants* : à partir de la deuxième génération, ceux-ci se disjoignent
en un certain nombre de types distincts.

1. HYBRIDES INTERMÉDIAIRES.

La combinaison des caractères provenant des parents se fait de
façon fort diverse. Dans les exemples les plus typiques, l'hybride tient
exactement le milieu entre ses auteurs. Ainsi *Ribes intermedium*,
produit de *R. nigrum* (le Cassis) et de *R. sanguineum*, a une odeur
précisément intermédiaire entre celle du Cassis, bien connue, et celle
du Groseillier sanguin, qui rappelle l'odeur de souris.

La couleur des vins est due à des matières colorantes, les *œnolines*, qui,
tout en étant très voisines les unes des autres, sont pourtant spéciales à
chaque cépage.

L'œnoline du cépage Teinturier a pour formule $C_{44} H_{40} O_{20}$
    »   »   Aramon   »   » $C_{46} H_{46} O_{20}$
    »   »   Petit Bouschet   » $C_{45} H_{38} O_{20}.$

Or, le cépage Petit Bouschet résulte de la fécondation du Teinturier par
le pollen d'Aramon. La composition de sa matière colorante est la moyenne
arithmétique entre celles de ses parents.

Dans d'autres hybrides, la fusion des caractères, tout en étant manifeste,
n'est pas aussi parfaite. Un exemple classique est celui du Mulâtre, produit
de la Négresse et du Blanc ou du Nègre et de la Blanche. Le ton de la peau,
les traits du visage, la texture des cheveux et bien d'autres particularités
anatomiques sont nettement intermédiaires. Sa descendance est constante :
une famille de Mulâtres donne indéfiniment des Mulâtres.

La fixité de l'état intermédiaire se montre peut-être mieux encore dans les unions entre le Mulâtre et l'un de ses parents blanc ou noir : le produit est de nouveau strictement intermédiaire. Dans les pays d'Amérique où les Mulâtres sont nombreux, on a même créé des noms spéciaux pour chaque degré de sang-mêlé.

Le Blanc et le Noir donnent le Mulâtre. . $1/2$ bl. $+$ $1/2$ n.
» Mulâtre » Quarteron . $3/4$ bl. $+$ $1/4$ n.
» Quarteron » Quinteron . $7/8$ bl. $+$ $1/8$ n.
» Quinteron » Blanc bruni. $15/16$ bl. $+$ $1/16$ n.

Voici la progression inverse, résultant de l'union du Mulâtre et du Nègre :

Le Noir et le Blanc donnent le Mulâtre . $1/2$ noir $+$ $1/2$ bl.
» Mulâtre » Zambo . . $3/4$ » $+$ $1/4$ bl.
» Zambo » Zambo prieto $7/8$ » $+$ $1/8$ bl.

Le Léporide, produit de la Lapine et du Lièvre, montre également des caractères mixtes qui se sont maintenus inaltérés à travers dix générations. De même l'hybride entre deux Cobayes, dont on a obtenu douze générations.

On connaît aussi des hybrides végétaux tout à fait constants, qui sont propagés par semis dans les jardins botaniques. Signalons *Geum intermedium* (*G. urbanum* × *G. rivale*) (1) et *Ægilops speltaeformis* (*Æ. ovata* × *Triticum vulgare*) (2).

On a pu étudier les générations successives de plusieurs des hybrides précédents, et s'assurer ainsi de la fixité du mélange de caractères. Mais beaucoup d'hybrides intermédiaires sont stériles ; tels sont le Mulet (Ane et Jument) et le Bardot (Étalon et Anesse).

Dans les cas qui ont pu être analysés, la stérilité semble être en rapport avec la constitution des chromosomes. L'exemple le mieux connu est celui de *Drosera obovata* (*D. longifolia* × *D. rotundifolia*). Dans les gamètes de *D. longifolia*, il y a vingt chromosomes; dans ceux de *D. rotundifolia*, il y en a dix (fig. 156). Les cellules diploïdes de *D. obovata* en ont donc trente. Vient le moment de la floraison et du synapsis. Les dix chromosomes de *rotundifolia* s'accouplent avec dix chromosomes de *longifolia*; puis, lors de la séparation des couples, l'une des cellules-filles reçoit dix chromosomes, en partie de *rotundifolia*, en partie de *longifolia*, tandis que l'autre cellule-fille reçoit le reste des chromosomes sortant des couples. Quant aux dix chromosomes de *longifolia* qui n'ont pas trouvé de conjoint, ils se répartissent irrégulièrement entre les deux cellules-filles. Il résulte de cette distribution qu'aucune des cellules-filles n'a reçu un assortiment complet de chromosomes, représentant l'ensemble des déterminants héréditaires. Aussi les gamètes tant ♂ que ♀, sont-ils stériles, et l'hybride est donc incapable de se reproduire.

Les mêmes difficultés lors de la réduction chromatique se présentent sans

____

(1) Dans la notation d'un hybride végétal, le parent ♀ vient en premier lieu et est séparé du parent ♂ par le signe ×.

(2) L'origine de ce dernier hybride n'est pas complètement débrouillée.

doute chaque fois que les parents possèdent des nombres différents de chromosomes. Ainsi *Œnothera gigas*, l'un des mutants issus d'*Œ. Lamarckiana*
a 14 comme nombre haploïde, tandis que les autres *Œnothera* ont

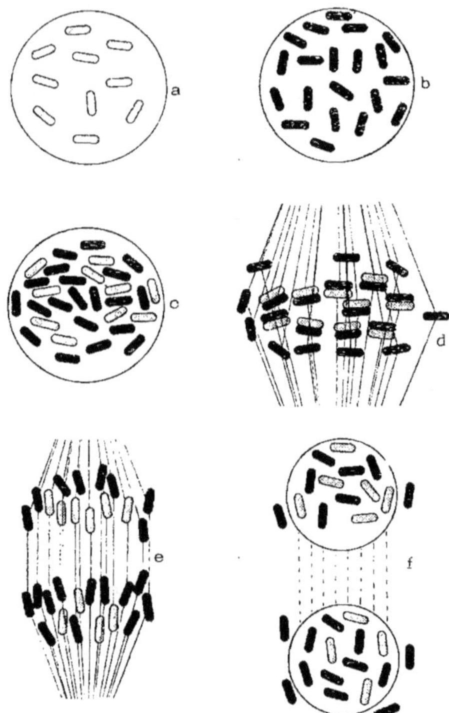

Fig. 156.

SCHÉMAS DE LA CRÉATION DE L'HYBRIDE ENTRE *Drosera rotundifolia* ET *D. longifolia*,
ET DE SA RÉDUCTION CHROMATIQUE.

a, noyau d'un gamète de *D. rotundifolia*, avec dix chromosomes ; **b,** noyau de
D. longifolia, avec vingt chromosomes ; **c,** noyau de la zygote hybride ; **d,** synapsis dans
l'hybride : accouplement des dix chromosomes de *D. rotundifolia* avec autant de chromosomes
de *D. longifolia* ; les dix autres chromosomes de celui-ci restent « célibataires » ;
e, séparation des chromosomes vers les noyaux-fils ; **f,** des chromosomes de *D. longifolia*
restent « oubliés ».

(Schématisé d'après M. Rosenberg, 1904.)

le nombre 7 (fig. 158) Tous les hybrides entre *Œ. gigas* et les autres sont
stériles, sauf un seul exemplaire de *Œ. gigas* × *Œ. Lamarckiana* qui,
pour des raisons encore inexpliquées, s'est montré fertile.

2. HYBRIDES UNILATÉRAUX.

Les hybrides des Fraisiers ont souvent des caractères tout à fait inattendus. Ainsi *Fragaria vesca* × *F. elatior* ne possède absolument que des caractères maternels. Pourtant les deux parents présentent des différences très tranchées. *F. vesca* est hermaphrodite ; ses pédicelles ont des poils dressés ou apprimés ; ses trois folioles sont sessiles. *F. elatior* est unisexué ; les poils des pédicelles sont longs et étalés ; les folioles sont pétiolées. Dans l'hybride ces derniers caractères ont complètement disparu, et ses descendants ne les récupèrent pas.

Même résultat pour l'hybride *Fraisiers Belle-Bordelaise* × *Gaillon rouge*. La mère est un dérivé hermaphrodite de *F. elatior*. Le père est un dérivé, sans stolons, de *F. vesca* ; il se reproduit fidèlement par semis. L'hybride ne possède aucun caractère paternel. Cet exemple est très intéressant quand on

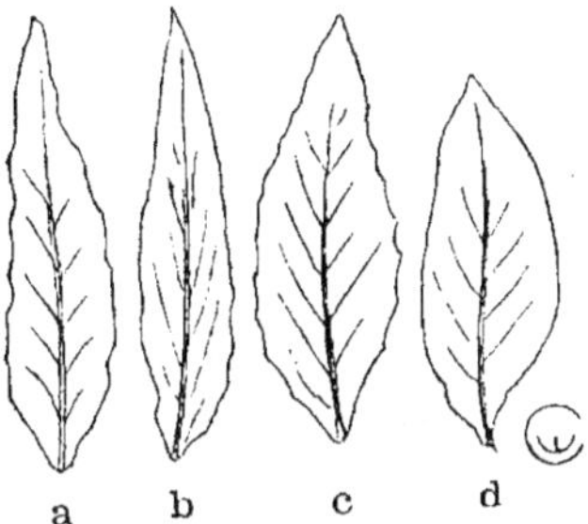

Fig. 157.

HYBRIDE A CARACTÈRES PATERNELS.
a, Bractée d'*Œnothera muricata* ; **b**, d'*Œ. biennis* × *muricata* ; **c**, d'*Œ. muricata* × *biennis* ; **d**, d'*Œ. biennis*. (D'après M. DE VRIES, 1913.)

le compare au premier : il montre, en effet, que ce sont toujours uniquement les caractères maternels qui sont transmis, peu importe que la mère soit *F. vesca* ou *F. elatior*.

D'autres croisements de Fraisiers ont donné des résultats diamétralement opposés. L'hybride *F. virginiana* × *F. elatior* est complètement identique à *F. elatior*. Les descendants de l'hybride se montrent tout à fait constants.

L'exemple le mieux étudié dans ses détails est celui des hybrides entre *Œnothera biennis* et *Œ. muricata*, deux plantes d'origine américaine qui se sont abondamment répandues dans l'Europe occidentale (fig. 157).

Pour la facilité de la notation, représentons *Œ. biennis* par B et *Œ. muricata* par M et plaçons la ♀ devant, et le ♂ derrière.

Le croisement M × B donne un hybride qui ne possède pour ainsi dire que les caractères du père, et qu'on peut représenter par mB.

Le croisement réciproque B × M donne aussi un produit à caractères presque purement paternels : bM.

Voici comment se comportent les croisements entre les hybrides mB et bM :

$$mB \times bM = bM.$$
$$bM \times mB = mB.$$

De nouveau il y a prépondérance manifeste du père.

Certains croisements de Batraciens ont permis de faire des constatations analogues *Pelobates fuscus* × *Rana fusca* et *Bufo vulgaris* × *B. calamita* ont donné une majorité d'embryons monstrueux non viables. Les hybrides qui ont pu être élevés jusqu'au point où leurs caractères étaient apparents ressemblaient complètement au père.

Comment expliquer l'hérédité unilatérale et l'exclusion de l'un des ascendants?

Des observations faites sur l'hybride *Œnothera biennis* × *Œ. muricata* (= bM) donnent la clef du problème. Aussitôt après la fécondation, c'est-à-dire lorsque le gamète ♂ vient de pénétrer dans le gamète ♀, on voit l'un des deux noyaux disparaître sans s'être fusionné avec l'autre. Il est impossible de distinguer si c'est le noyau ♂ ou le noyau ♀ qui s'efface. Mais puisque c'est exclusivement l'influence ♂ qui persiste, il y a tout lieu de supposer que c'est le noyau ♂ qui seul se maintient. Un corollaire inévitable est que l'embryon ainsi formé est haploïde, ce qui est effectivement le cas (fig. 158).

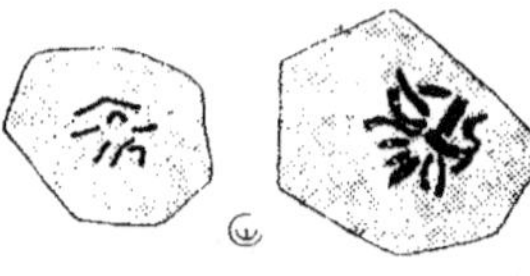

Fig. 158.
PLAQUES ÉQUATORIALES
DE DEUX *Œnothera.*
A gauche, pseudo-hybride *Œ. biennis* × *muricata* : la plaque équatoriale ne porte que sept chromosomes, ce qui est le nombre haploïde. A droite, *Œ. biennis* normal : la plaque équatoriale porte quatorze chromosomes (déjà en partie dédoublés).
D'après M. Goldschmidt, 1913.)

En somme, le croisement *Œ. biennis* × *Œ. muricata* ne donne pas un hybride · c'est un cas d'éphébogenèse où l'embryon est formé par le cytoplasme d'*Œ. biennis* et le noyau d'*Œ. muricata*. Conformément à ce que nous savons du rôle du noyau dans l'hérédité (p. 162), cet embryon ne manifeste que des caractères paternels.

3 HYBRIDES GÉMELLAIRES.

Jusqu'ici nous avons vu chaque croisement produire un seul hybride. Mais on connaît dans le genre *Œnothera* de nombreux cas où le résultat d'un seul croisement consiste en deux types jumeaux.

Ainsi la descendance d'*Œ. biennis* × *Œ. Lamarckiana*, d'*Œ. muricata* × *Lam.* et d'*Œ. Hookeri* × *Lam.* comprend environ 50 p. c. d'hybride *laeta* et 50 p. c. de *velutina*. Les individus *laeta* sont beaucoup plus vigoureux; leurs feuilles sont plus grandes, d'un vert plus franc et moins velues que chez *velutina* (fig. 159). Les fleurs de *laeta* sont plus pâles que celles de *velutina*; elles s'ouvrent moins fortement (fig. 160).

Les deux types sont absolument constants : les *velutina* autofécondés donnent une descendance exclusivement *velutina*; les *laeta* donnent des *laeta* purs.

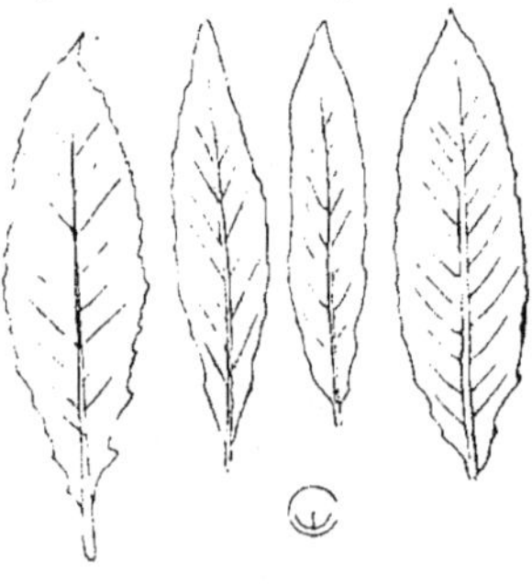

a   b   c   d
Fig. 159.
HYBRIDES GÉMELLAIRES.
Feuilles d'hybrides.
a, *Œ. biennis* × *Lam.* : laeta ;
b, *Œ. biennis* × *Lam.* : velutina ;
c, *Œ. muric.* × *Lam.* : velutina ;
d, *Œ. muric.* × *Lam.* : laeta.
(D'après M. H. de Vries, 1913.)

Mais les fécondations réciproques donnent un tout autre résultat. Ainsi *Œ. Lamarckiana* × *Œ. biennis* est un hybride intermédiaire, plus rapproché du père que de la mère.

On peut donc par *Œ. biennis* et *Œ. Lamarckiana* obtenir trois hybrides

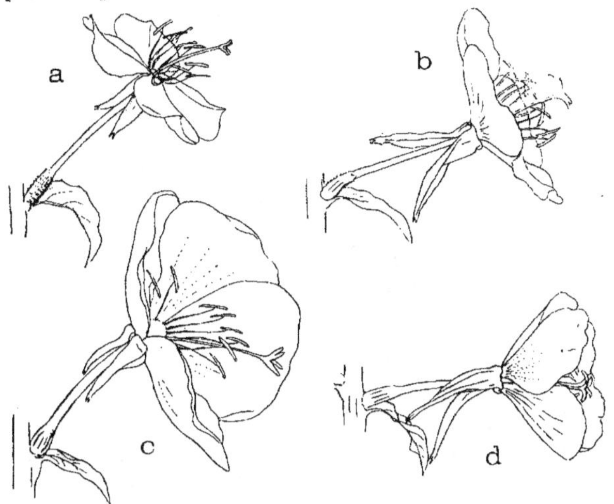

Fig. 160.

HYBRIDES GÉMELLAIRES.

a, fleur d'*Œ. Hookeri* : **c**, fleur d'*Œ. Lamarckiana* ; **b** et **d**, hybrides entre *Hookeri* et *Lamarckiana* : **b**, velutina ; **d**, laeta.

(D'après M. DE VRIES, 1913.)

différents : 50 p.c. de *laeta* et 50 p.c. de *velutina* quand c'est *Œ. Lamarckiana* qui fournit le pollen, 100 p. c. d'un hybride intermédiaire penchant vers le père quand celui-ci est *Œ. biennis*.

4. HYBRIDES MENDELISANTS.

Les hybrides que nous avons étudiés jusqu'ici ont une déscendance stable et invariable. Mais il en est d'autres, dont la progéniture se disjoint régulièrement en plusieurs types distincts.

Faisons, par exemple, l'hybride entre *Mirabilis Jalapa rosea* et *M. J. alba* (fig 161). Le premier est spontané en Amérique ; il a produit un descendant albinos qui est le *M. J. alba*. Les deux types sont absolument constants. Ils ne diffèrent que par la couleur des fleurs : roses chez la plante originelle, elles sont blanches chez son dérivé.

L'hybride a des fleurs d'une teinte intermédiaire, rose pâle. Les hybrides *rosea* × *alba* (RA) et *alba* × *rosea* (AR) sont identiques.

Quand on féconde entre eux ces hybrides, on obtient une deuxième génération qui comprend : a) 1/4 d'individus à fleurs roses identiques à leurs grands-parents roses, et constants comme ceux-ci ; b) 1/4 d'individus à fleurs blanches, dont les descendants ont indéfiniment des fleurs blanches, sans aucun rappel de rose ; c) 2/4 d'individus à fleurs rose pâle, semblables à leurs parents.

Les deux premiers quarts, quoique provenant d'hybrides, sont donc redevenus des pur-sang. Quant aux individus rose pâle, leur progéniture se disjoint de la même façon que celle du premier hybride : 1/4 roses purs, 1/4 blancs purs, 2/4 rose pâle.

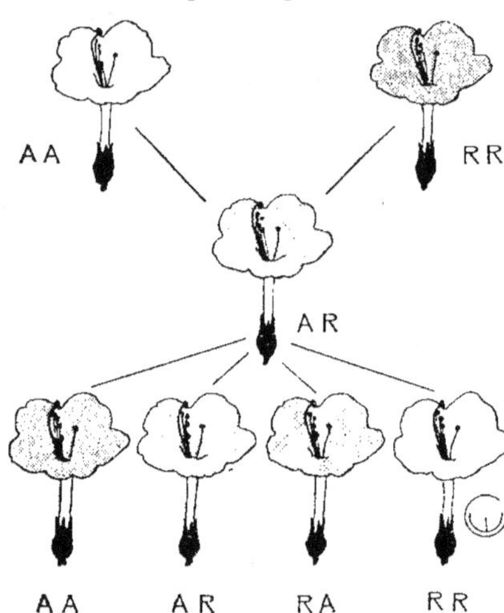

Fig. 161.

HYBRIDES MENDELISANTS.

Hybrides de *Mirabilis Jalapa alba* et *M. Jalopa rosea*.
Disjonction à la 2e génération.
(D'après M. CORRENS, 1905.)

Comment expliquer ces faits ? Dans les gamètes de *M. J. rosea* il y a un chromosome qui porte le déterminant R. Dans les gamètes de *M. J. alba*, il y a de même un chromosome A. La zygote résultante, qui est le point de départ de l'hybride, renferme A et R. Toutes les cellules diploïdes auxquelles elle donnera naissance par caryocinèse possèdent également A et R ; la coexistence de ces deux déterminants donne aux fleurs une teinte rose pâle.

Vient le moment du synapsis. Les chromosomes s'accouplent deux à deux, un paternel avec un maternel correspondant (voir p. 164). Les deux chromosomes portant les déterminants de la couleur, A et R, vont donc s'unir. Lors de la séparation, l'une des cellules-filles reçoit R, l'autre A.

Les mêmes phénomènes se passent dans les organes de l'un et de l'autre sexe. Il va donc naître parmi les gamètes ♂ 50 p. c. de cellules avec R, et 50 p. c. avec A ; de même, il y aura 50 p. c. de gamètes ♀ avec R et 50 p. c. avec A.

Ceci nous conduit à une première constatation : alors que les cellules diploïdes de l'hybride AR sont réellement hybrides, ses cellules reproductrices sont aussi pures que celles de ses parents, puisqu'elles contiennent seulement soit R, soit A. Mais alors que les parents donnent des gamètes tous semblables, l'hybridre donne en proportions égales des gamètes R et des gamètes A, tant pour le sexe ♀ que pour le sexe ♂.

Lorsqu'on féconde les hybrides entre eux, on amène donc des gamètes ♂ R et des gamètes ♂ A, en contact avec des gamètes ♀ R et des gamètes ♀ A. Aucun choix ne préside aux unions de ces gamètes, de sorte que les quatre combinaisons RR, RA, AR, AA sont possibles et également probables. Or la combinaison RR donne un individu rose, identique au grand-parent rose ; la combinaison AA donne un individu blanc, qui ne se distingue en aucun point de son grand-parent AA ; enfin RA et AR représentent les parents hybrides.

Un calcul très simple indique que la progéniture renferme 1/4 de RR, 1/4 de AA et 2/4 de RA et AR. L'observation confirme pleinement ces prévisions théoriques.

Cette explication présuppose :

a) Que les deux sortes de gamètes (R et A) naissent en nombre égal;

b) Que l'accouplement des gamètes se fait au hasard, sans qu'il y ait des attractions ou des répulsions entre les gamètes;

c) Que les quatre sortes de descendants (RR, RA, AR et AA) sont également viables.

La caractéristique de ces hybrides est que leur descendance est régulièrement hétérogène. Cette disjonction a été découverte en 1865 par le moine silésien Gregor Mendel, d'où le nom d'hybrides mendelisants.

Mais il est exceptionnel que les hybrides de cette catégorie soient intermédiaires. Ainsi l'hybride entre la Souris grise et son dérivé albinos est gris (fig. 162) exactement comme son parent gris, et aucun moyen anatomique ne permet de le distinguer de ce dernier.

Pourtant il en diffère, puisque ses cellules diploïdes renferment les déterminants G (gris) et A (blanc), tandis que celles de la race grise originelle ont GG. Pour démontrer qu'il en est ainsi, croisons entre eux ces hybrides : leur descendance comprend 3/4 de gris et 1/4 de blancs.

Tout se passe comme si le caractère gris dominait sur le caractère blanc, et l'empêchait de se manifester. Partant de cette supposition, essayons d'expliquer ce que nous observons.

Un gamète renfermant le déterminant G, et un autre avec le déterminant A conjuguent, ce qui donne une zygote GA ou AG, semblables. Dans celle-ci, et dans toutes les cellules diploïdes qui en dérivent, le caractère A qui est *récessif*, étant mis en opposition avec le caractère G, qui est *dominant*, s'efface devant lui, de telle manière que le caractère G se montre seul. L'hybride est donc gris, sans que rien dans sa teinte ne révèle qu'il est de sang mêlé.

Mais lors de la réduction chromatique, il va se former, chez le mâle, un nombre égal de spermatozoïdes avec G et de spermatozoïdes avec **A** ; chez la femelle, il naît de même 50 p. c. d'oosphères avec **G** et 50 p. c. d'oosphères avec **A**.

La conjugaison donne en proportion égale des individus **GG, GA, AG, AA**. Or **GG** est gris, de race pure, comme le grand-parent **GG**. —

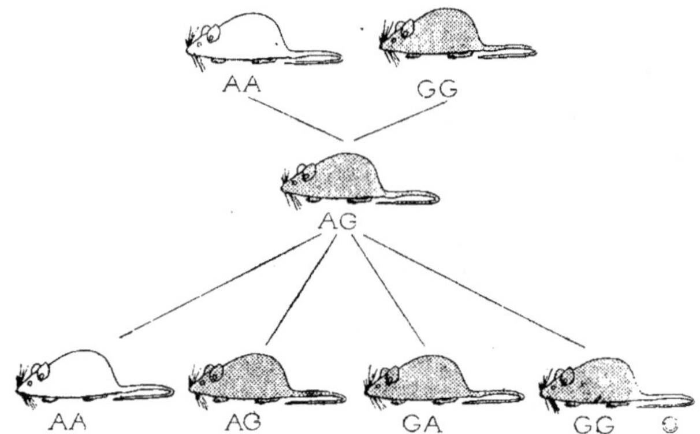

Fig. 162.

HYBRIDES MENDELISANTS.

Hybrides de Souris blanche et de Souris grise. Disjonction à la deuxième génération.

AA est blanc, de race pure, comme le grand-parent **AA**. — Les **AG** et **GA** sont gris, puisque le caractère **G** empêche le caractère **A** de se manifester.

Comment peut-on distinguer dans la deuxième génération l'individu **GG** des individus **AG** et **GA**?

a) Croisons chacune des Souris grises de la deuxième génération avec une **grise pure**. Nous n'obtenons évidemment que des grises, puisque toutes renferment soit **GG**, soit **AG** ou **GA** ;

b) Croisons chacune des Souris grises de la deuxième génération avec un hybride de la première génération. Nous obtiendrons des descendants **tous gris**, si nous avons affaire à une Souris **GG**. Mais si c'est une Souris **AG** ou **GA**, nous aurons un quart de blancs et trois quarts de gris ;

c) Croisons chacune des Souris grises de la deuxième génération avec une Souris blanche pure. Nous obtiendrons des descendants tous gris, si nous avons affaire à une Souris **GG**, puisque tous renferment **G** en même temps que **A**. Mais avec les individus **AG** et **GA**, c'est comme si nous unissions des gamètes tous **A**, venant de l'albinos, avec des gamètes qui sont par parts égales **G** et **A**. La progéniture comprendra donc moitié de **AA** (blanc pur) et moitié de **GA** (hybrides gris).

Alors que l'observation la plus minutieuse est impuissante à séparer les gris hybrides des gris pur-sang, on réussit aisément à effectuer leur *analyse germinale* en faisant entrer leurs déterminants dans d'autres combinaisons. Ce procédé rappelle l'analyse qualitative des chimistes : ici aussi on fait contracter aux atomes de nouvelles combinaisons.

Un cas du même genre nous est fourni par le Maïs (*Zea Mays*). Les races les plus communément cultivées ont un albumen contenant de l'amidon, c'est-à-dire que la graine possède une réserve d'amidon dans le voisinage immédiat de l'embryon. Dans d'autres races, l'albumen contient de la dextrine (fig. 163). Ces graines-ci ont une tout autre apparence que les graines à amidon. En effet, pendant la maturation de la graine, la solution de dextrine perd une grande quantité d'eau et il reste finalement une masse translucide fortement ridée. Au contraire, la graine à amidon ne se contracte guère pour mûrir; quand elle est sèche, elle est lisse et opaque.

Dans un épi femelle de Maïs à dextrine, nous fécondons quelques fleurs par du pollen de Maïs à amidon et tous les autres par du pollen de Maïs à dextrine. A la maturité, nous trouvons sur l'épi, au milieu de nombreuses graines ridées et translucides, quelques graines bombées, lisses et opaques. Ceci montre immédiatement que le caractère amidon (A) est dominant sur le caractère dextrine (D) fig. 164).

Semons les graines hybrides DA. Elles donnent

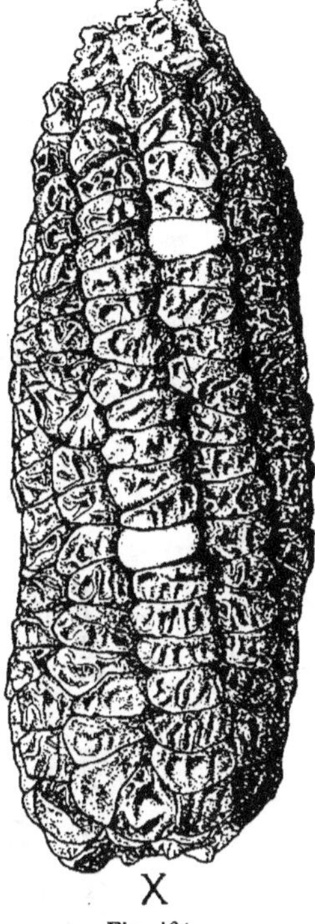

Fig. 164.

HYBRIDES DE MAÏS.
Epi de Maïs à dextrine dont deux fleurs ont été fécondées par du pollen de Maïs à amidon.

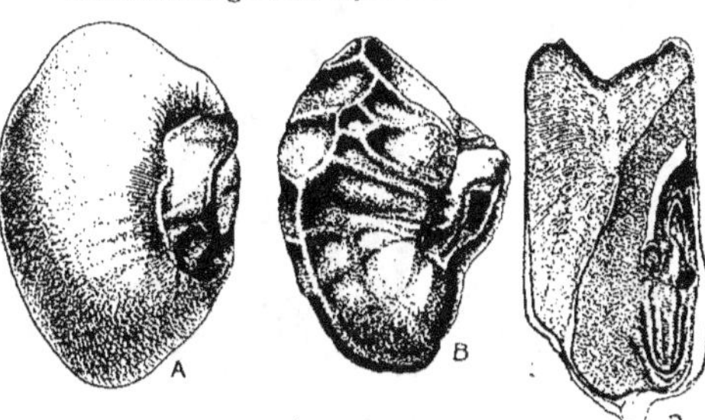

Fig. 163.

GRAINES DE MAÏS.

A, graine contenant de l'amidon comme substance de réserve; **B**, graine avec dextrine; **C**, graine à amidon, coupée, pour montrer l'albumen et l'embryon.

des plantes produisant des épis de fleurs femelles et une panicule de fleurs ♂. Si les fleurs ♀ reçoivent le pollen de la même plante ou d'une plante hybride semblable, les épis contiendront à la maturité trois quarts de graines à amidon (AA, AD, DA) et un quart de graines à dextrine (DD).

Si les fleurs ♀ de l'hybride DA sont fécondées par du pollen de Maïs à dextrine (DD), c'est-à-dire par le récessif, les épis qu'on récoltera montreront deux quarts de graines à amidon et deux quarts de graines à dextrine.

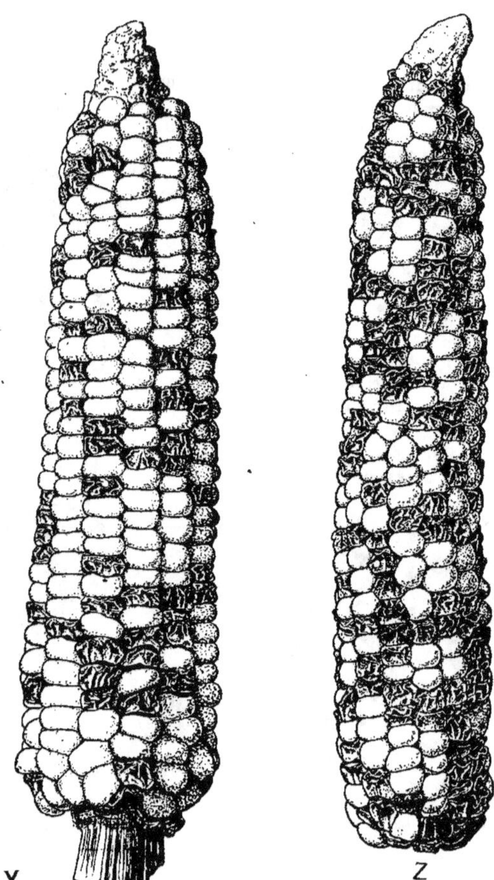

Fig. 165.

DISJONCTION DU MAÏS HYBRIDE.

Y, l'hybride **DA** a été fécondé par lui-même : sa descendance comprend 3/4 de graines à amidon et 1/4 de graines à dextrine; **Z**, l'hybride **DA** a été fécondé par du pollen de maïs à dextrine : l'épi ainsi produit contient moitié graines à amidon et moitié graines à dextrine. (Ces épis nous ont été communiqués par M. H. DE VRIES.)

L'expérience confirme pleinement les prévisions du calcul (fig. 165).

L'hybridation du Maïs présente une particularité curieuse. Rien d'étonnant, certes, à ce que l'embryon, produit de l'oosphère d'une race à dextrine

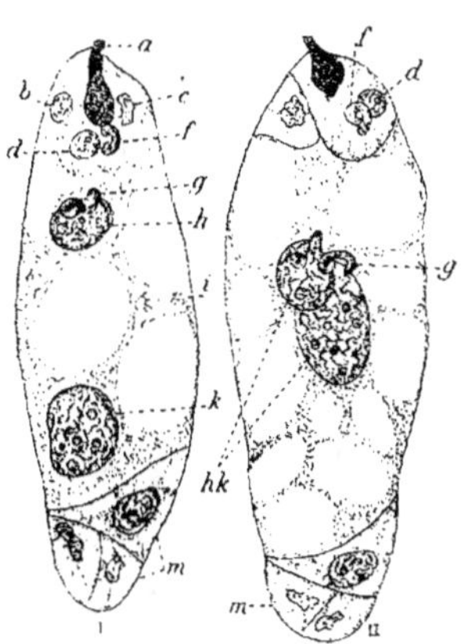

Fig. 166.

DEUX STADES SUCCESSIFS DE LA FÉCON-
DATION CHEZ UNE PHANÉROGAME.

a, l'extrémité du tube pollinique;
b, **c**, les cellules synergides; **d**, l'oosphère; **f**, **g**, les deux spermatozoïdes
h, **k**, les deux noyaux polaires; **m**, les
trois cellules antipodes.

(D'après M. Guignard, 1891.)

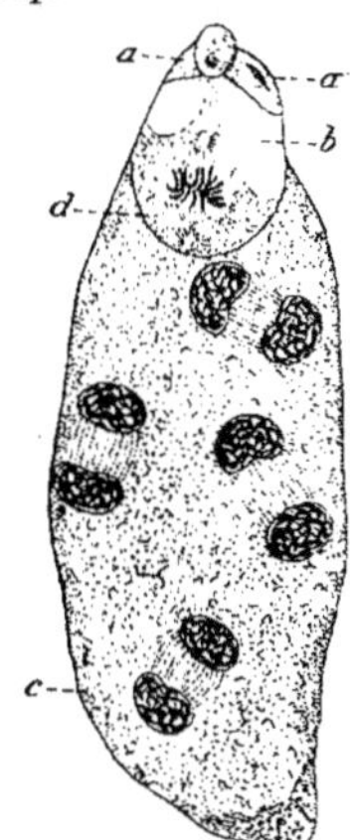

Fig. 167.

DÉBUT DU DÉVELOPPEMENT DE
L'EMBRYON ET DE L'ALBUMEN.

L'oosphère (**d**) qui a été fécondée
devient l'embryon. La cellule triploïde résultant de la fusion des deux
cellules polaires et d'un spermatozoïde, s'est déjà divisée trois fois pour
donner l'albumen.

(D'après M. Guignard, 1891.)

par un spermatozoïde de race à amidon, soit hybride. Mais comment se fait-il que l'albumen, qui ne dérive nullement de l'œuf fécondé, soit également hybride et possède de l'amidon au lieu de dextrine? Voyons la constitution du sac embryonnaire des Plantes supérieures.

Au moment où l'oosphère (fig. 166, *d*) est prête à être fécondée, elle est contenue avec sept autres éléments, haploïdes comme elle, dans le sac embryonnaire. Deux seulement de ces éléments nous intéressent : les cellules polaires *h* et *k*. L'un des spermatozoïdes (*f*) amenés par le tube pollinique s'accouple avec l'oosphère, ce qui donne la zygote, point de départ de l'embryon. L'autre (*g*) va s'accoupler avec l'ensemble des deux cellules polaires, produisant ainsi une cellule triploïde dont dérive l'albumen. En même temps que l'œuf fécondé se divise pour former l'embryon, la cellule triploïde, par des divisions répétées, donne naissance à l'albumen, tissu de réserve qui nourrira l'embryon pendant son développement (fig. 167).

Quand un Maïs à dextrine est fécondé par un Maïs à amidon, chacune des cellules de l'albumen contient donc une double série de chromosomes provenant d'une race à dextrine et d'une série unique de chromosomes provenant d'une race à amidon; malgré cette disproportion, c'est le caractère « amidon » qui domine.

Examinons maintenant des hybrides entre des parents qui diffèrent par plus d'un caractère.

Parmi les nombreuses races de *Capsella Bursa-pastoris* (Rhéadale),

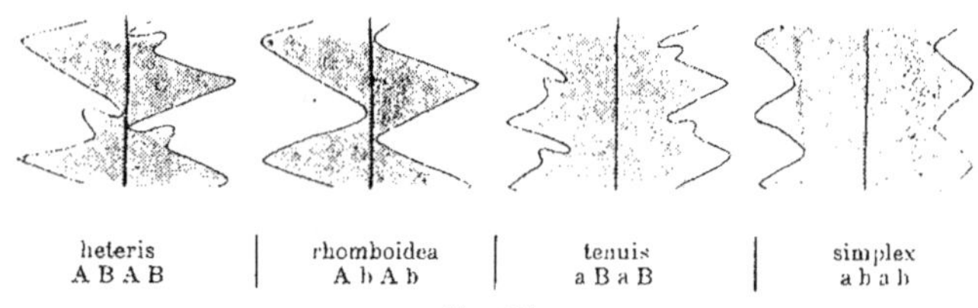

Fig. 168.

LES RACES DE *Capsella Bursa-pastoris*.
(Schématisé d'après M. SHULL, 1909.)

il en est qui ne diffèrent guère que par la découpure des feuilles (fig. 168). On peut les ramener à quatre types :

a) La feuille est découpée jusque près de la nervure médiane, et chaque segment porte sur son bord distal un petit lobe axillaire : type h e t e r i s.

b) La feuille est découpée presqu'à la nervure, mais il n'y a pas de lobe axillaire : type r h o m b o i d e a.

c) La feuille n'est pas découpée jusqu'à la nervure, mais les segments ont le lobe axillaire : type t e n u i s.

d) La feuille est découpée peu profondément et elle n'a pas de lobe axillaire : type s i m p l e x.

Ces quatre structures résultent des combinaisons de deux déterminants :

Le déterminant *A* régit la découpure profonde. En son absence (*a*), la feuille n'est pas divisée jusqu'à la nervure. *A* est dominant, *a* est récessif.

Le déterminant *B* régit le développement du lobe axillaire. En son absence (*b*), le lobe axillaire manque. *B* est dominant, *b* est récessif.

Voici donc les constitutions des quatre types :

Les cell. diploïd. de h e t e r i s ont A B A B, les cell. hapl. A B.

  »   »   r h o m b o i d e a » A b A b,   »   A b.

  »   »   t e n u i s » a B a B,   »   a B.

  »   »   s i m p l e x » a b a b,   »   a b.

L'hybride h e t e r i s × s i m p l e x, ou s i m p l e x × h e t e r i s, possède A B a b. Il est impossible de le distinguer de h e t e r i s puisque *A* et *B* sont dominants. Mais lors de la floraison, il formera non pas deux sortes de gamètes comme les hybrides étudiés jusqu'ici, mais quatre sortes, qui possèderont respectivement *A B, a B, A b, a b.*

Ces quatre sortes sont représentées aussi bien parmi les spermatozoïdes que parmi les oosphères. Si nous fécondons l'hybride par lui-même ou par un hybride semblable, nous mettrons donc quatre sortes de gamètes ♂ en présence de quatre sortes de gamètes ♀ ; comme les unions se font sans choix, il y aura seize combinaisons possibles et également probables.

Le tableau suivant résume les seize possibilités :

1. AB AB	2. AB Ab	3. AB aB	4. AB ab
5. Ab AB	**6. Ab Ab**	7. Ab aB	8. AB ab
9. aB AB	10. aB Ab	**11. aB aB**	12. aB ab
13. ab AB	14. ab Ab	15. ab aB	**16. ab ab**

(D'après M. Shull, 1909)

Un coup d'œil à ce tableau montre qu'à la deuxième génération hybride :

a)   Il y a 9 descendants du type heteris,
      » 3 » » rhomboidea,
      » 3 » » tenuis,
      » 1 » » simplex ;

b) Dans chacun de ces quatre types, il y a un seul individu qui est de race pure, puisque la zygote dont il provient, résulte de l'union de deux gamètes semblables ; ces quatre descendants sont homozygotes (nos 1, 6, 11, 16) ; ils donnent des gamètes tous semblables et leur progéniture est donc homogène. Les douze autres sont hétérozygotes ; les gamètes dont ils proviennent diffèrent par un ou par deux déterminants ; ils donnent donc deux ou quatre sortes de gamètes et leur progéniture se disjoint soit en quatre, soit en seize types distincts ;

c) Des quatre homozygotes, il en est deux qui sont identiques aux grands-parents heteris et simplex ;

d) Les deux autres sont différents des grands-parents : nous les avons fabriqués de toutes pièces, par hybridation, à l'état de race pure ; ce sont un rhomboidea et un tenuis. L'hybridation mendelienne fournit donc un moyen sûr de faire des races nouvelles ;

e) Nous aurions obtenu exactement le même hybride à la première génération et la même disjonction à la deuxième génération si, au lieu de croiser heteris avec simplex, nous avions croisé tenuis avec rhomboidea, puisque le produit aurait contenu $AbaB$, identique à $ABab$ et donnant les mêmes gamètes ;

f) L'origine soit ♂, soit ♀, d'un déterminant est indifférente ; le seul point qui importe est la constitution des gamètes au point de vue des déterminants. Les hybrides réciproques 10 (*aBAb*) et 7 (*AbaB*) sont par conséquent identiques. Ils sont aussi identiques aux hybrides réciproques 13 (*abAB*) et 4 (*ABab*) où les déterminants sont autrement répartis : non seulement ils ont tous le type heteris, mais leur descendance est la même. Les réciproques 5 (*AbAB*) et 2 (*ABAb*) sont également identiques, de même que les réciproques 9 (*aBAB*) et 3 (*ABaB*). Mais la similitude de 5 et 2, d'une part, avec 9 et 3 et avec 10, 7, 13, 4, n'est qu'apparente, puisque la descendance va mendéliser suivant trois modes différents ;

g) Si dans une région il n'y avait que la race heteris, les trois autres races pourraient y apparaître sans qu'on introduise un simplex ; il suffit, en effet, qu'un Insecte apporte sur le stigmate d'un heteris un seul grain de pollen de simplex, puisque l'hybride ainsi formé donnerait les trois autres types par sa mendélisation.

Voyons encore un cas où les combinaisons diverses de deux déterminants donnent lieu à la formation de quatre types.

Les races de Poule se distinguent par les caractères les plus variés, et notamment par la forme de la crête. Nous pouvons par l'esprit isoler ce caractère et le traiter à part.

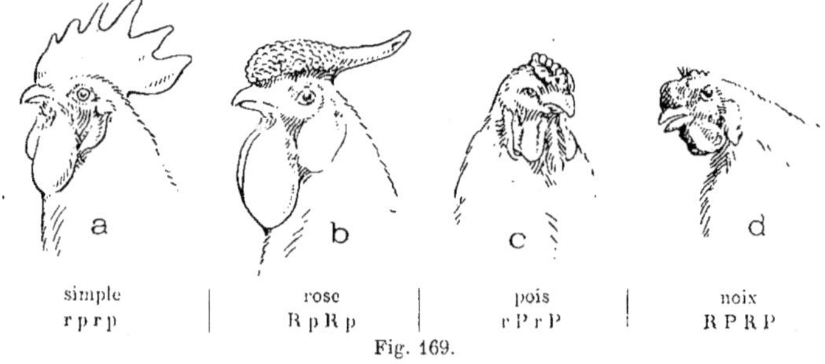

Fig. 169.
LES CRÊTES DES RACES DE POULE.

Considérons quatre types de crêtes (fig. 169) :

a) La crête simple, bien connue.

b) La crête rose, constituée par une foule de granulations charnues, et se terminant par une pointe postérieure.

c) La crête pois, formée de trois rangées parallèles de tubérosités.

d) La crête noix avec un gros bourrelet antérieur, et un petit bourrelet postérieur, séparés par une touffe de poils.

L'analyse germinale a fait voir que ces quatre formes résultent de l'union de deux déterminants *R* et *P*.

Les cell. dipl. du type rose   ont Rp Rp, les cell. hapl. ont Rp.

   »   »   pois   » rP rP,   »   rP.

   »   »   noix   » RP RP,   »   RP.

   »   »   simple   » rp rp,   »   rp.

Croisons maintenant *rose* et *pois*, soit $Rp \times rP$, ou $rP \times Rp$. L'hybride contiendra Rp et rP, c'est-à-dire qu'il sera du type noix.

Les gamètes contiennent respectivement RP, Rp, rP, rp; leurs seize unions possibles et également probables sont représentées par le tableau suivant :

1. RP RP	2. RP Rp	3. RP rP	4. RP rp
5. Rp RP	**6. Rp Rp**	7. Rp rP	8. Rp rp
9. rP RP	10. rP Rp	**11. rP rP**	12. rP rp
13. rp RP	14. rp Rp	15. rp rP	**16. rp rp**

(D'après M. BATESON)

On y peut faire les mêmes constatations que dans le tableau correspondant de *Capsella* (p. 189). En outre on voit apparaître un individu ayant la crête s i m p l e, qui est la forme originelle, celle de l'ancêtre sauvage de notre Poule domestique, *Gallus Bankiva*, indigène en Asie tropicale.

Or depuis des siècles les races r o s e et p o i s se perpétuent sans aucun retour au type s i m p l e. Nous avons donc ici un bel exemple d'atavisme.

Chez *Capsella* il est impossible de décider si la découpure profonde et la présence du lobe axillaire sont des caractères anciens, ou des caractères récemment acquis par l'espèce. Mais pour la Poule, il est certain que les crêtes r o s e et p o i s sont postérieures à la crête s i m p l e, ce qui n'empêche que les déterminants R et P dominent sur ceux qui donnent la crête s i m p l e. Par contre la Souris grise est antérieure à la blanche et les Maïs à amidon existent depuis plus longtemps que les maïs à dextrine. Le déterminant le plus ancien est donc tantôt dominant tantôt récessif.

Voici chez le Froment (*Triticum vulgare*) une série de couples de caractères dont l'un est dominant, l'autre récessif.

Dominants.	*Récessifs.*
Feuilles velues.	Feuilles glabres.
Chaume creux.	Chaume plein.
Épi simple.	Épi ramifié.
Glumes carénées.	Glumes convexes.
Épillets mutiques.	Épillets aristés.
Sensibilité à la rouille.	Résistance à la rouille.
Graines riches en gluten.	Graines riches en amidon.

(D'après M. BIFFEN, 1905 et 1907.)

Tous ces caractères sont indépendants les uns des autres, c'est-à-dire que chacun peut se transmettre isolément, sans en entraîner aucun autre.

Il y a aussi chez le Froment des caractères qui ne forment pas des couples de ce genre, et qui présentent dans les hybrides un état intermédiaire. Voici une liste des mieux étudiés :

Grain rouge.	Grain blanc.
Glumelles velues.	Glumelles glabres.
Épi long.	Épi court.
Épi lâche.	Épi dense.
Hâtiveté.	Tardiveté.
Glumelles larges.	Glumelles étroites.
Grain long.	Grain court.

(D'après M. Biffen, 1905.)

Ces déterminants-ci peuvent aussi être transmis isolément. Le nombre des caractères indépendants est donc bien supérieur à celui des chromosomes (8 chez le Froment). C'est cette constatation qui a amené l'hypothèse du tronçonnement des chromosomes lors de la division réductionnelle (voir **p. 159** et **165.**)

*
* *

Certains caractères ne sont pas groupés par deux, mais par trois, par quatre ou davantage. Dans une série de ce genre, chaque déterminant est dominant sur les suivants et récessif par rapport aux précédents.

Ainsi il y a des Souris jaunes, des Souris de teinte chocolat, des grises, des noires, des blanches. Les déterminants de coloration forment la série que voici :

Jaune (J) > Chocolat (Ch) > Gris (G) > Noir (N).

Pour que l'une quelconque de ces colorations se manifeste, il faut encore que la Souris possède le déterminant C ; si celui-ci manque, l'animal est albinos (A). C domine sur A.

Il y a donc des Souris blanches dérivées de jaunes, d'autres de grises, etc.

Voici une expérience suggestive qui mieux qu'aucune des précédentes permet de saisir sur le vif l'analyse germinale.

On croise une Souris blanche et une Souris jaune, mais l'une et l'autre sont hétérozygotes. La blanche a été obtenue en hybridant un albinos de gris et un albinos de noir ; le résultat est AG AN, qui est albinos.

D'autre part, la jaune résulte de l'accouplement d'un albinos de jaune avec une Souris noire ; le résultat est CN AJ, qui est jaune, puisque C domine sur A et J sur N.

La première donne deux sortes de gamètes : AG et AN. La seconde en donne quatre : CN, CJ, AN, AJ. Il y a donc 2×4 combinaisons possibles et probables.

1. AG CN gris	2. AG CJ jaune	3. AG AN blanc	4. AG AJ blanc
5. AN CN noir	6. AN CJ jaune	**7. AN AN** blanc	8. AN AJ blanc

(D'après M. Cuénot)

Ce tableau fait voir que sur les 8 Souris de cette expérience, il peut y avoir 1 grise, 1 noire, 2 jaunes, 4 blanches. L'observation confirme-t-elle le calcul?

Le nombre total des petits obtenus par M. Cuénot fut de 151 (soit approximativement 19×8).

	Calculé.	Observé.
Souris blanches	76	81
» jaunes.	38	34
» noires.	19	20
» grises.	19	16

La concordance frappante entre les nombres calculés et les nombres observés doit nous inspirer confiance dans notre conception de l'hybridation mendelienne.

*
* *

Un hétérozygote donne naissance à une progéniture variée, d'autant plus hétérogène que sont plus nombreuses les différences entre les gamètes qui l'ont produite. Or, à peu d'exceptions près, les Rosiers, les Dahlias, les Pommes de terre, les Poiriers, etc., sont hétérozygotes. Il n'y a guère, parmi les Végétaux, que les espèces monocarpiques qui soient homozygotes; encore n'en est-il pas ainsi pour les Pensées et pour quelques autres Plantes dont les parterres étalent la plus capricieuse bigarrure de couleurs.

C'est donc uniquement par des procédés végétatifs (boutures, greffes, marcottes), qu'on multiplie la plupart des espèces vivaces et des arbres fruitiers; et on ne sème que les Plantes annuelles et bisannuelles. telles que les Céréales, les Haricots, les Reines-Marguerite, les Quarantaines.

On connaît quelques cas d'un autre mode de mendelisation, la disjonction en mosaïque. Ici les caractères des parents ne se fusionnent ni ne se séparent sur des individus distincts, mais apparaissent côte à côte. sous forme de mosaïque, sur chaque individu hybride. Ainsi les hybrides de *Linaria vulgaris* (à fleurs jaunes) et de *L. purpurea* (à fleurs pourpres) ont des fleurs bariolées de jaune et de pourpre; quelques descendants font retour aux parents.

13

5. RÉPARTITION DES CARACTÈRES TRANSMISSIBLES
CHEZ L'INDIVIDU.

D'habitude les organes semblables d'un individu ont tous les mêmes caractères. Mais il y a des exceptions. Dans un capitule de Marguerite (*Chrysanthemum Leucanthemum*), les fleurs périphériques du capitule ont une grande corolle blanche et sont ♀, tandis que les fleurs centrales ont une petite corolle jaune et sont ☿. Mais les graines produites par les deux sortes de fleurs donnent exactement les mêmes plantes.

Plus rarement, il y a aussi une différence de forme dans les graines. Ainsi chez *Dimorphotheca pluvialis* (fig. 170), les graines dérivant des fleurs péri-

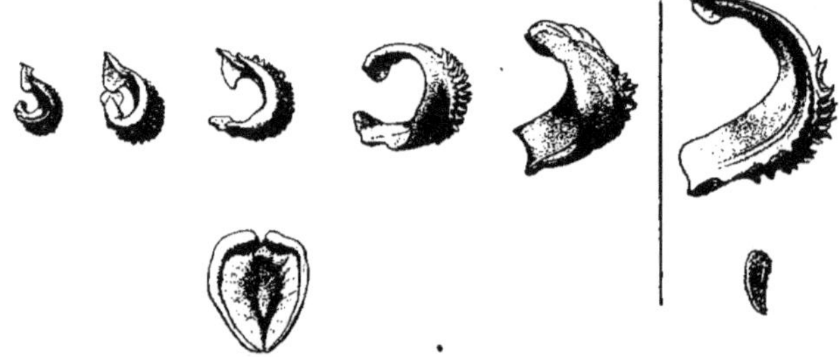

Fig. 170.

DIVERSITÉ DES FRUITS D'UNE MÊME PLANTE.

Rangée supérieure, akènes de Souci (*Calendula officinalis*) : à gauche, akènes provenan des fleurs centrales ; à droite, akène de fleur périphérique.

Rangée inférieure, akènes de Souci pluvial (*Dimorphotheca pluvialis* : à gauche, akène central ; à droite, akène périphérique.

phériques du capitule sont tout autrement constituées que celles du centre. Mais les unes et les autres donnent les mêmes rejetons.

Chez les Soucis (*Calendula*), il y a même des différences dans les fruits centraux, suivant qu'ils sont placés plus près du milieu du capitule ou plus près de son bord (fig. 170).

Voici un cas un peu différent. Certaines races de Mouron rouge (*Anagallis arvensis*) donnent d'abord des feuilles opposées ; puis plus tard, principalement sur les rameaux vigoureux, des feuilles disposées par trois ou plus ou moins alternes. Des fleurs naissent à l'aisselle de toutes ces feuilles. Rien de plus facile que de féconder entre elles les fleurs axillaires des feuilles opposées et d'en récolter les graines et d'agir ensuite de même pour les fleurs nées à l'aisselle des feuilles ternées. On obtient ainsi deux lots de graines purés. Les plantes issues du premier lot sont en tout point identiques à celles du second.

Ces exemples montrent que les caractères qui se manifestent peuvent être dissemblables sans que ces différences se retrouvent, si peu que ce soit, dans les caractères qui se transmettent.

6. NON-TRANSMISSIBILITÉ DES CARACTÈRES ACQUIS.

Chez la Marguerite dont il vient d'être question (p. 194) les différences de forme entre les fleurs du pourtour et celles du centre tiennent uniquement à leur position dans l'inflorescence. Pour que les fleurs rayonnantes de la périphérie donnent des descendants ayant uniquement des fleurs rayonnantes et pour que les graines des petites fleurs centrales produisent des plantes ayant uniquement des fleurs petites, il faudrait que les structures des deux sortes de fleurs retentissent sur les chromosomes des gamètes nés dans les fleurs. Or, rien ne permet de supposer qu'une influence de ce genre puisse s'exercer. Aussi les graines des deux sortes de fleurs ne transmettent-elles que ce qui était déjà inné en elles, c'est-à-dire la faculté de produire des fleurs qui adopteront soit telle forme, soit telle autre, selon leur situation.

Jamais il n'a été prouvé qu'une particularité quelconque, acquise pendant la vie individuelle, ait été léguée aux enfants. Un examen minutieux des observations tendant à faire admettre l'hérédité d'un caractère acquis a révélé que toutes étaient entachées d'erreurs. Bref, l'organisme peut transmettre ce que lui-même a reçu de ses parents, mais non ce qu'il y a ajouté pendant son existence individuelle.

B. LA VARIABILITÉ.

Quand on examine les feuilles d'un Hêtre pourpre, on remarque aussitôt que leur teinte est très diverse : celles qui sont directement exposées aux rayons solaires, tout en haut de l'arbre, sont pourpre foncé, presque noires ; celles de l'intérieur de la couronne, que les rayons ne frappent jamais, sont vertes, de la même teinte que celles de l'ancêtre, le Hêtre ordinaire. Et pourtant le caractère pourpre est parfaitement héréditaire.

Ainsi, ce qui distingue le Hêtre ordinaire du Hêtre pourpre, ce n'est pas, à proprement parler, la couleur, mais c'est que le second possède héréditairement une qualité qui manque au premier : celle de produire à une lumière suffisante, une coloration pourpre dans son feuillage.

L'hérédité est donc influencée par les conditions extérieures et elle ne s'effectue pas strictement selon le mode qui a été esquissé dans le chapitre précédent. Entre les parents et leurs enfants, l'hérédité se heurte à des obstacles de tout genre qui la font dévier tantôt dans un sens, tantôt dans un autre Aussi les enfants ne sont-ils jamais la réplique servile de leurs parents et ne sont ils pas exactement semblables entre eux. D'ailleurs si l'hérédité existait seule, aucune évolution ne serait possible et les êtres d'aujourd'hui seraient

encore identiques à ceux qui ont apparu sur la Terre à l'origine de
la vie.

Les différences qu'on observe entre les descendants d'un même
couple sont de deux sortes. Les unes sont de simples oscillations
autour d'une position d'équilibre ; pour reprendre l'exemple du Hêtre
pourpre, la couleur de ses feuilles varie entre le pourpre foncé et le
vert, en passant par toute la gamme des rouges ; ces variations,
amenées par la diversité du milieu, sont les fluctuations. Les
différences de la deuxième sorte, les mutations, sont dues à des
causes plus profondes ; elles créent une nouvelle base d'équilibre
autour de laquelle s'exécutent les oscillations. C'est une mutation qui
a fait que dans un semis de Hêtres ordinaires, une des plantes était
pourpre et a pu transmettre à ses descendants le pouvoir de rougir à
la lumière.

On peut comparer les fluctuations aux balancements qu'on impri-
merait à un cube dont les faces seraient légèrement convexes ; après
des oscillations en tous sens, le cube finit par retrouver sa position
d'équilibre au milieu de la face où il repose. Si on lui fait exécuter
une culbute, ce qui figure une mutation, il se remet à osciller sur
une nouvelle face.

1. LA FLUCTUATION.

Il suffit de jeter un regard autour de soi pour constater que sur
les milliers d'Hommes que chacun connaît, il n'y en a pas deux qu'on
puisse confondre : ils se distinguent tous aisément, à la fois par des
caractères de structure, des caractères intellectuels, des caractères
moraux... De même, parmi les dizaines de milliers de feuilles d'un
arbre, il ne s'en trouve pas deux qui soient exactement superpo-
sables.

Si nous examinons de plus près les feuilles d'un rameau (fig. 171),
nous voyons aussitôt que les premières formées, c'est-à-dire celles
de la base, sont plus petites que les suivantes et que les toutes dernières sont également réduites. Au début de la croissance du rameau,
au printemps, la nourriture n'est pas encore aussi abondante que
plus tard et les feuilles restent donc plus petites. Vers la fin de la
période de croissance, les aliments sont déjà en grande partie déviés
vers les réserves et les jeunes feuilles en reçoivent de nouveau
moins, d'où leur taille réduite. Pendant la saison de forte croissance,
il arrive de temps en temps que la nourriture est surabondante, et il
se produit alors une feuille de dimensions exceptionnelles ; mais la
nourriture peut aussi faire momentanément défaut, ce qui conduit à
ce qu'une feuille reste en-dessous de la normale. C'est comme s'il y
avait pour l'ensemble des feuilles d'un arbre une dimension-type
autour de laquelle oscillent les feuilles moins bien nourries
et celles qui ont profité d'un moment de suralimentation.

Ce qui est vrai pour les feuilles l'est aussi pour les individus. Quoique vivant les uns à côté des autres, ils sont tout de même soumis à des influences plus ou moins inégales et ils portent la marque de cette diversité.

Sur un capitule de Compositacée, les fleurs sont disposées en rangées

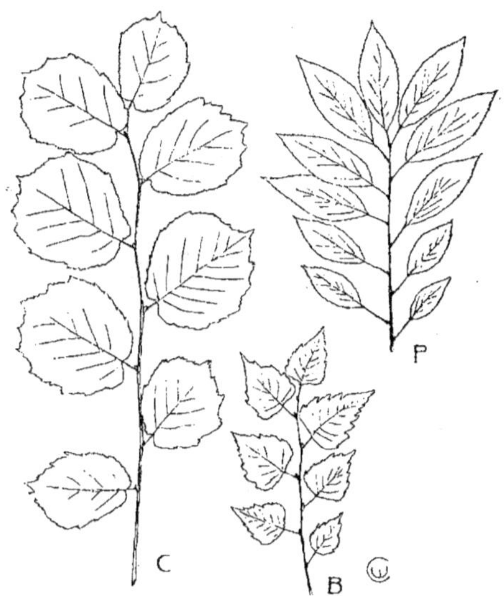

Fig. 171.

FLUCTUATIONS DE LA DIMENSION DES FEUILLES.

C, rameau de *Corylus Avellana* (Noisetier) ; P. rameau de *Prunus scrotina* ;
B, rameau de *Betula alba* (Bouleau).

spirales de divers ordres (fig. 172). Si on examine les fruits (akènes) provenant de ces fleurs, on constate, abstraction faite de ceux de la périphérie (voir p. 194), que leur grosseur diminue progressivement du pourtour vers le centre. Pourtant on rencontre des anomalies. Ainsi dans la rangée marquée d'un point, après les n°s 1 et 2, qui sont à l'extrème périphérie, les numéros 6, 7, 8, 12 et 17 sont exceptionnellement gros, tandis que les numéros 9 et 16 sont plus petits que ne le comporte leur rang. Sans doute ces derniers ont-ils été comprimés et empêchés ainsi de se développer, alors que les premiers ont probablement été fécondés avant leurs voisins et ont pu prendre une avance sur eux.

Encore une fois il y a ici des fluctuations en plus et en moins autour d'une moyenne et de nouveau ces différences de grosseur tiennent à des causes extérieures. Or, il s'agit dans ce cas, non plus d'organes, mais d'organismes, car les graines ne sont pas des parties d'un individu, mais des individus complets, quoique tout jeunes et encore peu développés.

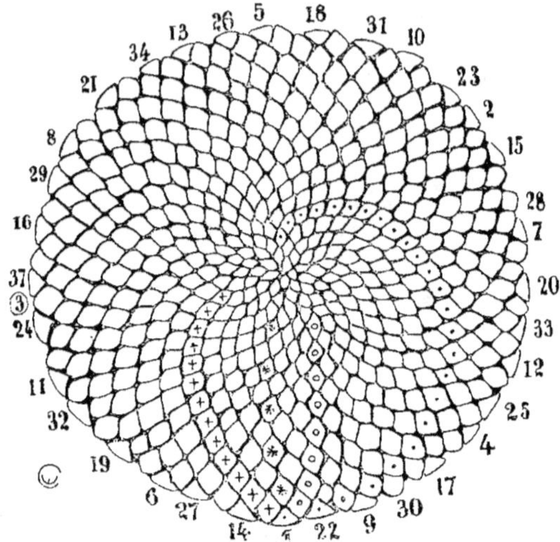

Fig. 172.

FLUCTUATIONS DE LA DIMENSION DES AKÈNES D'UN CAPITULE DE GRAND-SOLEIL.
(*Helianthus annuus*).

Les akènes périphériques sont numérotés dans l'ordre de leur succession. A partir du n° **1**, on a marqué les akènes de quatre rangées spirales : d'un point, la rangée du type 21 (c'est-à-dire qu'il y a sur le capitule vingt-et-une de ces rangées) ; d'une croix, la rangée du type 34 ; d'un cercle, la rangée du type 55 ; d'un astérisque, la rangée du type 89.

a) *La courbe de fréquence.*

Une excellente façon de représenter graphiquement les fluctuations consiste à classer ensemble les individus ayant à un même

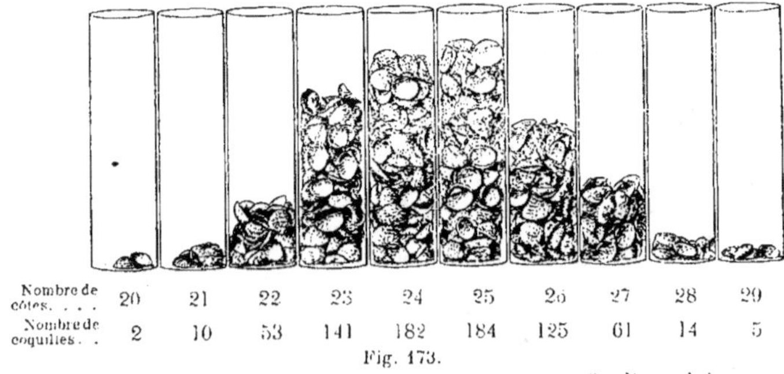

Nombre de côtes. . . .	20	21	22	23	24	25	26	27	28	29
Nombre de coquilles. .	2	10	53	141	182	184	125	61	14	5

Fig. 173.

FLUCTUATION DU NOMBRE DE CÔTES SUR LES COQUILLES DE *Cardium edule*.

Fig. 174.

LES CÔTES SUR LA COQUILLE
DE *Cardium edule*.
Les points noirs sont des lichens
(*Verrucaria muralis*).

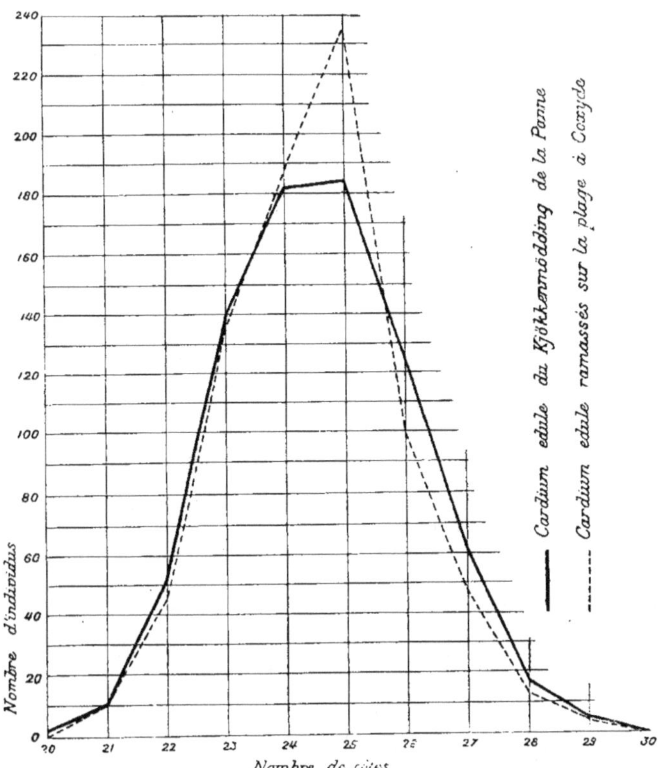

Fig. 175

FLUCTUATION DU NOMBRE DES CÔTES SUR LES COQUILLES DE *Cardium edule*.

En trait plein, les *Cardium* du kjökkenmödding de La Panne (voir fig. 173).— En trait interrompu, la variabilité d'un membre égal de coquilles ramassées sur la plage à Coxyde.

degré le caractère considéré, et à ranger les classes ainsi obtenues dans un ordre défini, par exemple en commençant par celles où le caractère est le moins marqué, pour finir par celles où il atteint son maximum. On a ainsi une idée précise de la fréquence des diverses valeurs du caractère.

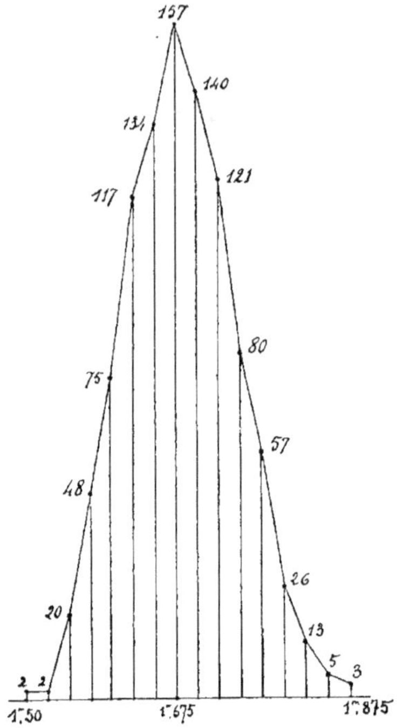

La figure 173 représente 780 coquilles dépareillées de *Cardium edule*, ramassées dans un kjökkenmödding des dunes belges, c'est-à-dire dans un amas de débris de cuisine abandonnés par des populations préhistoriques et proto-historiques.

La coquille de ce Mollusque porte des côtes (fig. 174). On a classé ensemble les valves ayant le même nombre de côtes. Le premier bocal contient les valves qui portent 20 côtes, le deuxième celles qui en ont 21, le troisième celles qui en ont 22, et ainsi de suite jusqu'au dixième où les coquilles ont 29 côtes.

Une ligne continue, unissant les sommets de chaque groupe de coquillages dans les bocaux, donnerait aussi une image fort instructive. Cette courbe représenterait, tout aussi bien que la hauteur des tas de coquillages de chaque classe, la fréquence relative des divers nombres de côtes; c'est pourquoi on lui donne le nom de courbe de fréquence. Un pareil graphique suffit d'ailleurs pleinement à mettre en évidence l'allure des fluctuations (fig. 175). Il se prête aussi beaucoup mieux que les objets eux-mêmes à la comparaison d'une certaine série d'individus avec des séries analogues provenant d'autres endroits, ou d'époques différentes, ou ayant été traités d'une manière spéciale, etc. La figure 175, par exemple, donne en même temps que la courbe de fluctuations de 780 *Cardium edule* préhistoriques celle d'un égal nombre de coquilles actuelles ramassées sur une plage belge.

Fig. 176.

FLUCTUATION DE LA TAILLE DE 1,000 SOLDATS
NORD-AMÉRICAINS.
(D'après Quételet, 1871.)

Tous les caractères susceptibles d'être réduits en nombres peuvent être représentés par des courbes du même genre. En voici encore quatre (fig. 176 à 179) :

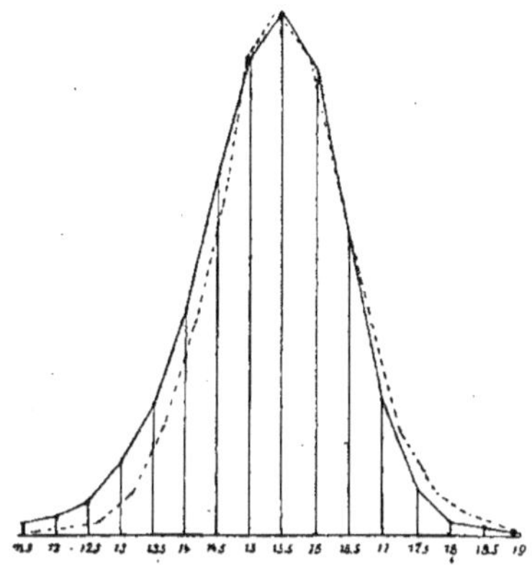

Fig. 177.

FLUCTUATION DU POURCENT DE SACCHAROSE DANS 40,000 BETTERAVES.

La ligne interrompue représente la courbe théorique.

(D'après M. DE VRIES, 1901.)

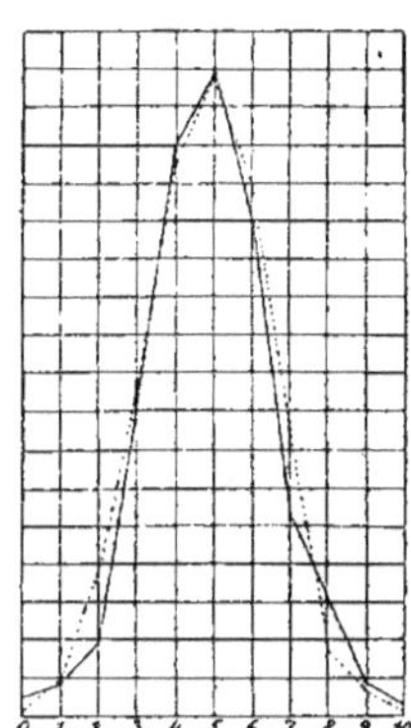

Fig. 178.

FLUCTUATION DU NOMBRE DE TACHES SUR LE LABELLE D'UNE ORCHIDACÉE *(Orchis Morio)*.

(D'après M. CHODAT, 1911.)

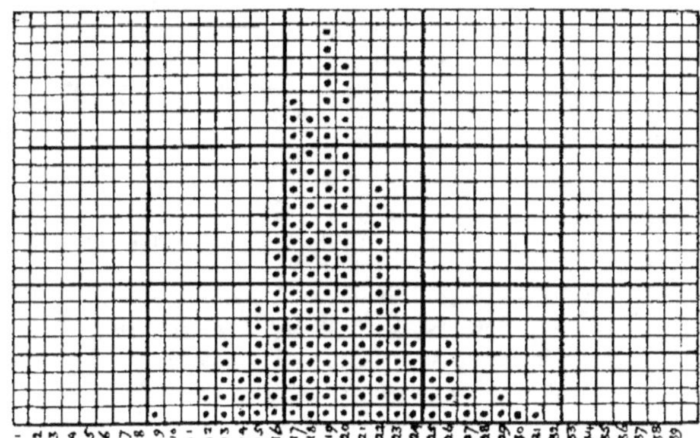

Fig. 179.

FLUCTUATION DE LA TAILLE DE LA LOGE CENTRALE DE 159 INDIVIDUS D'UN FORAMINIFÈRE *Discorbina globularis*.

La taille est donnée en microns.

(D'après M. RAY LANKESTER, 1903.)

b) *La courbe de distribution.*

Pour mettre en évidence les variations de la taille, il est parfois plus démonstratif de construire la courbe d'après un autre principe. Au lieu de réunir en classes successives les individus qui présentent le caractère au même degré, on les dispose tous en une rangée horizontale, en commençant par le plus petit et en finissant par le plus grand (fig. 180). La courbe qui

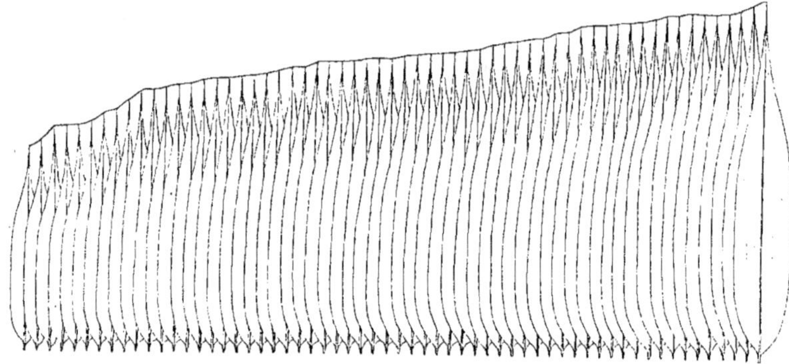

Fig. 180.

COURBE DE DISTRIBUTION DESSINÉE PAR DES FEUILLES D'*Arundinaria japonica*.
Toutes les feuilles proviennent des rameaux d'une même tige.

unit tous les sommets monte d'abord rapidement, puis elle se rapproche de l'horizontale, pour redevenir plus oblique vers la fin. Son allure particulière tient à ce qu'il y a d'assez forts écarts entre les individus de petite taille, puisqu'ils sont peu nombreux, et entre les individus de grande taille, pour la même raison, — tandis que les individus moyens, très nombreux, sont donc à peu près semblables entre eux.

c) *Allure des courbes de fluctuation.*

Un fait qui ne peut manquer de frapper, c'est que toutes ces courbes ont la même allure, malgré la diversité des phénomènes qu'ils représentent : la densité des côtes sur des coquillages fossiles et actuels (fig. 175), la taille de soldats (fig. 176), de Protistes (fig. 179) ou de feuilles (fig. 180), la richesse en sucre des betteraves (fig. 177), la densité des taches sur une fleur (fig. 178). Dans tous ces cas, le nombre des individus présentant le caractère au minimum est faible; tout aussi peu nombreux sont ceux qui présentent le caractère au maximum ; par contre il y en a beaucoup chez qui le caractère a une valeur moyenne. En d'autres termes, la plupart des individus oscillent autour de la moyenne, et ceux qui s'en écartent sont d'autant plus rares que la déviation est plus considérable. Aussi le sommet de la courbe est-il sensiblement à égale distance du minimum et du maximum.

Une courbe analogue à celle-ci, c'est-à-dire d'abord croissante, puis passant par un sommet, enfin décroissante, est fournie par le développement du binôme $(a + b)^n$, en supposant $a = b$. Voici quelques termes, dans le cas où a et $b = 1$.

Pour	la série est											$(a + b)^n =$
$n = 2$			1		2		1					4
$n = 3$		1		3		3		1				8
$n = 4$	1		4		6		4		1			16
$n = 5$	1	5		10		10		5		1		32
$n = 10$	1. 10. 45. 120. 210. 252. 210. 120. 45. 10. 1.											1024

Or une courbe binomiale de ce genre est simplement une courbe de probabilité : elle exprime l'action de facteurs multiples, les uns agissant positivement, les autres négativement. On peut construire une courbe de probabilité, ayant absolument l'allure des courbes de fluctuation, par des moyens purement mécaniques.

On fait tomber, dans des cases contiguës, de la grenaille de plomb enfermée dans une sorte d'entonnoir placé en haut d'une caisse rectangulaire (fig. 181). Si rien ne se dressait sur leur chemin, tous les grains se rassembleraient dans la case qui occupe le milieu du fond de la caisse. Mais les grains rencontrent pendant leur trajet des clous disposés en quinconce. Après des heurts successifs, tantôt à droite, tantôt à gauche, ils sont déviés dans les deux sens. Le plus grand nombre arrive tout de même dans la case médiane, et ceux qui s'en écartent sont d'autant moins abondants que l'écart est plus marqué.

Puisque la courbe de fluctuation est une courbe de probabilité, elle se rapproche évidemment d'autant plus de la courbe idéale qu'on opère sur des nombres plus considérables ; en effet les cas exceptionnels s'effacent alors de plus en plus, noyés dans la masse.

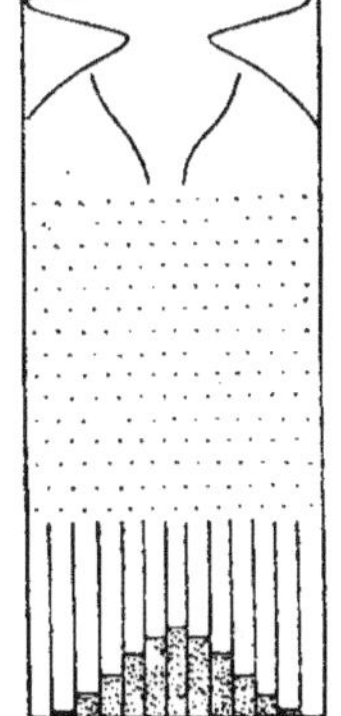

Fig. 181.

BOITE DE GALTON

D'autre part, dans chaque cas particulier, des calculs relativement simples permettent de tracer la courbe théorique de la fluctuation, déduite des observations. Cette courbe calculée est représentée en pointillé dans les figures 177 et 178.

d) *La fluctuation discontinue.*

Dans les exemples précédents, la courbe de variation n'a qu'un seul sommet, ce qui signifie que la fluctuation s'exécute autour d'une moyenne unique, ou, en d'autres termes, qu'elle est continue et

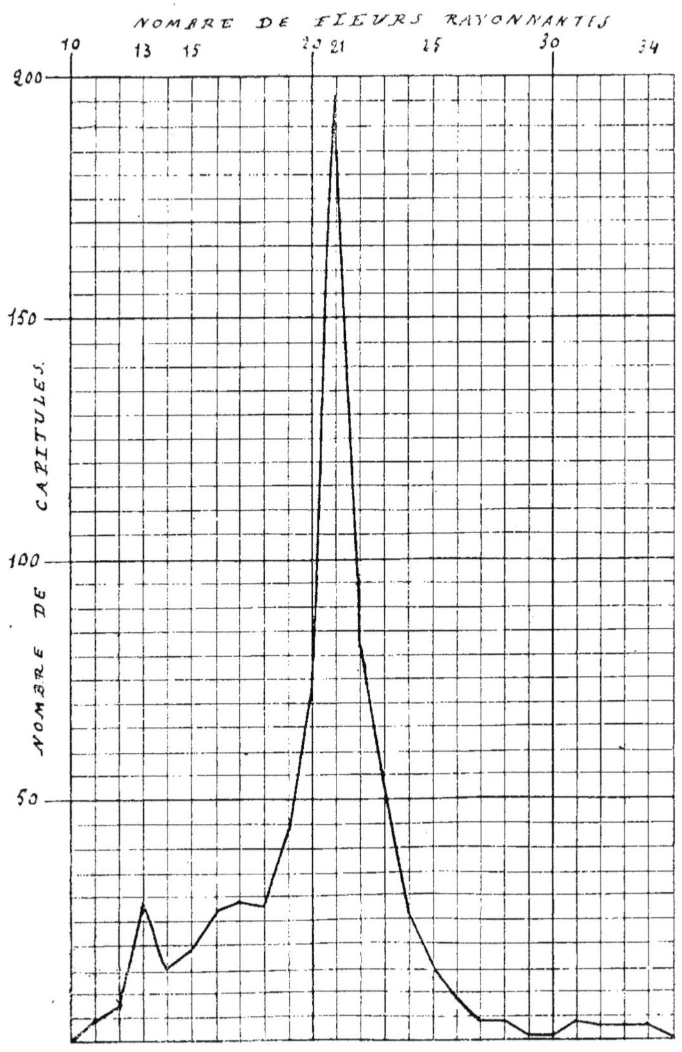

Fig. 182.

COURBE DE FLUCTUATION A DEUX SOMMETS.

La courbe représente le nombre de fleurs rayonnantes sur 599 capitules de Grande-Marguerite *(Chrysanthemum Leucanthemum)*, cueillis le même jour dans une prairie.

graduelle. Mais voici une courbe à deux sommets (fig. 182) : près du tiers des capitules de Grande-Marguerite ont 21 fleurs rayonnantes, mais il y en a aussi 5 p. c. qui n'ont que 13 fleurs rayonnantes.

Pour comprendre ce cas, reportons-nous à la figure 172. Ce capitule de Grand-Soleil montre que les fleurs sont disposées en rangées spirales. Les plus apparentes de ces rangées sont marquées d'un point, d'une croix et d'un cercle Si nous faisons le tour du capitule, nous trouvons 21 rangées de la première sorte, 34 de la deuxième, 55 de la troisième. Le capitule en pleine floraison était bordé de grandes fleurs rayonnantes. larges et étalées, à trois pétales. bien différentes des fleurs centrales, petites, tubuleuses, à cinq pétales Alors que les corolles sont tombées des fruits déjà mûrs, on reconnaît encore les fleurs rayonnantes à leurs akènes ; ceux-ci tranchent par leur section triangulaire et leur stérilité, vis-à-vis des akènes fertiles et arrondis, provenant des fleurs tubuleuses. Dans le capitule de la figure 172, les 34 fruits périphériques, numérotés, sont tous triangulaires, sauf les numéros 30 et 28. Il y avait donc 32 fleurs rayonnantes ; dans d'autres capitules du même type il y en a 33, 34, 35, 36, mais le nombre 34 l'emporte de beaucoup. Bref dans ces capitules, où les rangées spirales apparentes sont au nombre de 21, 34 et 55, les rangées du type 34 se terminent par une fleur rayonnante : rarement il y a deux fleurs ou bien il n'y en a pas.

Quand on mesure tous les capitules d'une forte plante de Grand-Soleil, on constate que leurs diamètres, très divers, varient d'une manière graduelle, depuis les plus petits, qui n'ont que 3 ou 4 centimètres, jusqu'à ceux qui ont une vingtaine de centimètres. Mais les variations du nombre des fleurs rayonnantes ne sont pas du tout graduelles.

Voici les nombres de rangées spirales qu'on a comptées sur les capitules d'une même plante Le nombre en caractères gras est celui des rangées terminées par une fleur rayonnante. (Le nombre des fleurs rayonnantes oscille donc autour de celui-ci.)

1 capitule avec	5,	**8,**	13 rangées spirales.	
4	»	8, **13,**	21	»
7	»	13, **21,**	34	»
8	»	21, **34,**	55	»
2	»	34, **55,**	89	»
1	»	55, **89,**	144	» .

Toutes les Compositacées ont les fleurs disposées en rangées spirales ; chez celles qui ont des fleurs rayonnantes de forme spéciale, le nombre des rangées terminées par ces fleurs est égal à 5, à 8, à 13, à 21, à 34, à 55, à 89. Dans les Marguerites de la figure 182, presque tous les capitules avaient 21 rangées de cette sorte ; mais les capitules très petits n'en avaient que 13, d'où la courbe à deux sommets.

Tous ces nombres font partie de la série arithmétique de Fibonacci :

$$0, 1, 1, 2, 3, 5, 8, 13, 21, 34, 55, 89, 144, \ldots\ldots$$

où chaque nombre est égal à la somme des deux précédents.

Nous verrons en étudiant la phyllotaxie, dans la partie botanique de ce cours, quelle est la signification de cette série chez les Végétaux.

e) *La fluctuation alternative.*

Le capitule de Grand-Soleil nous a permis d'étudier la fluctuation graduelle (taille des graines fertiles) et la fluctuation discontinue (nombre de fleurs rayonnantes) Il nous fournit aussi un bon exemple de fluctuation alternative. Les fleurs du bord ont une autre conformation que celles du centre : leur corolle est grande, rayonnante, formée de trois pétales; elles donnent un akène triangulaire, stérile. La différence entre elles et les fleurs tubuleuses du centre tient uniquement à la position, puisque nous savons que dans les cas où les akènes périphériques sont fertiles, ils donnent les mêmes plantes que les akènes centraux (p. 195). Les conditions extérieures déterminent ici un saut brusque : la fleur est complètement, soit tubuleuse, soit rayonnante, sans qu'il y ait d'intermédiaires entre les deux alternatives. Mais la séparation n'est pas toujours aussi tranchée. Ainsi chez la plupart des Compositacées Liguliflores, par exemple chez le Pissenlit, on observe toutes les gradations entre les petites fleurs du centre et les grandes fleurs de la périphérie : chez les Soucis, la distinction entre les fruits centraux et les fruits marginaux est presque graduelle (fig. 170).

Les fluctuations alternatives sont fréquentes. C'est en somme sur elles que repose toute l'accommodabilité : suivant les conditions de milieu, un organe ou un organisme prend telle structure ou telle autre. Rappelons seulement l'accommodabilité de *Polygonum amphibium* (fig. 10 à 13).

Il y a même des cas où l'économie de l'espèce est encore plus complètement

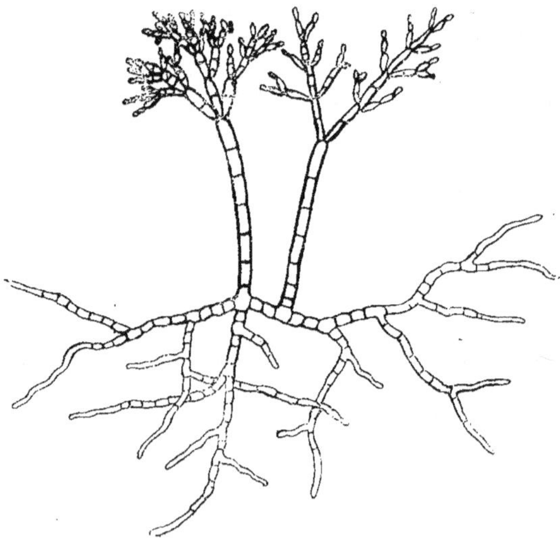

Fig. 183.
HORMODENDRON CLADOSPOROIDES,
cultivé sur gélatine.

bouleversée. Les figures 183 à 188 montrent combien sont profonds les changements que les modes de culture introduisent dans la structure et dans la

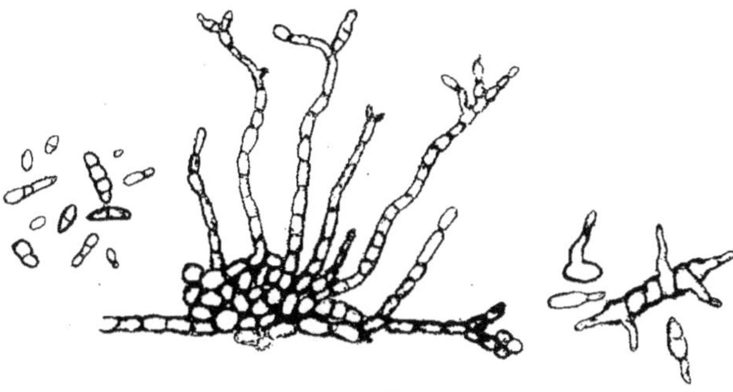

Fig. 184.

CLADOSPORIUM HERBARUM,
récolté sur une courge.
A gauche, conidies; à droite, germination des conidies.

reproduction d'un Champignon : *Hormodendron cladosporoides*. Les modifications sont tellement marquées que les mycologues avaient classé les dérivés de *Hormodendron* (fig. 183) dans les genres *Cladosporium*

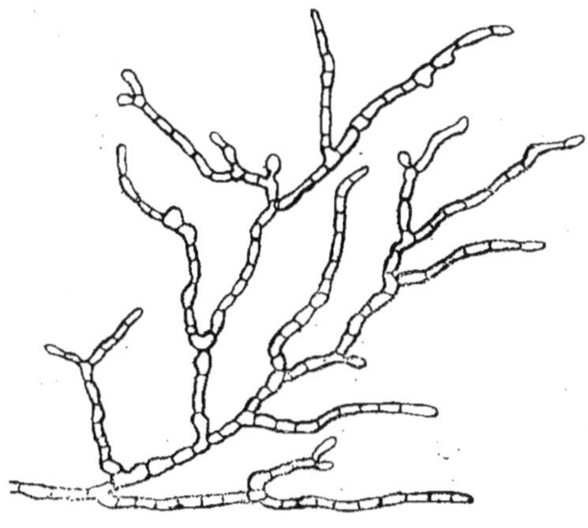

Fig. 185.

DEMATIUM PULLULANS
dans une solution d'acétate de potassium.

Dematium (fig. 185 et 186), *Fumago* (fig. 187) et même parmi les Levures (fig. 188). Les figures 183 à 188 sont extraites d'un travail de LAURENT en 1888.

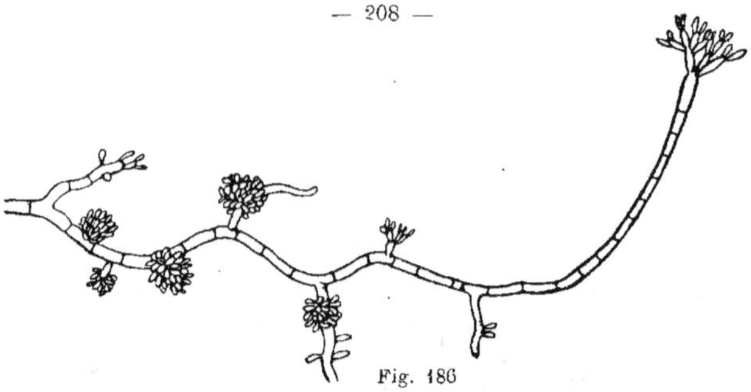

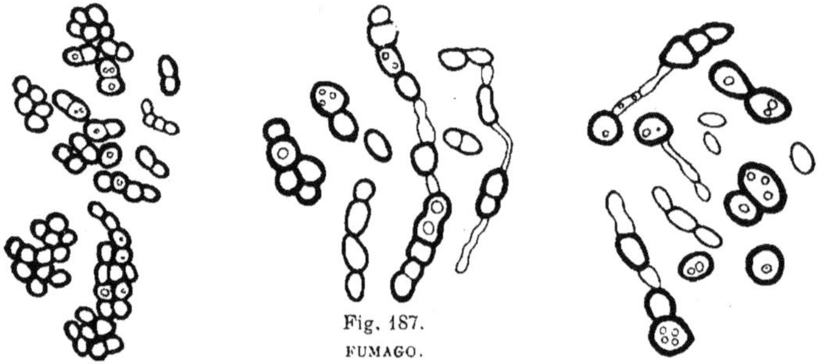

Fig. 186

DEMATIUM PULLULANS

cultivé sur gélatine, et produisant à la fois un appareil conidifère de *Hormodendron*
(à droite) et des formes-levures.

Fig. 187.

FUMAGO.

A gauche, *Fumago* récoltés sur une feuille de Pommier; au milieu, culture en solution
minérale additionnée de colchicine; à droite, culture en liquide sucré.

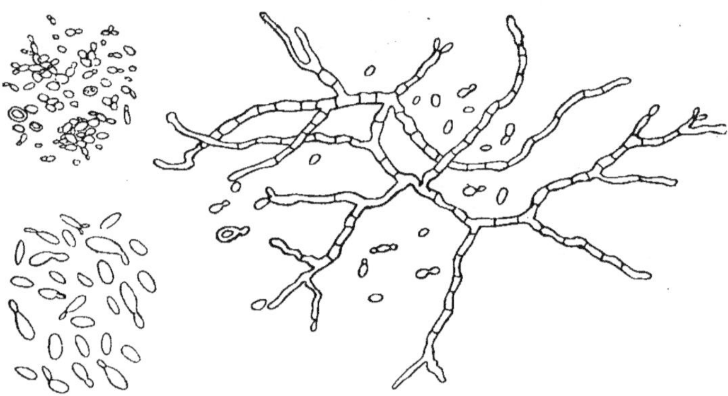

Fig. 188.

FORMES-LEVURES.

A gauche en haut, culture en solution ammoniacale; en bas, culture sur gélatine; les
cellules sont devenues roses; à droite, culture en solution nitrique; les cellules de levure
s'allongent en filaments.

II. La mutation.

De temps en temps apparaît une mutation, variation tout à fait imprévue, qui ne suit aucune des règles de la fluctuation; elle est sans doute régie par des lois que nous ignorons encore.

En 1828 naquit dans la ferme de Mauchamps, près de Berry-au-Bac (département de l'Aisne), un bélier dont la laine était exceptionnellement soyeuse. Dès 1829, il féconda quelques brebis; deux des agneaux, un mâle et une femelle, avaient une toison semblable à celle de leur père. Accouplés entre eux, ils fournirent des descendants qui avaient tous la laine soyeuse.

A la fin du xviiie siècle naquirent dans une ferme du Massachusetts un bélier et une brebis appartenant à une même portée, dont les pattes très courtes et tordues ne leur permettaient pas de grimper par-dessus les petits murs qui séparent les prairies; cette particularité, évidemment désavantageuse aux Moutons, était donc utile aux éleveurs. Aussi croisa-t-on les Moutons bassets entre eux : leurs caractères étaient héréditaires et on obtint du premier coup une race stable.

La race du Bœuf Durham, si recherchée pour la boucherie, provient d'une unique génisse, qui transmit fidèlement ses caractères.

Le Pigeon culbutant à courte face est né, en un seul exemplaire, en 1850, parmi des culbutants ordinaires. Il devint le point de départ d'une nouvelle race stable.

Deux faits nouveaux se remarquent dans chacune de ces variations :

a) La modification apparaît brusquement, sans que rien l'ait préparée;

b) Elle se montre immédiatement transmissible; aussi la race est-elle fixée du coup.

C'est cette dernière particularité qui sépare nettement la mutation de la fluctuation. Alors que les fluctuations, même très fortes, comme celles qui affectent la structure de *Polygonum amphibium* (fig. 10 à 13), sont totalement soustraites à l'hérédité, les mutations sont stables dès l'origine.

Voici encore quelques cas où une variation brusque s'est révélée immédiatement et complètement transmissible.

En 1897, un botaniste, M. Heeger, récoltait sur la place du marché de Landau, dans le Palatinat, une Crucifèracée qui possédait tous les caractères essentiels de *Capsella Bursa-pastoris* (fig. 189, P), sauf que les fruits, au lieu d'avoir l'échancrure typique du genre *Capsella*, étaient arrondis (fig. 189, H), comme dans le genre *Camelina*. Des graines récoltées sur un exemplaire donnèrent une descen-

14

dance homogène, semblable au parent. La nouvelle espèce, *C. Hee-geri*, est maintenant répandue dans les jardins botaniques.

En 1908, M. Viguier rencontrait dans la gare d'Izerte (Basses-Pyrénées), au milieu des *Capsella Bursa-pastoris*, un exemplaire, un seul, qui se distinguait immédiatement par ses fruits : au lieu de la silicule composée de deux carpelles, qui est caractéristique de toute la famille, la nouvelle plante a quatre carpelles (fig. 189, V). Or, ce nombre ne se rencontre que dans quelques types aberrants, parmi lesquels les *Tetrapoma*, qui par tous les autres caractères se rapprochent des *Nasturtium*, et le genre *Holargidium* qui est semblable à *Draba alpina*, sauf pour le fruit.

Capsella Viguieri est tout à fait stable, sans aucun retour au type.

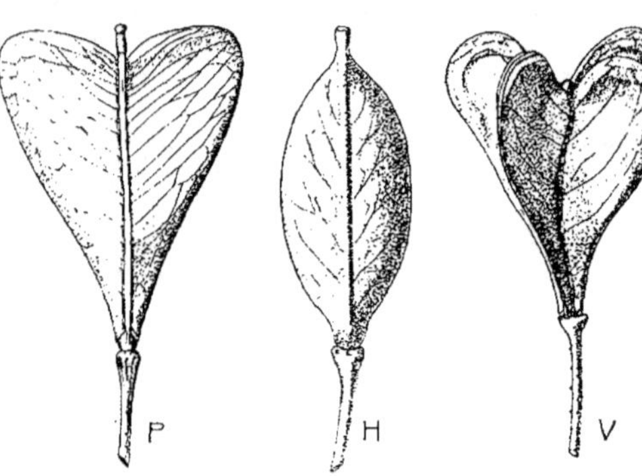

Fig. 189.

MUTATIONS DE *Capsella Bursa-pastoris*.

P, silicule du type; **H**, silicule de *Capsella Heegeri*.

(D'après SOLMS-LAUBACH.)

V, silicule de *C. Viguieri*.

(D'après un exemplaire communiqué par M. BLARINGHEM.)

Le nombre des carpelles est soumis à fluctuation. Voici le dénombrement de 9,463 fruits récoltés sur dix plantes très vigoureuses de la troisième génération (1ʳᵉ ligne), et de 8,369 fruits provenant d'une vingtaine de plantes de la deuxième génération (2ᵉ ligne) :

Nombre de carpelles	2	3	4	5	6	7	8
Nombre de fruits	3	81	8750	301	288	24	16
» »	5	143	7867	217	116	18	3

(D'après M Blaringhem, 1911.)

Capsella Bursa-pastoris fluctue autour du nombre 2; *C. Viguieri* autour du nombre 4. La mutation a donc réellement créé une nouvelle base d'équilibre.

Nous connaissons aussi des cas où la mutation s'est produite sur des espèces domestiques, c'est-à-dire sous les yeux de l'observateur.

On cultive depuis une quarantaine d'années une plante introduite de Zanzibar vers 1880, *Impatiens Sultani*. L'espèce se multipliait de boutures et de semis et était absolument constante; ses fleurs, réunies par deux, sont rouge carmin. Subitement en 1890, elle produisit dans un établissement d'horticulture à Etterbeek, au milieu d'un semis qui comptait surtout des individus semblables au type, neuf

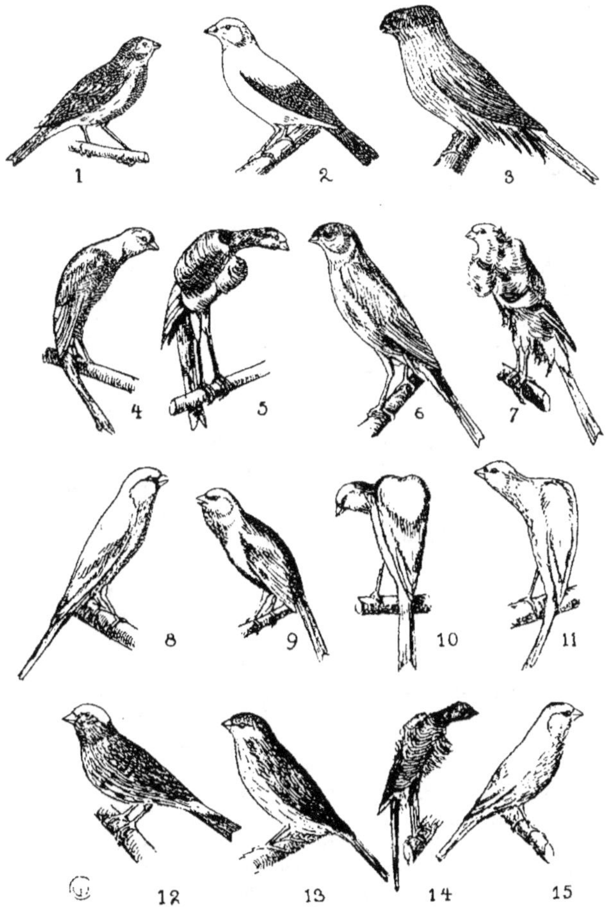

Fig. 190.

QUELQUES RACES DE SERINS (*Serinus canarius*).

1, La race originelle, sauvage ; 2, London Fancy ; 3, Norwich ; 4, Glasgow Don ; 5, Canari hollandais-suisse ; 6. Lancashire ; 7. Serin hollandais ; 8, Yorkshire ; 9. Harz ; 10, Bossu ; 11, Scotch Fancy ; 12, Lizard ; 13, Cinnamon ; 14. Frisé de Roubaix ; 15, Border Fancy.
(D'après M. NOORDUYN, 1903. — Copié dans LOTSY, 1906.)

plantes nouvelles différentes, représentées chacune par un exemplaire unique, dont les fleurs avaient des formes très variées et des coloris allant du rose pâle au violacé. De plus les inflorescences portaient jusqu'à cinq fleurs; or, le nombre des fleurs par inflorescence est caractéristique pour les sections du genre *Impatiens*. Ces nouvelles plantes étaient aussi stables que le *Sultani* primitif.

Cet exemple de mutation est d'autant plus convaincant qu'à cette époque on ne possédait dans les serres aucun *Impatiens* avec lequel *I. Sultani* pouvait s'hybrider et que les nouveautés produites doivent donc leur origine à une mutation et non pas à une mendélisation.

On peut en dire autant de toutes les races de Végétaux et d'Animaux domestiques qui proviennent d'un ancêtre unique. Citons les Pois de Senteur, issus de *Lathyrus odoratus*, — les Reines-Marguerites, issues de *Callistephus sinensis*, — les Pigeons, issus de *Columba livia*, — les Serins (fig. 190), issus de *Serinus canarius*, — les Poissons rouges, issus de *Carassius auratus*. Toutes ces espèces ont fourni de nombreuses races absolument stables, qui toutes, pour autant qu'on en connaisse l'histoire, ont apparu brusquement et ont été constantes dès l'origine.

Parmi les mutations des Animaux et des Plantes domestiques, il en est beaucoup qui sont véritablement tératologiques, ce qui ne les empêche pas d'être héréditaires.

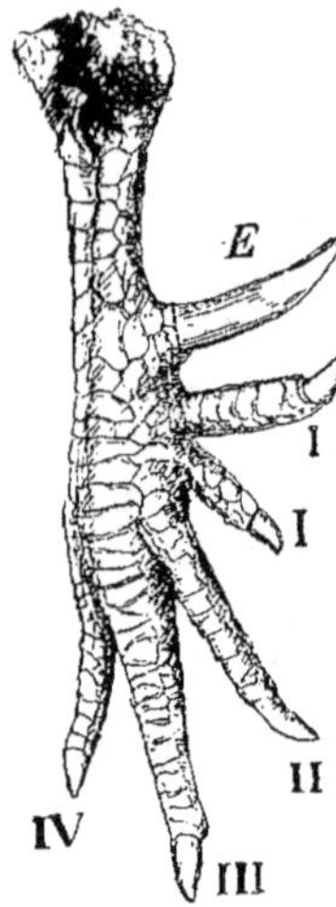

Fig. 191.
L'ORTEIL SUPPLÉMEN-
TAIRE
DU COQ HOUDAN.

E, ergot; I. I, pouce dédoublé; II. III, IV, les trois orteils antérieurs normaux.
(D'après M. Davenport, 1906.
Copié dans Cuénot, 1911)

Citons les Choux-fleurs avec leurs inflorescences stériles, le Coq Houdan avec son orteil supplémentaire (fig. 191), et surtout le Poisson rouge de la race japonaise *Rioukin* (fig. 192) avec ses yeux qui lui sortent de la tête et sa queue double. Ce dernier caractère est tout particulièrement curieux; ce Poisson est en effet une paire de jumeaux dont les queues seules sont séparées. (Comparer avec les frères siamois, p. 163.) Signalons encore les nombreuses fleurs doubles, avec leurs pétales supplémentaires dérivés souvent d'étamines ou de carpelles, et le Pigeon queue-de-paon qui possède un nombre de plumes caudales supérieur au nombre de celles d'aucun autre Oiseau.

Enfin on peut faire remarquer que beaucoup de mutations sont nettement désavantageuses. Aux exemples déjà cités, on peut en ajouter une foule d'autres, parmi lesquels le plus démonstratif peut-être est le Coq japonais (fig. 193), avec sa queue pendante tellement longue qu'elle l'empêche de se promener.

Arrivons-en maintenant à l'exemple classique de mutation, celui d'*Œnothera Lamarckiana*, qui a fourni dans le jardin botanique d'Amsterdam une quinzaine de mutations bien caractérisées, se différenciant par tous les caractères du feuillage (fig. 194), de l'inflorescence. de la fleur, de la graine, etc.

A ces caractères généraux ajoutons encore quelques particularités plus spéciales.

Œ. nanella est beaucoup plus sensible que tous les autres à une maladie bactérienne qui déforme les feuilles.

Œ. rubrinervis a des tissus particulièrement fragiles.

Œ. lata est exclusivement femelle.

Alors que le nombre de chromosomes dans les cellules diploïdes d'*Œ. Lamarckiana* et de la plupart des mutants est égal à 14. il est 28 chez *Œ. gigas* et 15 chèz *Œ. lata*.

Fig. 193.

L'ALLONGEMENT DE LA QUEUE
CHEZ LE COQ PHÉNIX DU JAPON·
(Imité de M. DOFLEIN, 1906,
dans CUÉNOT, 1911.)

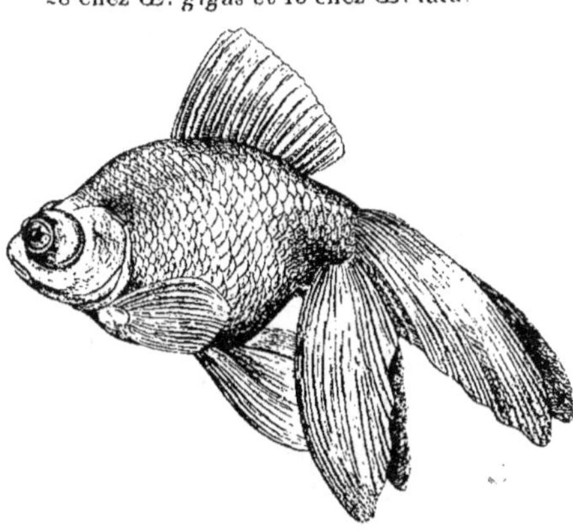

Fig 192.

LE POISSON ROUGE
A DOUBLE QUEUE ET A YEUX TÉLESCOPIQUES.
(D'après M. DOFLEIN, 1906.)

Voici le tableau généalogique d'une culture d'*Œ. Lamarckiana* poursuivie pendant huit générations. s'échelonnant sur quatorze ans. On remarquera que les trois premières générations sont bisannuelles. Mais à partir de 1895, on avait réussi à faire fleurir les *Œnothera* dès la première année. Comme

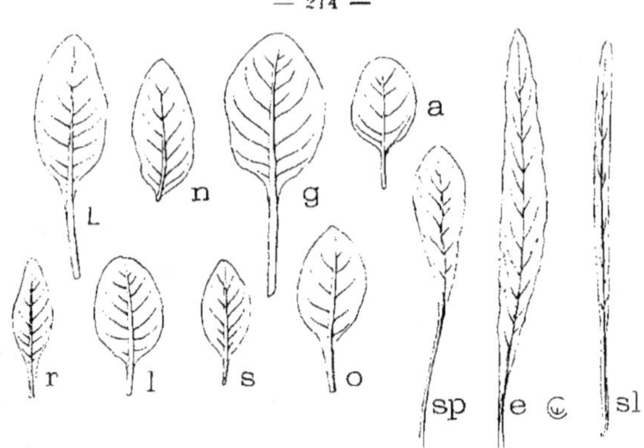

Fig. 194.

FEUILLES D'*Œnothera Lamarckiana* ET DE QUELQUES-UNES DES ESPÈCES ISSUES DE LUI
PAR MUTATION.
a, *Œ. albida* ; **e**. *Œ. elliptica* ; **g**, *Œ. gigas* ; **L**, *Œ. Lamarckiana* ; **l**, *Œ. lata* ; **n**, *Œ.
nanella* ; **o**, *Œ. oblonga* ; **r**, *Œ. rubrinervis* ; **s**, *Œ. scintillans* ; **sl**, *Œ. sublinearis* ; **sp**,
Œ. spathulata.
(D'après M. H. DE VRIES, 1901)

l'état annuel et l'état bisannuel ne sont que des termes d'une fluctuation
alternative, ils ne changent rien aux résultats de l'expérience de mutation.

ANNÉES	GÉNÉRATION	Albida	Oblonga	Rubrinervis	LAMARCKIANA	Nanella	Lata	Scintillans	Gigas
1886-87	I				9				
1888-89	II				15,000	5	5		
1890-91	III			1	10,000	3	3		
1895	IV	15	176	8	14,000	60	73	1	1
1896	V	25	135	20	8,000	49	142	6	
1897	VI	11	29	3	1,800	9	5	1	
1898	VII		9	0	3,000	11			
1899	VIII	5	1	0	1,700	21	1		

(D'après M. H. DE VRIES.)

A chaque génération quelques individus d'*Œ. Lamarckiana* étaient autofécondés et leurs graines servaient à établir la génération suivante.

La quantité et la nature des mutations varient beaucoup d'une génération
à l'autre. Une de ces mutations n'a apparu qu'une seule fois sur environ
44.000 individus observés; c'est *Œ. gigas*, qui s'est révélé tout aussi stable
qu'aucun des autres.

A part *Œ. scintillans*, ces nouvelles espèces transmettent fidèlement leurs
caractères à la totalité de leurs descendants. Seul *Œ. scintillans* n'a qu'une
partie de sa progéniture semblable à lui-même, les autres retournant à *Œ.
Lamarckiana* ou mutant de nouveau. Ainsi l'individu unique qui a apparu en
1895 ayant été fécondé par lui-même, sa descendance comptait :

52 à 59 p. c. de *Lamarckiana*,
34 à 36 p. c. de *scintillans*,
3 à 10 p. c. de *oblonga*,
1 p. c. de *lata*.

III. Moment d'apparition des variations.

Puisque les fluctuations sont déterminées par le milieu, il est
évident qu'elles peuvent se manifester à tout moment. Chez les Végétaux un organe adulte est en général immuable ; mais les organes
qui naissent sans cesse sur les points végétatifs, — tiges, feuilles,
racines, — sont assez malléables pendant leur jeunesse pour se plier
à toutes les nécessités du dehors. Rappelons seulement les feuilles
de *Polygonum amphibium* (fig. 12 et 13, B et E). Au contraire, un
organe animal, même adulte, peut encore modifier profondément sa
structure. Ainsi des Rats nourris exclusivement de viande pendant
plusieurs mois acquièrent un intestin grêle plus long et un gros intestin réduit; nourris au régime lacté, leur surface intestinale diminue
partout; enfin le régime purement végétal provoque e développement du gros intestin.

Les mutations au contraire semblent tout à fait indépendantes du
milieu; en d'autres termes elles sont innées et se présentent comme
une simple manifestation du patrimoine chromosomial.

Pourtant on connaît des cas où une mutation apparaît brusquement
pendant le cours de la vie individuelle, par « sport », tout comme
une mutation ordinaire surgit au milieu d'une progéniture homogène.
En voici un exemple. Les cellules de *Ceratium* (Flagellate) restent
souvent rattachées en longues chaînes. Or dans une chaîne de
C. Ostenfeldi, on a vu un individu devenir brusquement *C. califor-
nicum*.

Un cas du même genre est celui des Brugnonniers : tous les Brugnonniers
proviennent de Pêchers adultes sur lesquels une branche s'est mise à donner
des pêches glabres (ou brugnons), tandis que le reste de l'arbre continuait à
produire des fruits duveteux. Quand on enlève cette branche et qu'on la
multiplie par le greffage, on fixe la nouvelle race. Il semble même qu'en
semant les noyaux de brugnons, on obtient des Brugnonniers.

Il est permis de supposer que la mutation végétative intervient aussi chez d'autres plantes. Il y a en effet pas mal d'espèces apogames, c'est-à-dire où la reproduction sexuelle est tout à fait supprimée. Certaines de ces plantes, comme la Ficaire, se propagent activement par des bulbilles ; d'autres, comme le Pissenlit, donnent de fausses graines contenant un

Fig. 195.

MUTATIONS VÉGÉTATIVES DE TARAXACUM INTERMEDIUM.
Feuilles de 29 lignées différentes.
(D'après Mlle Terry, 1919.)

embryon qui provient, non d'un œuf fécondé, mais d'une cellule qui n'a pas subi la réduction. Tantôt ces espèces apogames sont homogènes et sans variations, par exemple *Cardamine amara* ; tantôt au contraire elles possèdent un remarquable polymorphisme, et on constate alors que la descendance de chaque forme est constante Ainsi chez le Pissenlit (fig. 195) aussi bien les individus issus des fausses graines que ceux qu'on obtient en bouturant les racines, reproduisent fidèlement les particularités de la plante-mère.

Comme il ne naît pas ici de mutations lors de la conjugaison, la diversité frappante des individus ne peut être due qu'à des mutations végétatives.

C'est sans doute à des mutations du même genre qu'il faut attribuer l'évolution dans les groupes de Protistes qui n'ont pas de reproduction sexuelle, ni par conséquent de réduction chromatique : Schizophytes, Flagellates inférieurs, etc.

C. LA SÉLECTION.

Des deux facteurs de l'évolution que nous avons étudiés jusqu'ici, l'un, l'hérédité, a des effets conservatoires, tandis que l'autre, la variabilité, introduit des changements continuels dans le stock de caractères que garde l'hérédité. Nous allons examiner maintenant un troisième élément : la sélection, qui opère une élimination incessante parmi les individus touchés par la variabilité.

L'histoire des langues nous fait saisir sur le vif l'action combinée de trois éléments tout à fait comparables à ceux que nous étudions ici : conservation, innovation, élimination. La tradition, si elle agissait seule, maintiendrait indéfiniment la langue dans un état stationnaire. Mais les nécessités de la vie courante font surgir à chaque instant des expressions répondant à des idées nouvelles. A la vérité, la plupart de ces nouveaux termes sont bientôt éliminés par l'usage. Toutefois il en subsiste assez pour que la langue évolue sans répit : déjà a-t-on besoin d'un lexique pour lire Rabelais ou Chaucer. Toutes les langues actuellement parlées sont de date relativement récente ; elles dérivent d'autres langues qui sont mortes, et ces dernières ont eu à leur tour pour ancêtres des idiomes qui étaient aussi déjà morts au moment où elles-mêmes étaient parlées. De même, les organismes actuels dérivent d'êtres disparus pour toujours.

La prolificité des organismes.

Y a-t-il vraiment élimination continuelle d'individus ? Pour répondre à cette question, il suffit de comparer la natalité à la mortalité.

Il y a certainement dans l'Europe occidentale autant d'Oiseaux que d'Hommes. Dans un pays tel que la Belgique, on peut évaluer le nombre des Oiseaux à 6 millions, ce qui fait 3 millions de nids par an. Le nombre des petits est variable, mais nous sommes en dessous de la vérité en le fixant à 5 par couvée. Il naît donc au bas mot 15 millions d'Oiseaux en Belgique chaque année. Pourtant le nombre des Oiseaux n'augmente pas malgré cette natalité considérable, ce qui signifie que s'il naît 15 millions d'Oiseaux, il en meurt tout autant.

Or, les Oiseaux sont peu prolifiques. Qu'est-ce que 5 petits par couple quand on songe qu'un Esturgeon produit chaque année plusieurs millions d'œufs. Si seulement un million de ces œufs donne des femelles et que celles-ci donnent à leur tour chacune un million de femelles, les Esturgeons auraient déjà beaucoup de peine à nager dans les océans à la troisième génération: et s'ils continuaient malgré tout à se reproduire au même taux, les femelles de la cinquième génération pondraient assez d'œufs pour faire une masse de caviar grosse comme la Terre.

Les Végétaux nous conduisent à des nombres du même ordre. Une plante de Tabac donne environ 40,000 graines. Certaines Orchidacées en donnent au bas mot une cinquantaine de millions.

Ces nombres, qui ne s'expriment qu'en millions, sont insignifiants quand on les compare à la prolificité de certains Protistes, tels que les Champignons.

Nombre de spores produites par un seul individu de Champignon.

	MILLIARDS
Psalliota campestris	1.8
Coprinus comatus	5.2
Polyporus squammosus *	100.
Lycoperdon Bovista	7000.

* Un même chapeau dure plusieurs années.

(D'après M. Buller, 1909.)

Or, ces milliards ou ces trillions ne sont rien en comparaison de la faculté de multiplication d'autres Protistes : dans de bonnes conditions une Bactérie se divise au moins une fois par heure. Mais considérons seulement un Infusoire qui, d'après des observations précises, se divise environ cinq fois par jour. Après un mois, c'est-à-dire à la cent cinquantième génération, le nombre des descendants s'écrirait par l'unité suivie de 64 zéros, et le volume total de cette masse de protoplasme égalerait un million de fois celui du Soleil.

La lutte pour l'existence.

L'envahissement total de la Terre par les Esturgeons, les Orchidacées, les Champignons ou les Infusoires n'est pourtant pas à craindre, car, tout comme pour les Oiseaux, la mortalité compense la natalité.

Une lutte de tous les instants, impitoyable et sans merci, — lutte pour la place, lutte pour la nourriture, — s'établit entre tous ceux qui naissent aussi bien qu'entre eux et leurs prédécesseurs. Dans ce combat presque tous succombent. Voyez au printemps, dans une forêt de Hêtres, les millions de faînes qui germent; revenez-y l'année d'après, ces millions de plantules ont fondu; trois ans plus tard, vous aurez de la peine à en découvrir encore quelques survivants.

La mort frappe-t-elle indifféremment, au hasard, ou bien certains individus sont-ils épargnés de préférence à d'autres; en d'autres termes, n'y a-t-il rien qui assurerait à l'individu une vie plus longue? L'observation de la nature permet de répondre affirmativement à cette question.

Les Lapins sauvages d'une région ont tous sensiblement la même teinte. Or, on constate aisément qu'à la naissance leur pelage a une coloration assez variée. Seulement tous ceux dont la couleur s'écarte de celle du sable sur lequel ils courent sont plus facilement aperçus par les Belettes, Putois, Renards, Eperviers, etc., et par conséquent ils ont beaucoup moins de chances de devenir adultes que ceux dont la robe s'harmonise avec le sol, et qui finalement subsistent seuls. Quoique parmi ces derniers il y en ait sans doute aussi beaucoup qui meurent jeunes, il n'est pas douteux que la différence de coloration

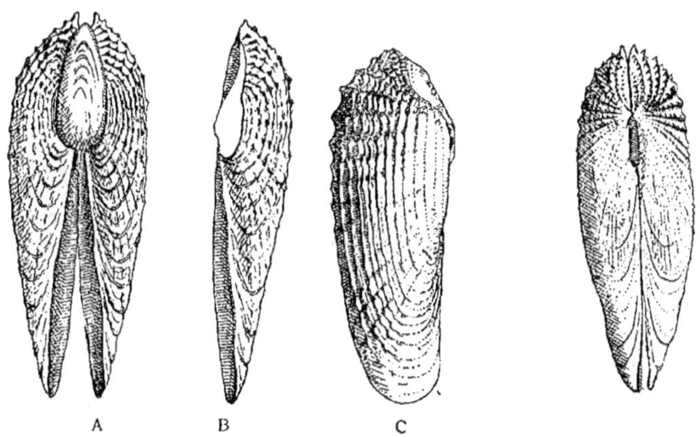

Fig. 196.

DEUX MOLLUSQUES EN CONFLIT SUR LA CÔTE BELGE.
A gauche. **A, B, C,** *Pholas candida* — A droite, *Petricola pholadiformis.*
(D'après M. Verhas, 1912.)

a déterminé un choix, une s é l e c t i o n, qui a assuré la survie des uns et la prémort des autres.

Voici encore quelques exemples de lutte pour l'existence :

Les *Pholas* sont des Mollusques marins qui se creusent des alvéoles dans la tourbe, dans l'argile et même dans la pierre. En 1899, un Mollusque américain, *Petricola pholadiformis* (fig. 196), ayant les mêmes habitudes, a été introduit accidentellement dans la mer du Nord ; depuis lors il est en train de supplanter entièrement *Pholas candida* dont il a la taille. Pourtant *Petricola* n'attaque sans doute pas directement *Pholas*; il se contente de prendre sa place et il l'évince de cette manière.

Le Bouleau ne se rencontre jamais dans les bois sur sol calcaire; cela ne veut pourtant pas dire qu'il soit incapable de vivre sur calcaire, et on s'en rend très bien compte quand on voit des Bouleaux pousser vigoureusement dans une fente des rochers calcaires. Il peut donc y vivre seul, mais non quand il est en rivalité avec d'autres espèces. En quoi consiste cette concurrence? On ne le sait.

Les caractères sélectionnables.

Qu'une lutte pour l'existence s'exerce entre les organismes, voilà qui n'est pas douteux ; mais pour qu'elle ne s'accomplisse pas au hasard, pour qu'elle donne lieu à une sélection, il faut qu'il y ait entre les concurrents des différences qui établissent un avantage ou un désavantage notable.

La fluctuation, nous l'avons vu, détermine sans cesse des dissemblances. Dans beaucoup de cas, celles-ci conféreront à celui qui les porte soit un sérieux avantage dans la lutte, soit un désavantage marqué, et elles peuvent donc amener tantôt la survie jusqu'à l'état adulte, tantôt la mort précoce. Seulement les variations dues à la fluctuation sont instables et non héréditaires. Celui qui atteint l'âge de la reproduction, grâce à la possession d'un caractère de cette sorte, ne pourra pas en faire bénéficier ses descendants et aucun changement définitif n'aura donc été introduit dans l'espèce : à la génération suivante tout est à recommencer.

Au contraire, si c'est à la suite d'une m u t a t i o n favorable qu'un individu évite la mort en bas âge, le nouveau caractère sera transmis aux descendants, et il fera dorénavant partie du patrimoine de l'espèce ; grâce à lui, celle-ci sera favorisée pour toujours.

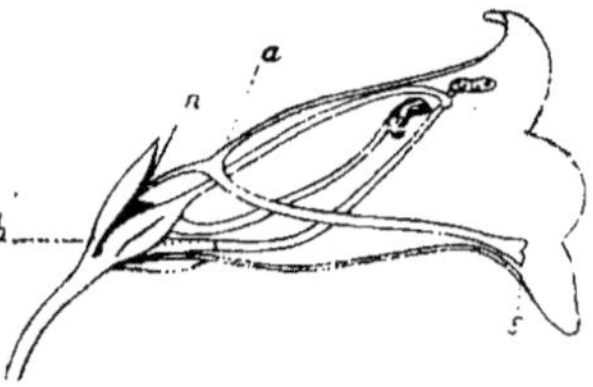

Fig 197.
FLEUR DE PENTASTEMON
COUPÉE SUIVANT SA LONGUEUR
(D'après Errera, 1900.)

Le profit que l'organisme retire d'un dispositif favorable n'est pas toujours de survivre jusqu'à l'état adulte. Il peut aussi consister dans l'abondance et la vigueur de la progéniture, comme dans l'exemple que voici :

La fleur de *Pentastemon* (fig. 197) possède quatre étamines fertiles produisant du pollen et une étamine stérile, le staminode ; celui-ci est attaché entre les deux pétales postéro-supérieurs et traverse obliquement la fleur jusqu'au pétale antéro-inférieur (s). La partie de la corolle qui est comprise entre l'insertion du staminode (a) et le nectar (n) accumulé au fond de la fleur est longue de 7 à 13 millimètres. Or, le staminode empêche les Abeilles, visiteuses habituelles des *Pentastemon*, de pousser la tête jusqu'au nectar : elles s'enfoncent dans la fleur jusqu'au staminode et avancent ensuite la trompe. Dans un jardin des environs de Bruxelles, on avait remarqué que les Abeilles butinaient assidûment sur un *Pentastemon* mauve et négligeaient les autres. Le motif de leur préférence était que dans les fleurs mauves la distance entre le staminode et le nectar était assez petite pour permettre la récolte du nectar, tandis que dans les autres l'écartement était trop grand. Les Hyménoptères effectuaient donc la pollination croisée des fleurs mauves mais non celle de leurs voisines.

Résultat : la plante mauve produisait quatre fois plus de graines que les autres; en outre, comme ses graines étaient issues de fécondation croisée, elles donnaient des plantules plus vigoureuses que les graines provenant de fécondation directe des autres variétés. Si les diverses plantes s'étaient trouvées en concurrence dans la nature, la mauve, à la fois plus fertile et à rejetons plus robustes, n'aurait pas tardé à évincer ses rivales.

Pouvons-nous assister à l'éclosion de mutations nettement favorables ou défavorables? Pour répondre à cette question, il nous suffira de jeter un coup d'œil sur les *Œnothera* issus de *Lamarckiana*, sous les yeux de l'observateur, au Jardin botanique d'Amsterdam (voir p. 213). *Œ. nanella*, si sensible aux attaques d'une Bactérie parasite, et *Œ. rubrinervis*, avec ses rameaux et ses pétioles trop cassants, seraient certainement incapables de soutenir le s t r u g g l e f o r l i f e; s'ils se perpétuent dans les cultures, c'est uniquement parce que l'expérimentateur a soin de leur rendre la vie possible, en supprimant les compétiteurs.

A. La sélection naturelle.

Étudions maintenant les effets de la sélection sur la structure et les propriétés des êtres vivants. Nous examinerons d'abord la sélection naturelle, c'est-à-dire celle qui est déterminée par le simple jeu de la nature, sans intervention aucune d'une volonté consciente. Puis nous passerons à la sélection artificielle effectuée par l'Homme et par d'autres Animaux.

a) *L'adaptation; l'accommodation.*

Il semble à première vue que les forces brutales de la nature soient incapables de faire un choix parmi les individus, d'opérer une sélection, et que leur action doive être tout à fait aveugle et désordonnée. Aveugles, certes elles le sont dans leur essence et dans leur mécanisme, mais elles ne le sont pas dans leurs effets.

Nous venons de constater que les individus sont inégaux devant les agents extérieurs, que tels Lapins auront plus de chances que d'autres d'échapper aux carnassiers, que les différences d'insertion du staminode des *Pentastemon* influent sur leur fertilité, que certains *Œnothera* sont particulièrement exposés à être cassés par les orages. En somme, les seuls individus qui aient quelque chance de survivre aux multiples causes de destruction sont ceux dont la structure correspond le plus exactement aux exigences du milieu, c'est-à-dire ceux qui sont le mieux adaptés à ce milieu. C'est cette s u r v i-v a n c e d e s m i e u x a d a p t é s, mise en évidence par Darwin et par Wallace, vers le milieu du xixe siècle, qui rend possible la sélection naturelle et par conséquent toute l'évolution.

Il doit être entendu tout d'abord que le terme « adaptation » employé en biologie n'a aucun sens finaliste. Dans l'histoire des organismes, aucun acte de volonté n'intervient pour « adapter » un organe à une fonction, comme on adapte un livre classique à un programme ou une machine à un travail déterminé. Nous sommes bien obligés, si nous voulons éviter de créer trop d'expressions nouvelles, d'appliquer au langage scientifique des mots empruntés au langage courant en les détournant quelque peu de leur sens premier. C'est ce qui est arrivé aussi au mot « adapter ». Il signifiait primitivement qu'on appropriait intentionnellement un objet à certaines exigences; mais dans le langage de l'évolution, nous disons qu'un organisme « s'est adapté » et non qu'il « a été adapté »; nous voulons exprimer par là que la sélection naturelle a fait disparaître fatalement les structures nuisibles pour ne laisser subsister que les avantageuses. N'oublions donc jamais que « s'adapter » est un néologisme et signifie tout autre chose que « adapter ».

L'adaptation est par conséquent l'aboutissement fatal de la sélection naturelle et il n'y a pas lieu de s'étonner de ce que les organismes soient adaptés d'une manière si parfaite et souvent si merveilleuse à leurs conditions d'existence : tous ceux qui ne s'étaient pas assez bien adaptés, — et ils sont millions, — ont succombé dans la lutte, et nous ne connaissons en somme que les descendants des quelques rarissimes individus qui ont présenté, tout juste au bon moment, la mutation favorable.

Certaines de ces adaptations intéressent la structure, d'autres le fonctionnement. Parmi ces dernières, il n'en est pas de plus importantes que celles qui procurent l'accommodabilité, c'est-à-dire la faculté innée que possèdent les organismes de se plier aux changements du milieu (voir p. 20).

Il y a une différence fondamentale entre une accommodation et une adaptation. La dernière résulte des éliminations successives effectuées par les forces naturelles parmi les mutations de l'espèce ; elle est donc héréditaire et innée. L'un des modes de l'adaptation est l'accommodabilité; mais l'accommodation elle-même est la réponse de l'individu aux forces naturelles agissant sur lui; elle se manifeste par des fluctuations (voir p. 196) et comme telle elle n'est pas transmissible aux descendants. A un autre point de vue, elle se présente comme une réaction vis-à-vis d'une excitation.

Rappelons à ce propos l'exemple de *Polygonum amphibium*. L'espèce possède héréditairement la faculté de s'accommoder de façon très précise aux changements d'humidité (voir p. 22). Mais les graines récoltées sur une plante aquatique donneront une progéniture qui ne sera pas différente de celle qu'on obtient en semant les graines d'une plante terrestre.

De même, nous avons vu qu'un Champignon (*Chlamydomucor*) peut vivre indifféremment à l'air ou en l'absence d'oxygène libre (fig. 14). Dans ce dernier cas sa structure change complètement; mais remis à l'air, il reprend aussitôt sa première forme.

b) *Les transformations d'organes et d'organismes.*

Les observations sur les mutations ne se font que depuis peu d'années. Aussi, même chez les *Œnothera*, n'a-t-on pas vu une seule des espèces nées par mutation, muter une nouvelle fois. Mais pendant

les milliers de siècles qui se sont écoulés depuis l'apparition de la
vie sur le globe, les mutations se sont ajoutées aux mutations; un
même type d'organisme a donc pu présenter d'innombrables changements et ceux-ci ont fini par le modifier au point de le rendre
méconnaissable. Comment reconnaître, par exemple, — sinon par les
étapes successives de l'évolution, — que les Mammifères dérivent
d'ancêtres ressemblant à des Poissons et que ceux-ci ont eu pour
point de départ des Animaux voisins des Anémones de mer? De
même, les Algues se sont transformées en Hépatiques, qui sont
devenues des Fougères, et celles-ci ont donné les Phanérogames.

La systématique des Animaux et des Végétaux n'est autre chose que l'étude
de ces transformations. On y verra que des organismes primitivement semblables ont évolué dans des directions divergentes et ont finalement produit
des descendants extrêmement dissemblables.

Il sera peut-être intéressant de rappeler ici l'évolution subie par certains
mots dont l'histoire est bien connue. Voici deux exemples classiques :

Le mot grec episcopos, qui signifie « surveillant », a donné comme dérivés
extrêmes bisp en danois et évêque en français, qui désignent un dignitaire
de l'Église, chef d'un diocèse. On remarquera que les mots bisp et évêque ne
possèdent pas une seule lettre commune; pourtant leur parenté est indubitable.

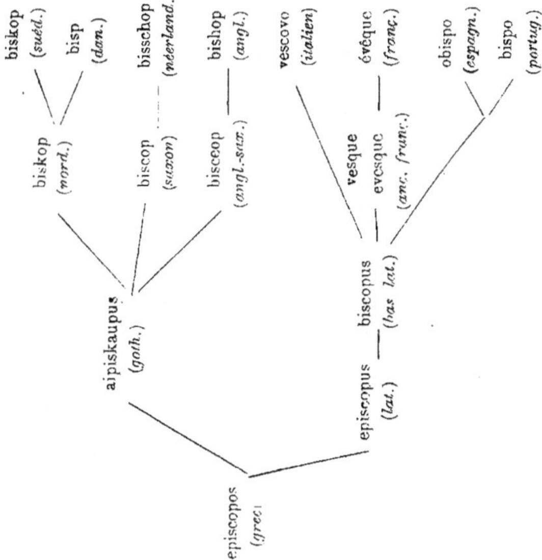

Dans l'autre exemple, les transformations ne portent pas seulement sur
l'orthographe. Le terme peku, qu'on présume avoir existé dans la langue

	fe (*nord.*)	fä (*suéd.*) fœ (*dan.*)	
	fia (*anc. frison*)		
	feoh (*anglo-saxon*)	fee (salaire) (*angl.*)	
	fehu (*anc. saxon*)	vee (*néerl.*)	
	fihu (*anc. haut- allem.*)	vieh (*allem.*)	
	pekus (*lithuan.*)		

*** peku**
(troupeau)

pecus, pecoris
(troupeau)
(*latin*)

pecunia (monnaie)
(*latin*)
— pecunia (monnaie) (*ital., espagn.*)
— pécuniaire (*franç.*)

pecus, pecudis (animal domestique, brute, sot)
(*latin*)

peculium (épargne de l'esclave)
(*latin*)
— peculio (troupeau, pécule) (*ital., espagn.*)

peculiar (*espagn.*)
peculiar (*angl.*)
peculiare (*ital.*)
— (particulier)

peculatus (concussion)
(*lat.*)
— péculat (*franç.*)
— peculado (*espagn.*)

pecora (brebis)
(*ital.*)
— pécore (*franç.*)
— pecorone (gros balourd) (*ital.*)
— pecoreccio (confusion) (*ital.*)

paçu
(*sanscrit*)

pasu
(*zend*)

indo-européenne ancestrale, a d'abord donné dans un grand nombre de langues des dérivés qui ont conservé le sens original de troupeau, tout en subissant les changements les plus étranges. Il a en outre engendré des mots signifiant : animal domestique, sot, brebis, balourd, confusion, — salaire, monnaie, économies, concussion, — particulier.

c) *La convergence*.

De même que des descendants extrêmement variés peuvent sortir d'une seule souche ancestrale, il arrive aussi que des organismes très différents, allant vivre dans les mêmes conditions, s'y adaptent de la même façon et finissent par acquérir un aspect semblable.

Rappelons d'abord, pour fixer les idées, que des mots provenant de langues distinctes, et ayant un sens et une orthographe différents, peuvent se modifier de telle façon que leur prononciation et même parfois leur orthographe deviennent identiques. En voici un exemple bien connu. On remarquera que pour certains de ces homonymes l'étymologie est incertaine et que pour d'autres elle est inconnue :

R,	(18e lettre de l'alphabet).
Air,	(gaz), lat. *aer*.
Air,	(de musique), ital. *aria*.
Air,	(apparence), étymologie inconnue.
Aire,	(étendue), lat. *area*.
Aire,	(nid de l'aigle), allem. *Aar* (aigle), ou lat. *area?*
Aire, aires, airent,	(du verbe airer, faire son nid, son aire).
Ère,	(époque), lat. *aera*.
Erre, erres, errent.	(de errer, être dans l'erreur) lat. *erro, erras, errat, errant, erram, erres, erret, errent, erra*.
Erre,	(subst. verbal de l'ancien verbe errer, marcher), lat. *iterare*.
Haire,	(tissu rude), ancien allem. *haria*. allem. moderne *Haar*.
Hère,	(pauvre homme), allem. *Herr?*
Hère,	(jeune cerf), néerland. *hert?*

L'exemple suivant est emprunté aux Vertébrés. Beaucoup d'entre eux ont perdu les quatre membres, et sont devenus semblables à des Serpents (fig. 198, p. suiv.). En voici une liste :

REPTILES Ophidiens (Serpents) : *Typhlops* (a).
   Sauriens Annulata : *Amphisbaena* (b).
     Brevilinguia : *Anguis*, *Pygopus* (c).
AMPHIBIENS Apodes : *Siphonops* (d), *Coecilia*.
POISSONS Téléostéens Anacanthiues : *Fierasfer*.
    Physostomes : *Muraena*.
    Lophobranches : *Nerophis*.
  Cyclostomes : *Myxine* (e), *Petromyzon*.

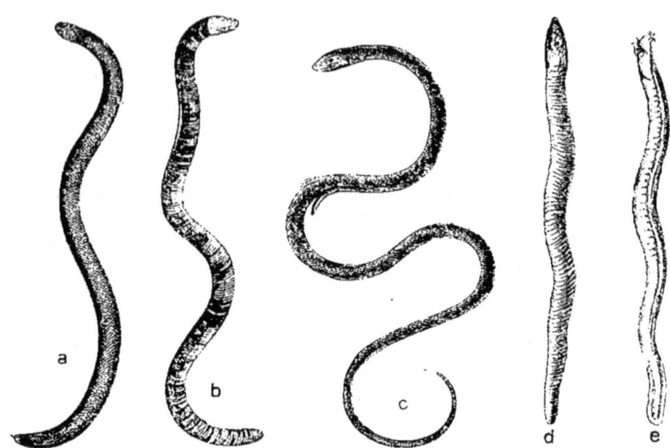

Fig. 198.

LA CONVERGENCE CHEZ LES VERTÉBRÉS RAMPANTS.

a, *Typhlops lumbricalis*; b, *Amphisbaena fuliginosa*; c, *Pygopus lepidopus*;
d, *Siphonops mexicana*; e, *Myxine glutinosa*.

(Copié dans CLAUS, 1884.)

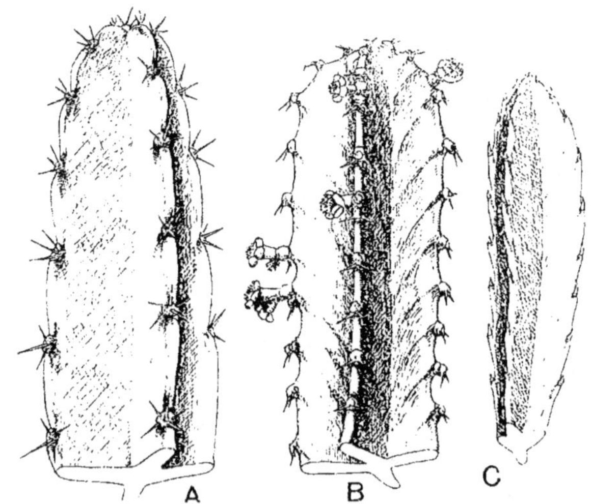

Fig. 199.

LA CONVERGENCE CHEZ LES VÉGÉTAUX DÉSERTIQUES.

A. *Cereus Bacaniensis*; B. *Euphorbia canariensis*; C. *Stapelia gigantea*.

Chez les Végétaux il y a également de curieux cas de convergence. De nombreuses plantes, appartenant aux ordres les plus disparates, et vivant sous des climats relativement pluvieux, ont été amenées à habiter des régions désertiques. Celles-là seules ont survécu qui ont présenté, à point nommé, des mutations capables de réduire la transpiration et d'assurer la création d'une réserve d'eau dans les tissus. Certaines ont amassé leur provision de liquide dans des organes souterrains, d'autres dans les feuilles, d'autres encore dans les tiges. Parmi ces dernières (fig. 199), on compte notamment des Opuntiales (par ex. *Cereus*, A), des Géraniales (par ex. *Euphorbia*, B), des Contortales (par ex. *Stapelia*, C), des Campanulales (par ex. *Kleinia*). Chez toutes ces plantes les feuilles se sont réduites, jusqu'à disparition complète ; les tiges, devenues charnues, sont assimilatrices et leur surface verte a été agrandie par des côtes ou des saillies. Naturellement la ressemblance est purement extérieure, et les caractères des fleurs ne se sont pas modifiés, prouvant ainsi la diversité de leur origine.

d) *La régression.*

L'évolution est presque toujours accompagnée de **régression** : certaines parties ont subi des atrophies plus ou moins notables, — ou même ont totalement disparu, — tandis que d'autres se transformaient dans une nouvelle direction. La régression est manifeste dans la plupart des exemples que nous venons de citer, tant pour les mots (par ex. episcopos), que pour les organismes (par ex. Animaux serpentiformes, Plantes grasses). On comprend d'ailleurs que dans le cours de l'évolution certains organes doivent cesser d'être utiles et de fonctionner. Dès lors leur maintien ne présente plus aucune utilité ; au contraire, si des mutations surgissent où le volume de tels organes se réduise, cette diminution constituera un profit, puisque l'organisme n'aura plus à les former et à les nourrir. La sélection naturelle fixera donc les mutations successives tendant à effacer l'organe devenu superflu

Il est toutefois exceptionnel que la disparition soit totale (surtout chez les Animaux), ce qui tient sans doute à ce que l'atrophie des tout derniers restes n'a plus d'utilité suffisante et à ce que la sélection ne s'y exerce donc plus. C'est ainsi que l'Homme possède environ deux cents organes réduits, parmi lesquels les muscles du pavillon de l'oreille, l'appendice vermiculaire, la glande pinéale, les mamelles du mâle, etc.

B. La sélection artificielle.

La sélection naturelle agit d'une façon trop lente et trop capricieuse pour que nous puissions, en notre courte existence individuelle, suivre les étapes de l'évolution : nous constatons les transformations des organes et des organismes, mais nous n'assistons pas aux phases successives.

Certains Animaux opèrent, parmi les organismes, une sélection intentionnelle dont les effets sont beaucoup plus rapides. Cette sélection artificielle consiste, tout comme la sélection naturelle, dans un choix opéré entre les individus : ce choix consiste à laisser survivre uniquement les individus qui présentent les caractères les plus favorables, éliminant impitoyablement la foule de ceux qui sont moins bien adaptés. A la sélection artificielle proprement dite, basée sur le triage des mutations, l'Homme ajoute le croisement, par lequel il concentre sur un hybride des particularités empruntées à des parents distincts.

Nous examinerons successivement :

La culture de Champignons par divers Insectes ;

La culture de Phanérogames par des Fourmis ;

L'élevage d'Arthropodes par des Fourmis ;

L'élevage de Plantes et d'Animaux par l'Homme. Chemin faisant nous examinerons quelques caractères communs à tous les organismes domestiques.

a) *Champignons cultivés par des Insectes.*

Dans les nids de plusieurs Insectes on trouve un Champignon, toujours le même pour chaque espèce. Il en existe notamment dans les galeries que des Coléoptères (par ex. *Xyleborus*) creusent dans le bois vivant, dans les galles des Diptères (par ex. *Asphondylia*), dans des termitières et des fourmilières.

Les Termites cultivateurs de Champignons construisent, à l'aide de bois très finement pulvérisé, de gros gâteaux spongieux, sur lesquels ils élèvent un Champignon en culture à peu près pure (fig. 200).

Fig. 201.

CHAMPIGNON

(*Collybia eurrhiza*)

SUR UNE

TERMITIÈRE ABANDONNÉE.

Fig. 200.

CHAMPIGNONNIÈRE D'UN TERMITE.

Aussi longtemps qu'il est soigné par les Termites, le Champignon ne produit que les corps globuleux qui sont l'unique nourriture de l'Insecte. Mais dès qu'on le soustrait à la servitude, il reprend son aspect normal (fig. 201).

C'est à peu près de la même façon qu'agissent des Fourmis du genre *Atta*. De grandes ouvrières vont découper sur les plantes des rondelles de feuille qu'elles apportent à l'entrée de la fourmilière Là des soldats mâchent et triturent les tissus foliaires jusqu'à ce qu'ils en aient fait une pâte homogène. Transportée tout au fond des galeries par de petites ouvrières aveugles, cette bouillie verte sert à établir la champignonnière. Ici aussi le Champignon, tant qu'il est cultivé, ne donne que des organes utiles aux Fourmis, et celles-ci n'ont pas d'autre nourriture. Lorsqu'une femelle quitte la colonie pour son vol nuptial, elle emporte dans la bouche une boulette du Champignon, qui lui servira à instaurer une culture dans le nouveau nid.

b) *Phanérogames cultivés par des Fourmis.*

Les Fourmis de la plaine amazonienne sont obligées de s'installer sur les arbres, parce que le terrain est inondé pendant plusieurs mois

Fig. 202.

PHANÉROGAMES CULTIVÉES PAR UNE FOURMI.

Nid de fourmi (*Asteca Trailii*) sur un rameau d'une Mélastomatacée, **A** ; deux plantes sont cultivées sur le nid : *Ficus myrmecophila*, **B**, et *Philodendron myrmecophilum*, **C**.

(D'après M. ULE, 1905).

de l'année. Les *Camponotus* et les *Azteca* construisent leur nid en matière terreuse, puis ils y cultivent des Phanérogames, dont les racines consolident les parois de l'habitation (fig. 202). Ces Plantes sont naturellement des épiphytes, mais parmi celles-ci les Fourmis n'ont pris que des espèces dont les racines ne sont ni trop volumineuses ni trop serrées. En outre elles ont donné la préférence à celles qui portent des fruits charnus : les Fougères et les Orchidacées, qui

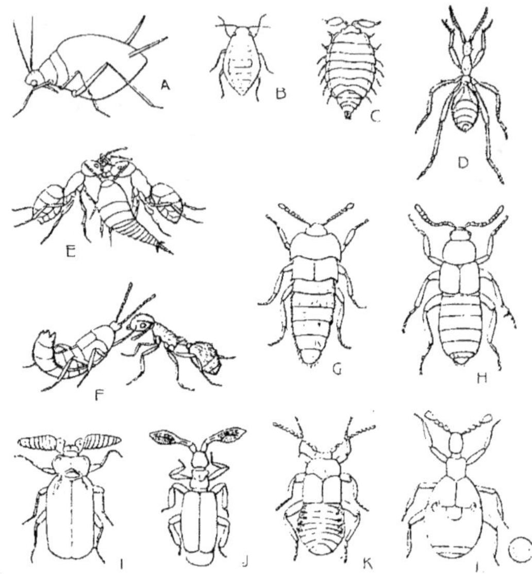

Fig. 203.

LES ANIMAUX DOMESTIQUES DES FOURMIS.

A, *Aphis Sambuci* (2-3 mm.). Les Fourmis établissent ce Puceron sur des feuilles voisines de leur nid ; **B**, *Forda formicaria*, Puceron que les Fourmis (principalement *Lasius flavus*) installent sur les racines, dans leur nid même (2,5 mm.); **C**, *Platyarthrus Hoffmanseggi*, Cloporte blanchâtre (3-4 mm.), assez commun dans les fourmilières ; **D**, *Dorysthetus Wasmanni*, Coléoptère mimant une Fourmi (du groupe des Dorylines) qu'il parasite : **E**, *Atelura*, Thysanoure volant la nourriture à deux Fourmis *(Lasius niger)* en train de se nourrir l'une l'autre ; **F**, *Atemeles paradoxus* demandant la becquée à une Fourmi (ouvrière de *Myrmica*) qu'il caresse. Ce petit Coléoptère (3,5-4,5 mm.) vit, à l'état adulte, dans les nids de *Myrmica rubra*. A l'état larvaire, il vit dans les nids de *Formicina fusca var. rufibarbis* dont il dévore les œufs, puis les nymphes ; **G**, *Myrmedonia funesta* (5 mm.). Ce Coléoptère vit avec *Lasius fuliginosus* : **H**, *Dinarda dentata*. Coléoptère rouge ocreux de 3,5 à 5 mm. Dans les nids de *Formicina sanguinea* : **I, J**, *Pleuropterus brevicornis* et *Paussus hova*. Coléoptères de la famille des Paussides ; **K**, *Lomechusa strumosa*. Coléoptère de 0.5 mm., dans les nids de *Formicina sanguinea*. Cette Fourmi soigne les larves et les adultes de *Lomechusa* qui pourtant déciment sa progéniture ; **L**, *Claviger testaceus*, Coléoptère de 2 mm. Se rencontre, toute l'année, dans les nids du *Lasius flavus*, qui le nourrit.

(Les figures **A, B, C, L**, copiées dans LAMEERE ; les autres copiées dans DOFLEIN, 1914.)

comptent énormément d'épiphytes, sont donc exclues des fourmilières. La flore de ces jardins suspendus compte une bonne douzaine d'espèces.

c) *Animaux domestiques des Fourmis.*

Dans presque chaque fourmilière on trouve des Insectes et des Crustacés (fig. 203). En cas de danger les Fourmis s'empressent de sauver leurs Animaux domestiques aussi bien que leurs propres œufs, larves et nymphes.

Quelques-uns de ces commensaux sont directement utiles. Ainsi un Puceron (*Forda formicaria*), toujours souterrain et aveugle, est établi par une Fourmi (*Lasius flavus*) sur les racines voisines du nid ; l'Hémiptère produit des substances sucrées que la Fourmi apprécie beaucoup. D'autres Pucerons sont élevés, non dans le nid, mais sur les Plantes des environs.

Mais il est exceptionnel que les commensaux soient réellement une sorte de bétail ; d'habitude ils ne servent qu'à flatter une passion de leurs maîtres : ils sécrètent des excitants plus ou moins toxiques, dont les Fourmis sont friandes, au point qu'elles n'hésitent pas à sacrifier leur progéniture pour nourrir les êtres qui leur permettent de se livrer à leur vice ; il arrive même qu'une colonie s'éteigne complètement pour cette raison.

Les commensaux de ce groupe se reconnaissent aisément aux touffes de poils à la base desquelles se trouvent les glandes qui sécrètent le poison, et souvent aussi à l'aplatissement de leurs antennes : c'est par là que les Fourmis les saisissent pour les déménager.

d) *Animaux et Plantes domestiques de l'Homme.*

Depuis l'époque préhistorique l'Homme se préoccupe de domestiquer des organismes qui, en échange de ses soins, lui assurent certains avantages : ils l'aident à la chasse ou lui procurent des nourritures variées, des vêtements, des médicaments, du combustible, des teintures, de la force motrice, etc.

Pour approprier les Animaux et les Plantes de plus en plus étroitement à ses besoins ou à ses caprices (fig. 190, 192, 193), l'Homme, tout comme les Fourmis, profite le plus souvent de mutations fortuites. C'est ainsi que le Chou sauvage, habitant les rochers maritimes de l'ouest et du sud de l'Europe, s'est transformé, de mutation en mutation, en une infinité de variétés distinctes, parfaitement fixes et constantes, comprises dans les catégories bien connues des Choux frisés, Choux verts, Choux-cabus rouges et blancs, Choux-fleurs, Choux de Bruxelles, Choux fourragers, Choux-raves, etc.

Fréquemment l'hiatus entre l'ancêtre sauvage et ses dérivés domestiqués est si large, qu'on ne parvient plus à les identifier. Ainsi, on ne sait pas à quelles espèces sauvages il faut rapporter le Mouton et le Pois. Il est pourtant fort probable que les ancêtres ont persisté, car on ne voit pas en quoi la domestication d'un certain nombre d'individus aurait pu empêcher le maintien des autres à l'état naturel.

D'autre part les êtres habitués à la vie domestiquée ne sont d'ordinaire pas capables de reprendre l'existence libre. Des Moutons lâchés dans un bois ne tarderaient pas à périr, des Pommes de terre abandonnées à elles-mêmes dans un champ ne passeraient pas le premier hiver. Et cela est tout aussi vrai pour des espèces dont les ancêtres habitent déjà nos régions. Ainsi on rencontre couramment dans l'herbe au bord des chemins des Carottes sauvages à racine grêle, mais jamais des Carottes cultivées, provenant de graines qui se sont égarées lors de la récolte.

A quoi tient l'impossibilité du retour à l'état sauvage ? Probablement au fait que l'Homme et les Fourmis en sarclant leurs cultures, en montant la garde autour de leurs troupeaux, bref en écartant de leurs protégés tous les ennemis et tous les concurrents, leur ont permis de renoncer à leurs moyens naturels de défense ; aussi sont-ils devenus incapables de soutenir la lutte pour l'existence.

Les mauvaises herbes des cultures sont d'ailleurs dans le même cas : la plupart sont également inaptes à vivre en dehors des jardins et des champs : *Mercurialis annua*, *Capsella Bursa-pastoris* et tant d'autres ne prospèrent qu'au milieu des plantes cultivées, où elles profitent du travail humain.

L'Homme ne s'est pas contenté des mutations ; il a aussi utilisé les croisements. Parfois les hybrides sont stériles, et ne conduisent donc pas à une évolution ; c'est le cas pour le mulet. D'autres hybrides interspécifiques sont au contraire parfaitement fertiles. Voici par exemple l'arbre généalogique des Glaïeuls hybrides :

Croisements de Gladiolus.

G. psittacinus × G. cardinalis
↓
Gandavensis

Gand. × G. psittacinus   G. purpureo-auratus × Gand.   G. Saundersi × Gand.
↓   ↓   ↓
Massiliensis   Lemoinei   Childsii

G. dracocephalus × Lem.   Lem. × G. Saundersi   G. cruentus × Childsii
↓   ↓   ↓
Hybrides de dracocephalus   Nanceianus   princeps

Plus nombreux encore sont les hybrides entre mutants d'une même espèce. Ainsi la race de Poules Orpington noires est le produit du croisement de la race Minorque noire avec la race Cochinchinoise (fig. 204). On a ainsi réuni sur une même race la fécondité de la Minorque et la tendance à l'engraissement de la Cochinchinoise.

Nous avons vu (p. 193) que la disjonction mendélienne donne, dès la deuxième génération hybride, des individus très variés, dont la plupart sont hétérozygotes. Quand ceux-ci peuvent être multipliés par voie végétative, il est facile de les conserver tels quels; c'est ce qui se pratique pour les Rosiers, les Pommiers, les Dahlias, etc. Mais

Fig. 204.

L'ORIGINE D'UNE RACE DE POULE.

A, poule de la race Cochinchinoise ; **B**, poule de la race Minorque ; **C**, poule de la race Orpington, provenant du croisement de la race Cochinchinoise avec la race Minorque.

les Animaux et les Plantes annuelles ne se prêtent pas à ce mode de propagation, et on est donc obligé de rechercher, dans la progéniture hybride, les individus homozygotes et de les féconder entre eux.

D. LA MÉTHODE EN PHYLOGÉNIE.

Maintenant que nous connaissons les facteurs de l'évolution, voyons rapidement de quelles sources de renseignements disposent les naturalistes pour rétablir les étapes successives par lesquelles ont passé les organismes, depuis ceux qui apparurent à l'aurore de la vie, jusqu'à ceux qui peuplent actuellement la Terre.

Puisque les êtres dérivent les uns des autres comme les membres d'une famille humaine, l'objectif de toute classification doit être de dresser l'arbre généalogique des organismes.

a) *La dernière unité systématique :*
l'espèce linnéenne, l'espèce jordanienne, la lignée.

Il faut évidemment que l'ensemble de la nature vivante soit d'abord divisée en quelques grandes catégories, puis celles-ci en groupes de plus en plus restreints. Mais jusqu'où peut-on pousser le morcellement; en d'autres termes, quel est le plus petit groupement systématique qu'il s'agit de classer ?

En principe, il faudrait aller jusqu'au plus petit groupe d'êtres qui se ressemblent plus entre eux qu'ils ne ressemblent à d'autres, et qui transmettent leurs caractères à leurs descendants. Or, ceci est la définition de l'espèce, telle qu'elle fut donnée par Linné, au XVIIIᵉ siècle.

Ce naturaliste accordait à l'espèce une délimitation très large, et il admettait, par exemple, que tous les Chênes de nos forêts de Belgique appartiennent à une seule espèce : *Quercus Robur*. Il concédait, à la vérité, que des différences existent entre ces Chênes, seulement il niait qu'elles fussent héréditaires et spécifiques et il ne les considérait que comme des caprices passagers.

Des expériences précises, faites en premier lieu par Jordan, ont montré que l'espèce linnéenne, est loin d'être le terme ultime de la systématique. En effet, on constate aisément par des cultures que l'espèce ainsi délimitée est une collection de groupements plus petits, répondant chacun à la définition de l'espèce. Ainsi l'unique espèce linnéenne *Draba verna* a été démembrée en deux cents espèces jordaniennes parfaitement stables et constantes. Quelques-unes sont représentées dans la figure 205.

Il n'est donc plus permis de se contenter de l'observation pour distinguer les unes des autres les espèces ; on doit absolument faire appel à l'expérimentation.

Fig. 205.

ESPÈCES JORDANIENNES DE DRABA VERNA.

1. *Draba violacea*; — **2, 3, 4,** *D. scabra*; — **5.** *D. subnitens*; — **6,** *D. majuscula*; — **7,** *D. conica*; **8,** *D. glaucina*; — **9,** *D. elongata*; — **10,** *D. graminea.*

(D'après M. Rosen, 1899.—Copié dans H. DE VRIES).

Mais voici qu'une étude expérimentale encore plus pénétrante et plus précise a fait reconnaître l'hétérogénéité de l'espèce jordanienne elle-même. Les premières recherches ont porté sur des plantes cultivées. D'une race pure de Haricots, tout à fait comparable à une espèce jordanienne, M. Johannsen a extrait de nombreuses lignées constantes, chacune présentant évidemment ses fluctuations propres. Des lignées semblables existent aussi dans des espèces naturelles.

Dans une culture de l'espèce jordanienne *Paramaecium caudatum*
(Infusoire) on sépara huit lignées distinctes caractérisées par une
moyenne de longueur. La figure 206 en donne la courbe de
distribution.

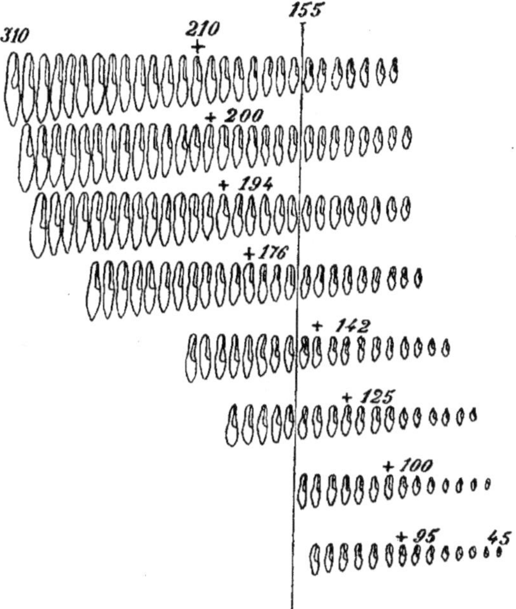

Fig. 206.

LES HUIT LIGNÉES DE PARAMAECIUM CAUDATUM ET LEURS FLUCTUATIONS.

L'individu moyen de chaque lignée est indiqué par une croix; sa taille est donnée en
microns. La ligne verticale représente la moyenne de l'espèce (155 µ). Les écarts les plus
marqués vont de 45 µ à 310 µ.

(D'après M. Jennings, 1909. — Copié dans Cuénot, 1911.)

Voici un autre exemple. Tous les glands qu'on pouvait se procurer d'un
individu de *Quercus Ilex* (Chêne Yeuse de la région méditerranéenne), sont
alignés en une série continue, commençant par le plus petit et finissant par
le plus grand Puis on prend, à intervalles réguliers, dans cette longue rangée, douze glands : ceux-ci donnent donc une idée complète de l'ensemble de
la récolte.

La même opération a été répétée pour tous les individus habitant les environs d'Antibes (Alpes maritimes). La figure 207 représente douze cas, choisis
parmi les plus typiques. On y voit que les descendants d'un même arbre se
ressemblent beaucoup plus entre eux qu'ils ne ressemblent à leurs voisins

et que les dissemblances entre les rangées de glands portent sur beaucoup de caractères.

Dans quelques-uns de ces arbres on s'est assuré, quatre années de suite, que les glands ont toujours exactement la même forme (notamment pour les numéros 24 et 30). Les Chênes Yeuses diffèrent non seulement par les glands,

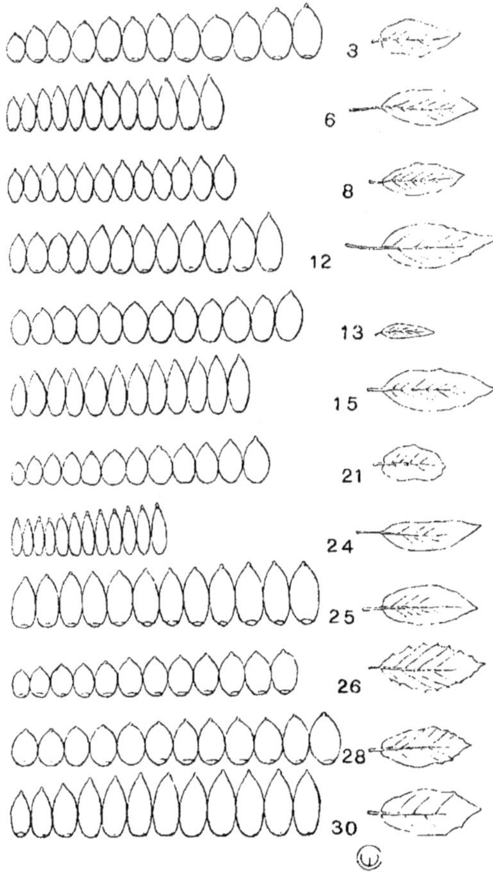

Fig. 207.

LES LIGNÉES D'UNE ESPÈCE DE CHÊNE (*Quercus Ilex*).

Chaque rangée est composée de douze glands d'un même arbre : elle a été constituée en prenant parmi tous les fruits ramassés sous un arbre le gland le plus petit, le plus gros et dix autres choisis à intervalles réguliers.
Au bout de chaque rangée il y a une feuille moyenne du même arbre.

mais aussi par les feuilles. Dans les cas où l'expérience a pu être faite, on a constaté que les feuilles des plantules issues des glands ressemblent à celles de la mère. Bref, l'espèce *Quercus Ilex* est composée d'un grand nombre de lignées distinctes, parfaitement stables.

Il semble donc bien qu'en dernière analyse les plus petites unités systématiques sont les lignées. Toutefois leur nombre est trop considérable pour qu'on leur donne à toutes un nom binaire latin, comme celui qu'on donne aux espèces. D'ailleurs, c'est à peine si, même dans les pays civilisés, la plupart des espèces linnéennes sont déterminées; quant aux espèces jordaniennes elles ne sont nulle part reconnues et dénommées. En pratique c'est donc aux espèces linnéennes ou tout au plus aux espèces jordaniennes que la systématique s'arrête.

b) *La hiérarchie des catégories.*

Nous venons de voir que les lignées se groupent en espèces jordaniennes et celles-ci en espèces linnéennes. Ces dernières se réunissent en genres, ceux-ci en familles, etc.

L'ensemble des catégories successives, depuis le règne des Plantes jusqu'à l'espèce *Quercus Ilex*, est donné dans le tableau suivant :

Règne des Plantes ou Métaphytes.
    Embranchement des Phanérogames.
        Sous-embranchement des Angiospermes.
           Division des Porogames.
              Classe des Dicotylédonées.
                Sous-classe des Archichlamydées.
                  Ordre des Fagales.
                    Famille des Fagacées.
                      Sous-famille des Castanéées.
                        Genre *Quercus*.
                          Section *Lepidobalanus*.
                            Espèce *Q. Ilex*.

L'observation directe nous apprend que les descendants d'un individu proviennent réellement de lui. D'autre part, les expériences de culture nous ont montré qu'une race de Haricots, constituée à l'origine par un seul individu, s'est fragmentée par la suite en lignées distinctes. De même on a vu une espèce linnéenne, par exemple *Œnothera Lamarckiana*, produire des espèces jordaniennes : *Œ. rubrinervis, gigas*, etc. C'est donc par expérience personnelle que nous connaissons la parenté des descendants avec leurs géniteurs, des lignées avec les espèces jordaniennes, de celles-ci avec les espèces linnéennes.

Mais ici s'arrêtent les données positives. Et pourtant lorsque nous rangeons le Chêne Yeuse, le Chêne Rouvre, le Chêne-Liège, le Chêne rouge d'Amérique et d'autres encore dans le genre *Quercus*, nous déclarons implicitement que ces espèces dérivent toutes d'un ancêtre commun, qui est l'origine du genre *Quercus*.

Lorsque nous plaçons ensuite le genre *Quercus*, le genre *Fagus* (Hêtre), le genre *Castanea* (Châtaignier), dans une même famille, celle des Fagacées, nous déclarons également que ces genres proviennent d'un même organisme ancestral, qui est la souche de la famille.

Et on remonte ainsi, de catégorie en catégorie, jusqu'à l'ancêtre de tout le règne des Plantes.

La question qui se pose maintenant est celle-ci : sur quels arguments s'appuie-t-on pour établir la parenté des espèces de Chênes entre elles, et celle des Chênes avec les Hêtres et les Châtaigniers? En d'autres mots, quelle méthode suit-on pour dresser l'arbre généalogique des êtres vivants?

Faisons remarquer tout d'abord que sauf pour les cas où l'on a assisté à la naissance de nouveaux organismes (individus, lignées, espèces jordaniennes) toute la phylogénie est purement hypothétique.

1. — Les données de la paléontologie.

Si nous possédions des exemplaires bien conservés de toutes les espèces qui se sont succédé pendant les périodes géologiques, le problème de la descendance des organismes serait vite résolu. Malheureusement les fossiles sont toujours fragmentaires, et presque toujours les organes mous, les plus importants de tous, ont complètement disparu ; d'autre part, beaucoup d'êtres étaient trop délicats pour avoir laissé des traces utilisables. En somme, ce n'est que d'une façon exceptionnelle que nous pouvons nous appuyer sur la paléontologie.

Les renseignements donnés par les fossiles n'en sont pas moins précieux. Lorsqu'on constate que le premier Vertébré pourvu d'ailes et de plumes, l'*Archaeopteryx* du Jurassique (fig. 208) avait une longue queue de Reptile et des mâchoires garnies de dents analogues à celles des Reptiles — puis que l'*Ichthyornis* du Crétacé (fig 209) se terminait déjà par une queue d'Oiseau, mais possédait encore des dents, — et que des Oiseaux semblables aux nôtres n'apparaissent qu'au Tertiaire — il est vraiment difficile de douter que les Oiseaux dérivent des Reptiles par l'intermédiaire de l'*Archaeopteryx* et de l'*Ichthyornis*.

Un autre exemple bien connu est celui des Paludines qui se sont succédé dans les lacs de l'Europe centrale pendant le Tertiaire supérieur (fig. 210).

Rappelons un autre exemple classique, celui des ancêtres du Cheval (fig. 211 à 214). Ils commencent dans l'Eocène avec des Animaux à peine hauts de 50 centimètres, et ayant cinq doigts, pour se terminer tout près de nous par le Cheval, qui n'a plus qu'un seul doigt.

Fig. 208.

EMPREINTE D'UN OISEAU POURVU DE DENTS ET D'UNE LONGUE QUEUE

(*Archaeopteryx*) DU JURASSIQUE.

(Copié dans BRÜCKER.)

Fig. 209.

SQUELETTE D'UN OISEAU POURVU DE
DENTS (*Ichthyornis*) DU CRÉTACÉ.

(Copié dans Brücker.)

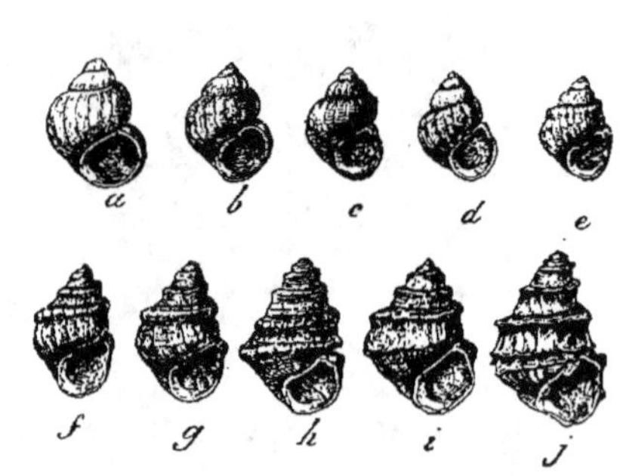

Fig. 210.

SUCCESSION DES PALUDINES (GASTROPODES) DANS
LE TERTIAIRE SUPÉRIEUR DE L'EUROPE CENTRALE.

(Copié dans Brücker.)

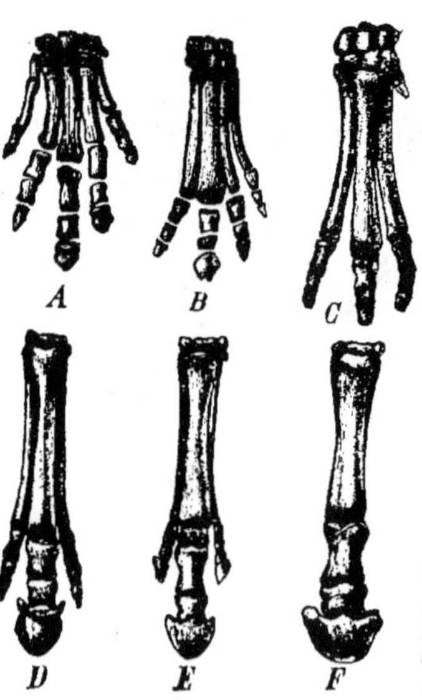

Fig. 211.

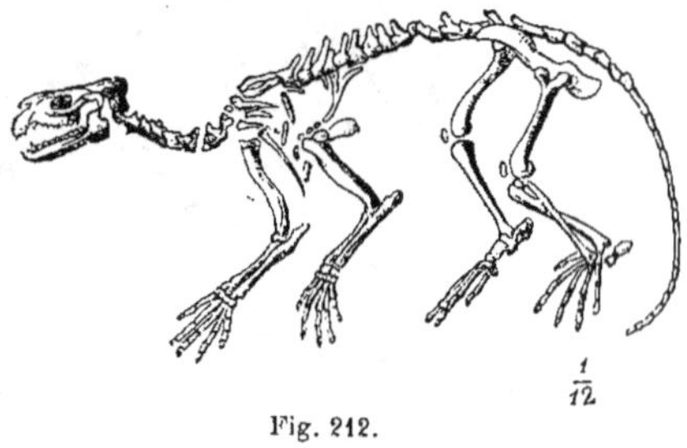

Fig. 212.

SQUELETTE DE PHENACODUS.
Sa hauteur était de 0m50.

(Copié dans Brücker.)

Fig. 211.

L'ÉVOLUTION DE LA PATTE ANTÉRIEURE DU CHEVAL.

A, *Phenacodus* (voir fig. 212), de l'Éocène ;
B, *Hyracotherium*, de l'Éocène ; **C,** *Palaeotherium*
(voir fig. 213), du Miocène ; **D,** *Anchitherium*,
du Miocène ; **E,** *Hipparion* (voir fig. 214), du Plio-
cène ; **F,** Cheval.

(Copié dans Brücker.)

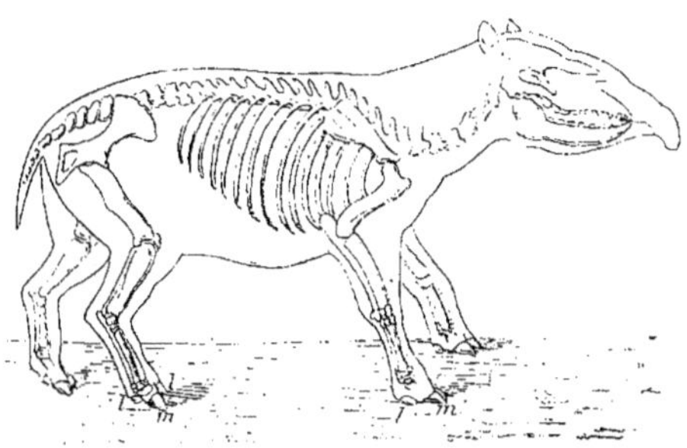

Fig. 213.
SQUELETTE ET CONTOURS DE PALAEOTHERIUM,
RECONSTITUÉS D'APRÈS CUVIER.
Sa hauteur était de 1m30 ; **l**, doigts latéraux ;
m, doigts médians.
(Copié dans BRÜCKER.)

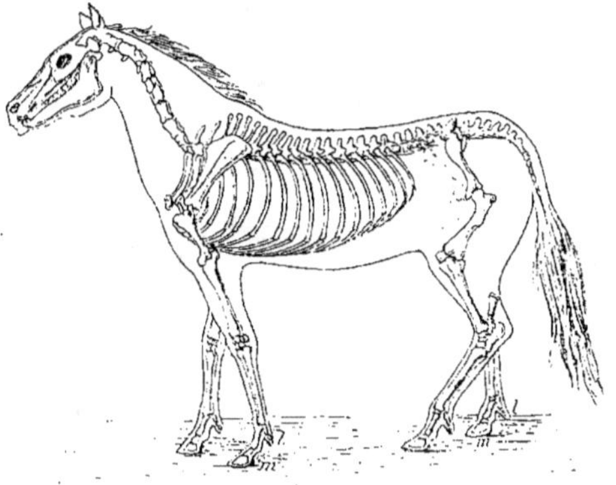

Fig. 214.
SQUELETTE ET CONTOURS D'HIPPARION.
Sa hauteur était de 1m50 ; **l**, doigts latéraux : **m**, doigts médians.
(Copié dans BRÜCKER.)

II. — LES DONNÉES DE L'EMBRYOLOGIE.

Le développement des organismes fournit aussi des indications précieuses. L'évolution de l'individu depuis l'œuf fécondé jusqu'à l'état adulte constitue l'ontogénie. Chez la plupart des Animaux c'est aussi pendant l'ontogénie que naissent tous les organes, et l'organogénie se confond donc avec l'ontogénie. Les Plantes au contraire continuent le plus souvent à former de nouveaux organes

16

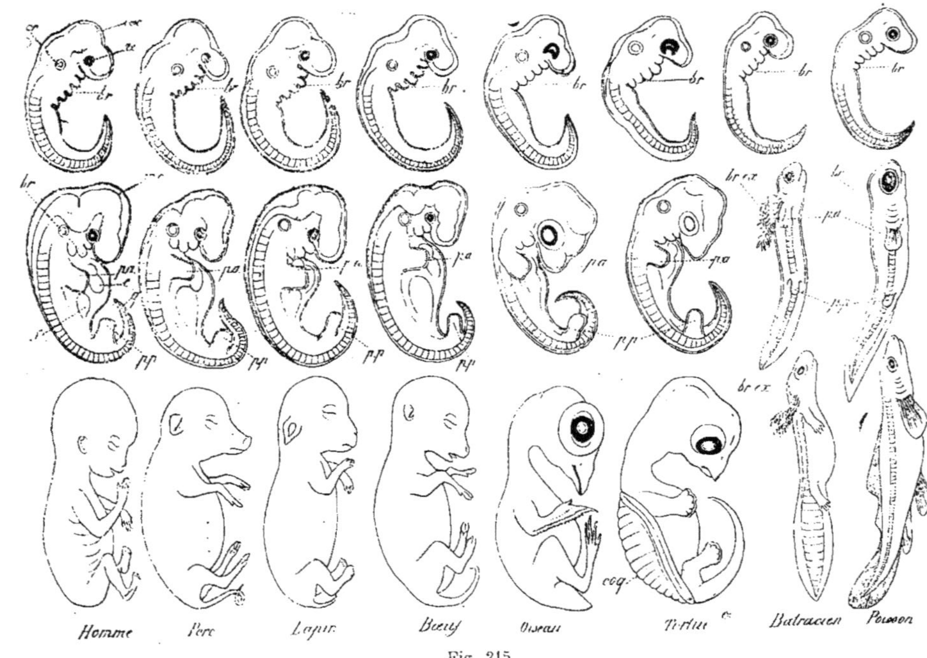

Fig. 215.

L'EMBRYOLOGIE DES VERTÉBRÉS.

br, fentes branchiales; **br ex**, branchies externes; **c**, cœur; **coq**, carapace; **oe**, œil; **or**, oreille; **pa**, pattes antérieures; **pp**, pattes postérieures; **q**, queue; **vec**, vésicules cérébrales. (Copié dans BRÜCKER.)

(feuilles, tiges, racines, fleurs), alors qu'elles sont déjà adultes, et il y a donc lieu de distinguer ici l'ontogénie et l'organogénie.

a) *Ontogénie.*

D'ordinaire l'Animal ne passe pas directement de la conformation de l'œuf à celle de l'adulte. Parmi les multiples détours de l'ontogénie, il en est qui représentent des états ancestraux. Ainsi, tous les Vertébrés possèdent dans les premières phases embryonnaires des arcs branchiaux placés tout comme chez les Poissons, entre la tête et le tronc (fig. 215). Mais alors que chez les Poissons ces organes sont fonctionnels et portent des branchies, ils ne prennent jamais aucune part à la respiration des Reptiles, des Oiseaux et des Mam-

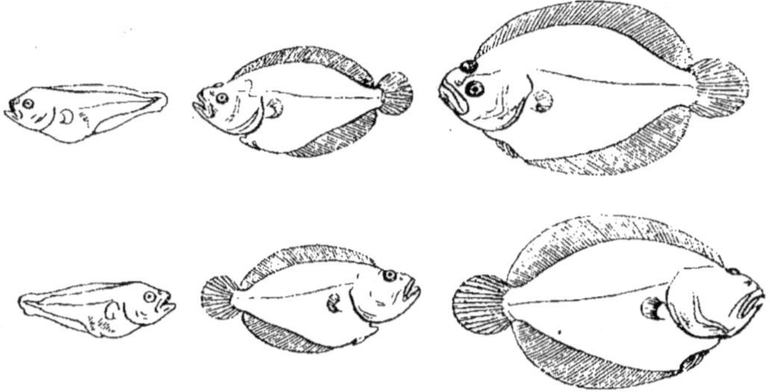

Fig. 216.

LA RÉCAPITULATION CHEZ UN PLEURONECTE.

Dans la rangée supérieure, la face gauche du Poisson ; dans la rangée inférieure, sa face droite. Le jeune Poisson (à gauche) est symétrique : il a un œil à gauche et un autre à droite. Puis (au milieu) l'œil de droite émigre par dessus la ligne médiane vers la face gauche. Finalement (à droite) les deux yeux sont sur la face gauche.
(Copié dans SCHNEIDER.)

mifères. Leur présence dans l'embryon de ces animaux n'a donc que la valeur d'un souvenir, souvenir datant, il est vrai, de l'époque où ont apparu les premiers Reptiles, c'est-à-dire du Carbonifère.

Tout aussi démonstrative est l'évolution des Pleuronectes. Ce sont des Poissons (tels que la Plie et le Turbot) qui, au lieu d'avoir la symétrie bilatérale caractéristique de presque tous les Animaux, ont un côté droit et un côté gauche absolument dissemblables : ils sont couchés sur l'une de leurs faces, et celle-ci ne porte pas d'œil ; les deux yeux sont en effet sur la face tournée vers le haut. La figure 216 représente trois étapes d'une espèce qui est couchée sur le côté droit. On y voit que le jeune embryon est parfaitement symétrique et que c'est par migration que l'œil droit arrive sur le côté gauche.

Il résulte nettement de ces deux exemples que l'évolution de l'individu est une **récapitulation** rapide de l'évolution de l'espèce.

Mais cette récapitulation est très incomplète. On ne doit pas s'attendre à retrouver dans l'ontogénie la trace de chacune des étapes de la phylogénie : la plupart de celles-ci sont en effet supprimées sans retour.

C'est surtout dans les Plantes que l'**abréviation** de l'ontogénie est marquée. Bien rare est chez elles la récapitulation ; et quand elle existe, elle ne permet de remonter qu'aux ancêtres immédiats de l'espèce ou du genre.

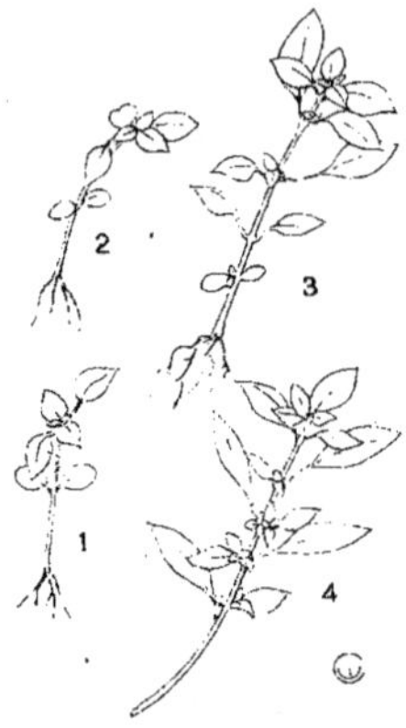

Dans beaucoup d'ordres, et notamment dans les Urticales, il y a des espèces à feuilles opposées-décussées, dont les rameaux au lieu d'être dressés, sont plus ou moins obliques ; les deux feuilles d'une même paire sont alors fréquemment inégales : celle qui regarde le ciel reste petite, celle qui est dirigée vers le bas devient beaucoup plus grande (fig. 217, ₄). Mais les premières paires de feuilles de la plantule sont de taille égale (fig. 217, ₁,₂,₃), comme elles l'étaient chez les ancêtres.

La dissemblance est quelquefois poussée à l'extrême, à tel point que la petite feuille de chaque paire s'atrophie totalement (fig. 218) et qu'il ne persiste que deux rangées de feuilles au lieu de quatre. Mais, même dans ces cas, la plantule a des feuilles égales. Il en est ainsi notamment chez une autre Urticale, l'Orme.

Les deux plantules d'Orme de la figure 218 sont très différentes quant à l'importance de la récapitulation : l'une donne au moins quatre paires de feuilles égales ; l'autre n'en a que deux ; on rencontre même, à titre exceptionnel, des plantules d'Orme qui ne répètent plus du tout l'ontogénie.

Ce qui est rare chez l'Orme devient la règle chez d'autres Urticacées. Ainsi *Elatostema sessile* (fig. 219), plante très voisine de *Pilea* (fig. 217), montre, dès le premier nœud qui suit les cotylédons, une feuille unique, au lieu d'une paire.

Il n'est même pas rare que dans un même genre on trouve, côte à côte, des espèces qui récapitulent et d'autres où l'ontogénie est tellement raccourcie que les phases ancestrales sont entièrement sautées.

Les *Euphorbia* désertiques, à tiges charnues, vertes et sans feuilles (fig. 199) dérivent incontestablement d'espèces qui assimilaient à l'aide de

Fig. 217.

LA RÉCAPITULATION CHEZ UNE URTICALE (*Pilea muscosa*). **1**, plantule n'ayant encore que les cotylédons et deux paires de feuilles ; **2**, plantule un peu plus âgée : les feuilles de la 3ᵉ paire sont encore semblables ; **3**, plantule dont les feuilles de la 2ᵉ paire sont déjà dissemblables, ainsi que celles de toutes les paires suivantes ; **4**, rameau vu d'en haut d'une plante adulte : dans chaque paire, il y a une grande feuille et une petite.

feuilles normales. La plupart des espèces (par exemple *E. Erythraea*, fig. 220) ont de petites feuilles représentatives au début du développement.

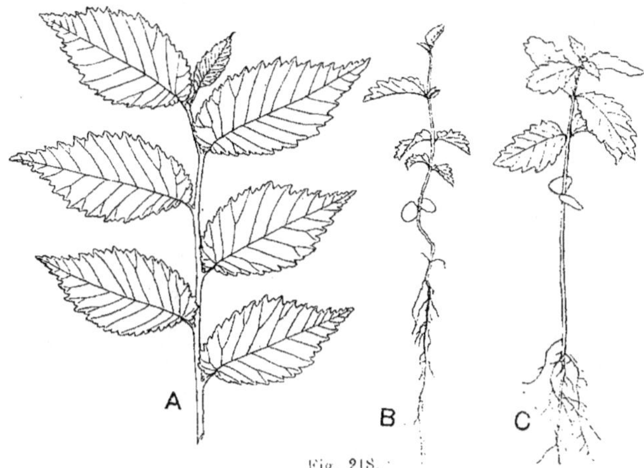

Fig. 218.

LA RÉCAPITULATION CHEZ L'ORME (*Ulmus campestris*).

A, rameau de la plante adulte, avec les feuilles sur deux rangs; **B**, plantule montrant les cotylédons, deux paires de feuilles égales, opposées-décussées, puis deux paires où l'une des feuilles est grande et l'autre petite; **C**, plantules avec quatre paires de feuilles égales, opposées-décussées.

Mais chez d'autres (par exemple *E. grandicornis*), les feuilles ne sont visibles qu'à la loupe. Ailleurs encore, elles font entièrement défaut.

L'abréviation est tout aussi marquée chez certains *Phyllocactus*. Les tiges adultes de ces Cactacées sont aplaties (voir fig. 122) et munies sur chaque bord d'une rangée unique de petites écailles foliaires. La plupart des espèces (par exemple *Ph. phyllantoïdes*, fig. 221) donnent aussitôt après les cotylédons, une tige prismatique, garnie de piquants, semblable à celle d'un *Cereus*. Tout indique d'ailleurs que le genre *Cereus*

Fig. 219.

ATROPHIE DE DEUX RANGÉES DE FEUILLES.

Rameau d'*Elatostema sessile* vu de face : la petite feuille de chaque paire a disparu, et il ne persiste donc que deux rangées de feuilles : la dissymétrie des feuilles est très marquée.

est l'ancêtre des *Phyllocactus*. Mais on connaît aussi des espèces (par exemple *Ph. Hookeri*, fig. 221) où la tige plate suit immédiatement les cotylédons, sans aucun rappel de *Cereus*.

Ces exemples-ci nous font littéralement assister à la disparition graduelle d'une phase récapitulative; mais très souvent l'ontogénie

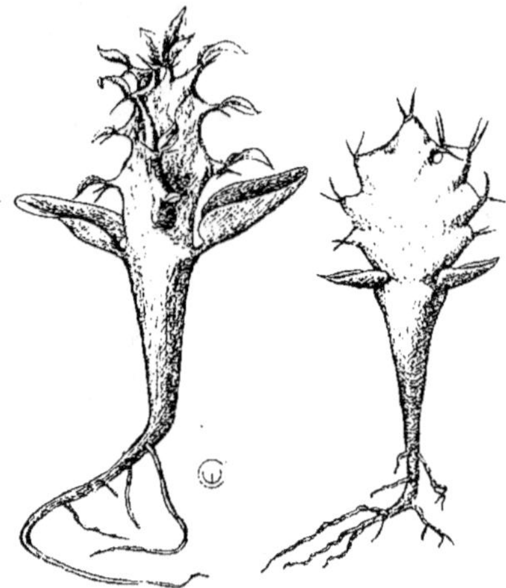

Fig. 220.

LA RÉCAPITULATION ET L'ABRÉVIATION DE L'ONTOGÉNIE CHEZ LES EUPHORBIA.

A gauche, plantule d'*E. Erythraea*, avec de petites feuilles ancestrales; à droite, plantule d'*E. grandicornis*, sans récapitulation. Les cotylédons persistent sur les deux plantules.

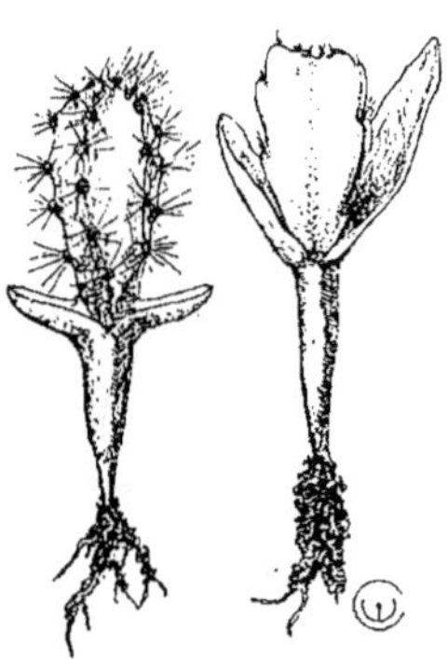

Fig. 221.

LA RÉCAPITULATION ET L'ABRÉVIATION DE L'ONTOGÉNIE CHEZ LES PHYLLOCACTUS.

A gauche, plantule de *Ph. phyllantoides*, montrant la forme ancestrale (de *Cereus*); à droite, plantule de *Ph. Hookeri*, sans récapitulation. On voit encore les cotylédons sur les deux plantules.

est déjà tellement raccourcie qu'elle ne nous montre plus rien de la phylogénie.

Pouvons-nous au moins accepter comme rappels ancestraux toutes les structures particulières qui apparaissent pendant l'enfance ?

Rien ne serait plus dangereux. Il arrive en effet fréquemment que l'Animal ou le Végétal mène dans le jeune âge un tout autre mode de vie qu'à l'état adulte, et qu'il ait par conséquent besoin d'organes temporaires, qui lui seront inutiles plus tard. Ainsi l'allantoïde, par lequel se nourrit l'embryon du Mammifère enfermé dans l'utérus maternel, est un organe purement adaptatif qui n'existait pas chez les ancêtres des Mammifères et qui n'a donc aucune signification phylogénique.

De même, la chenille n'est qu'une intercalation dans le développement du Lépidoptère.

Beaucoup de Plantes traversent également une phase adaptative. Aussi longtemps que le Lierre (*Hedera Helix*) n'a pas atteint le haut du tronc, du mur ou du rocher sur lequel il grimpe, il donne des tiges pourvues de racines-crampons (fig. 222) et portant sur deux rangées les feuilles lobées bien connues. Dès qu'il est arrivé en haut, il change complètement d'allure :

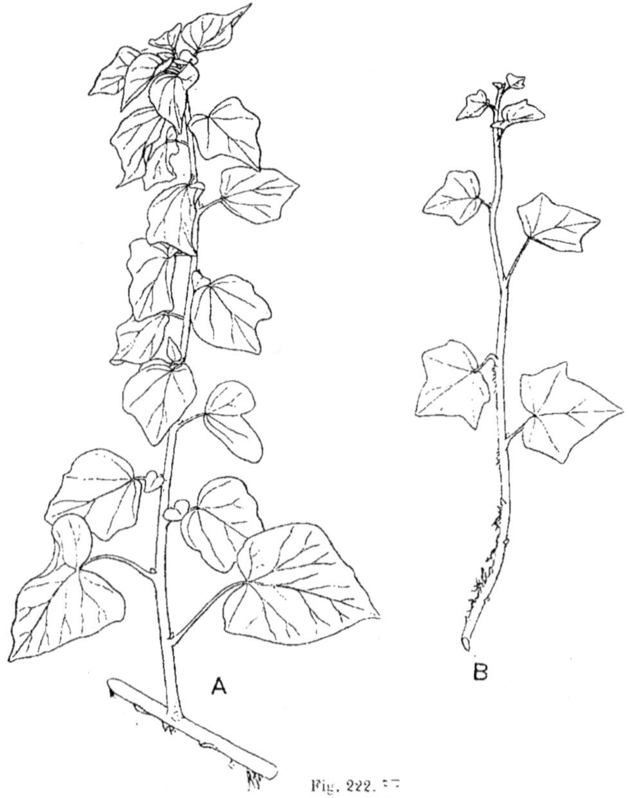

Fig. 222.

PHASE ADAPTATRICE DANS L'ONTOGÉNIE.

A, Lierre adulte : rameau dressé, avec feuilles cordiformes, sur cinq rangs ; à la base, les feuilles sont encore sur deux rangs ; **B**, Lierre jeune : rameau grimpant, avec des racines-crampons sur la face postérieure, et des feuilles lobées, sur deux rangs.

ses feuilles ont maintenant la forme d'un cœur et elles sont placées sur cinq rangs ; de plus les rameaux, au lieu de s'appliquer contre le support par les racines de la face postérieure, prennent l'aspect d'un petit buisson.

C'est à ce stade-ci, et jamais avant, que le Lierre fleurit. Or la comparaison avec les genres voisins de la famille des Hédéracées, montre que c'est à l'état adulte que le Lierre est le plus voisin de ses ancêtres, et que toute la longue période précédente est une intercalation adaptative.

Il y a encore une autre difficulté qui vient compliquer l'interprétation de l'ontogénie.

En général l'individu ne se reproduit que lorsqu'il a dépassé l'étape infantile : la Grenouille et le Papillon, par exemple, ne forment pas de gamètes tant qu'ils sont larvaires; le Lierre ne fleurit que sur les rameaux buissonnants représentant l'adulte.

Il y a pourtant des cas de pédogenèse, c'est-à-dire de reproduction pendant l'enfance : l'Axolotl, Batracien du Mexique, devient sexué alors qu'il est encore à l'état de têtard.

Un phénomène analogue est présenté par certaines Renoncules aquatiques. Quelques espèces, telles que *Ranunculus hederaceus*, ont uniquement des feuilles lobées, comme celles des espèces terrestres; elles habitent d'ailleurs des eaux très peu profondes. D'autres, par exemple *R. aquatilis*, produisent dans le jeune âge des feuilles finement divisées, qui sont submergées: quant aux feuilles lobées, qui flottent à la surface, elles n'apparaissent que plus tard, alors que la plante est apte à fleurir. Toutefois, on rencontre aussi des races de *R. aquatilis* qui n'ont jamais de feuilles lobées et qui produisent leurs fleurs parmi les feuilles submergées, découpées en filaments.

b) *Organogénie.*

Le plus souvent le développement des organes des Végétaux est direct, tout comme celui de l'individu; quelquefois pourtant l'organogénie fournit des renseignements phylogéniques.

Nous en connaissons déjà un. Les rameaux de *Phyllocactus* (fig. 122), qui sont plats quand ils ont atteint leur taille définitive, sont prismatiques et garnis de piquants au moment où ils naissent sur un rameau ancien. Or il est certain que les *Phyllocactus* dérivent des *Cereus*, qui ont effectivement des tiges prismatiques, épineuses.

La récapitulation dans l'organogénie peut se présenter d'une autre façon. Beaucoup d'*Euphorbia* ont des tiges charnues et vertes, privées de feuilles à l'état adulte. Certaines de ces espèces ont des feuilles dans la partie jeune, voisine du point végétatif, de chacune de leurs tiges fig. 223); mais ces feuilles, très caduques, ne remplissent aucun rôle actif.

Fig. 223.

LA RÉCAPITULATION DANS L'ORGANOGÉNIE.
Rameau d'*Euphorbia Hermentiana* ayant sur la partie très jeune des feuilles qui tomberont bientôt.

III. Les données de la morphologie.

Quelles que puissent être l'importance de la paléontologie et celle de l'embryologie, l'une et l'autre sont insuffisantes à nous éclairer

sur la phylogénie, puisque les renseignements qu'elles fournissent
sont toujours fragmentaires et incomplets.

Nous possédons heureusement une autre source d'informations :
c'est la comparaison des structures, ou morphologie. Comparons,
par exemple, les membres antérieurs de l'Homme, du Phoque, de

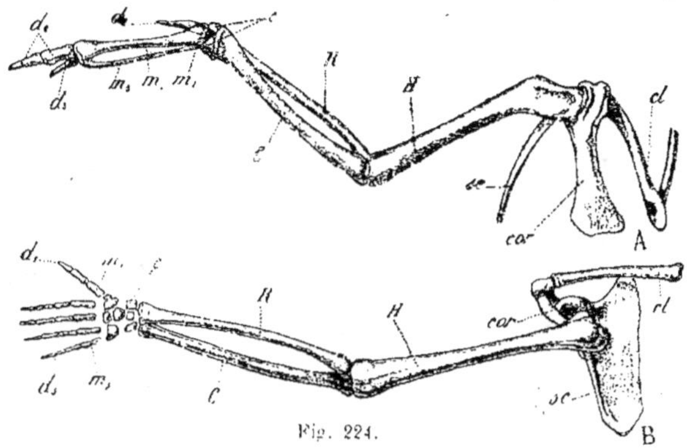

Fig. 224.

SQUELETTE DU MEMBRE ANTÉRIEUR.

A, Oiseau ; **B**, Homme ; **sc**, omoplate ; **cor**, coracoïde ; **cl**, clavicule ; **H**, humerus ;
C, cubitus ; **R**, radius ; **c**, carpe ; m_1 à m_5, métacarpien ; d_1 à d_5, doigts.
(Copié dans Brücker.)

l'Oiseau (fig. 224). Si différentes que soient leurs fonctions, qu'ils
servent à saisir, à nager, à voler, leur ostéologie est partout la
même, ce qui révèle évidemment une iden-
tité d'origine.

Contentons-nous de ce seul exemple,
puisque la systématique tout entière ne
sera que le développement de cette idée.

Ce ne sont pas les structures fonction-
nelles, en pleine transformation, qui sont
les plus intéressantes. Bien plus fertiles en
renseignements sont celles qui ne servent
à rien, ou plutôt qui ne servent plus à rien,
et qui sont donc des survivances d'une
époque antérieure.

L'exemple suivant emprunté à l'évolution du
vêtement, montrera mieux peut-être qu'un cas
purement biologique, quel est l'intérêt d'un
organe réduit.

Le chapeau d'homme, tant en paille qu'en
feutre, est entouré d'un ruban qui est noué à
gauche. Ni le ruban, ni le nœud n'ont de fonction actuelle. Voici leur
histoire :

Fig. 225.

COIFFURE DU XIVᵉ SIÈCLE.
(D'après Viollet-le-Duc.
Copié dans George Darwin.)

A l'origine la coiffure était faite d'un tissu souple, serré autour de la tête par un ruban ou un lacet (fig 225.) Quand on se servit d'une matière dure, telle que le feutre, le ruban, encore qu'il fût devenu complètement inutile, se conserva à l'état de survivance.

Au XVIe et au XVIIe siècle, le chapeau fut chargé de longues plumes

Fig. 226.

CHAPEAU A PLUMES DU XVIIe SIÈCLE.

(D'après Bosse, 1629.

Copié dans George Darwin.)

· Fig. 227.

SQUELETTE DE DINORNIS.

L'Oiseau avait 3 mètres de hauteur. Les membres antérieurs ont complètement disparu.

(Copié dans Brücker.)

(fig. 226), maintenues par le nœud du ruban. Comme le porteur du chapeau maniait l'épée de la main droite, on eut soin de fixer les plumes et le nœud à gauche, afin de faire place aux moulinets de l'arme. On voit donc que le ruban et son nœud placé à gauche, donnent des indications précieuses sur l'évolution du chapeau.

Nous savons déjà que la réduction est parfois poussée si loin que l'organe disparaît complètement. Il en est ainsi, par exemple, pour l'aile d'un gigantesque Oiseau coureur, le *Dinornis* (fig. 227).

IV. L'INTERPRÉTATION DE CES DONNÉES.

De ces divers genres de renseignements, les seuls qui puissent être utilisés tels quels sont ceux que fournit la paléontologie : la succession des époques géologiques indique immédiatement l'ordre dans lequel se sont succédé les organismes (voir fig. 210 à 214).

Mais le problème est déjà beaucoup moins clair quand il s'agit d'embryologie. Rien ne permet de distinguer nettement une structure récapitulative, telle que les arcs branchiaux (fig. 215), d'une structure adaptative, intercalée dans le développement (fig. 222). Dans beaucoup de cas la discussion reste ouverte, sans que les naturalistes puissent se mettre d'accord.

Pour la morphologie l'incertitude est parfois tout aussi troublante. Comment discerner ce qui est primitif de ce qui est dû à la convergence? Or, autant les structures d'origine ancienne éclairent la phylogénie, autant celles qui dépendent du milieu actuel sont insignifiantes au point de vue de la classification.

Bref ce sont sans cesse les mêmes questions qui reviennent : tel organisme est-il simple ou est-il simplifié; telle structure est-elle originelle ou bien a-t-elle été acquise récemment?

Il ne faudrait pourtant pas exagérer les difficultés et croire que rien de définitif n'a été fait en phylogénie. On peut affirmer que nous connaissons en général fort bien l'évolution à l'intérieur des groupes restreints, familles et ordres, et qu'il ne reste plus guère à élucider que la filiation des classes et des embranchements.

Peut-être ne sera-t-il pas superflu de montrer, dans un cas typique, de quelle manière les genres d'une même famille dérivent les uns des autres.

V. Un exemple d'évolution : les Cactacées.

Nous choisissons la famille des Cactacées. Leur évolution porte en effet sur les organes végétatifs, plutôt que sur les fleurs, et comme cet appareil végétatif reste immuable à travers les saisons, son évolution peut se montrer à tous les moments de l'année. Une autre considération qui a guidé notre choix est que tout jardin botanique possède une collection de ces plantes; rien n'est plus facile que de les disposer en manière d'arbre généalogique, comme nous le faisons ici (fig. 228.

L'ordre des Opuntiales, formé des seules Cactacées, est probablement voisin de celui des Ranales, c'est-à-dire de la souche de Dicotylédonées. La fleur a en effet une structure fort primitive. Elle n'est pas encore nettement séparée de l'appareil végétatif : on passe par des transitions insensibles des feuilles ordinaires aux bractées, puis de celles-ci aux sépales et aux pétales.

Des Végétaux habitant des pays à climat relativement humide, ayant la structure habituelle, avec des tiges ramifiées et des feuilles planes, ont été amenés à vivre dans des régions désertiques. La plupart ont sans doute succombé ; mais chez quelques-uns des mutations convenables se sont produites, et ceux-là se sont adaptés au nouveau milieu. Les principales adaptations sont les suivantes :

a) Création d'une réserve d'eau dans les tissus :

b) Réduction de la transpiration par la disparition des feuilles:

c) Remplacement du tissu assimilateur des feuilles par du parenchyme vert placé à la périphérie de la tige; secondairement la surface de celle-ci

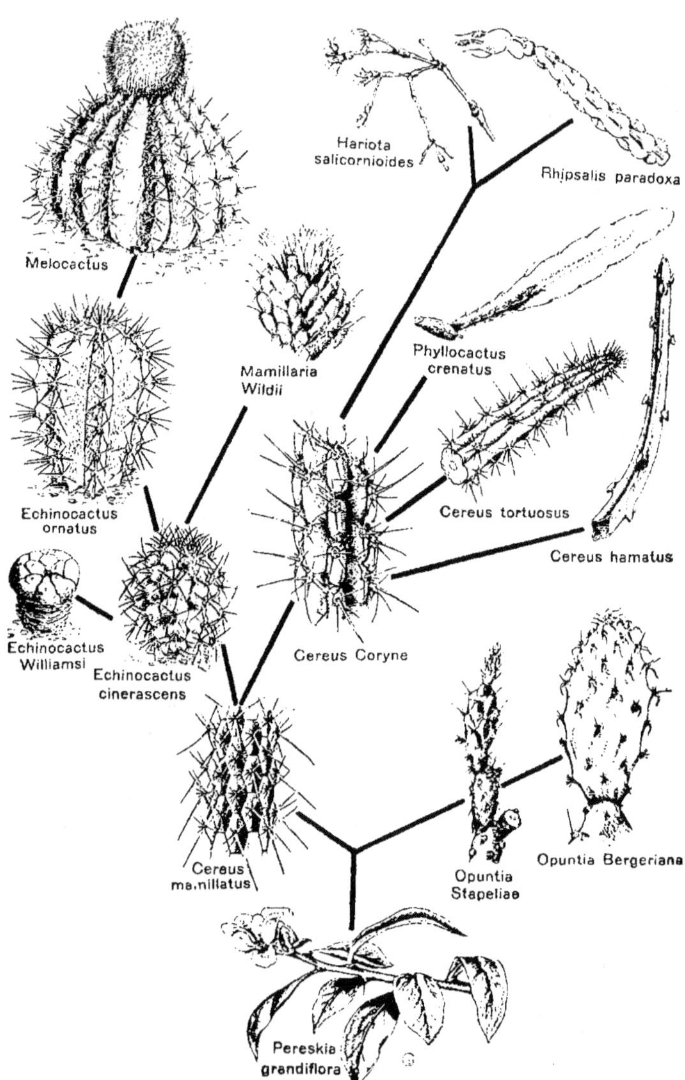

Fig. 228.
L'ARBRE PHYLOGÉNIQUE DES CACTACÉES.

s'agrandit, soit par son aplatissement, soit par la création de saillies de son écorce verte ;

d) Protection contre les herbivores. Dans les déserts, les Animaux dépendent des Végétaux, non seulement pour leur alimentation organique, mais aussi pour leur boisson, puisque les Plantes sont la seule source où de l'eau leur soit accessible. Aussi les Plantes désertiques sont-elles fortement défendues par des piquants : à la base de la feuille des Cactacées se développe un espace, l'a r é o l e, qui porte des épines.

Voyons maintenant les principales étapes de l'évolution.

Les *Pereskia* sont certainement voisins de l'ancêtre commun : ils ont de longues tiges rameuses, grimpant à la façon de lianes à travers les buissons des forêts américaines. Leurs feuilles sont normales, mais déjà pourvues de l'aréole épineuse; souvent les tiges sont quelque peu épaisses et charnues.

D'ici partent deux lignées évolutives, vers les *Opuntia* et vers les *Cereus*.

Dans la première, il y a d'abord des espèces dont l'appareil végétatif ressemble à celui des *Pereskia*. Puis les tiges deviennent très grosses, et elles portent des feuilles qui sont, elles aussi, cylindriques et séveuses. A un stade suivant les feuilles se réduisent de plus en plus et elles tombent à peine formées; en même temps s'accusent les saillies polygonales de l'écorce de la tige (*Opuntia Stapeliae*). Puis les feuilles, restant toutes petites, sont de plus en plus fugaces, et les tiges s'aplatissent en forme de raquettes articulées (*O. Bergeriana*).

La seconde lignée commence par des *Cereus* qui ont sensiblement la même structure que les *Opuntia* à tiges cylindriques, sauf que les feuilles ne sont pas même représentées dans le jeune âge: l'appareil assimilateur de la tige est agrandi par des saillies polygonales disposées en hélices (*C. mamillatus*). Puis les saillies s'alignent en rangées verticales (*C. Coryne*). Une étape de plus, et les saillies confluent longitudinalement, sous forme de côtes continues. Des espèces dérivées de celles-ci se sont adaptées à vivre sur les rochers et sont devenues rampantes (*C. tortuosus*), tandis que d'autres grimpent sur les arbres les plus élevés, à l'aide de racines-crampons ou à l'aide des saillies corticales, recourbées en crochet (*C. hamatus*).

D'autres *Cereus* se sont adaptés à la vie épiphyte ; ils sont installés dans la cime des arbres, et n'ont gardé aucune communication avec la terre. Les uns ont conservé les grandes fleurs des *Cereus* : ce sont les *Phyllocactus*; les autres, les *Rhipsalis*, ont des fleurs petites.

Les tiges des *Phyllocactus* (fig. 122 et 221) sont épineuses et prismatiques tout au début, puis elles deviennent plates et inermes (*Ph. crenatus*).

Dans la lignée des *Rhipsalis*, chaque tige est également au début épineuse, et cylindrique ou prismatique, ce qui indique leur parenté avec les *Cereus*. Les tiges adultes ont des formes très variées : cylindriques, plates, trigones, pourvues de six ailes régulièrement interrompues (*R. paradoxa*, articulées *Hariota salicornioides*), etc.

On remarquera que les espèces grimpantes et épiphytes perdent à l'état adulte l'armure défensive d'épines : leur mode de vie les met à l'abri des attaques des herbivores.

Les genres *Echinocereus*, *Echinopsis* et *Echinocactus* sont très voisins et ne diffèrent que par des détails de la fleur. On y retrouve la même évolution générale que chez *Cereus* : d'abord des saillies foliaires distinctes, disposées en hélices (*Echinocactus cinerascens*); puis confluence des saillies et formation de côtes qui se rapprochent de la verticale; enfin, constitution de côtes continues, droites (*Echinocactus ornatus*). Des branches principales de l'arbre généalogique se détachent d'innombrables rameaux accessoires. Citons-en quelques-uns pour donner une idée de leur diversité. Les saillies de l'écorce verte sont parfois prolongées vers le haut et vers le bas en forme d'arêtes flexueuses. Chez *Echinocactus Williamsi*, elles sont surbaissées et tout à fait inermes. Les *Melocactus* ont une tige garnie de côtes longitudinales, portant à des distances régulières des aréoles fortement épineuses; mais quand la plante se dispose à fleurir, elle produit une colonne cylindrique, couverte d'un feutrage de poils mous, duquel sortent des soies raides et des fleurs.

Dans toutes les Cactacées étudiées jusqu'ici, la saillie formée par l'écorce verte de la tige est surmontée à la fois par la feuille (quand elle existe), par l'aréole et par le bourgeon axillaire. Dans la sous-tribu des Mamillariées, par exemple chez *Mamillaria Wildii*, la saillie supporte encore l'aréole, tandis que le bourgeon a émigré à l'aisselle de la saillie.

On voit que malgré l'absence complète de renseignements paléontologiques, et en se basant donc uniquement sur l'embryologie et sur la morphologie, on peut retracer sans grande difficulté la phylogénie des Cactacées.

DEUXIÈME PARTIE

LES PROTISTES

Les avis sont très partagés au sujet de la structure qu'avaient les tout premiers organismes, c'est-à-dire ceux qui ont apparu à l'origine de la vie sur la Terre.

D'après les uns, c'étaient sans doute des êtres capables de se suffire à eux-mêmes, au sein d'une nature encore entièrement minérale : utilisant la chaleur, la lumière ou quelque autre force, ils se nourrissaient de minéraux et les élaboraient de façon à en faire des matières organiques.

Ces précurseurs étaient plus ou moins semblables aux Schizophycées ou aux Flagellates pourvus d'une chromophylle. Quant aux Bactéries, aux Amibes et aux Flagellates incolores, ils ne seraient pas primitivement simples, mais simplifiés.

D'autres naturalistes, auxquels nous nous rallions, ont peine à admettre que les premiers organismes aient déjà disposé de l'architecture si compliquée qui est indispensable à l'alimentation autotrophe. N'oublions pas, en effet, que si l'alimentation vacuolaire et l'alimentation diffusive exigent la mise en œuvre de multiples ferments, les êtres autotrophes doivent les posséder également, sinon comment utiliseraient-ils les corps organiques construits par synthèse totale ? Les organismes autotrophes sont donc pourvus, non seulement des mécanismes qui assurent les transformations de la matière organique, mais encore des structures, sans doute beaucoup plus délicates, qui permettent de créer des corps organiques aux dépens de matériaux bruts.

Aussi imaginerions-nous plutôt que l'apparition de la vie a été précédée de la production de matières organiques; puis une partie de celles-ci s'organisa en protoplasme vivant. Les êtres ainsi créés trouvaient dans leur voisinage immédiat des substances analogues à celles qui les constituaient eux-mêmes, et pour se nourrir il leur suffisait d'absorber ces substances, soit par alimentation diffusive, comme le font à présent les Bactéries, soit par alimentation vacuolaire, à la façon des Amibes.

D'après cette hypothèse, les êtres primitifs étaient donc comparables aux Bactéries, aux Amibes et aux Flagellates incolores; les cellules munies de chromophylles seraient nées, dans divers groupes, à la suite d'une évolution ultérieure.

D'accord avec cette idée, nous commencerons l'étude des Protistes par les Bactéries d'une part, et par les Amébiens d'autre part.

Fig. 229.

LES FORMES DES BACTÉRIES ET DE LEURS CILS.

A, *Bacillus subtilis* (à gauche) et *Spirillum Undula* (à droite); **B**, *Planococcus citreus*; **C**, *Pseudomonas pyocyanea*; **D**, *P. macroselmis*; **E**, *P. syncyanea*; **F**, *Bacillus typhi*; **G**, *B. vulgaris*: **H**, *Microspira comma*: **J**, **K**, *Spirillum rubrum*: **L**, **M**, *Spirillum Undula*.

(D'après M. MIGULA, 1900.)

I. SCHIZOPHYTES.

A. Schizomycètes.
B. Schizophycées.

Les Schizophytes sont les êtres les moins spécialisés de la nature actuelle. On ne peut les rattacher à aucun autre groupe. Il semble donc qu'ils aient une origine indépendante de celle des autres organismes et qu'ils n'aient pas donné naissance à d'autres êtres.

A. SCHIZOMYCÈTES.

La cellule des Schizomycètes, ou Bactéries, se compose d'une masse de protoplasme à peine différencié. On y distingue seulement des vacuoles à suc cellulaire et des grains épars de chromatine (fig. 47).

Chez les Bactéries sulfureuses, le protoplasme contient en outre des grains de soufre; parfois il est coloré uniformément par une chromophylle rouge, la bactériopurpurine.

La cellule est entourée d'une membrane; celle-ci n'est pas une simple pellicule résultant de la solidification de la couche périphérique du protoplasme, mais elle est une sécrétion du protoplasme, ainsi que le montre le fait que le protoplasme peut se détacher d'elle par la plasmolyse.

Beaucoup de Bactéries sont mobiles. Elles nagent à l'aide de cils, qui sont attachés soit à l'extrémité des cellules, soit sur toute la surface (fig. 229).

Les cellules ont des formes très diverses : globuleuse, par exemple *Micrococcus*; cylindrique, par exemple *Bacillus*; onduleuse, par exemple *Spirillum* et *Spirochaete* (fig. 230).

La division cellulaire s'opère suivant une, deux ou trois directions, produisant soit des filaments, soit des lames unisériées, soit des massifs (fig. 51.) La plupart des Bactéries s'isolent aussitôt après leur naissance. Quelques-unes conservent leurs cellules associées.

Il y a beaucoup de Bactéries, surtout parmi les *Bacillus*, qui ont la faculté de former des spores. Lorsque la vie devient difficile, notamment par manque d'eau ou de nourriture, le protoplasme se concentre en un point de la cellule et s'entoure d'une paroi résistante

Fig. 230.

SPIROCHAETE.

A, *Spirochaete plicatilis*;
B, *S. Obermeieri* dans le sang d'un malade atteint de fièvre récurrente.

(D'après M. MIGULA, 1900.)

(fig. 231). La spore ainsi constituée passe à l'état de vie latente ; elle germe au retour de conditions d'existence favorables.

Sauf les quelques espèces auxquelles la présence d'une chromo-

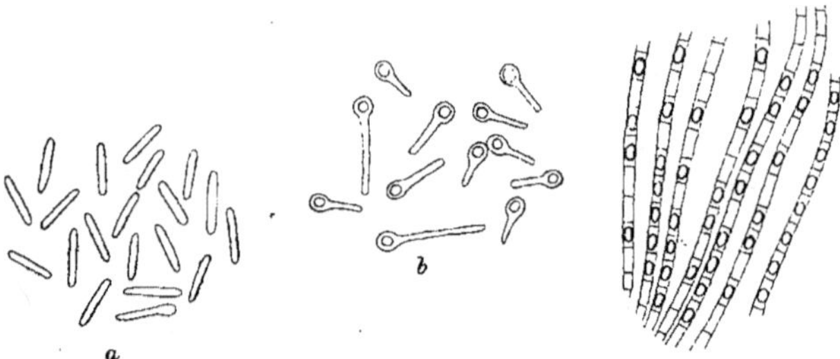

Fig. 231.

SPORES DE BACTÉRIES.

a, cellules adultes de *Bacillus tetani* ; **b**, les mêmes après la naissance des spores ; **c**, filaments de *Bacillus subtilis*, avec une spore dans chaque cellule.

(D'après M. MIGULA, 1900.)

phylle rouge donne la faculté de se nourrir de matières minérales, toutes les Bactéries ont l'alimentation diffusive.

On connaît plusieurs milliers d'espèces de Schizomycètes. Elles sont extrêmement répandues dans toutes les eaux, dans l'air, à la surface de tous les objets, jusque dans les plus profonds abimes des océans. Grâce à la merveilleuse diversité de leurs actions chimiques, elles jouent un rôle des plus importants dans la nature vivante ; les destructions de matière organique, les putréfactions, les fermentations sont en grande partie leur œuvre. Quelques-unes vivent en parasites, surtout d'Animaux ; elles déterminent des maladies graves : choléra, fièvre typhoïde, tuberculose, charbon, syphilis, tétanos, diphtérie, etc.

B. Schizophycées.

Leurs cellules contiennent, outre la chlorophylle, une chromophylle généralement bleuâtre ; l'une et l'autre sont fixées sur le protoplasme périphérique. Les grains chromatiques, par contre, sont rassemblés dans la partie [profonde de la cellule, le c o r p s c e n t r a l (fig. 17 et 19). Une première différenciation s'est donc opérée dans la matière vivante, qui est encore homogène chez les Schizomycètes : le protoplasme central porte la chromatine, le protoplasme périphérique est imprégné des pigments assimilateurs.

Les réserves hydrocarbonées se composent souvent de glycogène.

La cellule n'est jamais nue, elle est enveloppée d'une membrane nettement détachable. Souvent la couche externe de la membrane est durcie et forme une gaine (fig. 19, 52). Ailleurs la paroi est gélifiée et gonflée, ce qui écarte les cellules les unes des autres (fig. 232).

La division cellulaire s'opère suivant une, deux ou trois directions. Tantôt la cellule-mère s'étrangle (fig. 19, 53), tantôt la nouvelle cloison se forme par voie centripète : elle naît sous l'aspect d'un mince anneau périphérique (fig. 17) qui s'accroît vers l'intérieur jusqu'à ce que la séparation soit complète ; il arrive pourtant que l'obturation ne se fasse pas entièrement, ce qui assure les communications intercellulaires (fig 52).

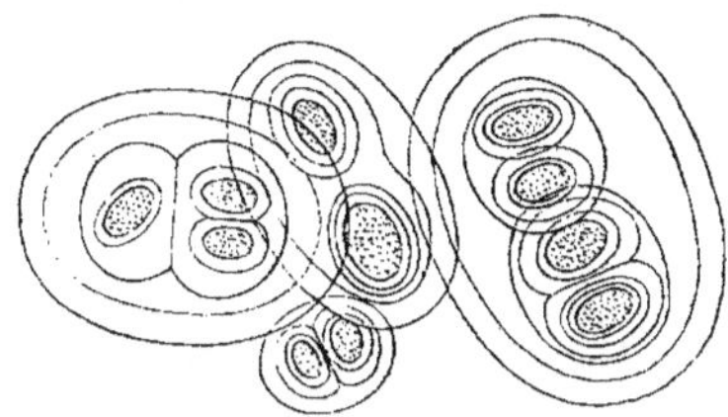

Fig. 232.

GÉLIFICATION DES MEMBRANES D'UNE SCHIZOPHYCÉE *(Gloeothece)*.

Les cellules de *Merismopedia* (fig. 53) et des Oscillatoriacées (fig. 17) sont toutes semblables.

Dans les Nostocacées (fig. 19) une double différenciation s'effectue :

a) Lors de la formation des spores, certaines cellules seulement grossissent, épaississent leur paroi et se transforment en spores, tandis que les autres sont vouées à la destruction ;

b) Quelques cellules se distinguent des autres dès le début; elles perdent leur chromophylle et deviennent incapables de se diviser davantage ; ce sont les hétérocystes (fig. 19, 52).

Les *Stigonema* présentent une différenciation d'une autre nature : la néo-formation cellulaire, d'abord non localisée, se limite à l'extrémité des rameaux (fig. 52).

La reproduction des Schizophycées comme celle des Schizomycètes repose exclusivement sur la division cellulaire, sans que jamais il n'y ait rien qui ressemble à la conjugaison cellulaire.

Les colonies des *Merismopedia* (fig. 53), de *Gloeothece* (fig. 232), etc., se fragmentent simplement lorsque le nombre des cellules devient trop considérable.

Quand les filaments sont enfermés dans une gaine, ils se découpent en tronçons qui rampent et glissent hors de la gaine. Les filaments des Oscillatoriacées ont d'ailleurs des mouvements propres qui consistent à la fois en oscillations et en reptations; leur dissémination est donc active.

Beaucoup de Schizophycées donnent des spores, cellules plus grosses, bourrées de réserves, à membrane épaissie, capables de passer par une période de repos (fig. 19).

Les Schizophycées sont très répandues dans les eaux, surtout non salées, ainsi que sur la terre et les rochers humides. Ce sont les organismes qui supportent les températures les plus élevées : on les rencontre dans des sources dont la température dépasse 80°. Contrairement aux Schizomycètes, elles sont toutes autotrophes et ne peuvent vivre qu'à la lumière.

Organismes à structure très simple, sans noyau différencié, à cloisonnement centripète, sans aucune trace de conjugaison.

II. RHIZOPODES.

A. Amébiens (*eau douce et mer*).
B. Mycétozoaires (*détritus végétaux*).
C. (Protéomyxés) (*parasites*).
D. Thécamébiens (*surtout dans l'eau douce*).
E. Foraminifères (*surtout dans la mer*).
F. Héliozoaires (*surtout dans l'eau douce*).
G. Radiolaires (*mer*).

Les Rhizopodes sont un groupe très primitif. Leur cellule comprend le cytoplasme, le noyau, la centrosphère, un centrosome intranucléaire ; elle est toujours nue. L'alimentation est vacuolaire. Les réserves hydrocarbonées sont surtout du glycogène.

A. AMÉBIENS.

De nombreux Rhizopodes, Sporozoaires et Flagellates présentent à quelque moment de leur ontogénie la forme de cellules amiboïdes. Or il est impossible de distinguer celles-ci les unes des autres ; on confond donc probablement des Amibes appartenant à des cycles

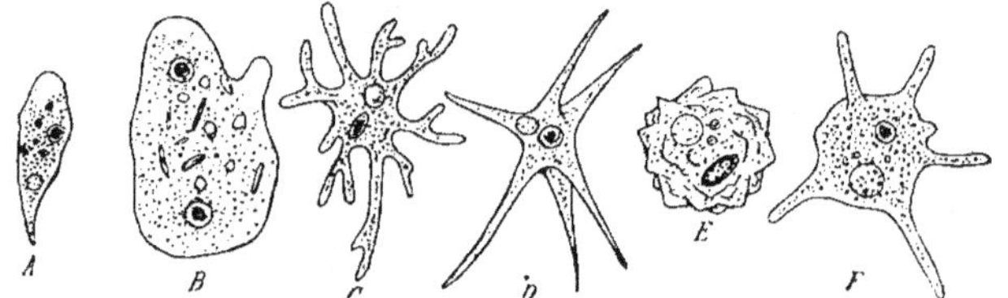

Fig. 233.

AMÉBIENS DIVERS.

A, *Amoeba limax* ; **B**, *Pelomyxa binucleata* (apocytie avec deux noyaux ; d'autres espèces ont des noyaux plus nombreux ; **C**, *Amoeba Proteus* ; **D**, *A. radiosa* ; **E**, *A. verrucosa* : **F**, *A. polypodia*.
(D'après M. DOFLEIN. — Copié dans KEMNA, 1914.)

évolutifs tout à fait distincts. Toutefois il semble exister aussi des Amibes autonomes, par exemple *Amoeba Proteus* (fig. 110, 112 et 233).

La forme de ces organismes est assez variable (fig. 233). Plusieurs sont apocytaires.

Quelques Amébiens posséderaient une phase flagellée, mais ces observations doivent être vérifiées.

Les Amébiens habitent les eaux, tant marines que douces, la vase, la terre humide. Quelques-uns sont parasites d'Animaux, et vivent par exemple dans le tube digestif.

B. MYCÉTOZOAIRES OU MYXOMYCÈTES.

La dualité du nom est caractéristique : les zoologistes les considèrent comme des Protozoaires et les nomment Mycétozoaires, tandis que les botanistes les rangent dans les Champignons sous le nom de Myxomycètes.

Ces organismes habitent principalement les détritus végétaux humides : bois mort, feuilles pourissantes. tan, etc.

Leur ontogénie procède d'une façon tout à fait constante et régulière. Partons de la phase de repos, caractérisée par les spores.

Celles-ci donnent en germant des cellules à la fois flagellées et amiboïdes, qui se divisent activement (fig. 234 et 235).

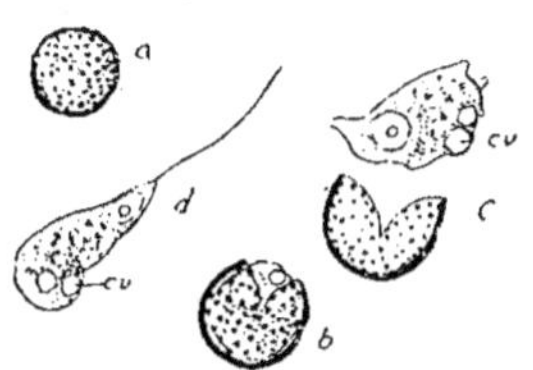

Fig. 234.

GERMINATION DES SPORES
D'UN MYCÉTOZOAIRE
(*Fuligo septica*).
cv, vacuole contractile.
(D'après M. LISTER, 1909.)

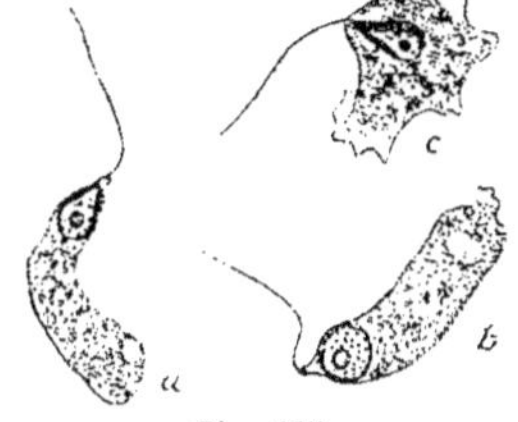

Fig. 235.

CELLULES FLAGELLÉES D'UN
MYCÉTOZOAIRE (*Badhamia panicea*).
(D'après M. LISTER, 1909.)

Fig. 236.

DIVISION CARYOCINÉTIQUE
DE CELLULES AMIBOÏDES
D'UN MYCÉTOZOAIRE
(*Reticularia Lycoperdon*).
(D'après M. LISTER, 1893.)

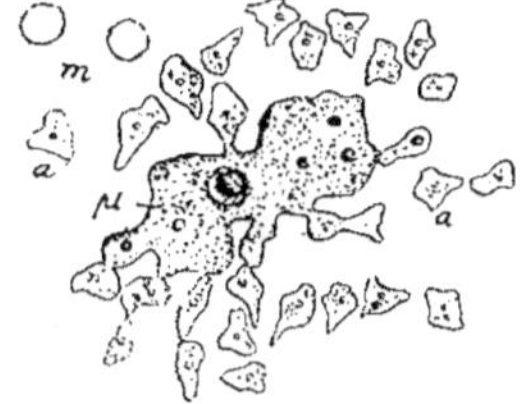

Fig. 237.

FORMATION D'UN PLASMODE CHEZ UN
MYCÉTOZOAIRE (*Didymium difforme*).
a, amibes; **pl**, petit plasmode, contenant
des aliments ingérés.
(D'après M. LISTER, 1894.)

Bientôt elles perdent leurs fouets; elle continuent à ramper à la façon d'une amibe à travers le milieu nutritif, et à se multiplier (fig. 236).

Lorsque les aliments commencent à s'épuiser, les cellules, maintenant en nombre énorme, au lieu de s'éloigner davantage les unes des autres, se rapprochent au contraire, et confondent leurs cytoplasmes. Ainsi se forment des symplastes nus, ou plasmodes (fig. 237). Chaque fois que des plasmodes se rencontrent, ils confluent.

Toutes les amibes éparses finissent ainsi par se réunir en une masse unique, pouvant atteindre plusieurs kilogrammes, dans laquelle le cytoplasme est absolument continu d'un bout à l'autre, mais où

Fig. 238.
BORD DU PLASMODE D'UN MYCÉTOZOAIRE
(*Badhamia utricularis*).
(D'après M. Lister, 1909.)

les noyaux ont conservé leur individualité. Le plasmode se meut à la façon d'une gigantesque amibe (fig. 238). Les caryocinèses se poursuivent, et le nombre des cellules constituantes s'accroît donc sans cesse (fig. 239 à gauche).

Un changement s'opère maintenant dans l'irritabilité du Mycétozoaire. Le plasmode se dirigeait jusqu'ici vers le bas et vers l'obscurité; mais à un moment donné, son géotaxisme et son phototaxisme changent de sens, et il gagne la surface du milieu dont il exploitait jusqu'ici l'intérieur. Peut-être y a-t-il à ce moment conjugaison de noyaux; la chose n'est pas encore bien établie.

On voit à présent du cytoplasme se condenser autour de chaque

Fig. 239.
PRODUCTION DES SPORES CHEZ UN MYCÉTOZOAIRE (*Trichia varia*.
A gauche les noyaux continuent à se diviser par caryocinèse dans le plasmode; des filaments du capillitium c naissent dans le cytoplasme. — A droite, les spores sont formées.
(D'après M. Lister, 1909.)

noyau. Puis les petites masses ainsi constituées s'isolent les unes des autres, et s'entourent d'une paroi résistante (fig. 239).

Il naît donc dans chaque plasmode autant de spores qu'il y a de cellules.

Pendant la formation et la maturation des spores, le cytoplasme non employé à leur édification se transforme en éléments squelettiques : ce sont le support général, l'écorce protectrice, et le capillitium, formé géné-

ralement de filaments. Lorsque toute la masse est devenue sèche, sa
surface se rompt et les spores mises en liberté sont disséminées par le
vent (fig. 240).

Fig. 240.
DISSÉMINATION DES SPORES D'UN MYCÉTOZOAIRE (*Badhamia panicea*).
L'enveloppe de la masse sporifère s'est ouverte, et les spores sont mises en liberté.
(D'après M. LISTER, 1909.)

Le cycle normal tel que nous venons de le décrire, peut être interrompu
si les circonstances deviennent défavorables, et l'organisme passe alors
par une période de repos, à l'intérieur de cystes.

D. THÉCAMÉBIENS.

Alors que les Amébiens typiques sont nus, d'autres formes,

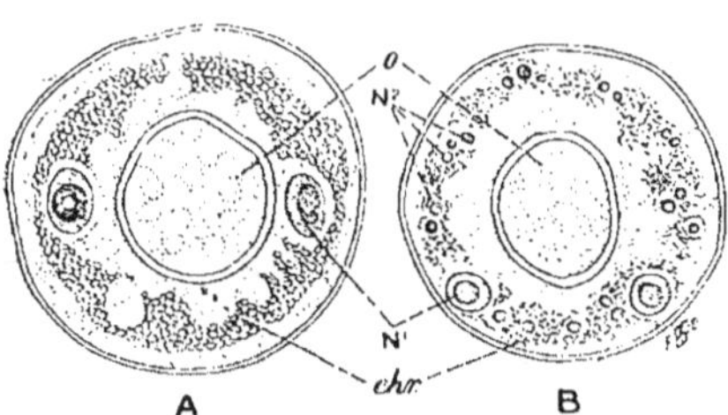

Fig. 241.
THÉCAMÉBIEN (*Arcella vulgaris*).
A, le corps est entouré d'une coque en
forme de béret; o, ouverture de la coque. Le
protoplasme contient deux noyaux (**N¹**) et un
anneau de chromidies (**chr**). — **B**, des noyaux
secondaires (**N²**) naissent aux dépens des
chromidies.
(D'après M. R. HERTWIG, 1899.
Copié dans MINCHIN, 1917.)

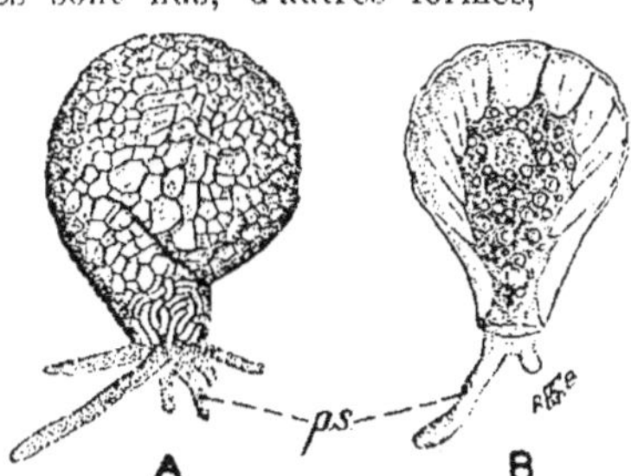

Fig. 242.
THÉCAMÉBIENS.
A, *Difflugia spiralis* : coque formée de
grains étrangers, unis par un ciment orga-
nique; **B**, *Hyalosphaenia cuneata* : coque
formée de plaquettes sécrétées par l'organisme.
(D'après LEIDY, 1879.
Copié dans MINCHIN, 1917.)

assurément très voisines, sont incluses dans une coque. Celle-ci est

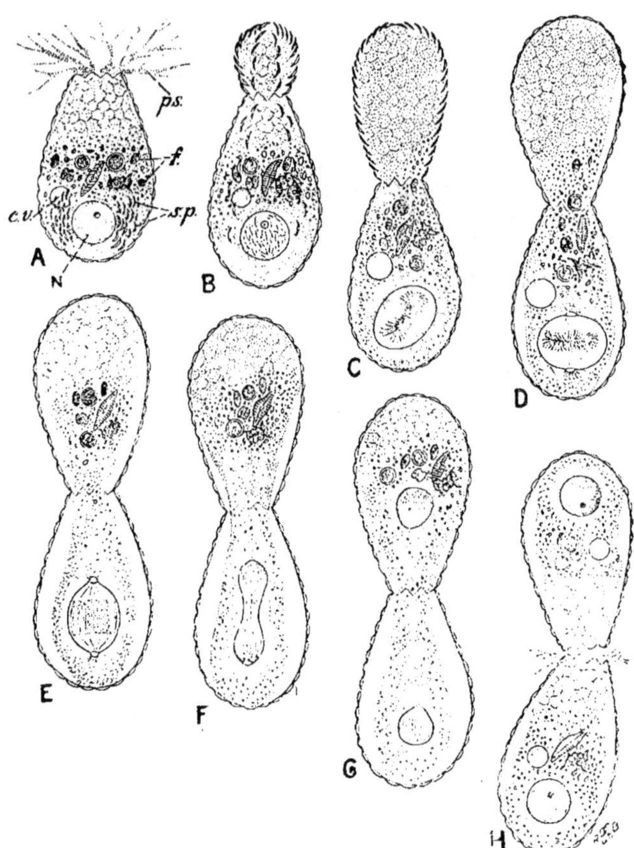

Fig. 243.

LA DIVISION D'UN THÉCAMÉBIEN (*Buglypha alveo'ata*).

A, Individu adulte : **ps**, pseudopodes; **f.** corpuscules alimentaires dans des vacuoles; **cv.** vacuole contractile; **N**, noyau et centrosome : **sp**, plaquettes destinées à la construction de la coque d'un nouvel individu. Le cytoplasme est divisé en trois régions : près de l'ouverture de la coque, il est alvéolaire; auprès des vacuoles alimentaires, il est granuleux; autour du noyau, il est presque clair. — **B**, vingt minutes après. Le cytoplasme fait saillie par la bouche; les plaquettes se déplacent vers l'ouverture; les chromosomes apparaissent dans le noyau. — **C**, vingt-cinq minutes après **B**. La nouvelle cellule a atteint presque sa taille définitive; la centrosphère intranucléaire s'est divisée et les chromosomes se disposent en une plaque équatoriale; les plaquettes sont arrivées à la périphérie de la nouvelle cellule : les corpuscules alimentaires émigrent vers celle-ci. — **D**, quinze minutes après **C**. La nouvelle coque est complète; le noyau a pris son orientation définitive **E**, trente minutes après **D**. — **F**, cinq minutes après **E**. — **G**, cinq minutes après **F**. — **H**, vingt-cinq minutes après **G**. Étapes successives de la division du noyau et de la séparation des deux cellules.

(D'après SCHEWIAKOFF, 1887. — Copié dans MINCHIN, 1917.)

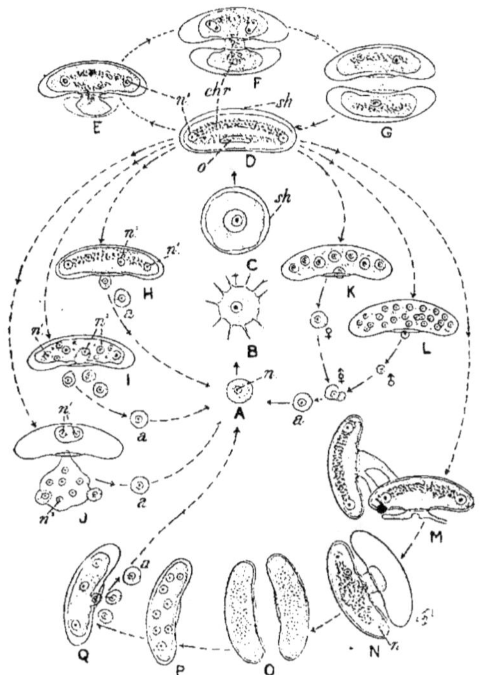

Fig. 244.

LES DIVERSES FORMES DE MULTIPLICATION D'UN THÉCAMÉBIEN (*Arcella vulgaris*).

A, B, C, D, étapes successives d'un individu d'*Arcella*, issu d'une division multiple, depuis le stade de cellule amiboïde uninucléée (**A**), jusqu'au stade adulte (**D**): n¹, noyaux primaires; **chr**, chromidies; **sh**, coque; o, ouverture de la coque. **D. E. F, G.** division simple : le protoplasme sort de la coque, puis s'entoure d'une nouvelle coque; chacun des deux noyaux se divise; les chromidies et les noyaux se partagent entre les deux cellules-filles. **H** à **J**, *division multiple sans conjugaison*. **H**, des noyaux secondaires (n²) naissent aux dépens des chromidies; ces noyaux, avec une petite masse de cytoplasme, quittent la cellule-mère sous forme de petites amibes. **I**, les noyaux secondaires naissent simultanément en grand nombre. **J**, tout le protoplasme quitte la coque, à l'exception des deux noyaux primaires; les chromidies donnent naissance à des noyaux secondaires pour les petites amibes. **K à a**, *division multiple avec conjugaison*. **K**, formation d'un petit nombre de noyaux secondaires, puis de gros gamètes (♀). **L**, formation de nombreux noyaux secondaires, puis de petits gamètes (♂). Les deux gamètes conjuguent et donnent une zygote (a) qui devient la petite amibe (**A**). **M** à **Q**, *accouplement d'individus adultes*; **M**, ils se rapprochent; **N**, les deux protoplasmes confluent dans une seule des deux coques; **O**, après la disparition des noyaux primaires et le mélange des chromidies, les deux individus se séparent de nouveau; **P**, des noyaux secondaires se forment; **Q**, de petites amibes, pourvues chacune d'un noyau secondaire, quittent les coques.

(D'après M. ELPATIEWSKY, 1907, et M. SWARCZEWSKY, 1908. — Copié dans MINCHIN, 1917).

pourvue d'une ouverture par laquelle sortent les pseudopodes gros
et courts, comme ceux des amibes. On les réunit sous le nom de
Thécamébiens.

La coque est de nature très diverse : tantôt elle est entièrement organique

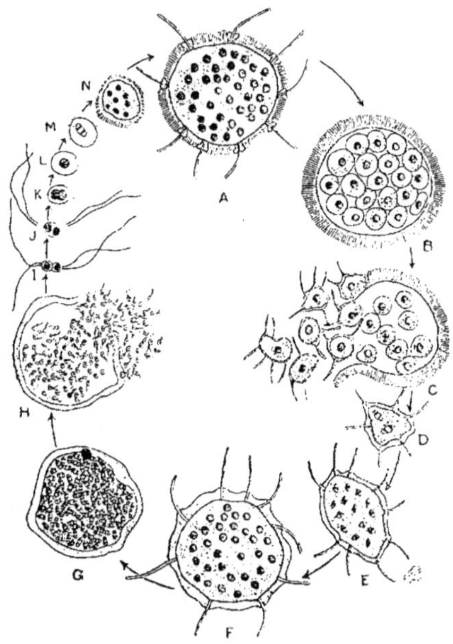

Fig. 245.

CYCLE D'UN THÉCAMÉBIEN (*Trichosphaerium Sieboldi*).

A à **E**, *phase de division*.

A, individu adulte ; **B**, chacune des cellules composant l'apocytie s'est isolée ; **C**, les
cellules, devenues amiboïdes, se disséminent ; **D, E**, noyau, d'abord unique, se multiplie
par caryocinèse.

F à **N**, *phase de conjugaison*.

F, individu adulte, différant de **A** par l'absence de baguettes dans l'enveloppe ; **G**, multiplication des noyaux par caryocinèse ; **H**, chacune des petites cellules acquiert deux fouets et
devient un gamète ; **I**, union des gamètes ; **J**, détachement des fouets ; **K, L**, fusion des
noyaux ; **M, N**, division caryocinétique du noyau de la zygote, et production d'une apocytie
semblable à **A**.

(D'après SCHAUDINN, 1899. — Copié dans MINCHIN, 1917.)

et à peu près homogène (*Arcella*, fig. 241), tantôt elle est formée de grains
agglutinés. Ceux-ci peuvent être secrétés par l'organisme lui-même (*Hyalos-
phaena*, fig. 242 B ; *Euglypha*, fig. 243), ou bien être d'origine étrangère
(*Difflugia*, fig 242 A).

Chaque individu renferme un ou plusieurs noyaux, c'est-à-dire

qu'il est tantôt cellulaire, tantôt apocytaire (fig. 245 A, F). En outre,
le protoplasme contient souvent des particules chromatiques, les
chromidies, qui interviennent lors de la multiplication pour
former de nouveaux noyaux (fig. 241 B).

La division cellulaire est caryocinétique. La centrosphère est à l'intérieur du noyau (fig. 243). A cause de la coque, l'accroissement doit se faire en dehors d'elle, et le protoplasme fait saillie par l'ouverture (fig. 243 B, 244 E).

Chez *Arcella*, il y a. outre la bipartition simple avec division caryocinétique des noyaux primaires, des divisions multiples avec création de noyaux secondaires, et même des phénomènes de conjugaison. La figure 244 résume schématiquement tout ce qui est connu sur ces faits, encore en partie discutés.

D'autres Thécamébiens présentent alternativement dans leur ontogénie une phase de multiplication par division, et une phase où intervient la conjugaison isogame. C'est le cas pour *Trichosphaerium* (fig. 245). En outre les deux apocyties adultes (A et F) peuvent se multiplier par fragmentation.

E. Foraminifères.

Chez certains Thécamébiens tels que *Euglypha* (fig. 243), les pseudopodes sont déjà longs et fins; mais ils ne s'anastomosent pas entre eux. Les Foraminifères, au contraire. quoique très voisins des premiers, ont des pseudopodes ramifiés et capables de se fusionner à tous les points de rencontre (*Gromia*, fig. 246).

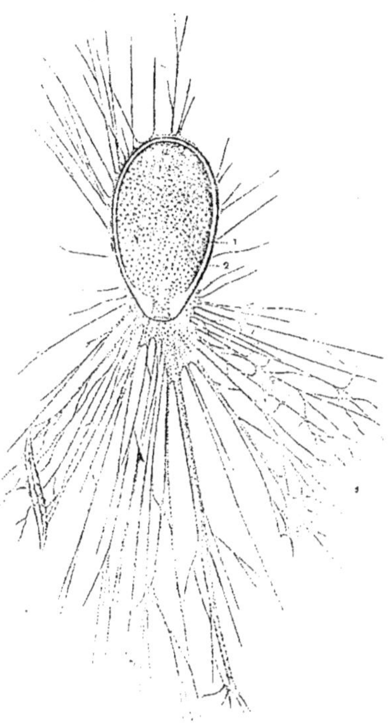

Fig. 246.

STRUCTURE D'UN FORAMINIFÈRE
(*Gromia oviformis*).

1, Le protoplasme à l'intérieur de la coque; **2**, le protoplasme recouvrant la coque; **3**, les pseudopodes réticulés. Une Diatomée vient d'être capturée par les pseudopodes de gauche; d'autres sont à l'intérieur de la coque.

(D'après Max Schultze, 1854.
Copié dans Farmer, 1902.)

Les formes inférieures ont une coque membraneuse (fig. 246), ou bien une coque irrégulière, formée de grains de sable ou de boue (*Astrorhiza*, fig. 247). Mais la plupart des Foraminifères ont une coque calcaire, le plus souvent pluriloculaire. Les loges sont agencées d'une façon régulière et généralement fort élégante, qui est caractéristique pour chaque genre (*Rotalia*, fig. 248). Les loges successivement formées sont de plus en plus grandes; elles communiquent entre elles par des perforations des cloisons (fig. 249). Les coques de Foraminifères sont extrêmement abondantes dans certains terrains;

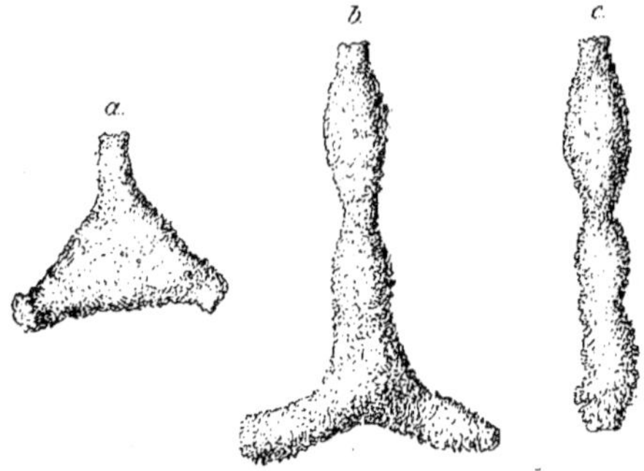

Fig. 247.

COQUES IRRÉGULIÈRES D'UN FORAMINIFÈRE
(*Astrorhiza angulosa-granulosa*).
La coque est formée de grains de sable.
(D'après M. Rhumbler. — Copié dans Kemna, 1914.)

la craie est formée en majeure partie de leurs débris. Dans beaucoup de mers actuelles, le fond porte une couche analogue.

Presque toujours chaque espèce de Foraminifères à coque pluriloculaire présente deux formes, l'une avec une petite loge centrale (fig. 249, à gauche), l'autre avec une grande loge centrale (fig. 249, à droite). Cette dualité résulte du mode de reproduction des Foraminifères.

Ils possèdent exactement le même cycle que *Trichosphaerium* (fig. 245) : une génération asexuelle alternant avec une génération isogame. Or la zygote est beaucoup plus petite que l'amibe

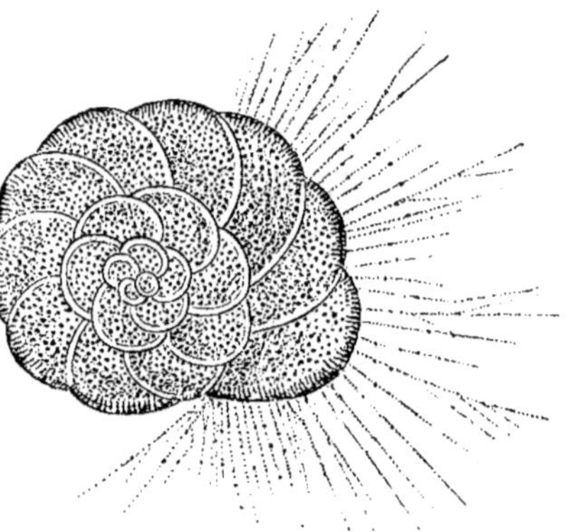

Fig. 248.

COQUE PLURILOCULAIRE D'UN FORAMINIFÈRE
(*Rotalia Freyeri*).
La coque est en calcaire.
(D'après M. Kemna, 1914.

provenant de la multiplication asexuelle, aussi s'entoure-t-elle d'une petite loge, tandis que l'amibe occupe une loge beaucoup plus grande.

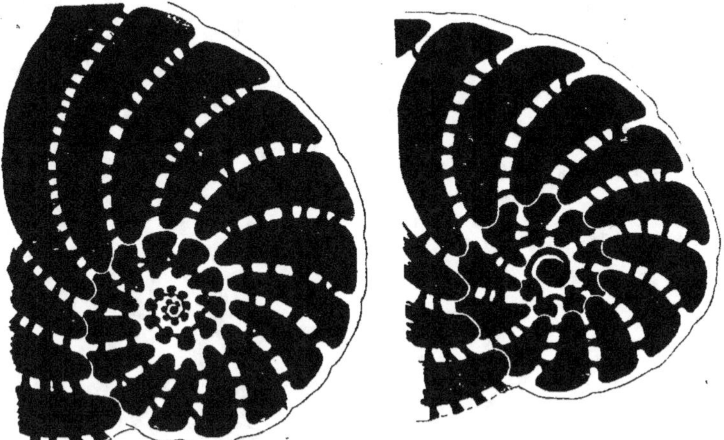

Fig. 249.

STRUCTURE DE LA COQUE D'UN FORAMINIFÈRE (*Peneroplis pertusus*).
La cavité des loges est en noir ; leur paroi, en blanc. A gauche, la forme avec petite loge
centrale ; à droite, celle avec grande loge centrale.
(D'après M. WINTER, 1907. — Copié dans KEMNA, 1914.)

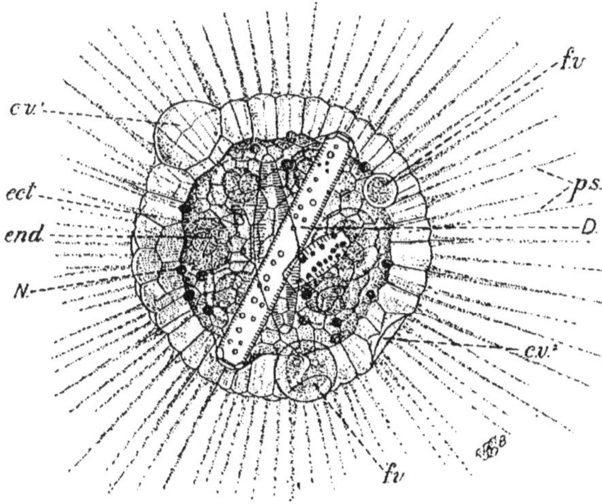

Fig. 250.

STRUCTURE D'UN HÉLIOZOAIRE (*Actinosphaerium Eichhorni*)
ect, ectoplasme spumeux ; end, endoplasme plus dense ; cv¹, vacuole contractile sur
le point d'éclater ; cv², vacuole contractile qui vient de se rompre ; N, nombreux noyaux ;
ps, pseudopodes ; fv, vacuoles alimentaires encore dans l'ectoplasme ; D, Diatomées incluses
dans des vacuoles alimentaires déjà incluses dans l'endoplasme.
(D'après M. LEIDY, 1879. — Copié dans MINCHIN, 1917.)

Dans la figure 249, la coquille de gauche provient donc d'une zygote, et l'organisme qu'elle contient se résoudra en amibes, tandis que la coquille de droite est née d'une amibe et produira des gamètes.

F. Héliozoaires.

Contrairement aux Rhizopodes précédents. qui sont rampants, les Héliozoaires flottent presque tous au sein des eaux douces. La

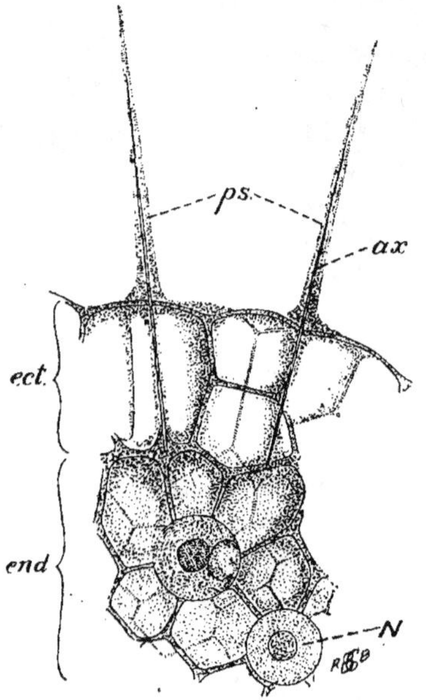

Fig. 251.
DÉTAILS DE LA STRUCTURE D'UN HÉLIOZOAIRE (*Actinosphaerium Eichhornii*).
ect, end, N, ps, mêmes significations qu'à la figure 250; **ax,** l'axe rigide d'un pseudopode.
(D'après M. Leidy, 1879. — Copié dans Minchin, 1917.)

faculté de rester en suspension est due à l'énorme augmentation de leur surface de contact avec le liquide : sur le corps sont implantés de nombreux pseudopodes (fig. 250) pourvus d'un axe rigide, de nature organique (fig. 251). Cet axe se prolonge dans le corps jusque près du noyau. Il disparaît lors de la rétraction du pseudopode.

On connaît aussi quelques Héliozoaires à squelette siliceux (fig. 252).

Tantôt le corps est unicellulaire (fig. 135), tantôt il est apocytaire (fig. 250).

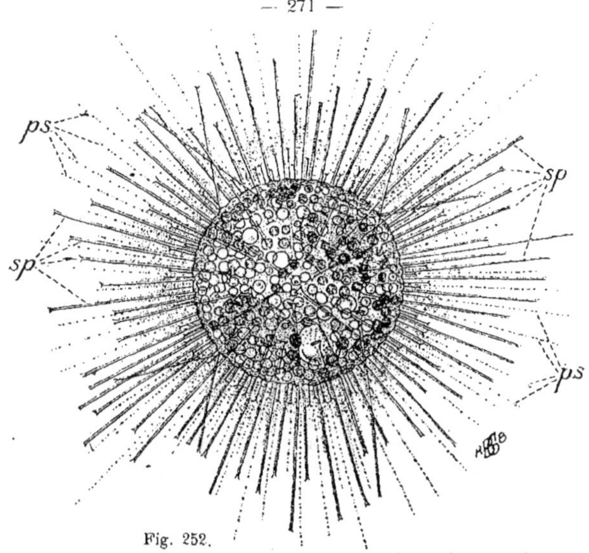

Fig. 252.

STRUCTURE D'UN HÉLIOZOAIRE A SQUELETTE SILICEUX (*Acanthocystis chaetophora*).
sp, spicules siliceux; **ps**, pseudopodes. Les gros grains grisâtres sont des Algues vertes.
(D'après M. LEIDY, 1879. — Copié dans MINCHIN, 1917.)

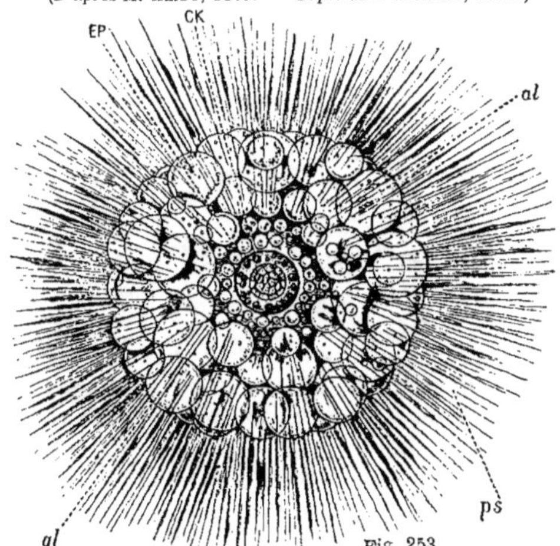

Fig. 253.

STRUCTURE D'UN RADIOLAIRE (*Thalassicolla pelagica*).
ps, pseudopodes; **al**, alvéoles du cytoplasme périphérique gonflées d'anhydride carbonique;
EP, cytoplasme extra-capsulaire; **CK**, capsule centrale, contenant le noyau et des globules
d'huile. Les petits points noirs parmi les alvéoles sont des zooxanthelles.
(D'après M. R. LANKESTER. — Copié dans GAMBLE, 1909.)

La couche périphérique du cytoplasme est très aqueuse et semblable à de la mousse ; la partie interne est granuleuse.

Le plus souvent les Héliozoaires se nourrissent en incorporant des corps étrangers dans des vacuoles alimentaires (fig. 250). Mais il en est quelques-uns qui, étant associés à des cellules vertes (fig. 252), se font nourrir par elles, et n'englobent pas d'autres aliments.

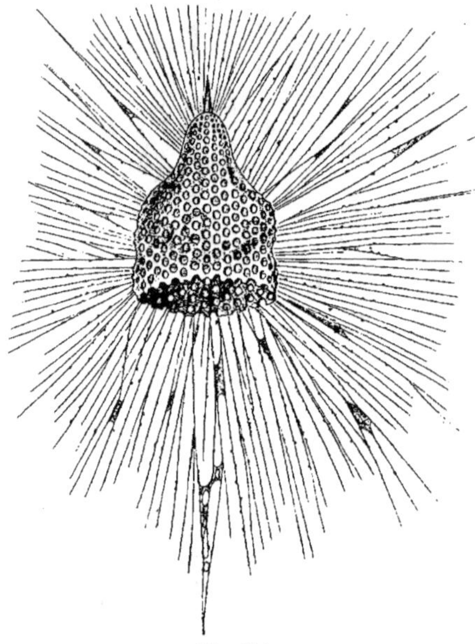

Fig. 254.
STRUCTURE D'UN RADIOLAIRE (*Eucyrtidium cranioides*).
Squelette siliceux.
(D'après HAECKEL. — Copié dans GAMBLE, 1909.)

La multiplication se fait par la bipartition du corps. Il y a aussi une phase de conjugaison. La formation des gamètes est précédée de la réduction chromatique (fig. 135) ; les gamètes sont égaux.

G. RADIOLAIRES.

Alors que les Héliozoaires sont presque tous dans le plancton (ensemble des organismes flottants) des eaux douces, les Radiolaires sont une partie importante du plancton marin. Leur flottaison est assurée tant par l'agrandissement de leur surface que par la présence de globules huileux et même de bulles gazeuses (fig. 253).

Ces organismes ont en général un squelette siliceux, de forme extraordinairement variée et élégante (fig. 254). Les fonds des océans sont souvent tapissés d'une couche de ces squelettes ; il en a été de même pendant les temps géologiques. Quelques-uns ont un squelette en sulfate de strontium (fig. 255).

Le cytoplasme comprend à la périphérie une couche très vacuoleuse, d'où partent les pseudopodes. L'intérieur est occupé par une capsule centrale, dont la paroi est organique. Le noyau unique

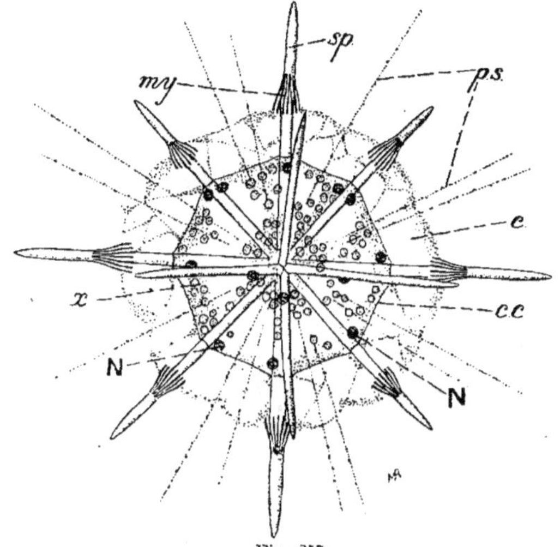

Fig. 255.

STRUCTURE D'UN RADIOLAIRE (*Acanthometra elastica*).

sp, les vingt baguettes rayonnantes en sulfate de strontium, qui se réunissent au centre du corps ; ps, pseudopodes ; c, cytoplasme spumeux périphérique ; cc, capsule centrale ; N, noyaux ; x, zooxanthelles.
(D'après LEUCKART. — Copié dans MINCHIN, 1917.)

(fig. 253) ou les noyaux multiples des formes apocytaires (fig. 255), sont inclus dans la capsule centrale.

La plupart des Radiolaires ne capturent jamais de proies : ils possèdent dans leur cytoplasme des cellules jaunes, les zooxanthelles, avec lesquelles ils vivent en symbiose mutualiste. Ces zooxanthelles sont des Flagellates.

La multiplication des Radiolaires est encore insuffisamment connue.

Caractères généraux des Rhizopodes.

Cellules toujours privées de plastides et de membrane, émettant des pseudopodes.

Alimentation vacuolaire (sauf chez les formes vivant en symbiose mutualiste avec des cellules autotrophes).

Les groupes inférieurs sont agames; les supérieurs, isogames, ou peut-être hétérogames.

La mortalité n'apparaît que lors de la réduction chromatique.

III. CHAMPIGNONS

PHYCOMYCÈTES.
    Chytridiées.
    Oomycètes.
    Zygomycètes.

EUMYCÈTES.
    Ascomycètes.
      Hémiascés.
      Protoascés.
      Euascés.
      Laboulbéniées.

    Basidiomycètes.
      Hémibasidiés
      Protobasidiés.
      Autobasidiés.

Il n'y a pas dans la nature entière un groupe dont l'origine et l'évolution aient été autant discutées que celui des Champignons. Pour les uns, ils dérivent de diverses Algues, qui se seraient dégradées par le parasitisme; mais il est difficile d'admettre que des parasites aient retrouvé après coup la vie libre. D'autres naturalistes rattachent au contraire les Champignons aux Rhizopodes, et notamment aux Mycétozoaires; d'après eux les Champignons inférieurs (Phycomycètes) auraient donné naissance aux Ascomycètes, puis aux Basidiomycètes.

1. PHYCOMYCÈTES.

Ils sont caractérisés par la structure apocytaire. Entre les apocyties des Champignons et celles qui se rencontrent si fréquemment chez les Rhizopodes, il n'y a d'autre différence que la présence d'une membrane chez les Phycomycètes; celle-ci n'est pas formée d'une substance ternaire, telle que la cellulose, comme chez les Végétaux et les Algues, mais d'une substance azotée, voisine de la chitine. Le plus souvent l'appareil végétatif est constitué par des filaments abondamment ramifiés (fig. 256), dans lesquels il n'y a aucune cloison; ce qui signifie qu'une granulation quelconque, ou l'un des innombrables noyaux de l'apocytie, peut être entraîné par les courants cytoplasmiques d'un bout à l'autre de l'organisme. Chez d'autres, il y a quelques cloisons en travers de l'appareil filamenteux; celui-ci est donc subdivisé en compartiments apocytaires.

C'est par ces filaments que l'organisme émet les zymases capables de dissoudre les matières organiques, et qu'il absorbe ensuite les aliments dissous. A leur intérieur s'accumulent aussi les réserves de glycogène, de graisses et d'albuminoïdes, qui serviront à former les cellules reproductrices.

L'appareil filamenteux ne manque que chez les Chytridiées, qui sont des parasites presque toujours intracellulaires, et qui possèdent des suçoirs.

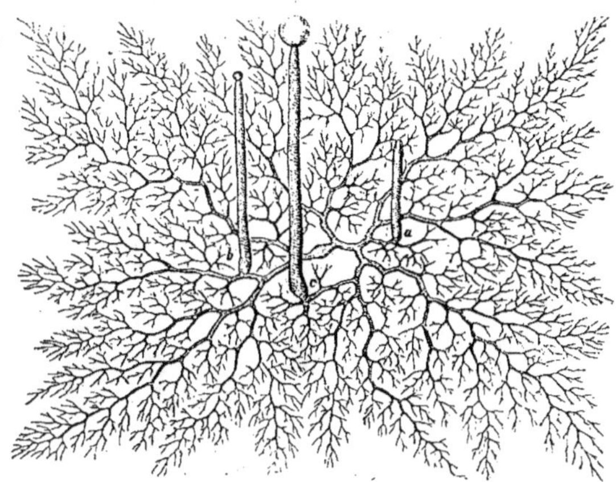

Fig. 256.

L'APPAREIL VÉGÉTATIF D'UN ZYGOMYCÈTE (*Mucor Mucedo*).

Tout cet appareil, abondamment ramifié, est issu d'une seule spore; il est tout à fait continu, sans aucun cloisonnement. **a, b, c,** stades successifs d'un rameau sporangifère.

(D'après KNY. — Copié dans VON TAVEL, 1892.)

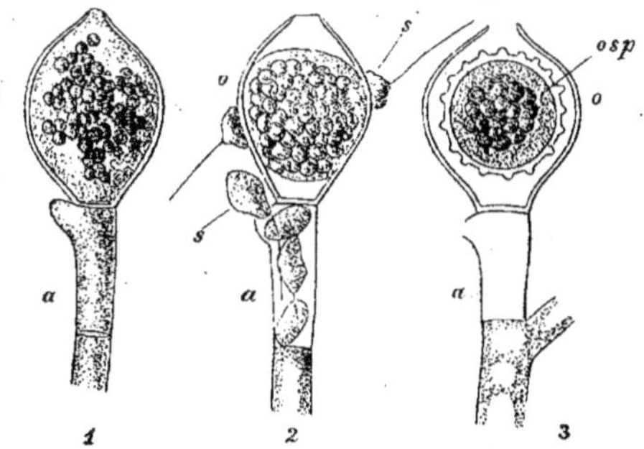

Fig. 257.

LA REPRODUCTION SEXUELLE D'UN OOMYCÈTE (*Monoblepharis sphaerica*).

1, filament terminé par un jeune oogone (o); **2,** l'oosphère est formée dans l'oogone; celui-ci est ouvert. Un autre compartiment de l'apocytie est devenu une anthéridie **(a)** où naissent des spermatozoïdes **(s)** pourvus d'un fouet postérieur; **3,** l'oogone renferme une zygote, déjà pourvue d'une membrane épaisse.

(D'après CORNU, 1872. — Copié dans VON TAVEL, 1892.)

Elles ont d'ailleurs l'alimentation diffusive, comme tous les autres Champignons.

a) *Oomycètes*.

Ils sont presque tous aquatiques ; leurs termes supérieurs peuvent devenir parasites de Métaphytes.

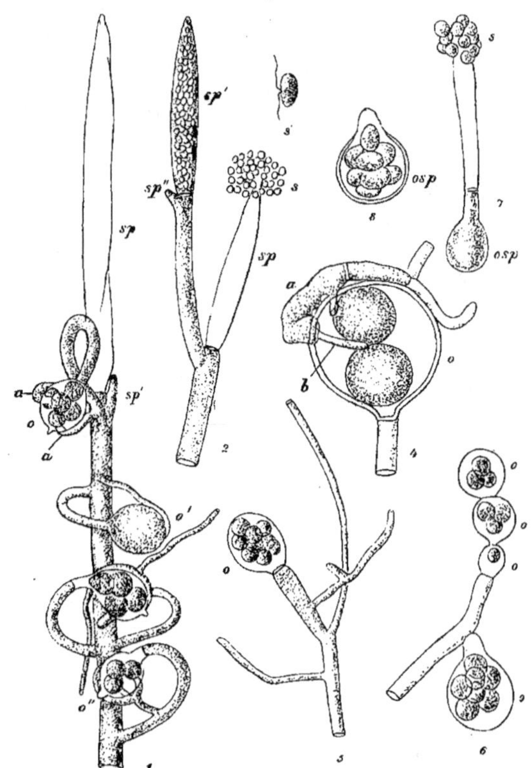

Fig. 258

LA REPRODUCTION DES SAPROLÉGNIÉES.

1, 2, *Achlya apiculata.* **1.** filament terminé par un sporange déjà vide (**sp**) ; un autre va prendre naissance (**sp'**) ; latéralement sont des oogones (**o, o', o''**) et des anthéridies (**a**) **2,** filament portant trois sporanges : **sp**, déjà vidé ; **sp'**, avec des zoospores mûres ; **sp''**, tout jeune. **3, 4, 5,** *Achlya olyandra.* **3,** zoospore à fouets dissemblables ; **4,** oogone sur lequel s'est appliquée une anthéridie qui envoie des rameaux vers les oosphères ; **5,** oogone dont les œufs se développent exceptionnellement sans fécondation (apogamie); **6,** *Saprolignia monilifera*, où l'apogamie est normale ; **7, 8,** *Achlya polyandra* : germination des zygotes (**osp**).

(**1, 2, 4, 6, 7,** d'après DE BARY, 1883 ; **3,** d'après ZOPF, 1884 ; **5, 8,** d'après PRINGSHEIM, 1860. — Copié dans VON TAVEL, 1892.)

Leur reproduction est caractéristique. Elle comprend :

La multiplication asexuelle, par des spores mobiles (zoospores), formées dans des sporanges.

La reproduction sexuelle, par des gamètes nettement différenciés : les oosphères naissent dans des oogones; les spermatozoïdes dans des anthéridies (fig. 257).

Chez les *Monoblepharis* (fig. 257), les zoospores sont pourvues d'un fouet unique, postérieur. Il en est exactement de même des spermatozoïdes.

Les Saprolégniées ont aussi des zoospores mobiles (fig 258,*3*); il y a pourtant des genres où les spores ont perdu les fouets (fig. 259).

Les gamètes mâles, au lieu d'être mobiles, sont portés par la croissance de l'anthéridie, d'abord sur l'oogone, puis jusqu'aux oosphères (fig. 258,*4*).

Les Saprolégniées offrent un remarquable exemple de perte de la conjugaison (apogamie). A côté d'espèces où le spermatozoïde fusionne réellement avec l'oosphère, il en est dont le filament anthéridien n'atteint plus l'oosphère, et chez lesquelles il n'y a donc plus de conjugaison; tantôt l'apogamie est accidentelle (fig 258,*5*), tantôt elle est devenue tout à fait habituelle (fig. 258,*6*). Il y en a même qui ne produisent plus jamais d'oogones, et dont la multiplication repose donc exclusivement sur la production de spores.

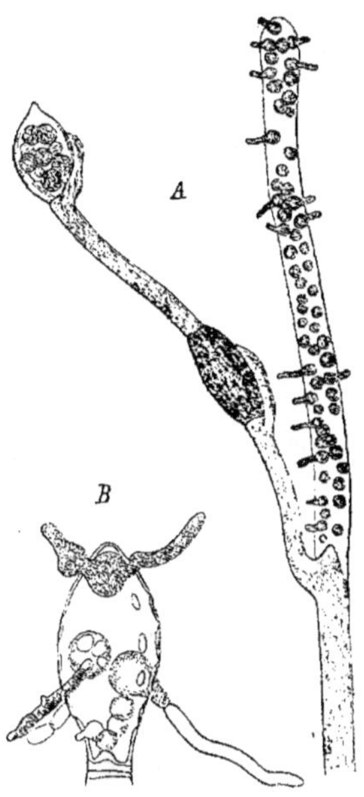

Fig. 259.

LA SUPPRESSION DES ZOOSPORES CHEZ UNE SAPROLÉGNIÉE (*Aplanes Braunii*).

A, Rameau principal terminé par un sporange dont les spores germent directement, sans se libérer; rameau latéral portant des oogones; **B**, germination des zygotes à l'intérieur de l'oogone.

(D'après DE BARY, 1860. — Copié dans SCHRÖTER, 1897.)

b) Zygomycètes.

Ces Champignons habitent généralement les matières végétales en décomposition; leur appareil végétatif est souvent très développé (fig. 256).

Les sporanges, toujours aériens, produisent des spores immobiles (fig. 14,*1, 2*).

Çà et là, deux rameaux nés sur les filaments végétatifs croissent à la rencontre l'un de l'autre (fig. 260,*1*). Dès qu'ils se touchent, chacun sépare une portion apicale (fig. 260,*2*), puis les deux sommets

fusionnent et la zygote ainsi constituée grossit, se bourre de glycogène, puis de graisse, et s'entoure d'une paroi imperméable
(fig. 260,*3*, *4*). Chacune des parties apicales qui fusionnent renferme
un grand nombre de noyaux ; ceux-ci conjuguent deux à deux, après
la fusion des sommets. Les noyaux non employés sont refoulés vers
la périphérie. En réalité, la zygote est donc une agglomération de
petites zygotes élémentaires. Lors de la germination, la zygote

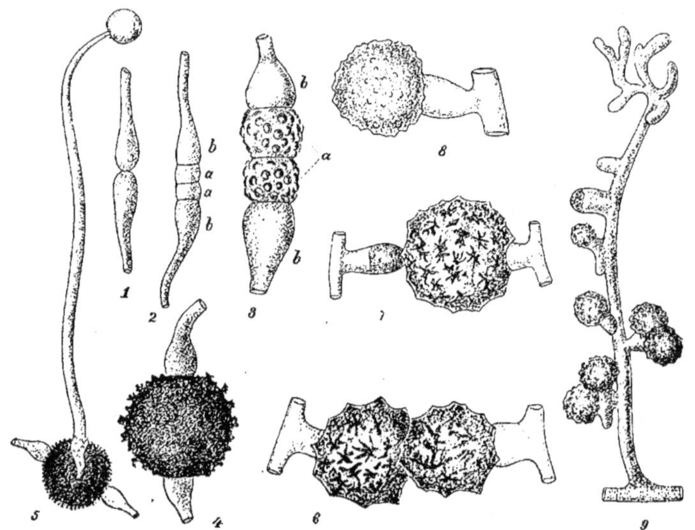

Fig. 260.

LA CONJUGAISON ET L'APOGAMIE CHEZ LES ZYGOMYCÈTES.

1 à 5, *Mucor Mucedo*. **1**, filaments croissant l'un vers l'autre ; **2**, séparation des portions
apicales ; **3**, **4**, croissance et fusion des portions apicales ; **5**, germination de la zygote en un
sporange.

6, **7**, *Mucor erectus*. **6**, chacune des deux portions apicales a formé une azygote, sans
fusion ; **7**, une seule azygote est née.

8, **9**, *Mucor tenuis*. Il ne se produit plus de filaments croissant à la rencontre l'un de
l'autre : chaque petit rameau latéral donne une azygote.

(**1 à 5**, d'après BREFELD, 1872 ; **6 à 9**, d'après BAINIER, 1883. — Copié dans VON TAVEL. 1892.)

pousse un appareil filamenteux, produisant ultérieurement des
sporanges ; parfois elle forme directement un sporange (fig. 260,5).

Mais il arrive aussi que la fusion des deux sommets ne s'opère pas,
et il naît alors deux azygotes, ou bien une seule (fig. 260,*6*, 7).
Enfin, dernier terme de cette évolution régressive, il n'y a plus
aucun simulacre de conjugaison, et les azygotes naissent sans ordre
au bout de petits rameaux (fig. 260,*8*, *9*).

L'égalité des rameaux copulateurs n'est pas toujours aussi complète que chez *Mucor Mucedo* (fig. 260, *1 à 4*). Il y a de nombreuses Mucorées où deux rameaux d'un même individu sont inaptes à s'unir, et où il faut même que les gamètes proviennent d'individus sensiblement différents; pourtant, même dans ces cas-ci, on ne constate aucune dissemblance de forme ou de grosseur entre les rameaux qui conjuguent. Mais chez les Entomophthorées, voisines des Mucorées, la différence de taille entre les éléments qui conjuguent est manifeste : l'isogamie a fait place à l'hétérogamie (fig. 261).

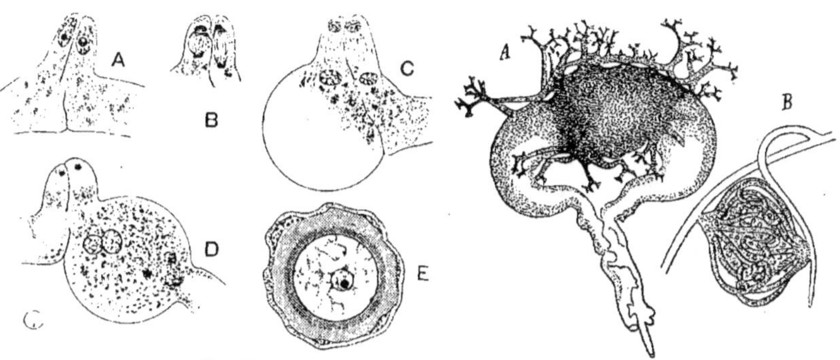

Fig. 261.
LA REPRODUCTION CHEZ UN ZYGOMYCÈTE HÉTÉROGAME (*Basidiobolus ranarum*).
A, Formation des rameaux, de part et d'autre d'une cloison de l'apocytie ; un noyau s'engage dans chaque rameau ; **B,** chacun des deux noyaux se divise ; **C,** l'un des noyaux-fils reste au sommet du rameau, l'autre redescend ; **D,** ces deux derniers noyaux conjuguent dans l'une des apocyties, fortement gonflée ; **E,** la zygote entourée d'une enveloppe résistante.
(D'après M. FAIRCHILD, 1897.)

Fig. 262.
ZYGOTES ENTOURÉES DE RAMEAUX STÉRILES.
A, *Phycomyces nitens* ;
B, *Absidia septata.*
(**A,** d'après VAN TIEGHEM ET LE MONNIER, 1873; **B,** d'après VAN TIEGHEM, 1875. Copié dans SCHRÖTER, 1897.)

On connaît aussi des Zygomycètes dont la zygote n'est pas seulement enfermée dans une enveloppe résistante, mais où elle s'entoure en outre de rameaux stériles qui lui font un revêtement supplémentaire (fig. 262).

2. EUMYCÈTES.

L'appareil végétatif des Champignons supérieurs se compose de filaments, ramifiés à l'infini, qui sont subdivisés par des cloisons transversales en cellules ou en petits groupes de cellules. On les appelle des hyphes, et leur ensemble constitue le mycélium. Ils croissent par le sommet et se ramifient latéralement. Leur paroi est azotée, probablement de nature chitineuse. Tout comme chez les

Phycomycètes, la membrane est nettement distincte du cytoplasme, et celui-ci s'en détache par la plasmolyse

Les hyphes sécrètent les zymases les plus diverses, et elles se nourrissent par la voie diffusive. Leur protoplasme accumule les réserves : glycogène, graisses et albuminoïdes.

Appareil végétatif. Les filaments mycéliens de beaucoup de Champignons se répandent simplement dans le milieu nutritif et s'y ramifient de plus en plus (fig. 263). Lorsque l'espèce est parasite, les hyphes enfoncent des suçoirs dans les cellules de l'hôte (fig. 281).

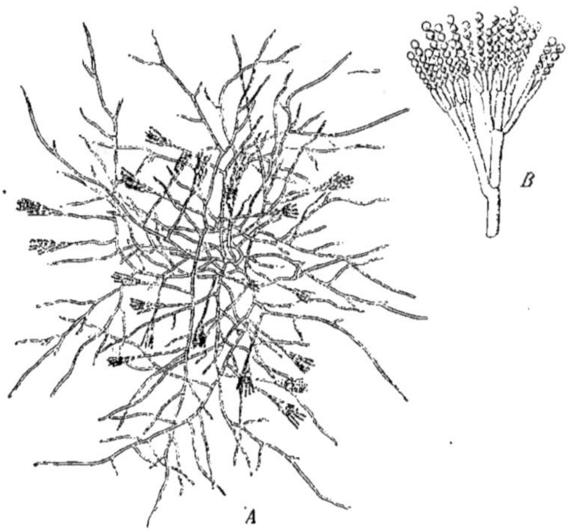

Fig. 263.

LE MYCÉLIUM ET LES CONIDIES D'UN ASCOMYCÈTE (*Penicillium crustaceum*).
B, filament conidifère plus grossi.
(D'après BREFELD, 1874. — Copié dans FISCHER, 1897.)

Dans les cas où le terrain à exploiter est considérable, on voit fréquemment, comme entre les feuilles mortes dans les bois, que les filaments, au lieu de rester isolés, s'associent en cordons plus ou moins épais. Les grosses masses de tissus sous lesquelles ou dans lesquelles naissent les spores, par exemple les chapeaux, sont également constituées par des filaments enchevêtrés (fig. 105, 286).

A côté de ces filaments à parois minces, et ayant une durée assez faible, certains Champignons produisent des hyphes à enveloppe épaisse, capables de résister à la dessiccation, et gorgées de matières de réserve Tel est le blanc de champignon, qui sert à établir de nouvelles champignonnières. Fréquemment les filaments de ce genre s'associent en amas considérables, les sclérotes (fig. 264), dont l'ergot de seigle est un exemple. Dans des conditions favorables, le sclérote germe et ses abondantes réserves sont utilisées pour la construction d'autres tissus. D'habitude les sclérotes sont

entourés d'une écorce plus dense et plus foncée, où les filaments sont tellement serrés que les cellules se déforment mutuellement et deviennent polyé-
driques (fig. 264). Ce tissu est du p s e u d o - p a r e n c h y m e.

Enfin il y a des Champignons qui, vivant au sein d'un liquide, sont en
contact immédiat par toute
leur surface avec le milieu alimentaire. Ils ont subi une réduction importante : l'appareil
filamenteux est remplacé par
des cellules plus ou moins arrondies, se multipliant par
bourgeonnement et se séparant
aussitôt pour se répandre dans
le liquide. Cette structure se
rencontre dans le groupe des
Saccharomyces ou Levures
(fig. 266). En outre beaucoup
d'autres Champignons donnent
des f o r m e s - l e v u r e s analogues, lorsqu'ils habitent un milieu liquide ou colloïde (fig. 128,
186 et 188).

Multiplication végétative.
— Outre les ascospores et
les basidiospores qui sont
les spores caractéristiques
des deux grands groupes
d'Eumycètes, les Champi-
gnons supérieurs possèdent
encore de nombreux moyens
de propagation végétative.
Ceux-ci n'ont absolument
rien de spécifique : les
mêmes sortes de spores se
rencontrent dans des groupes entre lesquels il n'y a
pas la moindre parenté.

Tout d'abord, il suffit évidemment de la destruction des
portions vieilles du mycélium,
tandis que les extrémités jeunes
s'accroissent et se ramifient,

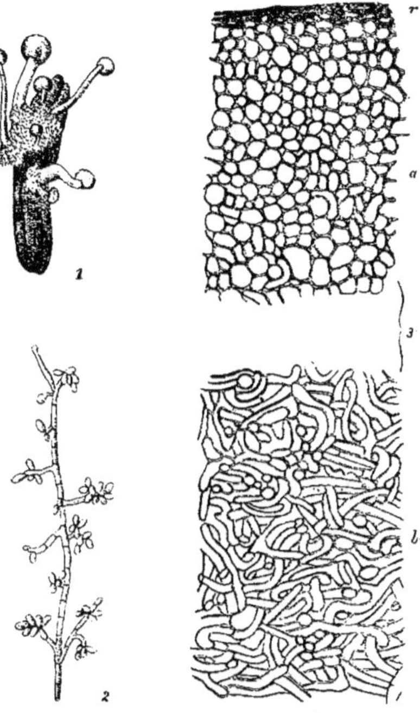

Fig 264.

STRUCTURE ET GERMINATION D'UN SCLÉROTE
D'ASCOMYCÈTE (*Claviceps purpurea*)
(Ergot de seigle).

1, Sclérote germant et donnant l'appareil portant
les asques; **2**, filament mycélien avec conidies;
3, coupe à travers un sclérote mûr : a, partie
périphérique avec pseudo-parenchyme; b, partie
centrale.

(**1**, d'après TULASNE; **2**, d'après BREFELD;
3, d'après VON TAVEL, 1892.)

pour que l'organisme se dissocie de plus en plus. Mais à côté de cette
propagation diffuse, il y a des procédés plus spécialisés, où n'intervient
qu'une seule cellule ou un petit groupe de cellules :

C h l a m y d o s p o r e s. — Ce sont des cellules qui, après avoir fonctionné à
la façon habituelle pour assurer la vie du Champignon, s'entourent d'une

membrane résistante à l'abri de laquelle elles peuvent se dessécher, et qui s'isolent par la désorganisation des cellules intermédiaires (fig. 265). Les chlamydospores sont en somme de minuscules sclérotes.

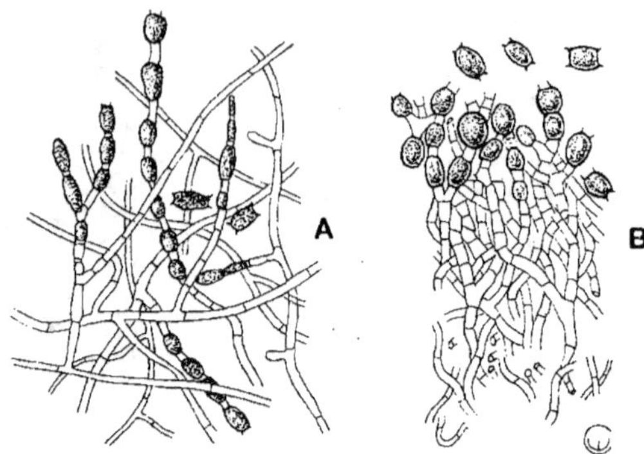

Fig. 265.
CHLAMYDOSPORES D'UN ASCOMYCÈTE (*Onygena equina*).
A, débuts; **B**, les chlamydospores mûres.
(D'après M. WARD, 1892.)

Oïdies. — Parfois les cellules terminales d'un filament s'arrondissent et se séparent les unes des autres; la transformation en oïdies progresse du sommet vers la base (fig. 267).

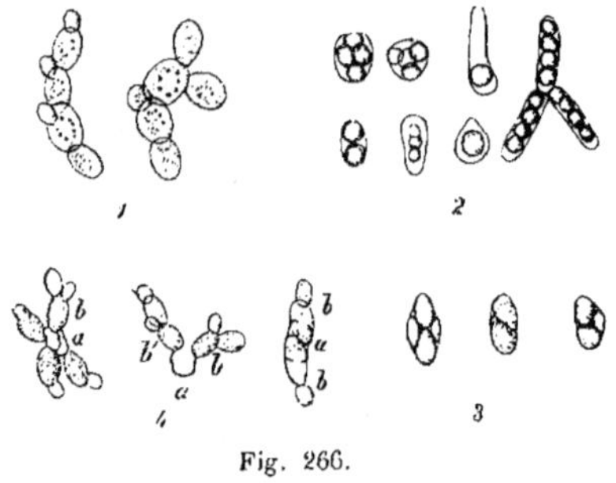

Conidies. — Spores nées par bourgeonnement. L'exemple le plus simple est celui des Levures (fig. 266) et des formes-levures (fig. 128, 188). Mais alors que ces cellules-ci sont incapables de passer par un stade de repos, les conidies vraies subissent impunément un dessiccation prolongée. Tantôt elles naissent les unes sur les autres, par le bourgeonnement des conidies plus anciennes (fig. 183), tantôt elles apparaissent au sommet de petites pointes, ou stérigmates. Chacun de ces derniers ne produit qu'une seule conidie (fig. 272); ailleurs, après avoir donné une première conidie, elle en donne une seconde, une troisième, etc. (fig. 263); dans le chapelet ainsi constitué la spore la plus jeune est contre le stérigmate.

Fig. 266.
LE BOURGEONNEMENT ET LA SPORULATION
DE LEVURES.

1, *Saccharomyces cerevisiae*, bourgeonnement;
2 à 4. *S. ellipsoideus* : **2**, formation des spores;
3, leur croissance; **4**, les spores (**a**) ont directement produit des bourgeons (**b**).
(D'après BRÉFELD, 1883.
Copié dans VON TAVEL, 1892.)

A. Ascomycètes.

Ces Champignons sont caractérisés par l'asque, c'est-à-dire par un sporange à l'intérieur duquel les spores naissent en nombre défini, généralement huit (fig. 272). L'asque est toujours précédé d'une conjugaison ; la zygote se développe sans période de repos (fig. 270).

a. *Hémiascés.*

Ces précurseurs des Ascomycètes possèdent encore, en réalité, un sporange avec un nombre indéfini de spores, comparable à celui des

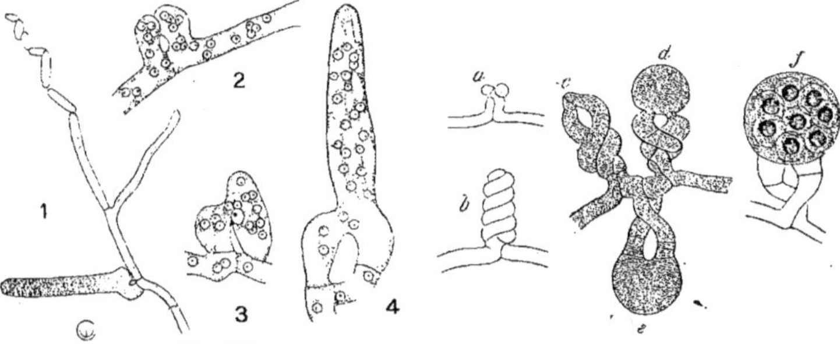

Fig. 267.

LA REPRODUCTION D'UN HÉMIASCÉ
(*Dipodascus albus*).

1, Individu portant au sommet des oïdies, et latéralement un sporange ; **2, 3, 4**, développement du sporange (dessiné à un plus fort grossissement) ; **2**, formation des deux rameaux copulateurs ; **3**, la fusion des deux gamètes a eu lieu ; les autres noyaux vont disparaître ; **4**, la zygote s'est divisée un grand nombre de fois.
(**1**, d'après M. DE LAGERHEIM, 1892 ;
2, 3, 4, d'après M. JUEL., 1902.)

Fig. 268.

LA REPRODUCTION D'UN PROTOASCÉ
(*Eremascus albus*).

a, b, croissance des filaments copulateurs ; **c, d, e**, conjugaison ; **f**, développement de la zygote en asque.

(D'après EIDAM, 1883.
Copié dans SCHRÖTER, 1897.)

Mucorées. Le corps est apocytaire, comme chez ces derniers. De même aussi que chez eux, la zygote provient de la copulation de deux rameaux plurinucléés (fig. 267).

Mais contrairement à eux, de ces multiples noyaux il ne persiste finalement qu'un seul dans chaque rameau. Ceux-ci sont légèrement différents de taille : le gamète du petit passe dans le grand. La zygote ainsi formée subit un grand nombre de bipartitions ; enfin chacune de ces cellules devient une spore.

b. *Protoascés.*

Ici l'asque est définitivement spécialisé (fig. 268). Par contre ils sont moins évolués quant aux rameaux copulateurs, qui sont semblables. Chaque zygote ne produit qu'un seul asque.

c. *Euascés.*

Chez ces Champignons, une nouvelle phase s'intercale dans l'ontogénie. Après la copulation des deux rameaux et la fusion de leurs gamètes, survient une seconde conjugaison, celle-ci isogame et endogame ; et alors seulement l'asque prend naissance. Une autre nouveauté consiste dans le développement de filaments stériles après l'accouplement des rameaux.

Un cas fort simple est celui de *Sphaerotheca* (fig. 269). Aussitôt après la conjugaison première, la zygote donne un petit filament dont l'avant-dernier article contient deux cellules : les deux noyaux s'unissent et l'asque procède de cette nouvelle zygote.

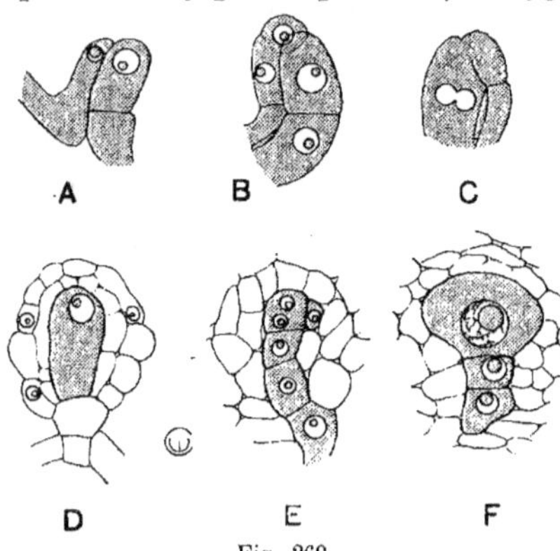

Fig. 269.

LA SEXUALITÉ D'UN EUASCÉ

(*Sphaerotheca Castagnei*).

A, les rameaux copulateurs jeunes ; **B**, les gamètes sont formés ; **C**, union des gamètes ; **D**, la zygote est formée ; elle s'entoure de filaments stériles ; **E**, développement du filament ascogène, avec son avant-dernier article bicellulaire ; **F**, ces deux cellules ont conjugué et la zygote grossit pour devenir l'asque.

(D'après M. HARPER, 1886.)

Alors que les rameaux copulateurs de *Sphaerotheca* ne possèdent chacun qu'une cellule, d'autres Euascés, par exemple *Pyronema*, sont apocytaires et leurs rameaux copulateurs sont multicellulaires. Chaque union de rameaux produit donc un nombre considérable de zygotes, puisque les multiples cellules du rameau mâle fusionnent avec autant de cellules du rameau femelle.

La conséquence est qu'il produit, non pas un seul filament ascogène, mais un grand nombre (fig. 270) ; dans chacun l'avant-dernier article est bicellulaire ; ces deux cellules conjuguent et la nouvelle zygote est, comme toujours, le point de départ de l'asque.

Le rapprochement et la fusion des rameaux copulateurs sont facilités par la présence, au sommet du rameau femelle, d'un prolongement, le **trichogyne**, qui va à la rencontre du rameau mâle.

On doit, pensons-nous, considérer les rameaux copulateurs comme les homologues des rameaux qui s'unissent chez les Phycomycètes (fig. 258 et 260). Les filaments stériles qui naissent après la conjugaison sont aussi déjà représentés chez certaines Mucorées (fig. 262), Mais à cette fécondation première, héritée des Phycomycètes,

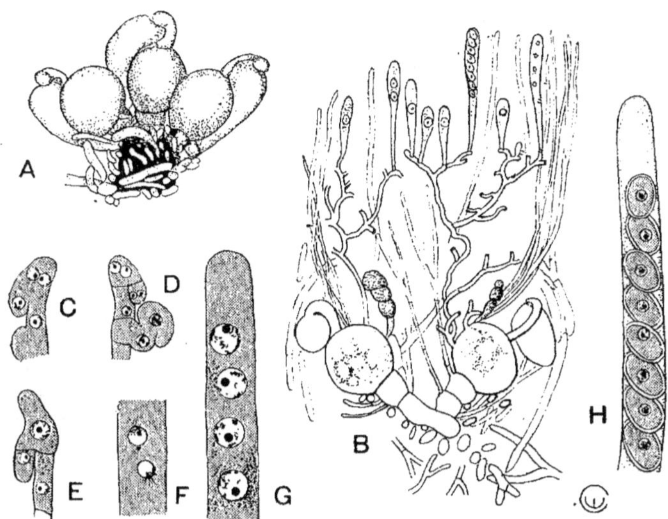

Fig. 270.

LA SEXUALITÉ D'UN EUASCÉ (*Pyronema confluens*).

A, les rameaux copulateurs : les rameaux femelles gros et surmontés d'un trichogyne ; les rameaux mâles plus longs ; **B**, après l'accouplement les rameaux femelles ont donné de nombreux filaments ascogènes ramifiés; entre eux, des filaments stériles; **C, D**, sommet de jeunes filaments ascogènes avec l'avant-dernier article bicellulaire ; **E**, les deux cellules ont copulé; le jeune asque s'allonge; **F**, première division de l'asque; **G**, deuxième division ; **H**, formation des ascospores après une troisième division.

(D'après M. Harper, 1800.)

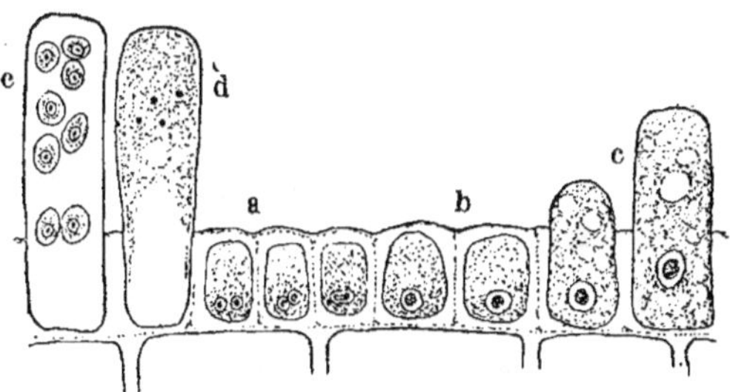

Fig. 271.

LA CONJUGAISON ET LE DÉVELOPPEMENT DE L'ASQUE D'EXOASCUS DEFORMANS.

a, les deux noyaux sont encore distincts (comme dans les cellules mycéliennes du même Champignon) ; **b**, conjugaison ; **c**, croissance de la zygote ; **d**, division de son noyau ; **e**, asque avec les huit spores.

(D'après M. Dangeard, 1894.)

succède immédiatement, sans période de repos, une conjugaison
endogame, qui est propre aux Euascés.

La conjugaison première ne s'accomplit pas toujours. Ainsi
Humaria a un rameau copulateur femelle, mais le rameau mâle
manque. Aussi la fusion nucléaire ne s'opère-t-elle qu'entre cellules
enfermées dans le rameau femelle. Après quoi, tout rentre dans

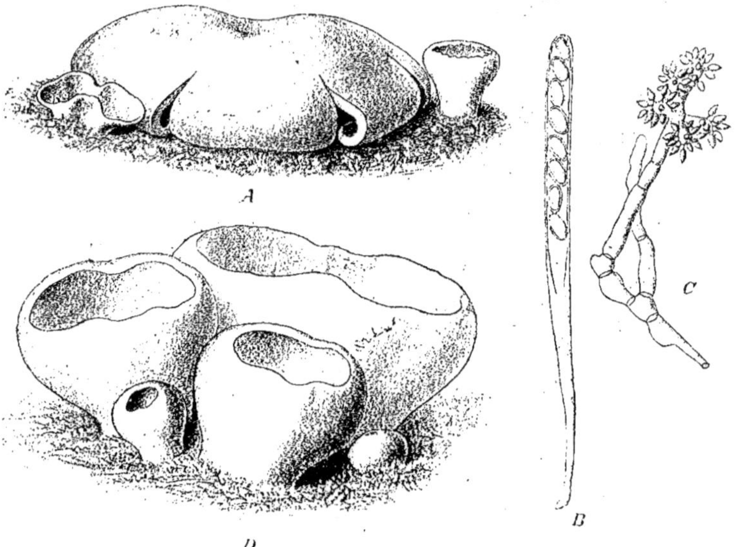

Fig. 272.

L'APPAREIL REPRODUCTEUR D'ASCOMYCÈTES.

A, *Peziza repanda*, individu adulte; **B**, asque avec huit spores; **C**, filament conidifère;
D, *Peziza vesiculosa*, individu adulte.
A, d'après Cooke, 1871; **C**, d'après Brefeld, 1871; **B**, **D**, d'après Lindau, 1897. —
Copié dans Lindau, 1897).

l'ordre : les filaments ascogènes se forment; ils ont un avant-dernier
article pourvu de deux cellules qui conjuguent; puis cette zygote
produit l'asque.

D'autres Euascés ont renoncé entièrement à la fécondation première, notamment les *Exoascus* (fig. 271). Plus rien ne rappelle ici
ni les rameaux copulateurs, ni les filaments ascogènes : tous les
articles renferment à un certain moment deux noyaux qui, conjuguant, produisent l'asque. Ces Champignons ne possèdent donc plus
que la conjugaison seconde.

Les Levures ont également perdu la fécondation première. Il semble que la plupart aient aussi renoncé à la seconde. En effet, on voit souvent des cellules végétatives se transformer en asques (fig. 266), sans que rien ne permette de soupçonner une fusion de noyaux. Nous aurions donc ici un cas où les deux modes successifs de conjugaison ont disparu l'un et l'autre.

Rappelons que la perte de la double sexualité est accompagnée de la perte de la mortalité (p. 37).

Les nombreux asques qui se développent ensemble chez la plupart des Euascés présentent à la maturité des dispositions diverses. Tantôt ils affleurent tous à une surface largement étalée (fig. 272) ou plus ou moins crépue et ondulée (fig. 273); tantôt ils sont logés au fond de sortes de bouteilles; ou même ils sont enfermés dans un fruit complètement clos, comme chez la Truffe.

d. *Laboulbéniées.*

Nous avons vu que le sommet de l'oogone de *Pyronema* (fig. 270) porte un prolongement qui facilite l'union avec le rameau mâle. Beaucoup d'Euascés possèdent le même dispositif. Ailleurs ce trichogyne est beaucoup mieux développé ; de plus, comme les anthéridies naissent souvent loin des oogones, elles produisent des spermatozoïdes qui s'isolent et qui, transportées passivement, restent collés au trichogyne. Les phénomènes intimes de la fécondation n'ont pas été observés, mais il y a lieu de supposer que les asques ne se forment que si le trichogyne a reçu un spermatozoïde. Cette structure a été retrouvée dans deux groupes d'Ascomycètes :

a) Ceux qui constituent certains lichens, associations mutualistes entre un Champignon et des cellules autotrophes. Ici les asques sont disposés de la même manière que chez les Euascés habituels;

Fig. 273.

L'APPAREIL REPRODUCTEUR D'ASCOMYCÈTES.

Au milieu, *Morchella esculenta*, la Morille ordinaire ; à droite, la même en coupe longitudinale. A gauche, *Morchella conica*.

(D'après MM. Conrad et Van Rijsselberghe, 1918.)

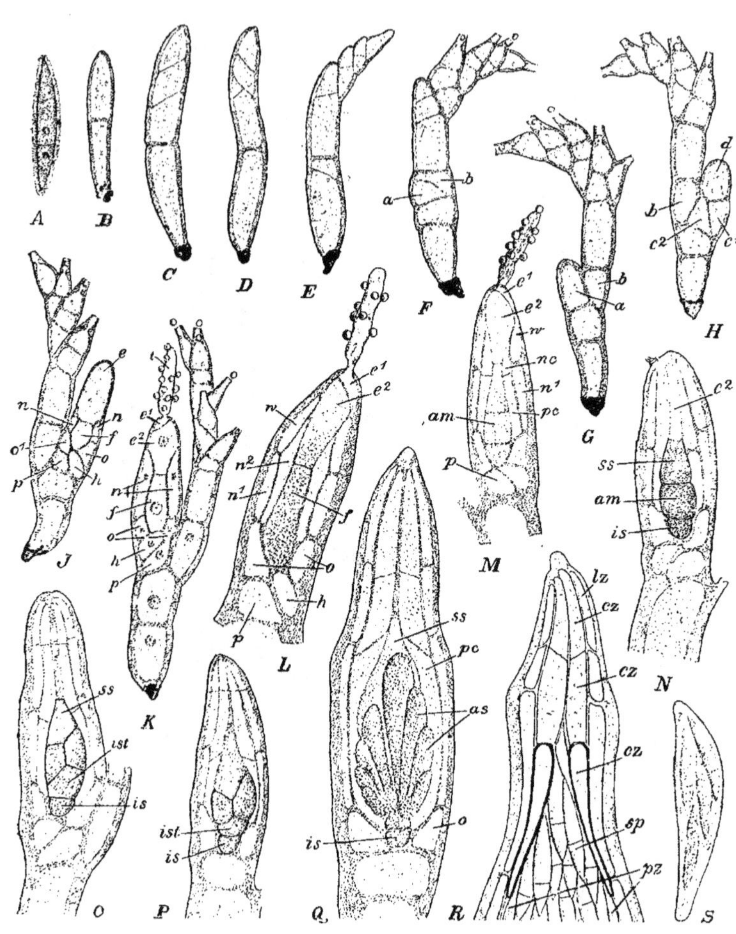

Fig. 274.

LE DÉVELOPPEMENT D'UNE LABOULBÉNIÉE (*Stigmatomyces Baeri*).

A, spore mûre ; **B, C, D, E**, premières phases du développement d'une spore qui s'est attachée sur le corps d'un Insecte ; **F**, production des premières anthéridies et origine du rameau femelle (**a, b**) ; **G, H, J**, développement du rameau femelle ; **K, L**, l'appareil femelle est complet : **t**, le trichogyne ; **f**, l'oosphère ; des spermatozoïdes immobiles sont attachés au trichogyne ; **M, N**, la fécondation a eu lieu ; la zygote commence à se diviser ; **O, P, Q**, formation des asques (**as**) ; **R**, asques avec les spores ; **S**, un asque isolé avec ses quatre spores.

(D'après M. Thaxter, 1896. — Copié dans Lindau, 1897.)

b) Les Laboulbéniées (fig. 274). Ce sont des Champignons de petite taille, vivant en parasites à la surface d'Insectes. Après fécondation la zygote produit des asques.

Il y a de grandes analogies entre les Laboulbéniées et les Algues du groupe des Floridées, quant à la structure de l'appareil reproducteur. Aussi beaucoup de naturalistes admettent-ils que les Laboul-

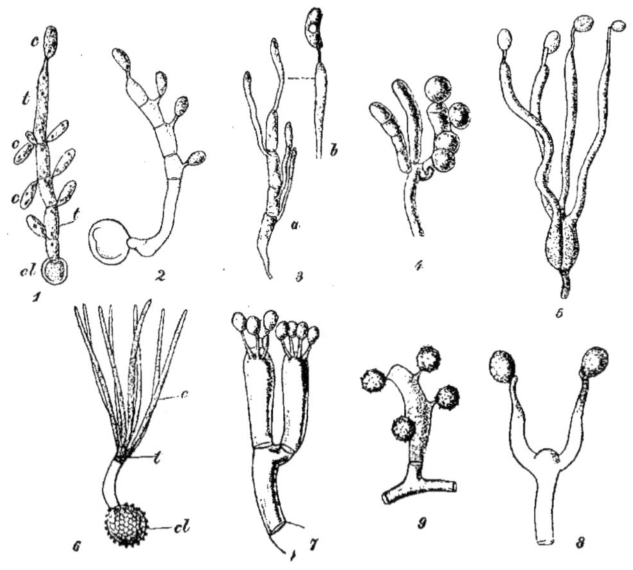

Fig. 275.

L'ÉVOLUTION DE LA BASIDE.

1, HÉMIBASIDIÉ : *Ustilago segetum* ; germination de la spore (**cl**) avec production d'un filament (**t**) et de conidies (**c**) ; **2, 3, 4, 5**, PROTOBASIDIÉS : **2**, *Endophyllum Euphorbiae sylvaticae* ; **3**, *Auricularia sambucina* ; **4**, *Pilacre Petersii* ; **5**, *Tremella lutescens* ; **6**, HÉMIBASIDIÉ: *Tilletia Tritici* ; germination d'une spore (**cl**) avec production d'un filament (**t**) et de conidies (**c**) ; **7, 8, 9**, AUTOBASIDIÉS : **7**, *Tomentella granulata* ; **8**, *Dacryomyces ovisporus* ; **9**, *Tylostoma mammosum*.

(**1, 3, 8**, d'après BREFELD, 1883; **2**, d'après TULASNE; **9**, d'après SCHRÖTER. — Copié dans VON TAVEL, 1892).

béniées dérivent de Floridées devenues parasites. Pour décider si cette opinion est justifiée, il faudrait pouvoir pénétrer dans la cytologie des Laboulbéniées, qui est encore complètement inconnue.

B. BASIDIOMYCÈTES.

Alors que la zygote de l'Ascomycète se développe en un asque à spores internes, celle des Basidiomycètes donne une baside, produisant un nombre déterminé de spores externes, les b a s i d i o s p o r e s

Chez les moins spécialisés, les Hémibasidiés, la baside est encore mal définie (fig. 275), en ce sens que le nombre des spores n'est pas constant. Celle des Protobasidiés est divisée en quatre cellules dont chacune donne une spore Enfin, chez les Autobasidiés la baside subit deux divisions successives et elle produit par conséquent quatre cellules, mais celles-ci ne sont pas séparées par des cloisons.

a. *Hémibasidiés ou Ustilaginées.*

Ils sont tous parasites de végétaux ; plusieurs des maladies les plus redoutées, par exemple le charbon des Céréales et la carie du Froment, sont leur œuvre.

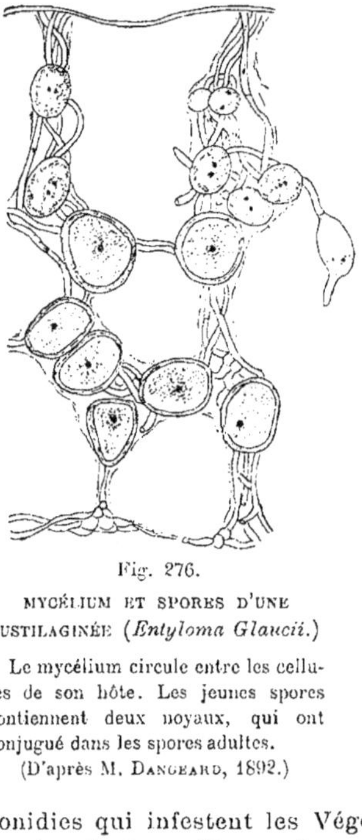

Le mycélium se ramifie abondamment entre les cellules de l'hôte. A un moment donné, certains articles des hyphes gonflent fortement (fig. 276), et on constate alors que ces renflements renferment deux noyaux. A un stade suivant, ces noyaux conjuguent, et la zygote passe à l'état de repos. Ce sont ces zygotes qui constituent la poussière noire remplissant les graines d'un épi charbonneux.

Lors de la germination de la zygote naît un organe, précurseur de la baside, sur lequel se forment des spores unicellulaires (fig. 275). Ces dernières, semées dans un liquide riche en matières organiques, donnent des formes-levures également unicellulaires ; elles produisent aussi des filaments mycéliens sur lesquels naissent de petites conidies latérales, unicellulaires. Ce sont ces formes-levures et ces conidies qui infestent les Végétaux. Elles germent en produisant un abondant mycélium qui se glisse en tous sens dans les tissus de l'hôte. A quel moment les articles du mycélium deviennent-ils bicellulaires? On ne le sait pas.

Fig. 276.

MYCÉLIUM ET SPORES D'UNE USTILAGINÉE (*Entyloma Glaucii.*)

Le mycélium circule entre les cellules de son hôte. Les jeunes spores contiennent deux noyaux, qui ont conjugué dans les spores adultes.

(D'après M. DANGEARD, 1892.)

b. *Protobasidiés.*

Ils comprennent, outre de nombreux Champignons vivant aux dépens de matières en décomposition, un groupe important de parasites de Végétaux, les Urédinées, auquel appartiennent les

Rouilles des Céréales. L'ontogénie des Urédinées est très bien connue et c'est d'elles seules que nous allons nous occuper.

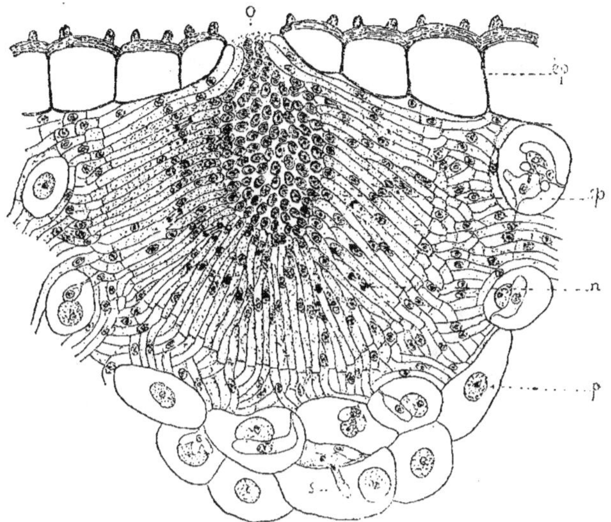

Fig. 277.

SPERMAGONIE D'UNE URÉDINÉE (*Uromyces Erythronii*).

ép, épiderme de la feuille de l'hôte ; **sp.** spermaties ; **n**, division caryocinétique dans les filaments produisant les spermaties ; **p**, cellules parenchymateuses de l'hôte; **s**, suçoirs pénétrant dans ces cellules et se dirigeant vers leur noyau.
(D'après M. Sappin-Trouffy, 1896.)

Partons de la basidiospore. Elle ne peut germer que sur un hôte approprié et elle y développe un mycélium à articles unicellulaires. Finalement il se forme des écidioles ou spermogonies, et des écidies.

Les écidioles sont caractérisées par des filaments plus ou moins parallèles ou convergents, dont les cellules distales se séparent et s'isolent (fig. 277 et 278). Ces spermaties ou écidiolispores ne germent sur aucun milieu. Elles représentent peut-être des spermatozoïdes sans emploi.

Si cette interprétation est exacte, il faut sans doute considérer l'écidie comme un ensemble de rameaux femelles. Mais les gamètes qu'ils portent sont inaptes à être fécondés par les spermaties.

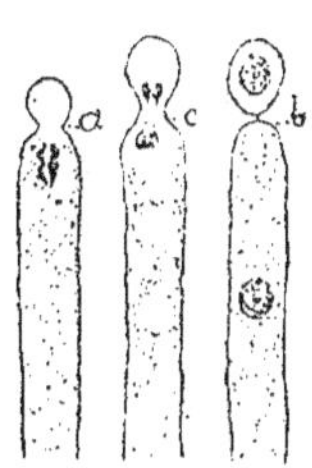

Fig. 278.

FORMATION DES SPERMATIES D'UNE URÉDINÉE (*Uromyces Erythronii*).
(D'après M. Sappin-Trouffy, 1896.)

C'est de ces rameaux que dérivent les écidiospores (fig. 279). Seulement celles-ci contiennent deux noyaux alors que les rameaux

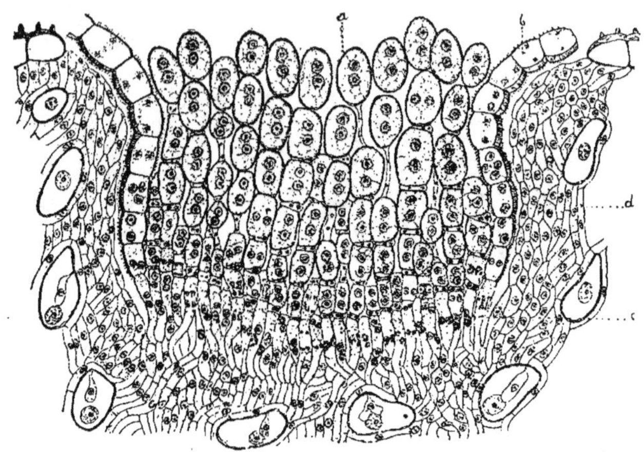

Fig. 279.

UNE ÉCIDIE D'URÉDINÉE (*Uromyces Erythronii*).

a, écidiospores; **b,** bord de l'écidie; **c,** cellules du parenchyme de l'hôte; **d,** mycélium avec articles unicellulaires.
(D'après M. SAPPIN-TROUFFY, 1896.)

dont elles proviennent ont des cellules uninucléées. Le passage d'un stade à l'autre se fait de deux façons différentes (fig. 280). Ou bien

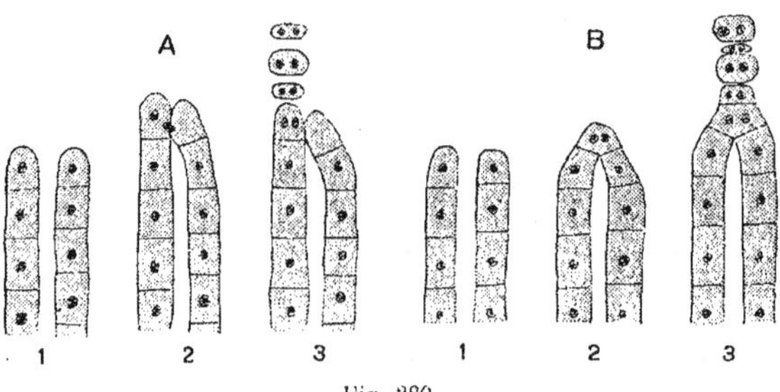

Fig. 280.

L'UNION DES RAMEAUX COPULATEURS CHEZ LES URÉDINÉES.

A, *Phragmidium violaceum*. **1,** rameaux copulateurs; **2,** l'un des rameaux envoie un noyau vers l'autre; **3,** formation d'écidiospores bicellulaires.
B, *Phragmidium speciosum*. **1,** rameaux copulateurs; **2,** union de leurs sommets; **3,** formation d'écidiospores bicellulaires.
(**A,** schématisé d'après M. BLACKMAN, 1904; **B,** schématisé d'après M. CHRISTMAN, 1905.)

le noyau d'une des cellules d'un rameau émigre dans une cellule
d'un rameau voisin (fig. 280,*A*); ou bien deux rameaux s'inclinent l'un
vers l'autre, confondent leurs sommets et donnent ainsi un article
binucléé (fig. 280,*B*). Quelle que soit d'ailleurs la genèse de la
double cellule, elle divise à la fois ses deux noyaux. Il en résulte
que les écidiospores (et les articles intercalaires qui les séparent)
reçoivent chacune deux
noyaux. Si vraiment l'écidie représente un appareil
femelle, il y a donc ici
conjugaison entre gamè-
tes femelles, chose que
nous avions déjà rencon-
trée dans l'apogamie de
Humaria (p. 286).

Voyons maintenant quel
est le sort de l'écidio-
spore. Elle germe sur une
plante nourricière géné-
ralement différente de
celle qui a porté les écidies; elle y développe un
mycélium très ramifié,
dont chaque article est
binucléé. Ceci montre que
les deux cellules qui ont
confondu leurs cytoplas-
me, mais non leur noyau,
lors du prélude aux écidiospores, gardent leur si-
tuation réciproque pen-
dant un nombre énorme
de bipartitions : elles persistent à cohabiter, sans
jamais consommer le ma-
riage.

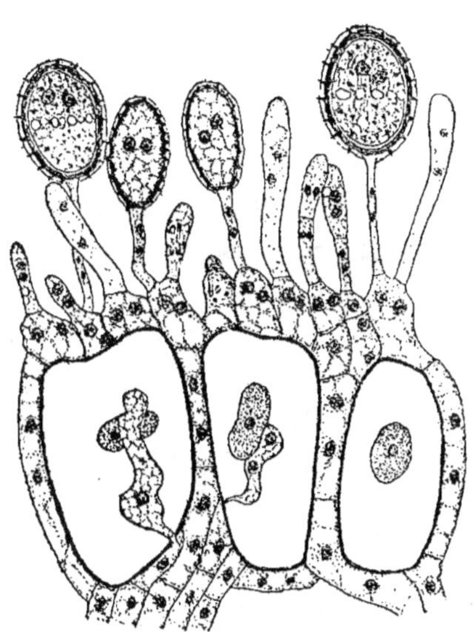

Fig. 281.

(*Puccinia graminis*).

Les urédospores ainsi que les articles du mycélium
sont bicellulaires.

(D'après M. Sappin-Trouffy, 1896.)

La fusion nucléaire ne s'effectue même pas lorsque le mycélium
prépare une nouvelle sorte de spores, les u r é d o s p o r e s (fig. 281);
aussi ces dernières restent-elles bicellulaires.

Elles germent d'habitude sur l'espèce même où elles sont nées;
le mycélium qu'elles produisent est inchangé : entre deux cloisons
successives, il y a toujours deux cellules.

Plusieurs générations d'urédospores peuvent se succéder, mais il
arrive un moment où la nature des spores change. Ce sont mainte-

nant des téleutospores qui vont naître (fig. 282). Certains articles binucléés grossissent et se remplissent de réserves. Puis

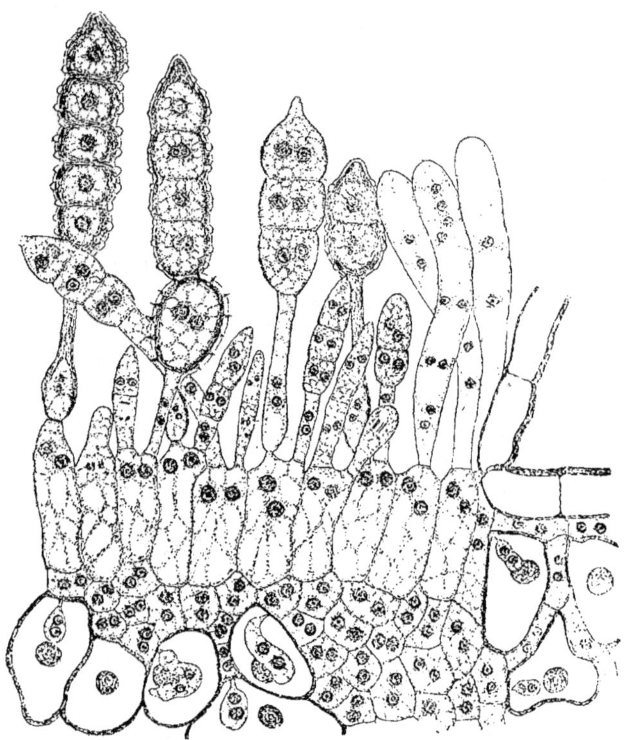

Fig. 282.

LA CONJUGAISON ET LA FORMATION DES TÉLEUTOSPORES D'UNE URÉDINÉE
(*Phragmidium Rubi*).

Les jeunes téleutospores et les articles du mycélium sont bicellulaires. La conjugaison a eu lieu dans la file de téleutospores à gauche.

(D'après M. SAPPIN-TROUFFY, 1896.)

les deux cellules qui vivent l'une en face de l'autre depuis l'écidie, fusionnent enfin leurs noyaux.

Voici donc la zygote achevée. D'habitude elle ne germe qu'après une période de repos. Son noyau se divise alors deux fois de suite, et les quatre cellules uninucléées ainsi formées se disposent en un filament, qui est la baside (fig. 283). Puis chaque cellule produit un stérigmate latéral, à travers lequel émigre le noyau qui va se loger dans la basidiospore. Nous voici ainsi revenus à notre point de départ.

La numération des chromosomes est difficile chez les Urédinées. On peut appeler phase binucléée celle qui comprend les écidiospores, le mycélium produisant les urédospores, les urédospores, le mycélium produisant les téleutospores, et les jeunes téleutospores : les deux noyaux restent distincts, quoique cohabitant. Dans la téleutospore les noyaux fusionnent : phase diploïde. Quant à la phase haploïde et uninucléée, elle comprend les basidiospores, le mycélium produisant les spermaties. les spermaties et le mycélium produisant les écidiospores.

On connait l'endroit précis où débute l'état binucléé : le sommet des rameaux qui donnent les écidiospores (fig. 280). Quant au moment de la réduction chromatique. il faut probablement le placer lors de la formation de la baside.

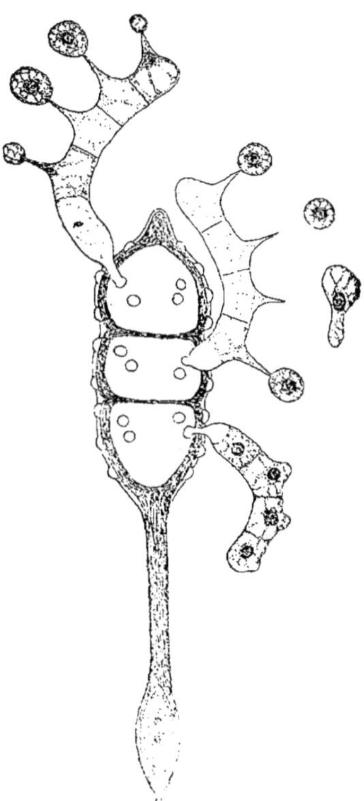

Fig. 283.

LA GERMINATION DES TÉLEUTOSPORES
D'UNE URÉDINÉE.
(*Phragmidium Rubi*).
(D'après M. Sappin-Trouffy, 1896.)

Toutes les espèces ne forment pas la série complète des spores : basidiospores, spermaties, écidiospores, urédospores, téleutospores. Contentonsnous d'indiquer un cas où les téleutospores manquent (fig 284). La fusion des noyaux ne s'opère donc pas et l'organisme est apogame.

Le tableau suivant indique pour les sept espèces de Rouilles qui infestent les Céréales, sur quelles plantes germent les basidiospores et se forment les écidies et les écidioles :

Ecidies et écidioles sur :	Urédospores et téleutospores sur les Céréales.
Anchusa et *Lycopsis*.	*Puccinia dispersa*.
Inconnues.	*P. glumarum*.
Inconnues.	*P. triticina.*
Inconnues.	*P. simplex*.
Rhamnus Frangula.	*P. coronata*.
R. cathartica.	*P. coronifera*.
Berberis vulgaris	*P. graminis*.

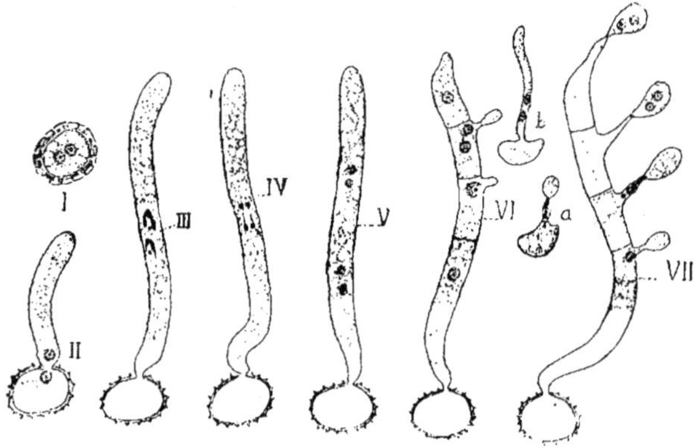

Fig. 284.

L'APOGAMIE D'UNE URÉDINÉE (*Endophyllum Euphorbiae sylvaticae*.

I, écidiospore avec ses deux noyaux ; **II** à **VII**, division caryocinétique des noyaux et formation de basidiospores avec deux noyaux ; **a**, **b**, germination des basidiospores. (D'après M. SAPPIN-TROUFFY, 1896).

c. *Autobasidiés*.

Ce groupe, caractérisé par ses basides non cloisonnées (fig. 275), compte de très nombreuses espèces.

Les basidiospores sont unicellulaires ; le mycélium provenant de leur germination a également des articles unicellulaires. Mais lors de la formation de l'appareil reproducteur, du c h a p e a u par exemple (fig. 286), les articles ont acquis deux noyaux.

Il y a aussi deux noyaux dans la baside jeune (fig. 285). Aussitôt après qu'ils ont conjugué, la zygote se divise; d'ordinaire il y a deux divisions, et les quatre noyaux se dirigent par les stérigmates vers

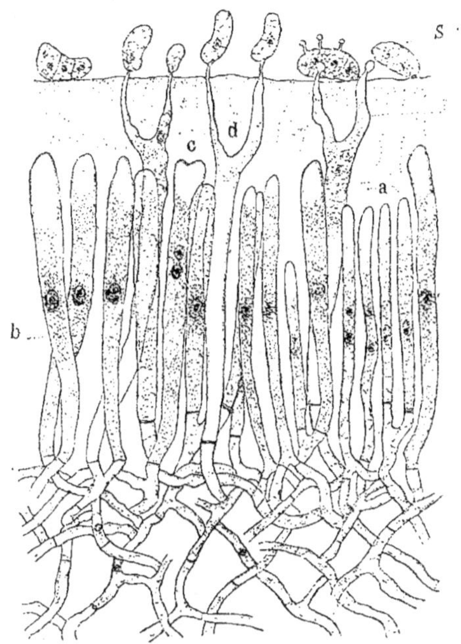

Fig. 285.

LA CONJUGAISON ET LE DÉVELOPPEMENT DE LA BASIDE D'UN AUTOBASIDIÉ
(*Dacryomyces deliquescens*).

a, basides très jeunes, dans lesquelles les noyaux n'ont pas encore conjugué; b, conjugaison; c, division du noyau de la zygote; d, les noyaux passent par les stérigmates dans les spores; s, germination des spores.
(D'après M. DANGEARD, 1895.)

les basidiospores; plus rarement la baside ne donne que deux spores (fig. 285).

Les basides sont presque toujours groupées en une surface plus ou moins étalée, l'h y m én i u m (fig. 286,*B*). Sa structure et sa disposition sur les chapeaux varient énormément. Les figures 286 et 287 montrent le développement d'un chapeau et quelques-uns des aspects de l'hyménium.

Chez d'autres Autobasidiés, les basides restent enfermées dans le chapeau et les spores sont mises en liberté, comme une fine poussière, par un orifice apical (fig. 288).

Champignons imparfaits.

A côté des innombrables Eumycètes dont on a observé les ascospores ou les basidiospores, il y en a des milliers dont on n'a jamais vu que des sclérotes, ou des chlamydospores, ou des oïdies, ou des conidies, et dont on ne sait donc pas même s'ils sont des Ascomycètes ou des Basidiomycètes. Tel

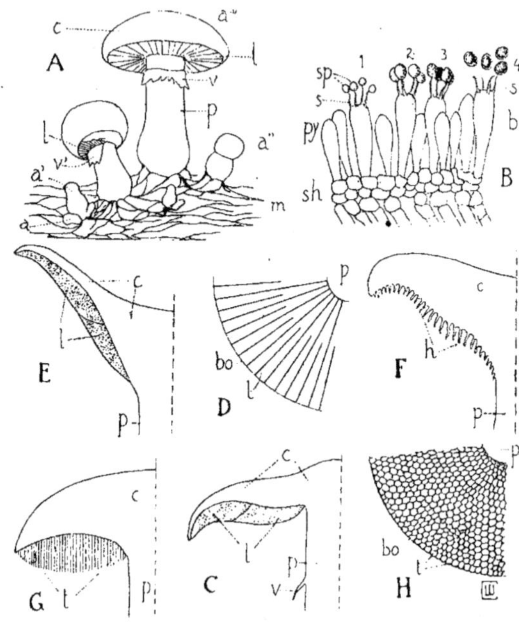

Fig. 286.

L'APPAREIL REPRODUCTEUR DES HYMÉNOMYCÈTES.

A, un Agaric ; **a, a', a″, a‴**, quatre stades successifs ; **m,** mycélium ; **p,** pied ; **c,** chapeau ; **l,** lames ; **v, v′,** voile. **B,** l'hyménium du même ; **sh,** tissu sous-hyménial ; **b,** basides ; **s,** stérigmates ; **sp,** basidiospores, à quatre stades ; **py,** paraphyses. **C, D, E.** chapeaux et lames d'Agarics ; **l,** lames ; **c,** chapeau, **bo,** son bord ; **p,** pied ; **v,** anneau résultant de la rupture du voile. **F,** chapeau et dents hyménifères ; (**h**) d'un Hydne. **G, H,** chapeaux et tubes hyménifères ; (**t**) d'un Bolet.

(D'après MM. CONRAD ET VAN RIJSSELBERGHE, 1918.)

est, par exemple, *Hormodendron cladosporoides* (fig. 128 et 183 à 188). Il est à remarquer que les Champignons imparfaits ont complètement perdu toute conjugaison, de quelque nature que ce soit.

Contentons-nous d'en citer quelques-unes. Nous indiquons si l'espèce produit sur son mycélium des sclérotes (scl.), des oïdies (oïd.) ou des conidies (con.).

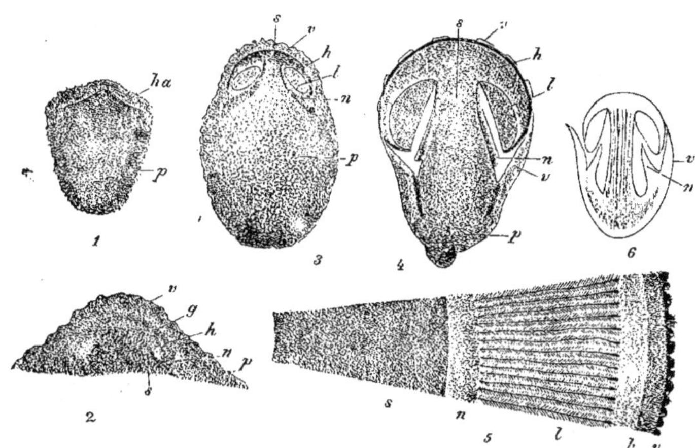

Fig. 287.

LE DÉVELOPPEMENT DU CHAPEAU D'UN HYMÉNOMYCÈTE (*Amanita muscaria*).

1, première ébauche; **2**, sommet d'une ébauche un peu plus avancée; **3**, jeune chapeau déjà différencié; **4**, débuts de l'écartement du chapeau; **5**, coupe horizontale à travers un chapeau du même âge; **6**, *Volvaria Taylori*, chapeau à peine dégagé; **h**, chapeau; **ha**, première ébauche du chapeau; **l**, lamelles; **n**, tissu séparant le pied du chapeau; **p**, tissu mycélien supportant le pied; **s**, pied; **v**, volva.

(**1, 2, 5**, d'après BREFELD; **3, 4**, d'après KROMBHOLZ; **6**, d'après F. YON. — Copié dans VON TAFEL, 1892.)

Fig. 288.

L'APPAREIL REPRODUCTEUR D'UN GASTROMYCÈTE.
(*Lycoperdon gemmatum*).

A gauche, un petit exemplaire en coupe longitudinale; à droite, un exemplaire déjà ouvert au sommet.

(D'après MM. CONRAD ET VAN RIJSSELBERGHE, 1918.)

Sclerotium hydrophilum (scl.), aquatique; — *Gloeosporium ampelophagum* (con.), produit l'anthracnose de la Vigne; — *Oïdium Tuckeri* (oïd.), également parasite de la Vigne; — *Monilia fructigena* (oïd.) qui fait pourrir les fruits;— *Fusicladium dentriticum* (con), l'agent de la tavelure des fruits; — *Trichophyton tonsurans* (oïd), parasite du bulbe pileux; — *Aspergillus fumigatus* (con.), parasite interne des Animaux.

Caractères généraux des Champignons.

Appareil végétatif composé de filaments apocytaires ou cellulaires. Pas de plastides. Alimentation diffusive. Réserves hydrocarbonées constituées par le glycogène ou la graisse. Membrane chitineuse, dont le cytoplasme se détache par la plasmolyse.

Conjugaison isogame ou hétérogame, pouvant être remplacée par une conjugaison isogame et endogame. Beaucoup de Champignons sont entièrement apogames.

La mortalité s'efface dans certains groupes ; même, ces organismes, de pluricellulaires qu'ils étaient, redeviennent unicellulaires.

IV. FLAGELLATES

A. Hémiflagellates.　　　　6. Chrysomonadines.
B. Euflagellates.　　　　　7. Chloromonadines.
1. Protomastigines.　　　　8. Cryptomonadines.
2. Craspédomonadines.　　9. Euglénines.
3. Herpétomonadines.
4. Hypermastigines.　　　　*C.* Dinoflagellates.
5. Distomatines.　　　　　*D.* Cystoflagellates.
　　　　　　　　　　　　　E. Phycoflagellates.

Les Flagellates sont le groupe cardinal de la biologie, car ils se rattachent d'une part aux êtres les plus primitifs qui soient, tandis que, d'autre part, ils ont donné à la fois tous les Animaux et toutes les Plantes; aussi les étudierons-nous avec quelque détail.

Leur caractère essentiel est la présence d'un ou de plusieurs fouets.

A. HÉMIFLAGELLATES.

On joint d'habitude aux Flagellates des organismes qui sont intermédiaires entre eux et les Rhizopodes. Ceux de ces Hémiflagellates qui dérivent sans doute d'Amébiens forment des pseudopodes sur tout le corps et englobent leurs proies dans des vacuoles alimentaires naissant en un point quelconque de la surface (fig. 73). La bipartition est longitudinale (fig. 289).

Pendant la natation le fouet ou les fouets sont dirigés en avant; ces Flagellates peuvent aussi ramper à la façon d'Amibes.

Parfois les fouets sont différenciés (fig. 290) : l'un pointe en avant et bat l'eau comme une rame, ce qui entraîne la cellule ; l'autre est dirigé en arrière et fonctionne d'ordinaire comme gouvernail, mais l'organisme peut aussi

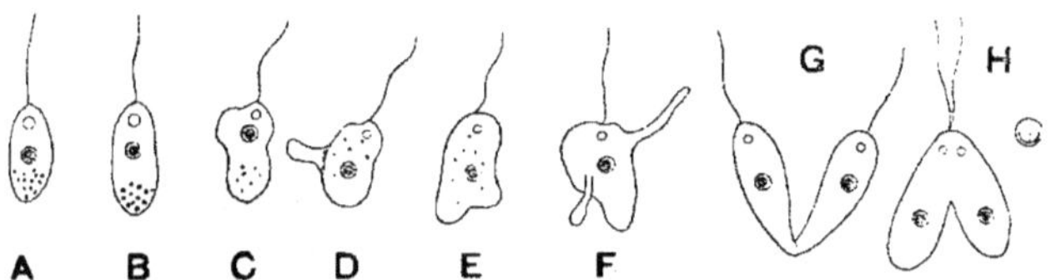

Fig. 289.

UN HÉMIFLAGELLATE (*Mastigamoeba constans*).

A, individu nageant librement ; **B**, individu fixé par son extrémité postérieure et nageant à l'aide de son fouet ; **C** à **F**, positions successives d'un individu rampant ; **G**, **H**, division longitudinale.

s'appuyer contre un corps solide tout en avançant grâce aux battements du fouet antérieur. Pendant la reptation amiboïde, les fouets sont lancés dans une direction quelconque.

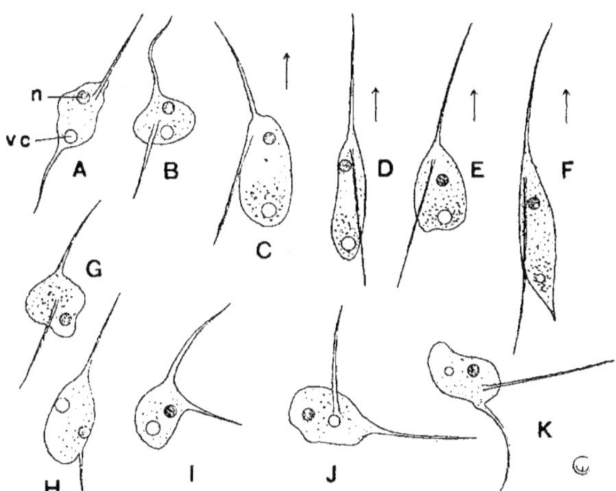

Fig. 290.

UN HÉMIFLAGELLATE A FOUETS PEU SPÉCIALISÉS (*Cercobodo primitiva*).

A, B, un individu nageant librement ; **C** à **F**, un individu fixé à un corps solide par son fouet postérieur et nageant par son fouet antérieur ; **G** à **K**, un individu rampant.

Les fouets de certains de ces organismes ne semblent pas encore tout à fait spécialisés : ils ne sont que les extrémités, effilées et très mobiles, de pseudopodes (fig. 290).

Chez *Podomastix* (fig. 291), qui est voisin des Thécamébiens, le corps est enfermé dans une coque transparente pourvue d'une fente par laquelle

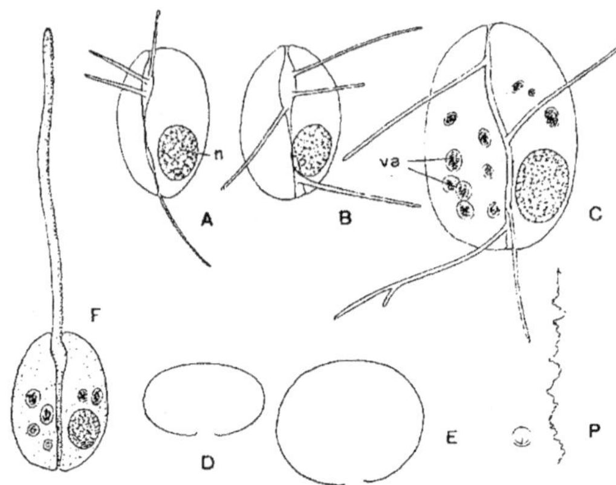

Fig. 291.

UN HÉMIFLAGELLATE VOISIN DES THÉCAMÉBIENS (*Podomastix fabacea*).

A, B. C, individus nageants, vus par la face ventrale; **n,** noyau; **va,** vacuoles alimentaires; **D, E,** coupes transversales de deux coques; **F,** individu rampant sur son unique pseudopode antérieur; **P,** piste d'un individu nageant.

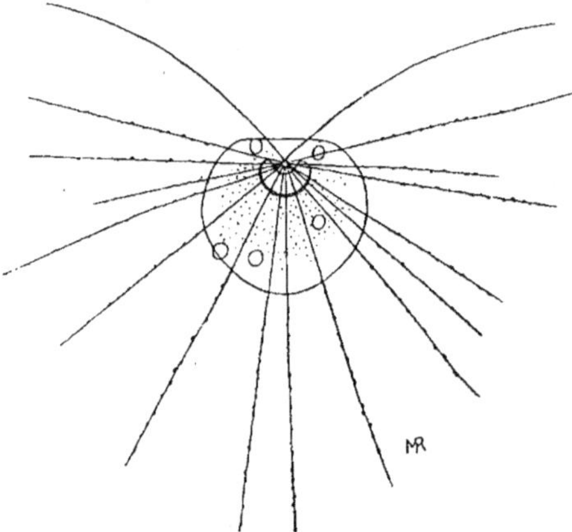

Fig. 292.

UN HÉMIFLAGELLATE VOISIN DES HÉLIOZOAIRES
(*Dimorpha nutans*).
(D'après M. SCHOUTEDEN, 1907.)

passent les pseudopodes. Ces pseudopodes longs et minces, parfois ramifiés, présentent ceci de particulier qu'ils battent comme des fouets; leurs mouvements saccadés font avancer l'organisme. L'individu peut aussi rétracter tous ses pseudopodes-fouets et n'en conserver qu'un seul, qui est poussé tout droit en avant ; il rampe alors sur cet unique prolongement (fig. 291 F). De même que beaucoup de Thécamébiens typiques, *Podomastix* est privé de vacuole pulsatile.

Enfin, il y a aussi des Héliozoaires qui ont acquis un ou deux fouets antérieurs (fig. 292), mais ils ont conservé leurs pseudopodes particuliers avec l'axe rigide de nature organique.

B. EUFLAGELLATES.

On peut supposer que les premiers Euflagellates étaient voisins de *Mastigamaeba* (fig. 289). En effet, beaucoup d'entre eux ont encore un corps sans aucune membrane, se déformant aisément dans tous les sens et qui ne se distingue de *Mastigamaeba* que par le mode de préhension des aliments : celle-ci ne s'opère plus par un point quelconque de la surface, mais est localisée en un seul endroit, le plus souvent à la base de l'appareil locomoteur (fig. 293, 294); d'autres

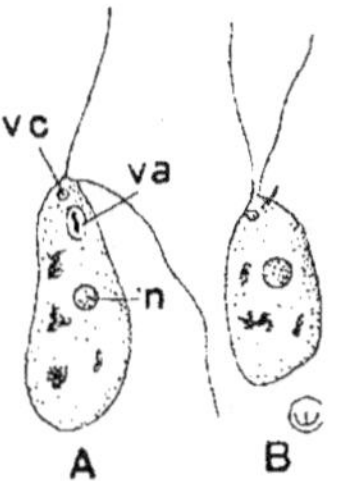

Fig. 293.

UNE PROTOMASTIGINE A FOUETS LÉGÈREMENT DIFFÉRENCIÉS (*Archaeobodo bacillivora*).

A, un individu avec un fouet dirigé en avant et un dirigé en arrière ; **vc**, vacuole contractile ; **n**, noyau ; **va**, vacuoles alimentaires; **B**, un individu avec les deux fouets dirigés en avant ; une Bactérie vient d'être saisie.

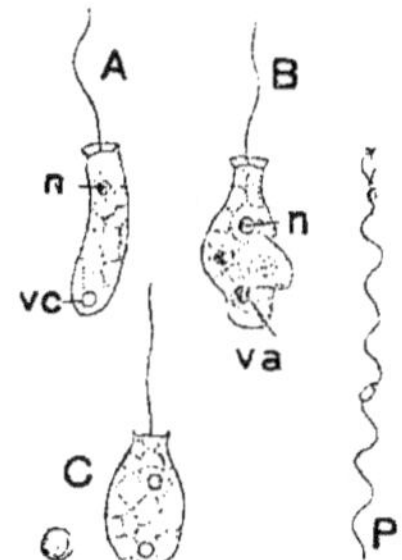

Fig. 294.

UNE PROTOMASTIGINE AVEC UN SEUL FOUET ANTÉRIEUR (*Stephanomonas locellus*).

n, noyau ; **vc**, vacuole contractile ; **va**, vacuoles alimentaires ; **P**, piste d'un individu nageant.

espèces présentent une phase amiboïde en même temps qu'une phase flagellée (fig. 295); enfin, dans le groupe des Chrysomonadines, les cellules, tout en possédant des plastides assimilatrices, ont la faculté d'émettre des pseudopodes, de capturer des proies vivantes et de les digérer dans des vacuoles alimentaires.

1. Protomastigines.

Nous considérons que les plus primitifs des Euflagellates sont ceux qui se nourrissent par voie vacuolaire. Mais il y en aussi chez lesquels on ne trouve jamais de vacuoles alimentaires quand ils sont à l'état flagellé (fig. 295); il en est même qui n'absorbent jamais de

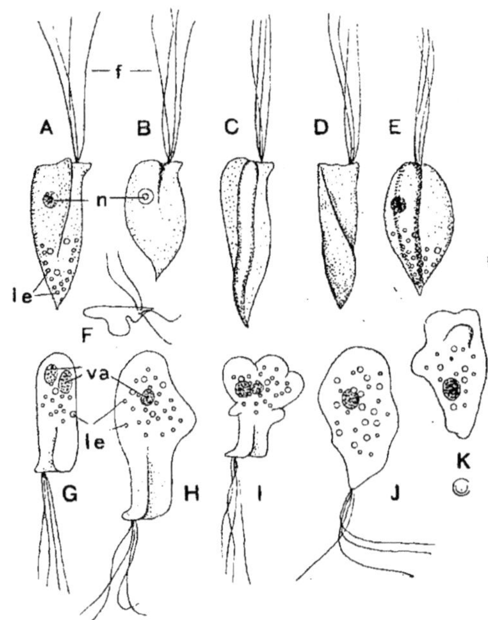

Fig. 295.

UNE PROTOMASTIGINE POUVANT DEVENIR AMIBOÏDE (*Tetramitus rostratus*).

A à **E**, individus nageant sans changer de forme; **n**, noyau; **le**, grains de leucosine; **F**, vue polaire antérieure d'un individu tel que **A**; **G** à **J**, individus rampant, avec les fouets traînant en arrière; ils ont englobé des Bactéries dans des vacuoles alimentaires (**va**); **K**, individu qui a perdu ses fouets.

proies solides et dont la nutrition est donc entièrement diffusive (fig. 297).

La réserve hydrocarbonée est formée de leucosine (fig. 295).

Les moins spécialisés ont un seul fouet antérieur; d'autres en ont deux (fig. 296) ou davantage (fig. 295), tous semblables; ailleurs une différenciation, soit temporaire (fig. 293), soit permanente, s'établit

entre les fouets : l'antérieur sert à la locomotion, le postérieur à la
direction et à la fixation ; il semble que dans certains genres le fouet
postérieur persiste seul (fig. 297).

Beaucoup de Protomastigines forment des colonies fixées ou mobiles (fig. 298).

2. CRASPÉDOMONADINES.

Les Craspédomonadines ou Choanoflagellates sont incontestablement très primitifs. Ce sont des Protomastigines dont la base du fouet est entourée d'une collerette cytoplasmique ; les aliments sont conduits vers la vacuole alimentaire par la face externe de cet anneau (fig. 299).

Ces Flagellates peuvent aussi rétracter la collerette et le fouet et prendre l'état amiboïde (fig. 300), ce qui se remarque le mieux chez les formes coloniaires.

Les Craspédomonadines ont probablement donné naissance aux Spongiaires, qui sont les plus primitifs des Métazoaires.

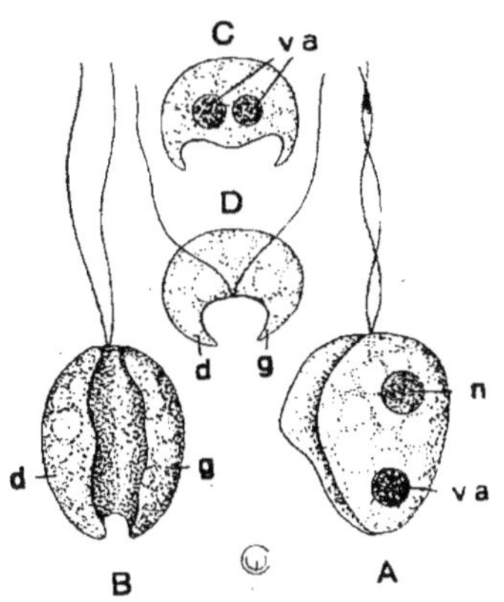

Fig. 296.

UNE PROTOMASTIGINE A DEUX FOUETS ÉGAUX

(*Diphylleia rotans*).

A, individu vu par le côté gauche ; **n**, noyau ; **va**, vacuoles alimentaires ; **B**, vu par la face ventrale ; **C**, en coupe transversale ; **D**, vu par le pôle antérieur.

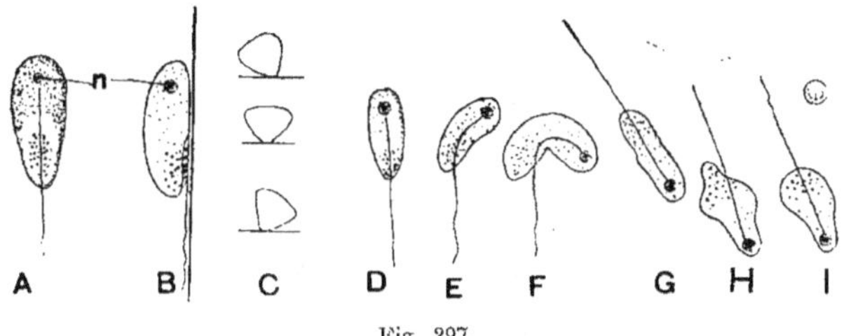

Fig. 297.

UNE PROTOMASTIGINE QUI A PERDU LE FOUET ANTÉRIEUR

(*Prismatomonas Limax*).

A, un individu nageant librement ; **B**, le même, nageant appuyé contre une surface solide ; **C**, coupes transversales du même, faites à trois moments successifs ; **D à I**, individu attaché à une surface solide, changeant d'orientation.

20

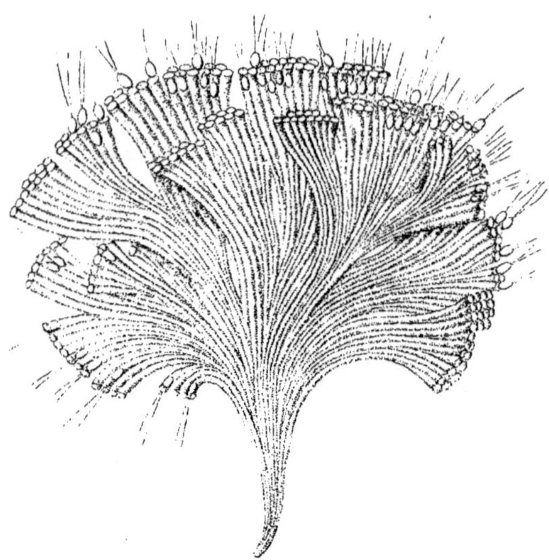

Fig. 298.

UNE COLONIE NAGEANTE DE PROTOMASTIGINES (*Rhipidodendron splendidum*).
(D'après STEIN, 1878.)

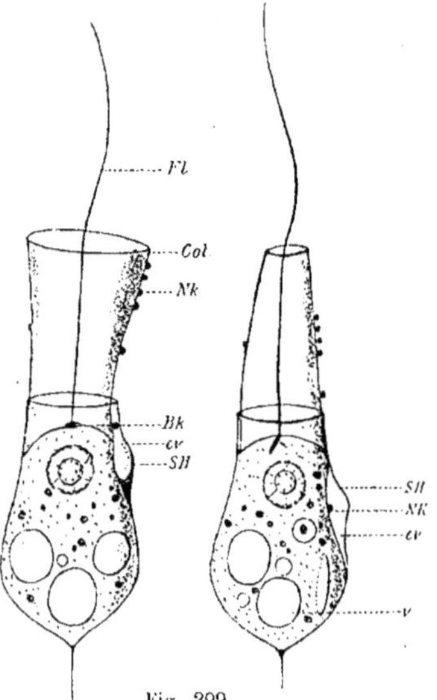

Fig. 299.

LA STRUCTURE D'UNE CRASPÉDOMONADINE (*Codonosiga Botrytis*).

Col, collerette; **Fl**, fouet; **Bk**, son blépharoplaste; **Nk**, particules alimentaires glissant à la face externe de la collerette, vers la vacuole alimentaire **ev**, située en dedans de l'enveloppe muqueuse **SH**; **v**, vacuole pulsatile.
(D'après M. BURCK, 1909. — Copié dans KEMNA, 1914.)

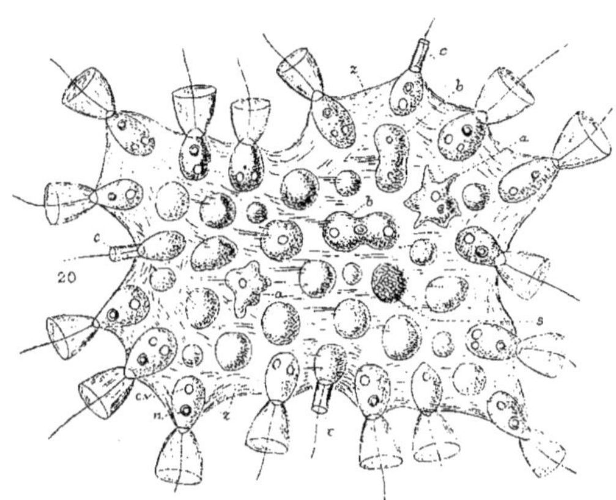

Fig. 300.

UNE COLONIE NAGEANTE D'UNE CRASPÉDOMONADINE.

(*Protospongia Haeckeli*).

z, masse gélatineuse dans laquelle rampent des individus amiboïdes simples (**a**) et en division (**b**); **c**, cellules rétractant leur
collerette pour se retirer dans la gelée.

(D'après M. S. KENT, 1880-1882.)

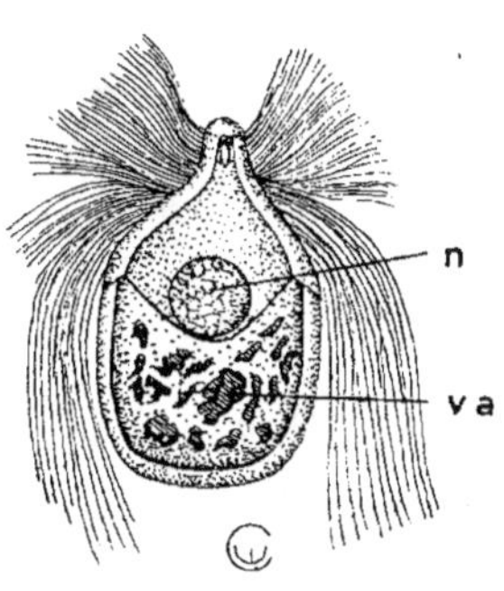

Fig. 302.

UNE HYPERMASTIGINE

(*Trichonympha agilis*),

PARASITE DE L'INTESTIN D'UN
TERMITE.

n, noyau ; **va**, petits morceaux de
bois qui ont été ingérés.

(D'après M. GRASSI, 1885.)

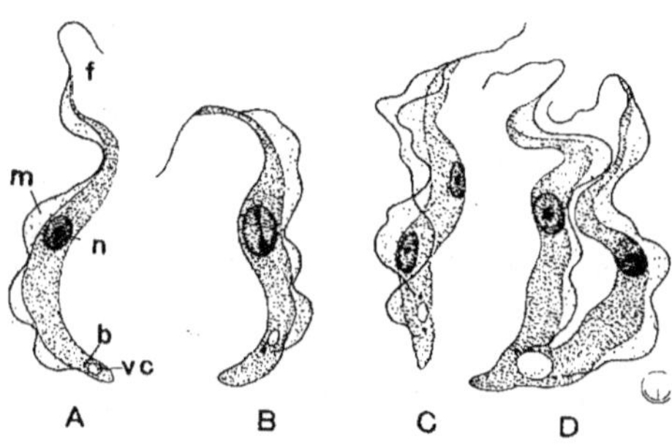

Fig. 301.

UNE HERPÉTOMONADINE (*Trypanosoma equiperdum*)

PARASITE DANS LE SANG DU CHEVAL.

A à **D**, phases successives de la bipartition longitudinale.
f, fouet, se prolongeant jusqu'auprès du blépharoplaste (**b**) par
un filament qui borde une membrane ondulante (**m**); **vc**, vacuole
contractile; **n**, noyau.

(D'après M. DOFLEIN, 1916.)

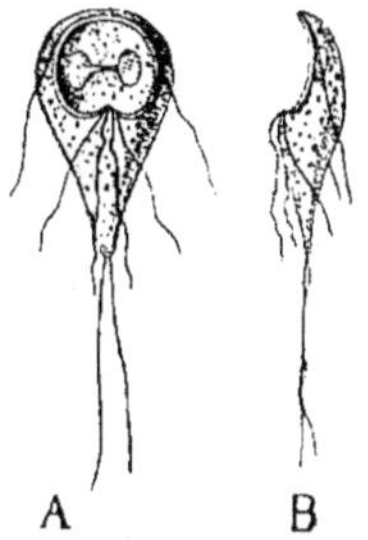

Fig. 303.

UNE DISTOMATINE (*Lam-
blia intestinalis*) PARASITE
DE L'INTESTIN DE MAMMI-
FÈRES.

A, vu par la face ventrale;
au fond de la ventouse, on
voit le double noyau; **B**, vu
de côté.

(D'après MM. GRASSI ET
SCHEWIAKOFF, 1888. — Co-
pié dans KEMNA, 1914.)

3. Herpétomonadines.

Ce sont des parasites qui ont complètement renoncé à l'alimentation vacuolaire.

Les *Leptomonas* (fig. 133) habitent le tube digestif d'Insectes et même le latex de certaines Plantes (*Euphorbia*).

Les Trypanosomes (fig. 301) sont parasites du sang des Vertébrés. Leur cycle évolutif comprend une migration régulière par un Insecte. Ainsi *Trypanosoma Gambiense*, l'agent de la maladie du sommeil chez l'Homme, passe par un Diptère, *Glossina palpalis*.

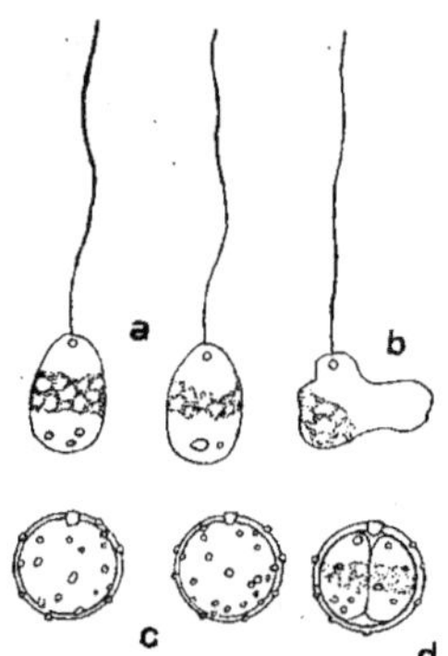

Fig. 304.

UNE CHRYSOMONADINE AVEC LA PLASTIDE ENCORE PRIMITIVE (*Chrysapsis*).

a, à la base du fouet, la vacuole contractile ; la plastide est en forme de réseau ; au fond de la cellule, quelques grains de leucosine : **b**, mouvements amiboïdes ; **c**, cellules encystées ; **d**, division.

(D'après M. Conrad, 1920.)

On a décrit chez des Herpétomonadines des phénomènes de conjugaison qui classeraient ces organismes tout à fait à part parmi les Euflagellates, tous agames. Peut-être faudrait-il les exclure des Flagellates.

4. Hypermastigines.

Ce sont des parasites à affinités douteuses. Ils possèdent un grand nombre de fouets. Ils habitent l'intestin des Insectes et se nourrissent de détritus solides (fig. 302).

5. Distomatines.

Ils font l'impression de cellules dont la bipartition longitudinale s'est arrêtée avant la séparation complète, de sorte que l'organisme possède une symétrie bilatérale régulière avec deux noyaux, deux séries de fouets, deux bouches, etc.

Les espèces vivant librement se nourrissent par voie vacuolaire : les parasites (fig. 303) ont uniquement l'alimentation diffusive.

6. Chrysomonadines.

Jusqu'ici nous n'avons vu que des Euflagellates incolores, se nourrissant uniquement de matières organiques, solides ou liquides. Les Chrysomonadines, au contraire, ont l'alimentation autotrophe : elles possèdent des plastides qui portent, outre la chlorophylle, un pigment jaune d'or. Leur réserve hydrocarbonée se compose de leucosine. Ils habitent l'eau douce, l'eau saumâtre et l'eau salée.

Les formes primitives sont amiboïdes (fig. 304) ; elles ont à la fois l'alimentation vacuolaire et l'alimentation autotrophe. Ce double mode de nutrition se conserve jusque dans les groupes les plus évolués.

Les formes inférieures ont un seul fouet (fig. 304). D'autres en ont deux, égaux (fig. 305) ou inégaux. Parfois il y en a trois, dont un sert exclusivement à la fixation (fig. 307).

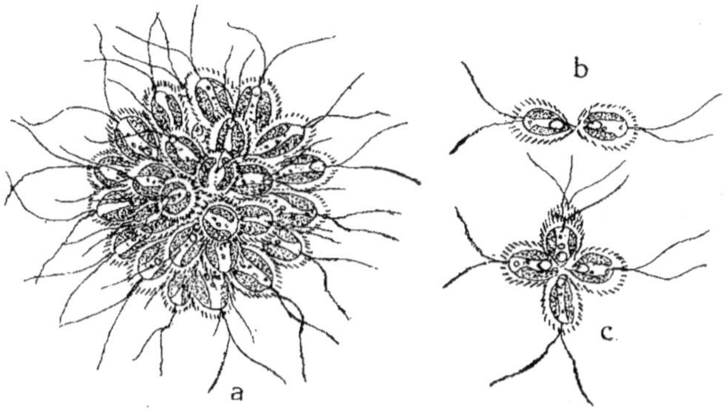

Fig. 305.

COLONIES D'UNE CHRYSOMONADINE (*Synura Uvella*).
A gauche, piste d'une colonie.
(D'après M. Conrad, 1920.)

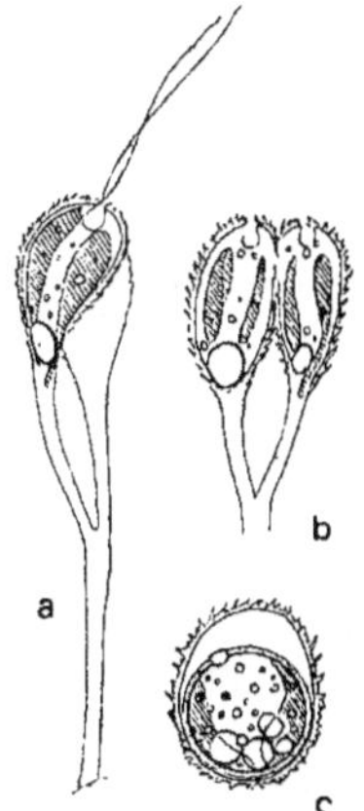

Fig. 306.

DIVISION ET ENCYSTE-
MENT D'UNE CHRYSOMO-
NADINE (*Synura Uvella*)
(D'après
M. Conrad, 1920.)

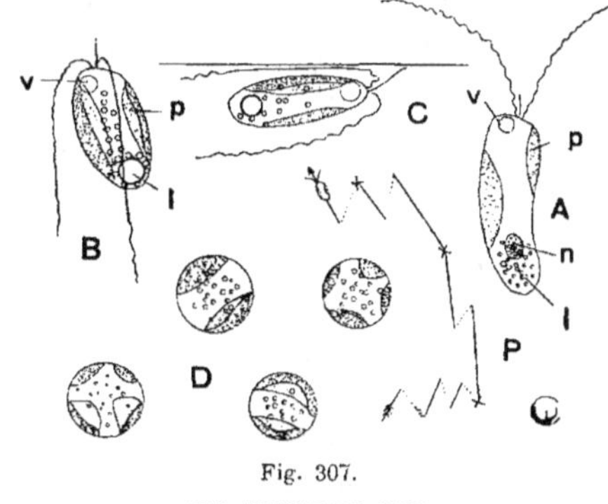

Fig. 307.

UNE CHRYSOMONADINE

AVEC TROIS FOUETS DIFFÉRENCIÉS

(*Prymnesium saltans*).

A, cellule nageant librement, avec les trois fouets dirigés en avant; v, vacuole contractile; p, plastides; n, noyau; l, leucosine; B, cellule attachée à un corps solide, vue de face; C, vue de côté; le petit fouet fixe la cellule, l'un des deux fouets longs sert également à la fixation, par sa partie proximale, rectiligne; D, individus arrêtés, en division; P, piste d'un individu nageant.

Beaucoup de Chrysomonadines constituent des colonies nageantes (fig. 305) de forme très variée.

Quelques-unes sécrètent un squelette minéral, parfois en silice, plus souvent en calcaire. Ces derniers squelettes étaient connus longtemps avant qu'on ne sût leur origine, sous le nom de coccosphères et de rhabdosphères (fig. 308).

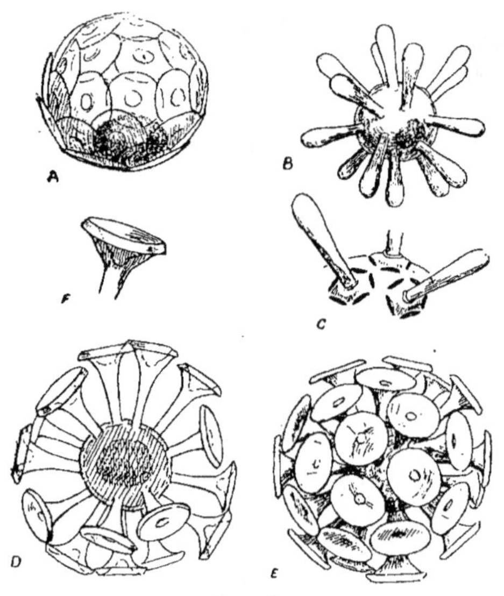

Fig. 308.

SQUELETTES CALCAIRES DE CHRYSOMONADINES.
A, coccosphères; **B** à **F**. rhabdosphères diverses.
(Copié dans KEMNA, 1914.)

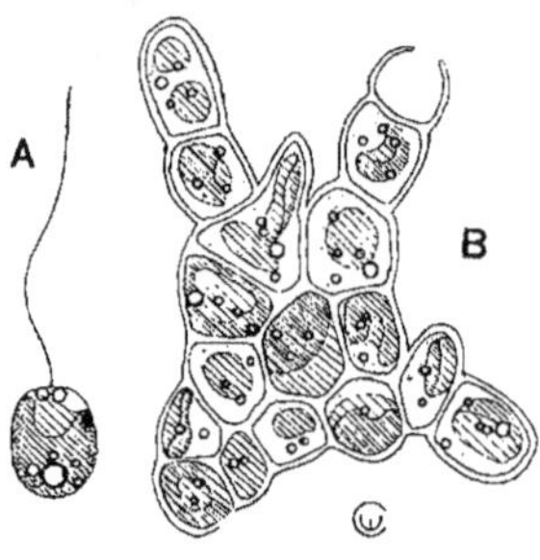

Fig. 309.

LA STRUCTURE
D'UNE CHRYSOMONADINE COLONIAIRE
IMMOBILE.
(*Thallochrysis Pascheri*).

A, cellule flagellée; **B**, petit thalle; à gauche les cellules terminale et subterminale sont en voie de division; la cellule terminale de droite a donné une zoospore.

(D'après M. CONRAD, 1920.)

Les Flagellates jaunes ont une tendance marquée à perdre les fouets et à s'encyster; la division cellulaire est très active dans cet état (fig. 304, 307). A côté d'espèces qui se multiplient aussi bien à l'état flagellé (fig. 306) que pendant le repos, il en est qu'on n'a jamais vus se diviser que dans les cystes. C'est le cas pour *Thallochrysis* (fig. 309).

Encore plus remarquable, à ce point de vue, est *Hydrurus* (fig. 310). Ce Flagellate ne donne de cellules flagellées que pour assurer la dissémination. Pendant la majeure partie de son existence, il est fixé à une pierre submergée, surtout dans les cours d'eau très froids, et il se multiplie abondamment en formant des colonies ramifiées, celles-ci s'accroissent par le sommet, exactement comme une touffe d'Algues.

7. CHLOROMONADINES.

On désigne sous ce nom des Flagellates très divers dont le caractère commun est d'avoir de la graisse comme réserve hydrocarbonée. Les uns

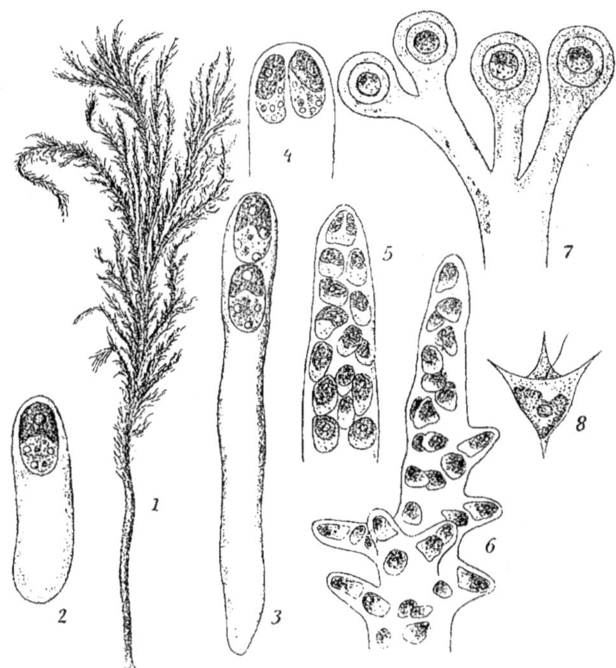

Fig. 310.

LA STRUCTURE D'UNE CHRYSOMONADINE COLONIAIRE, IMMOBILE
(*Hydrurus penicillatus*).

1, individu adulte, représenté à la grandeur naturelle ; **2, 3, 4**, jeunes colonies ;
5, 6, sommets d'une colonie adulte ; **7**, cystes ; **8**, cellule flagellée.
(**1**, d'après ROSTAFINSKI, 1882 ; **2, 3, 4, 5, 7, 8**, d'après KLEBS, 1892 ;
6, d'après M. BERTHOLD, 1878. — Copié dans OLTMANNS, 1904).

sont incolores et pourvus de pseudopodes qui leur permettent d'englober des proies solides (fig. 311) ; d'autres, au contraire, ont des plastides vert pâle ou vert jaunâtre. Leur appareil contractile se compose de plusieurs vacuoles et d'un réservoir.

8. Cryptomonadines.

Flagellates autotrophes, ayant comme réserve hydrocarbonée de l'amidon (fig. 313), parfois accompagné de graisse, et pourvus de deux fouets égaux qui sont insérés dans une dépression près de l'extrémité antérieure de la cellule (fig. 312). Celle-ci a une symétrie bilatérale très nette.

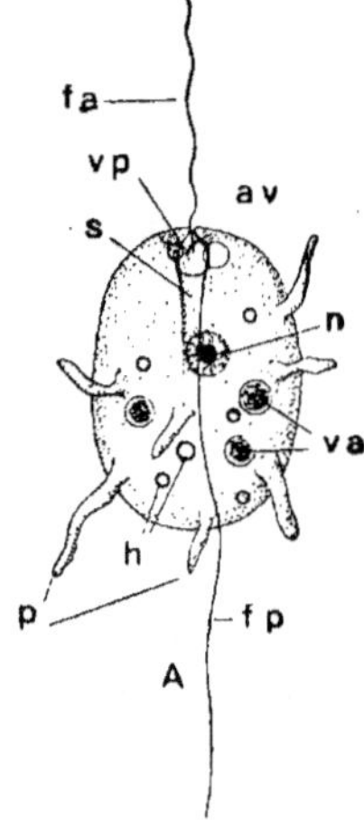

Fig. 311.

STRUCTURE
D'UNE CHLOROMONADINE
(*Rechertia sagittifera*).

av, avant du corps; **fa**, fouet antérieur; **fp**, fouet postérieur; **vp**, système des vacuoles pulsatiles; **s**, sillon ventral; **va**, vacuoles alimentaires; **p**, pseudopodes; **h**, gouttelettes d'huile; **n**, noyau.
(D'après M. Conrad, 1920.)

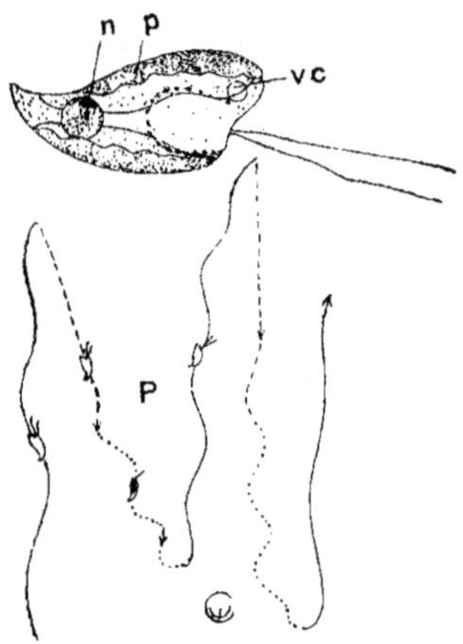

Fig. 312.

STRUCTURE D'UNE CRYPTOMONADINE

(*Cryptomonas caudata*).

n, noyau; **vc**, vacuole contractile; **p**, plastide dorsale; **P**, piste d'un individu nageant.

Les plastides ont les couleurs les plus variées : vert pur, vert brunâtre, vert bleuâtre, rouge. Chez *Chilomonas*, la chromophylle manque complètement et l'organisme se nourrit par voie diffusive.

La division est longitudinale; elle s'opère de telle façon que les cellules-filles se regardent par la face ventrale (fig. 313). La plupart des espèces autotrophes ne se divisent guère qu'après s'être arrêtées et entourées de gelée.

Les zooxanthelles qui vivent en mutualistes dans les Radiolaires (fig. 253), appartiennent à ce groupe.

9. Euglénines.

Les réserves consistent en un hydrate de carbone spécial, le paramylon (fig. 318, 319).

Le corps est entouré d'une pellicule; celle-ci est tantôt rigide (fig. 314, 316, 317), tantôt plastique et se prêtant à toutes les déformations du corps (fig. 115, 315, 318).

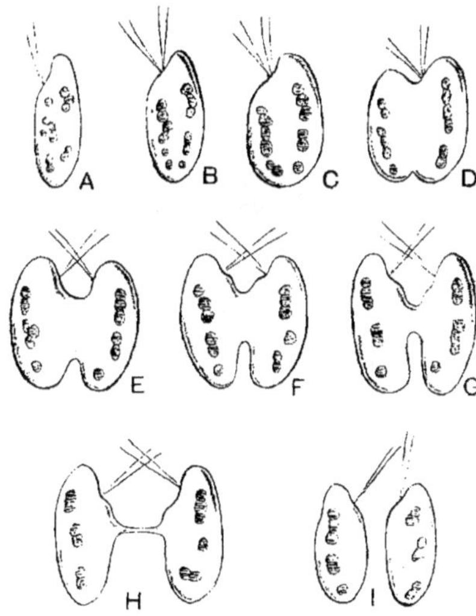

Fig. 313.

La bipartition d'une cryptomonadine (*Chilomonas Paramaccium*).

Le contour et les grains d'amidons sont seuls indiqués.

(D'après Mlle Maltaux et Massart, 1906.)

Les trois modes d'alimentation cellulaire sont représentés : vacuolaire (fig. 314, 315, 316, 317), diffusive (fig. 318), autotrophe (fig. 319).

Près de l'extrémité antérieure du corps s'ouvre une dépression, le pharynx (ou entonnoir) (fig. 35), dans laquelle s'insère le fouet. Chez les formes à alimentation vacuolaire, c'est par là que les proies sont introduites. Il sert aussi à évacuer le liquide sécrété par l'appareil vacuolaire. Celui-ci est constitué par une ou plusieurs vacuoles qui

se vident dans un réservoir communiquant largement avec le pharynx
(fig. 314D, 319A).

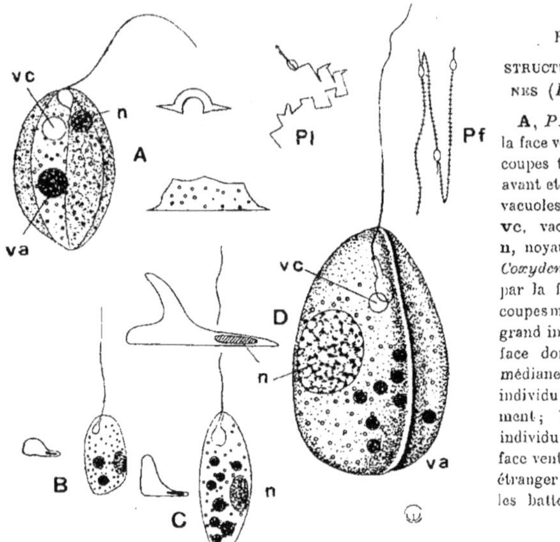

Fig. 314.

STRUCTURE D'EUGLÉNI-
NES (*Petalomonas*).

A, *P. abscissa* vu par
la face ventrale; à droite
coupes transversales en
avant et au milieu; **va,**
vacuoles alimentaires;
vc, vacuole pulsatile;
n, noyau. **B, C, D,** *P.
Coxydensis,* **B, C,** vus
par la face ventrale, et
coupes médianes; **D,** très
grand individu vu par la
face dorsale, et coupe
médiane. **Pl,** piste d'un
individu nageant libre-
ment; **Pf,** piste d'un
individu attaché par sa
face ventrale à un corps
étranger et nageant par
les battements de son
fouet.

Fig. 315.

LES DÉFORMATIONS
D'UNE EUGLÉNINE
(*Peranema
trichophorum*).

A,individu nageant
librement, vu par sa
face ventrale; à gau-
che, coupe transver-
sale de l'extrémité
antérieure; **ph,** pha-
rynx; **vc,** vacuole
contractile; **va,** va-
cuoles alimentaires;
n, noyau. **Pl,** piste
d'un individu nageant
librement. **B, C, D,**
E, F, formes succes-
sives d'un individu
fixé à un corps solide
par sa face ventrale,
et nageant à l'aide de
son fouet; **Pf,** piste
de cet individu.

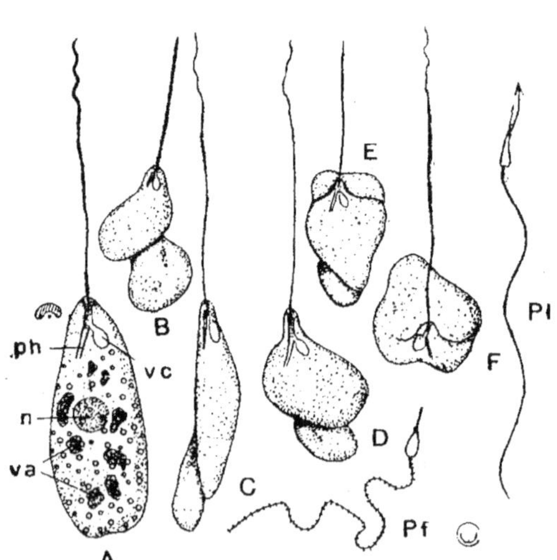

Le fouet, d'abord unique (fig. 315), peut aussi être double; les deux fouets sont alors égaux (fig. 115) ou inégaux, auquel cas le fouet antérieur sert de rame et le postérieur de gouvernail (fig. 316). Un cas remarquable est celui où le fouet antérieur ayant disparu (fig. 317), le postérieur fonctionne non à la façon d'un gouvernail,

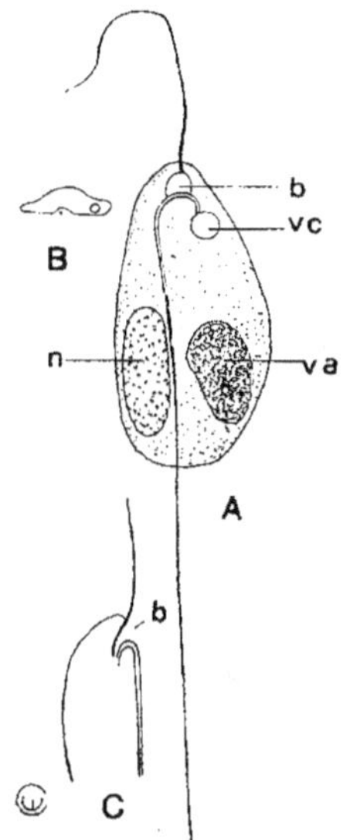

Fig. 316.

LA DIFFÉRENCIATION DES FOUETS CHEZ UNE EUGLÉNINE (*Anisonema Acinus*).

A, vue ventrale ; **B**, coupe transversale au niveau de la vacuole contractile ; **C**, coupe longitudinale : **b**, orifice antérieur du pharynx ; **vc**, vacuole contractile ; **va**, vacuole alimentaire; **n**, noyau.

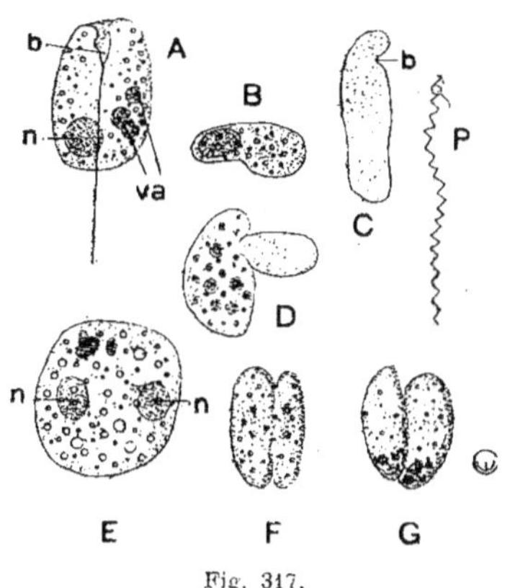

Fig. 317.

LA DISPARITION DU FOUET ANTÉRIEUR CHEZ UNE EUGLÉNINE (*Clautriavia mobilis*).

A, face ventrale ; **B**, coupe transversale ; **C**, coupe longitudinale; **D**, un individu suçant une cellule de Phycoflagellate (*Chlamydomonas*) ; **E**, préparation à la division ; le noyau est déjà double; **F**, **G**, séparation des cellules-filles; **b**, bouche; **va**, vacuoles alimentaires; **n**, noyau; **P**, piste d'un individu se poussant avec son fouet sur une surface résistante.

mais d'une perche: l'organisme appuie ce fouet contre un corps solide et se pousse ainsi en avant.

Nous considérons que le pharynx a servi primitivement à la préhension des aliments et qu'il persiste à l'état d'organe réduit chez les espèces qui n'avalent plus de proies solides; chez elles, le pharynx n'est plus que le conduit d'excrétion de la vacuole contractile.

Les espèces à alimentation diffusive (fig. 318) et à alimentation autotrophe (fig. 319) ont conservé les grandes lignes de la structure de *Peranema* (fig. 315).

C. DINOFLAGELLATES.

Le type des Dinoflagellates, ou Péridiniens, est une cellule pourvue de plastides brunes, ayant

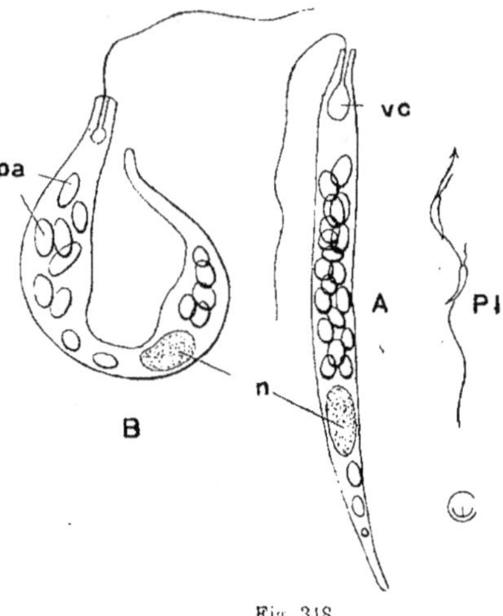

Fig. 318.

UNE EUGLÉNINE A ALIMENTATION DIFFUSIVE
(*Astasia curvata*).

A, nageant librement ; **B**, arrêté ; **pa**, paramylon ; **n**, noyau ; **vc**, vacuole contractile ; **PI**, piste d'un individu nageant.

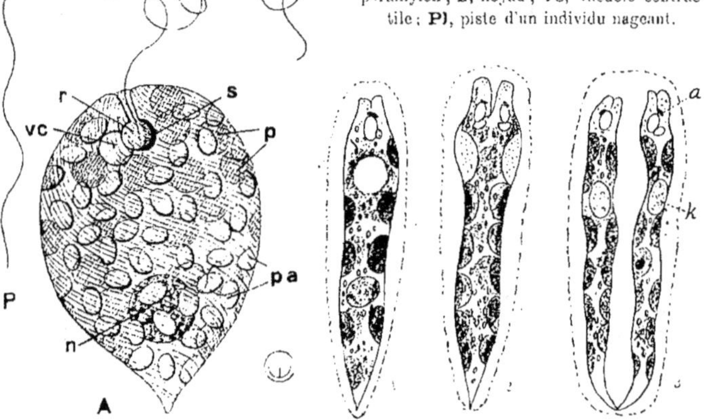

Fig. 319.

DEUX EUGLÉNINES.

A, *Euglena inflata* ; **vc**, vacuole contractile ; **r**, son réservoir ; **s**, stigma ; **n**, noyau ; **p**, plastides ; **pa**, grains de paramylon ; **P**, piste de ce Flagellate ; **1**, **2**, **3**, division d'*Euglena deses*, dans un cyste gélatineux.

(**1**, **2**, **3**, d'après KLEBS, 1883.)

comme réserves hydrocarbonées de l'amidon et de la graisse; son appareil locomoteur consiste en deux fouets : un transversal, très onduleux, entourant complètement le corps et servant à la progression; un longitudinal, presque droit, dirigé en arrière (fig. 320). D'ordinaire les fouets sont logés dans des sillons; ils y sont insérés près de leur point de rencontre sur la face ventrale du corps.

Ce type varie dans les directions les plus diverses.

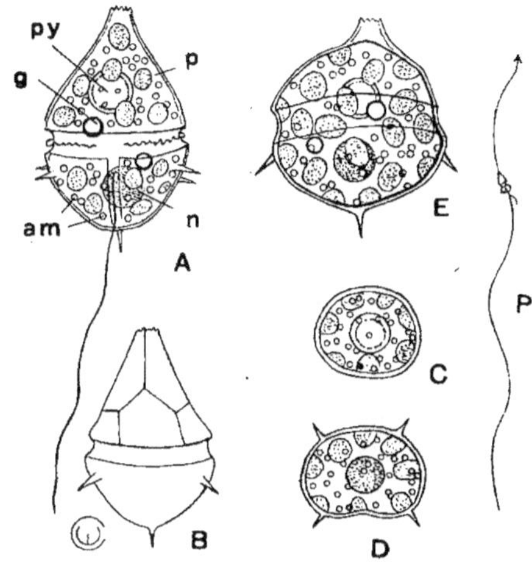

Fig. 320.

LA STRUCTURE D'UN DINOFLAGELLATE (*Heterocapsa quinquecuspidata*).

A, cellule vue par la face ventrale; **py,** pyrénoïde; **p,** plastides; **g,** graisse; **am,** amidon; **n,** noyau; **B,** carapace vide, vue par la face dorsale; **C,** coupe transversale de la moitié antérieure, passant par le pyrénoïde; **D,** coupe transversale de la moitié postérieure, passant par le noyau; **E,** individu encysté; **P,** piste d'un individu nageant.

Les plastides peuvent avoir une teinte jaune, verte (fig. 321), vert bleuâtre ou rose; leur teinte peut devenir très pâle. Il y a aussi pas mal de Dinoflagellates sans plastides qui avalent des proies vivantes (fig. 322) et même qui émettent des pseudopodes; ils possèdent de la graisse, mais pas d'amidon.

La disposition des fouets est également soumise à de grandes fluctuations. Le sillon transversal peut se rapprocher du bout antérieur (fig. 321); on connaît même des genres sans sillons où les fouets sont attachés tout à fait à la pointe (fig. 323). Ailleurs le sillon émigre vers l'arrière (fig. 325) et chez *Oxyrrhis* les deux fouets sont insérés ensemble à l'arrière (fig. 324).

Le déplacement des sillons et des fouets entraîne déjà un changement dans le contour du corps, mais des déformations bien plus accentuées se rencontrent chez les Dinoflagellates du plancton marin, qui peuvent rester flottants grâce à l'augmentation de leur surface de contact avec le liquide. Cette augmentation est obtenue, soit par l'allongement du corps et sa ramification

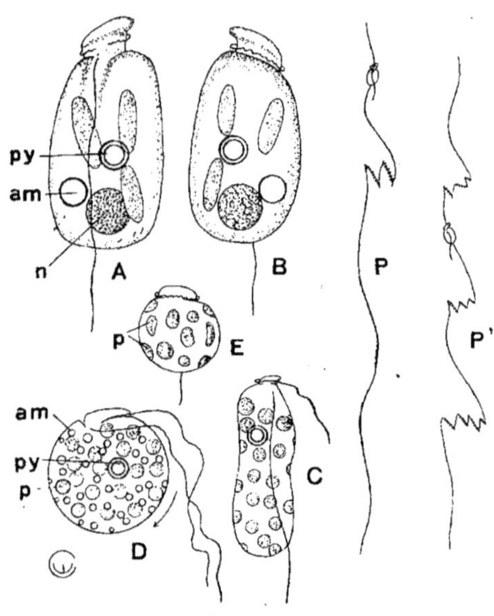

Fig. 321.

LE DÉPLACEMENT DU SILLON TRANSVERSAL CHEZ UN DINOFLAGELLATE
(*Amphidinium operculatum*).

A, **B**, faces ventrale et dorsale d'un individu avec de grandes plastides brunes; **C**, individu avec petites plastides jaunâtres; **D**, un individu analogue qui s'est arrêté et contracté; les fouets sont sortis des sillons; **E**, petit individu avec plastides vertes; **am**, amidon; **p**, plastides; **py**, pyrénoïde; **n**, noyau; **P**, **P'**, pistes de deux individus nageants.

(fig. 325), soit par la production d'épines rayonnantes, soit par l'élargissement des bords des sillons qui deviennent des sortes d'ailes.

Quand la division s'opère pendant la vie active, elle est souvent plus ou moins transversale (fig. 326), contrairement aux Euflagellates. Parfois les cellules ne se séparent pas complètement; elles constituent alors des colonies en forme de chaînes. Le cas le plus curieux est celui de *Polykrikos* (fig. 327), où les cellules gardent de larges communications cytoplasmiques et donnent ainsi une apocytie.

D. **CYSTOFLAGELLATES.**

C'est un petit groupe d'organismes du plancton marin. Leur corps est fortement gonflé d'eau, ce qui lui donne un volume considérable ; des gouttes de graisse facilitent encore leur flottaison. Leur fouet ne joue plus aucun rôle actif. L'alimentation est vacuolaire.

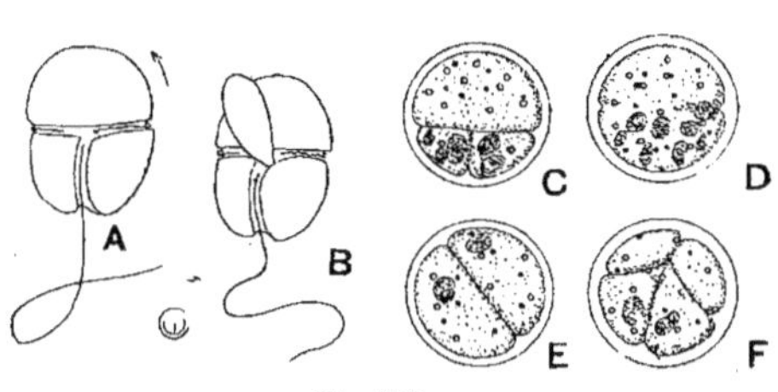

Fig. 322.

UN DINOFLAGELLATE A ALIMENTATION VACUOLAIRE
(*Gymnodinium vorax*).

A, individu arrêté, vu par la face ventrale ; **B**, ingestion d'un *Cryptomonas* ; **C** à **F**, encystement et division d'individus bourrés de vacuoles alimentaires.

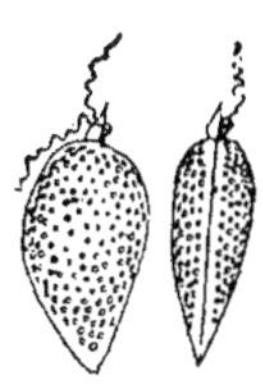

Fig. 323.

LA DISPARITION
DES SILLONS CHEZ UN
DINOFLAGELLATE
(*Prorocentrum
micans*).

(D'après M. Schütt,
1896. — Copié dans
Kemna, 1914.)

Fig. 324.

LE DÉPLACEMENT DU SILLON TRANSVERSAL
VERS L'ARRIÈRE CHEZ DES DINOFLAGELLATES
En haut, *Gymnodinium asymetricum*.

A, B, C, individu nageant, vu par la face ventrale, par le côté droit et par le pôle postérieur : **D**, individu arrêté ; **g**, graisse ; **va**, vacuoles alimentaires ; **n**, noyau ; **sl**, sillon longitudinal.

En bas, *Oxyrrhis marina*.

L'individu est vu par la face ventrale ; **g**, graisse ; **va**, vacuoles alimentaires ; **n**, noyau ; **P**, piste d'un individu nageant.

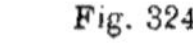

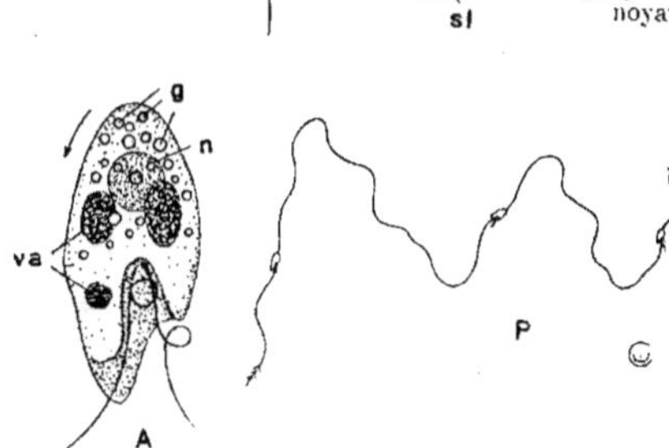

Le Cystoflagellate le mieux connu est la Noctiluque (fig. 327). Elle se multiplie par bipartition. Deux cellules peuvent aussi conjuguer. La zygote divise un grand nombre de fois son noyau, alors que le cytoplasme reste indivis : les noyaux se portent tous ensemble vers la périphérie, puis chacun avec une petite masse de cytoplasme fait saillie sur la surface de la Noctiluque. Les petites cellules ainsi constituées se détachent et nagent à l'aide de leur unique fouet postérieur. Il est probable que ces zoospores deviennent directement des Noctiluques.

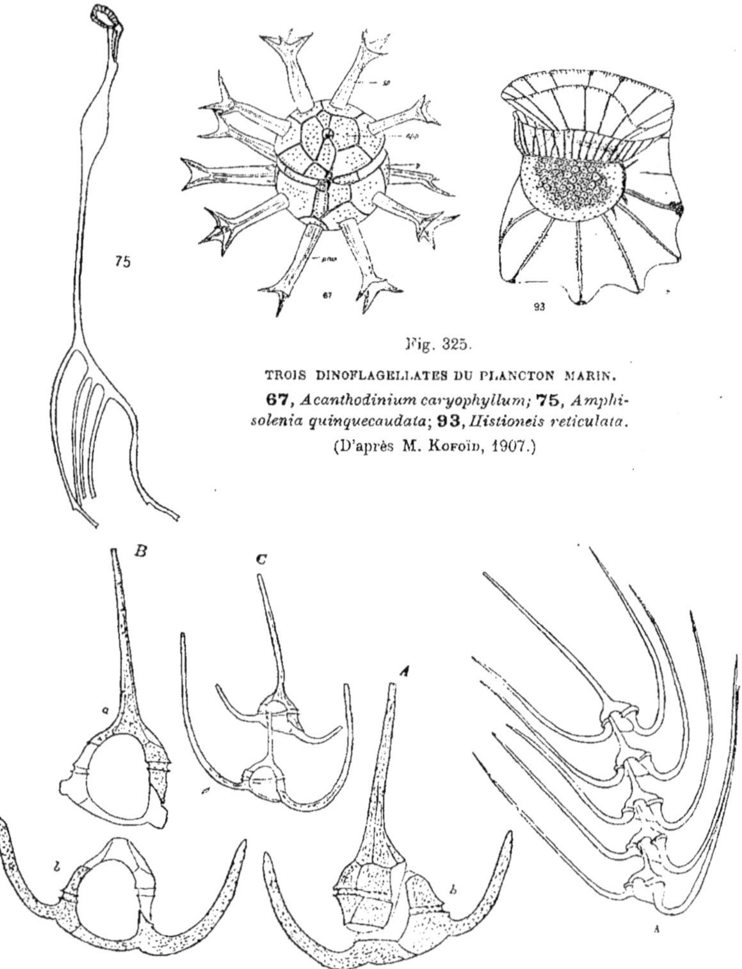

Fig. 325.

TROIS DINOFLAGELLATES DU PLANCTON MARIN.

67, *Acanthodinium caryophyllum*; **75**, *Amphisolenia quinquecaudata*; **93**, *Histioneis reticulata*.

(D'après M. Kofoïd, 1907.)

Fig. 326.

LA BIPARTITION D'UN DINOFLAGELLATE (*Ceratium tripos*).

A, début de la division de la carapace; **B**, séparation complète; **C**, **D**, formation d'une chaîne.

(**A**, **B**, d'après M. Schütt, 1900; **C**, **D**, d'après Bergh, 1882.)

D'autres Cystoflagellates ont une structure plus compliquée, par exemple *Craspedotella* (fig. 329), qui se déplace par les contractions rythmiques d'un voile annulaire.

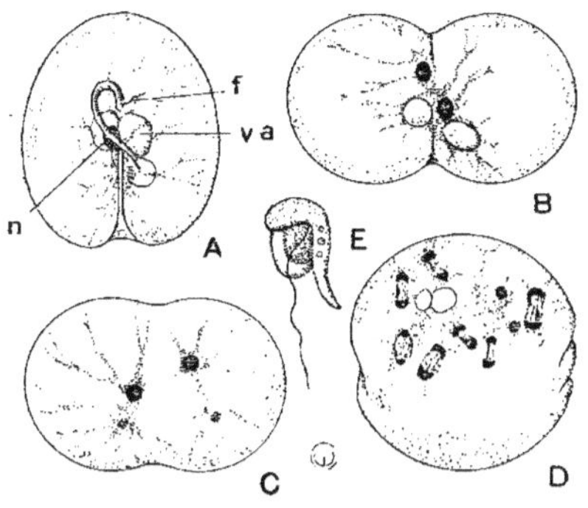

Fig. 328.

LA STRUCTURE ET LE DÉVELOPPEMENT D'UN CYSTOFLAGELLATE (*Noctiluca miliaris*).

A, individu adulte; **B**, division; **C**, conjugaison; **D**, caryocinèses préparant la formation de zoospores; **E**, zoospore. **f**, fouet; **va**, vacuoles alimentaires; **n**, noyau.
(A à D, d'après M. van Goor, 1917; E, d'après Pouchet, 1890.)

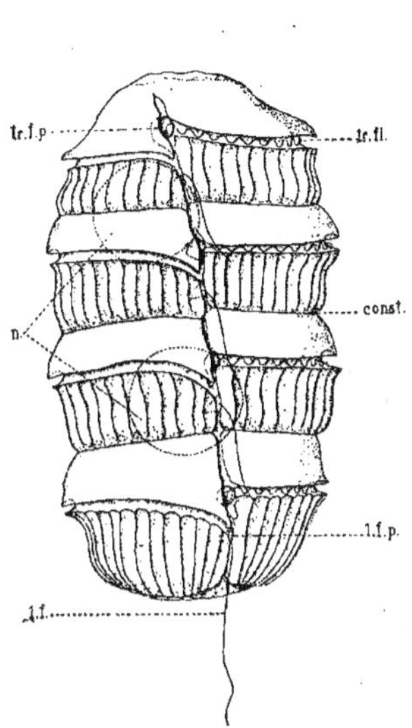

Fig. 327.

UN DINOFLAGELLATE COLONIAIRE

(*Polykrikos Schwartzii*).

La colonie se compose de deux individus, à considérer les noyaux (**n**), et de quatre, à considérer les sillons transversaux (**tr. fl.**).

(D'après M. Kofoïd, 1907.)

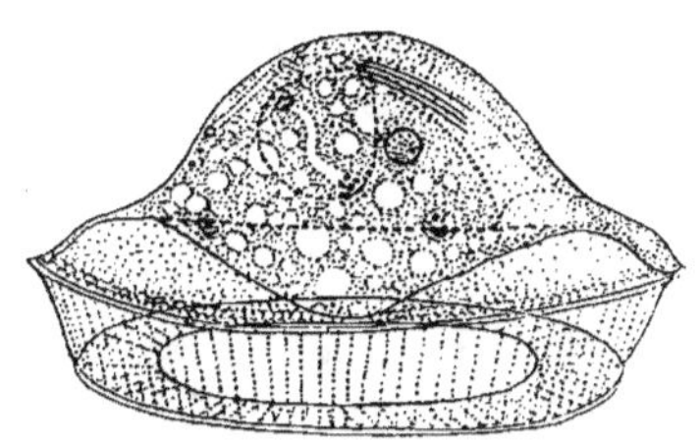

Fig. 329.

STRUCTURE D'UN CYSTOFLAGELLATE
(*Craspedotella pileolus*).
(D'après M. Kofoïd, 1905.
Copié dans Kemna, 1914.)

E. PHYCOFLAGELLATES.

Ils sont très répandus dans les eaux douces. La cellule renferme une grande plastide verte, avec un pyrénoïde formant de l'amidon (fig. 330, 331, 332) Les *Polytoma* n'ont plus ni plastide, ni pyrénoïde; mais leurs réserves consistent en amidon. Les fouets sont au

21

nombre de deux (fig. 330, 332) ou de quatre (fig. 331), semblables La membrane est cellulosique, parfois incrustée de matières minérales ;

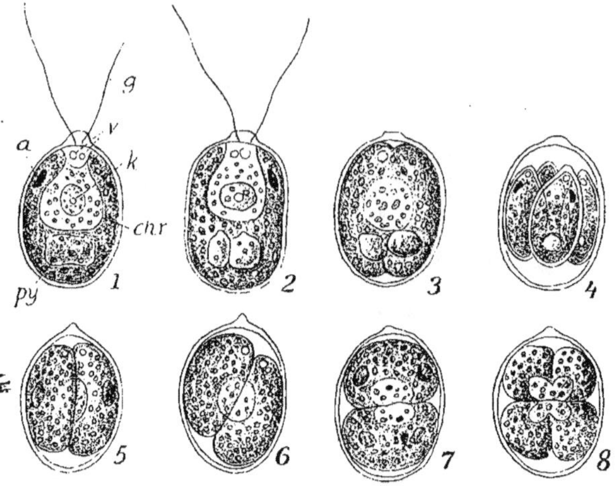

Fig. 330.

STRUCTURE ET MULTIPLICATION D'UN PHYCOFLAGELLATE

(*Chlamydomonas angulosa*).

1, 2, individus actifs ; **3** à **8,** les phases de la division dans des individus arrêtés : **g,** fouets ; **v,** vacuoles contractiles ; **a,** stigma ; **k,** noyau : **chr,** plastide ; **py.** pyrénoïde. (D'apèrs M. Dill, 1895. — Copié dans Kemna, 1914.)

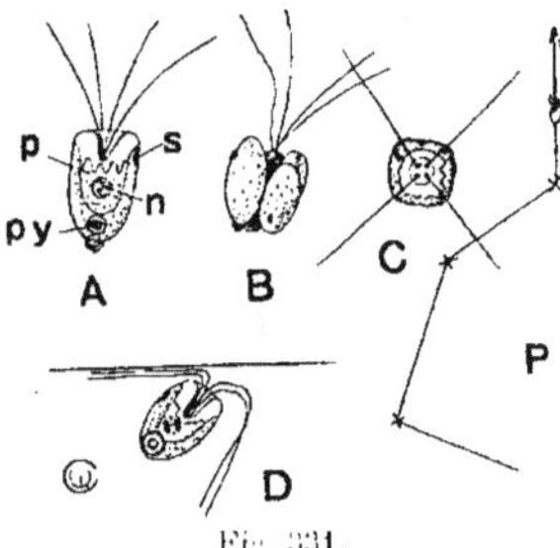

Fig. 331.

STRUCTURE ET MULTIPLICATION D'UN PHYCOFLAGELLATE

(*Carteria excavata*).

A, cellule nageante ; **p,** plastide ; **py,** pyrénoïde ; **s,** stigma ; **n,** noyau ; **B,** cellule divisée en quatre ; **C,** cellule attachée à un corps solide par ses quatre fouets ; **D,** cellule attachée obliquement ; **P,** piste d'un individu nageant.

chez certains Phycoflagellates, elle est formée de deux valves (fig. 332). La partie antérieure de la cellule contient deux vacuoles contractiles. La division est longitudinale comme chez les Hémiflagellates et les Euflagellates. Souvent elle ne s'accomplit guère pendant que les cellules sont actives ; les individus qui se préparent à la division s'arrêtent et perdent les fouets (fig. 330) ; il arrive même fréquemment que les cellules sont alors entourées d'une épaisse couche gélifiée.

Outre la multiplication agame, les Phycoflagellates possèdent la conjugaison. Chez les *Chlamydomonas*, les gamètes sont égaux ou légèrement inégaux. La zygote ne germe qu'après une période de repos et de croissance.

Les cellules des Phycoflagellates ont une tendance marquée à se grouper en colonies; le nombre des éléments de chaque colonie est une puissance de deux, différente suivant les espèces.

La colonie de *Stephanosphaera* ne compte que huit cellules (fig. 333). Chacune de celles-ci peut se diviser trois fois de suite et les huit cellules ainsi nées se disposent en un anneau équatorial, comme dans la colonie-mère. Mais chaque cellule peut aussi se diviser davantage et donner trente-deux gamètes semblables. La zygote

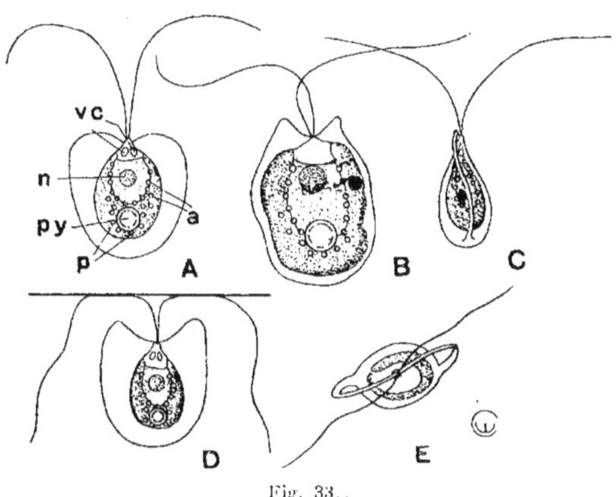

Fig. 33..

UN PHYCOFLAGELLATE AVEC UNE COQUE BIVALVE (*Pteromonas alata*).

A, B, vus de face; **C**, vu de profil; **D**, attaché à un corps solide; **E**, vu par le pôle antérieur; **vc**, vacuoles contractiles; **n**, noyau; **a**, amidon; **p**, plastide; **py**, pyrénoïde.

passe par une phase de repos et d'accroissement, puis elle se divise pour former une colonie de huit cellules.

Pandorina (fig. 334) a des colonies de seize cellules. Chacune de celles-ci peut donner une nouvelle colonie ou bien produire des gamètes qui sont légèrement inégaux. La zygote s'accroît aussi avant de germer.

La colonie d'*Eudorina* se compose de trente-deux cellules (fig. 20). La multiplication agame se fait comme dans les genres précédents (fig. 55). Lors de la reproduction sexuelle, toutes les cellules de certaines colonies deviennent des oosphères, tandis que dans d'autres colonies, elles deviennent sans exception des anthéridies, productrices de spermatozoïdes (fig. 335). Il y a donc ici hétérogamie complète, avec unisexualité des géniteurs.

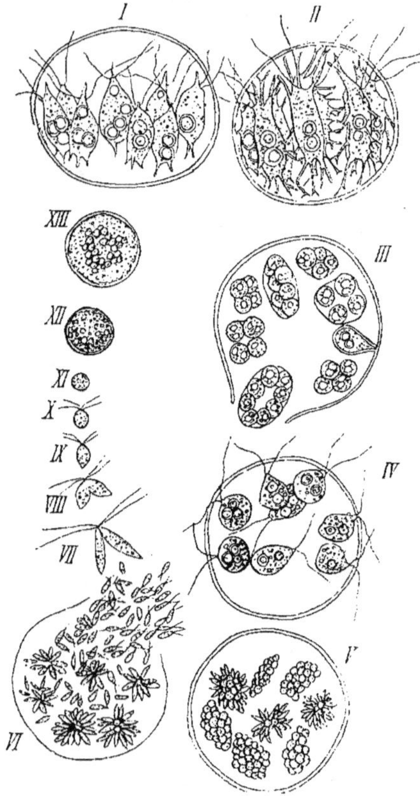

Fig. 333.

LA MULTIPLICATION D'UN PHYCOFLAGELLATE COLONIAIRE ISOGAME
(*Stephanosphaera pluvialis*).

I, II, colonies formées de huit cellules disposées à l'équateur d'une sphère gélatineuse;
III, chaque cellule se divise en huit, et est le point de départ d'une colonie; **IV**, **V**, **VI**,
chaque cellule se divise en trente-deux gamètes semblables; **VI** à **XI**, conjugaison;
XII, XIII, accroissement de la zygote.
(D'après HIERONYMUS, 1884. — Copié dans KEMNA, 1914.)

Enfin, *Volvox* a des colonies beaucoup plus grosses et formées
d'un nombre énorme de cellules (fig. 24). Pour la multiplication

agame, huit cellules quittent la périphérie de la colonie et se retirent
dans la masse gélatineuse centrale ; chacune se divise beaucoup de
fois et devient une nouvelle colonie ; ces huit colonies-filles sont
mises en liberté par la désagrégation de la colonie-mère, dont toutes

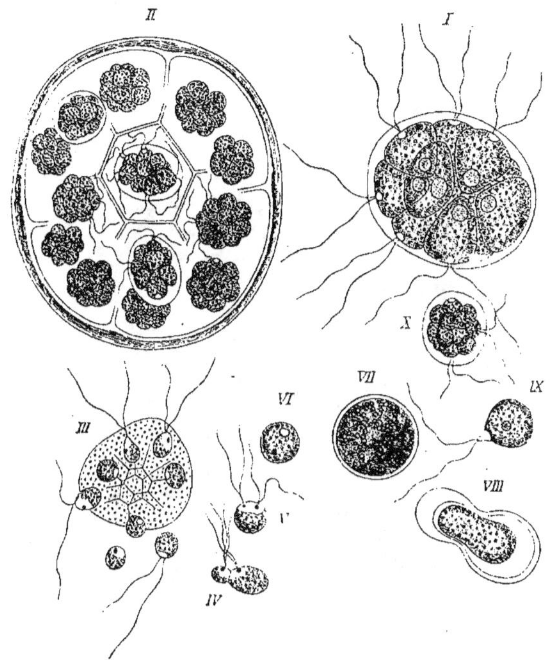

Fig. 334.

LA MULTIPLICATION D'UN PHYCOFLAGELLATE COLONIAIRE ISOGAME
(*Pandorina Morum*).

I, Colonie adulte, formée de seize cellules ; II, colonie dont chaque cellule s'est divisée en
gamètes ; III, libération des gamètes ; IV, V, VI, conjugaison de deux gamètes légèrement
dissemblables ; VII, la zygote après sa croissance : VIII, IX, germination de la zygote, et
production d'une grosse cellule à deux fouets ; X, cette cellule se divise en une colonie
de seize cellules.
(D'après PRINGSHEIM, 1809. — Copié dans KEMNA, 1914).

les autres cellules sont ainsi sacrifiées. Pour la formation des
gamètes mâles et femelles, il n'y a également que quelques cellules
qui soient privilégiées au détriment de toutes les autres. Pour la

première fois chez les Flagellates, nous assistons ici à la différenciation en cellules somatiques mortelles, et cellules germinales immortelles.

Caractères généraux des Flagellates.

Organismes aquatiques (ou parasites).

Appareil locomoteur constitué par un ou plusieurs fouets, souvent différenciés.

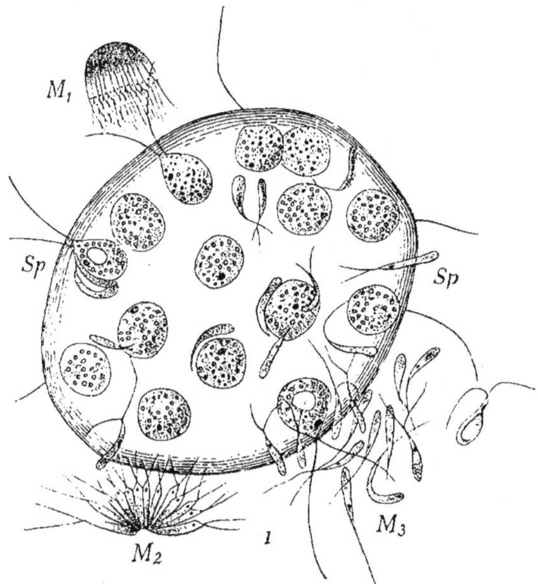

Fig. 335.

LA REPRODUCTION SEXUELLE D'UN PHYCOFLAGELLATE COLONIAIRE HÉTÉROGAME
(*Eudorina elegans*).

Toutes les cellules de la colonie sont devenues des oosphères. Dans une autre colonie les cellules étaient toutes devenues des anthéridies. Les amas de spermatozoïdes nés d'une même anthéridie (**M₁**, **M₂**) nagent ensemble vers les colonies femelles et ne se séparent que près d'elles (**M₃**); puis les spermatozoïdes pénètrent dans les colonies femelles et vont féconder les oosphères.
(D'après M. Goebel. — Copié dans Kemna, 1914.)

D'abord alimentation vacuolaire, puis alimentation diffusive ou autotrophe. Pigments assimilateurs et réserves hydrocarbonées très divers.

Cellules souvent associées en colonies; chez les formes supérieures, différenciation en cellules somatiques et cellules germinales.

D'abord multiplication agame, à laquelle s'ajoute la conjugaison isogame, puis hétérogame.

V. **SPOROZOAIRES.**

A. Télosporidies.

1. Coccidies.
2. Hémosporidies.
3. Grégarines.
   Schizogrégarines.
   Eugrégarines.

B. Néosporidies.

1. Cnidosporidies.
   Myxosporidies.
   (Microsporidies).
   (Actinomyxidies).
(2. Sarcosporidies).
(3. Haplosporidies).

Les Sporozoaires sont un groupe important de parasites des Cœlomates. Le corps, souvent apocytaire, n'est jamais entouré d'une membrane dont le protoplasme puisse se détacher. L'alimentation est exclusivement diffusive; même lorsque l'organisme est amiboïde, il ne forme jamais de vacuoles alimentaires et se nourrit par la surface seule. La réserve hydrocarbonée est de la graisse et du paraglycogène, substance voisine du glycogène, mais ramassée en grains, alors que le glycogène est amorphe. Des cellules flagellées n'existent chez les Sporozoaires que sous la forme de spermatozoïdes.

L'infection d'un nouvel hôte s'effectue à l'aide des spores, qui sont presque toujours capables de passer par une longue période de repos à l'abri d'une enveloppe résistante.

A. Télosporidies.

La vie de l'individu comprend une première phase pendant laquelle il se nourrit et s'accroît, et d'une seconde où il se résout en spores ou en gamètes. La reproduction met donc un terme à l'existence individuelle.

1. Coccidies.

Nous prendrons pour exemple *Coccidium Schubergi* (fig. 336), parasite du tube digestif d'un Myriopode, *Lithobius forficatus*.

La cellule (A) fusiforme, provenant de la germination d'une spore, pénètre dans une cellule épithéliale de l'intestin et s'y accroît (B) jusqu'à le faire éclater (C). En même temps son noyau subit plusieurs divisions successives (D). Puis le cytoplasme se condense autour du noyau de l'apocytie et il se constitue ainsi de nouveaux individus fusiformes qui infestent d'autres éléments épithéliaux. Cette multiplication peut se poursuivre longtemps, mais il vient un moment où les cellules fusiformes évoluent d'une autre façon : elles vont encore se loger dans l'épithélium du Myriopode (F), mais les unes deviennent de grosses cellules uninucléées (G ♂, H ♂, I ♂) qui sont des oosphères, tandis que les autres multiplient leur noyau (G ♂, H ♂, I ♂) et donnent finalement un amas de spermatozoïdes. La fécondation ayant été opérée (J), la zygote sécrète une membrane résistante et divise son noyau deux fois de suite (K, L, M). Ces noyaux attirent vers eux du cytoplasme et s'enveloppent à leur tour d'une paroi (N). Enfin, une dernière division produit deux cellules fusiformes dans chaque paroi O.).

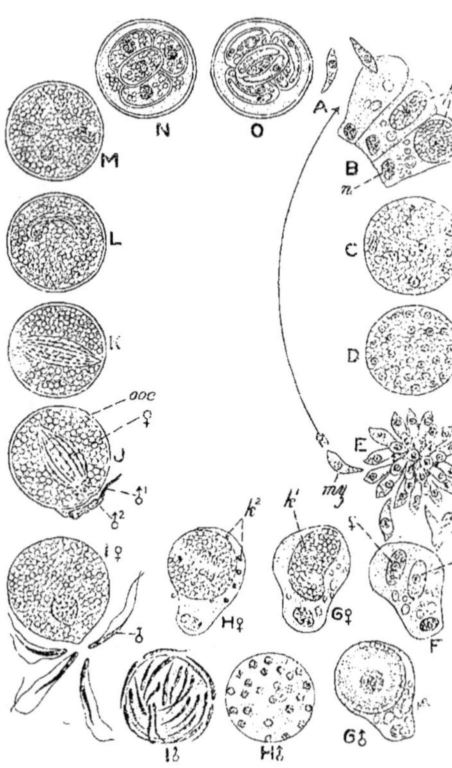

Fig. 336.

LE CYCLE ÉVOLUTIF D'UNE COCCIDIE (*Coccidium Schubergi*).

A, cellule sortant d'une spore et pénétrant dans une cellule épithéliale de l'intestin de *Lithobius forficatus*; **B**, le parasite **p** s'agrandit dans la cellule; **C**, **D**, le parasite divise ses noyaux et forme une apocytie; **E**, celle-ci se résout en cellules; certains de ces éléments vont infecter d'autres cellules épithéliales, et le même cycle recommence; d'autres, pénétrant aussi dans des cellules épithéliales, produiront des gamètes; **F. G, H, I**, étapes successives de la formation des gamètes, mâles et femelles; **I, J**, fécondation; **K, L, M**, sécrétion d'une paroi résistante et division de la zygote en deux, puis en quatre cellules; **N**, chacune de ces cellules s'entoure d'une membrane résistante, **O**, et se divise encore une fois.

(D'après SCHAUDINN, 1899. — Copié dans MINCHIN, 1917.)

Les phases J à O se sont passées en dehors de l'intestin de l'hôte, dans ses excréments. Les groupes de quatre doubles spores réunis dans la paroi de la zygote se répandent avec les poussières, et si un *Lithobius* les avale, les deux enveloppes successives s'ouvrent et les cellules fusiformes (A) sont mises en liberté dans le tube digestif.

On connaît aussi des Coccidies, les Aggrégates, qui passent successivement par deux hôtes différents : la multiplication agame s'effectue dans des Crustacés, tandis que la conjugaison et la production de spores durables ont lieu chez un Céphalopode. Le Crustacé s'infecte en mangeant le corps de Céphalopodes : les spores germent dans son intestin et les cellules fusiformes vont se loger dans le tissu conjonctif sous-épithélial, où elles se multiplient abondamment. Si maintenant le Crustacé devient la proie d'un Céphalopode, les Aggrégates qu'il héberge résisteront aux sucs digestifs et pourront évoluer davantage : alors naîtront les spores à enveloppe rigide.

2. Hémosporidies.

Ces Sporozoaires-ci effectuent aussi des migrations d'une espèce animale à une autre. La multiplication agame a lieu dans les hématies d'un Vertébré, tandis que la reproduction sexuelle et la sporulation ont pour théâtre l'économie d'un Insecte. Celui-ci s'infecte en suçant le sang du Vertébré et il transmet le parasite à ce dernier en allant le piquer pour boire son sang. Les spores ne sont jamais exposées à se dessécher ; aussi n'ont-elles pas d'enveloppe imperméable, comme celles des Coccidies.

Les Hémosporidies les mieux connues sont celles qui provoquent chez l'Homme les fièvres intermittentes.

L'infection débute par la pénétration dans les globules rouges de l'Homme de germes filamenteux (fig. 337 *XIX*) apportés par des Moustiques du genre *Anopheles*. Aussitôt le parasite devient amiboïde et se met à ramper à travers le protoplasme de l'hématie (*I*). En même temps il grandit fortement (*II, III, IV, V,* 6) et il divise son noyau (7, 8). Puis l'apocytie se résout en amibes minuscules qui s'engagent aussitôt dans d'autres globules rouges, et le même cycle recommence.

La durée de cette évolution varie avec les espèces. Elle est de deux jours pour *Plasmodium vivax*, l'agent de la fièvre tierce, et de trois jours pour *P. malariae*, de la fièvre quarte. Or, la mise en liberté des germes amiboïdes et la désagrégation des hématies qui l'accompagne sont le signal de l'accès de fièvre (fig. 338).

Cette multiplication du parasite, avec destruction périodique de globules rouges, ne se poursuit pas indéfiniment. En effet, il survient un moment où l'évolution procède autrement. L'amibe intracellulaire arrivée à la phase *V*, au lieu de grossir davantage et de se multiplier, reste indivise (*VI*). Les hématies ainsi parasitées ne s'émiettent pas,

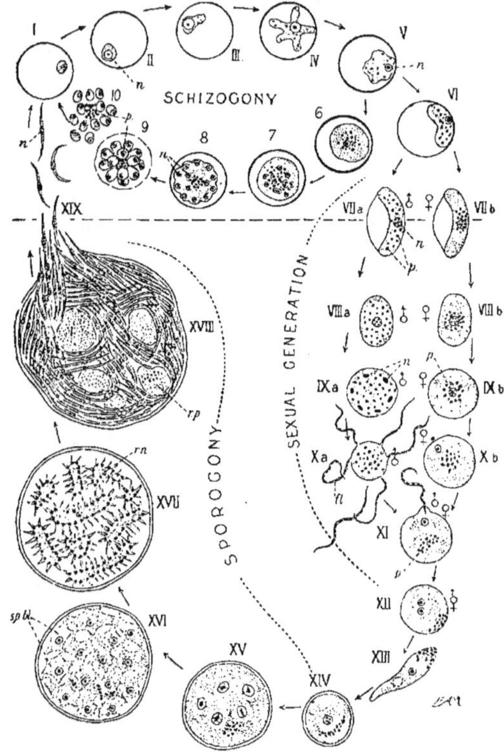

Fig. 337.

LE CYCLE ÉVOLUTIF D'UNE HÉMOSPORIDIE.

I, Hématie de l'Homme dans laquelle vient de pénétrer un parasite; **I, II, III, IV, V, 6, 7, 8**, croissance du parasite et multiplication du noyau; **9, 10**, production de minuscules cellules amiboïdes qui pénètrent dans des hématies; **VI**, au lieu de grandir davantage et de se diviser comme **6** à **10**, le parasite prend la forme d'un croissant; **VIIb** à **Xb**, dans les hématies, absorbées par un Moustique (*Anopheles*), certains corps en croissant deviennent des oosphères; **VIIIa** à **Xa**, d'autres forment des groupes de spermatozoïdes; **XI, XII**, fécondation; **XIII**, la zygote rampe à travers la paroi intestinale; **XIV**, la zygote, arrivée dans la paroi du tube digestif, s'encyste; **XV, XVI, XVII, XVIII**, la zygote se divise activement et produit de nombreuses spores filamenteuses **XIX**.

C- qui est au-dessus de la ligne horizontale se passe dans le sang de l'Homme, ce qui est en-dessous, dans le corps du Moustique.

Les fig. **I** à **V** et **6** à **10**, et les fig **VIII** à **XIX** appartiennent à *Plasmodium vivax*, qui produit la fièvre tierce; les fig. **VI** et **VII** sont de *Plasmodium falciparum*, qui produit la malaria pernicieuse.

(D'après M. Minchin, 1905 et 1917.)

ce qui fait que les accès de fièvre diminuent alors d'importance et finissent même par disparaître.

Aucun nouveau changement ne se fait à partir d'ici dans le sang de l'Homme. Mais si un *Anopheles* vient le piquer et aspire son sang, le cycle va se compléter dans l'économie de l'Insecte.

Tout d'abord, dans son tube digestif, les *Plasmodium* au stade *VI* se transforment les uns en oosphères (*VII b*, *VIII b*, *IX b*, *X b*), les autres en anthéridies (*VII a* à *Xa*). Puis les spermatozoïdes pénètrent dans les oosphères (*XI*) et la conjugaison s'opère (*XII*). La zygote devient amiboïde (*XIII*) et perce la paroi intestinale. Aussitôt elle s'encyste (*XIV*) et grandit fortement en même temps que son noyau se divise (*XV*). L'apocytie se résout en parties unicellulaires (*XVI*) qui se remettent à se diviser (*XVII*) et donne finalement des milliers de spores filamenteuses (*XVIII*).

Celles-ci se répandent dans le système circulatoire du Moustique et sont transportées vers les glandes salivaires, où elles s'accumulent. Lorsqu'un Moustique pique un

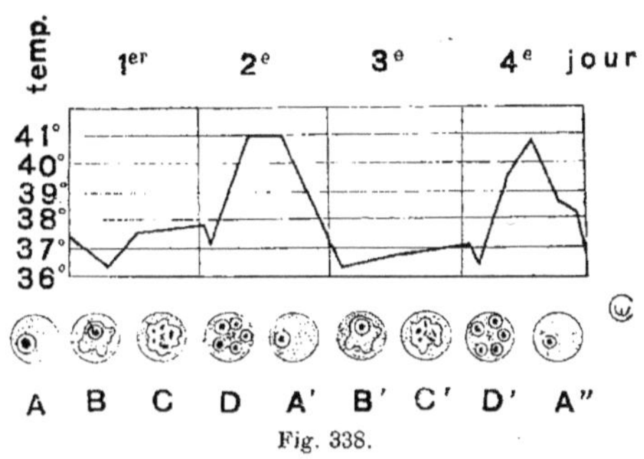

Fig. 338.

LA RELATION ENTRE LES ACCÈS DE FIÈVRE ET LE DÉVELOPPEMENT DU PARASITE (*Plasmodium vivax*), DANS LA FIÈVRE TIERCE.

(D'après M. DOFLEIN, 1913.)

Homme pour se nourrir de son sang, il lance d'abord dans la plaie une gouttelette de liquide salivaire, qui, étant chargé de spores de *Plasmodium*, communique la maladie à l'Homme.

3. GRÉGARINES.

Contrairement aux Coccidies et aux Hémosporidies qui sont des parasites intracellulaires, les Grégarines passent leur vie entière ou tout au moins leur période de croissance en dehors des cellules de leur hôte.

a) *Schizogrégarines.*

Leur cycle évolutif se compose, comme chez les Coccidies, de deux périodes : la multiplication agame (fig. 339 B à F) et la conjugaison suivie de sporulation (G à P).

b) *Eugrégarines.*

La phase de multiplication agame est complètement supprimée : depuis l'instant où le jeune individu sort de la spore jusqu'à celui où il va cohabiter avec un autre, semblable à lui, il n'y a pas une seule division.

La cellule prend des formes et des structures diverses; elle peut dans certains cas s'accroître énormément — le *Porospora*

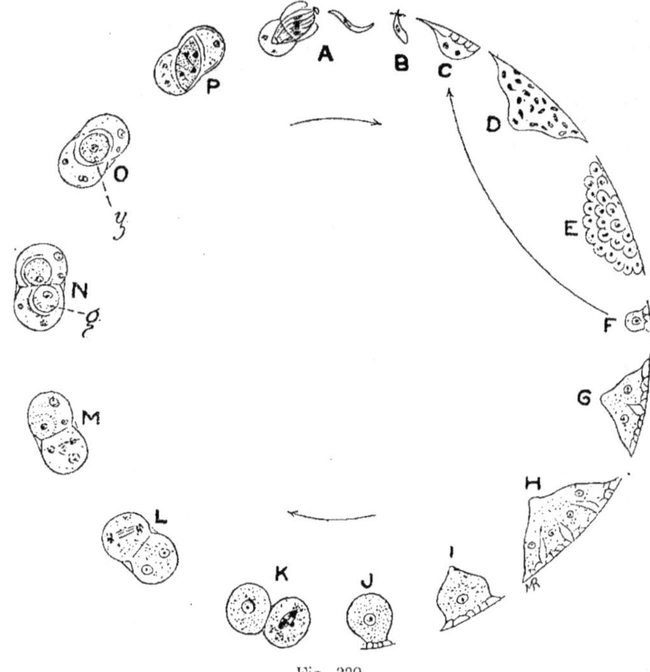

Fig. 339.

LE CYCLE ÉVOLUTIF D'UNE SCHIZOGRÉGARINE (*Ophryocystis Mesnili*).

A, Les germes vermiformes mis en liberté par la rupture de la paroi de la spore; **B**, un germe attaché à une cellule épithéliale d'un tube de Malpighi de *Tenebrio molitor* (ver de farine); **C**, **D**, multiplication des noyaux du parasite; **E**, **F**, dissociation de l'apocytie en spores unicellulaires, qui recommencent le même cycle (vers **C**); **G**, début de la phase sexuée : une cellule **F**, au lieu de parcourir le cycle de la multiplication agame, grandit, **G**, **H**, et ne divise son noyau qu'un petit nombre de fois; puis l'apocytie se sépare en quelques grosses cellules **I** qui s'arrondissent **J**; **K**, **L**, deux de ces cellules se réunissent et s'entourent d'une paroi commune; puis leur noyau se divise, avec réduction chromatique **L**, **M**; **N**, dans chaque cellule se forme un gamète **g**; **O**, conjugaison des deux gamètes semblables : tout de suite la zygote **z**, divise son noyau trois fois de suite **P**, **A**, et les huit cellules ainsi formées deviennent autant de germes vermiformes.

(D'après M. LÉGER, 1907. — Copié dans MINCHIN, 1917.)

gigantea atteint une longueur de 16 millimètres —, sans qu'aucune caryocinèse intervienne.

Lorsque les individus ont accumulé suffisamment de réserves, notamment du paraglycogène, ils se mettent à deux, soit bout à bout, soit l'un à côté de l'autre (fig. 340 *A*, *B*), puis le couple s'entoure d'une paroi cystique. C'est à l'intérieur de ce cyste que tous les phénomènes ultérieurs vont se passer.

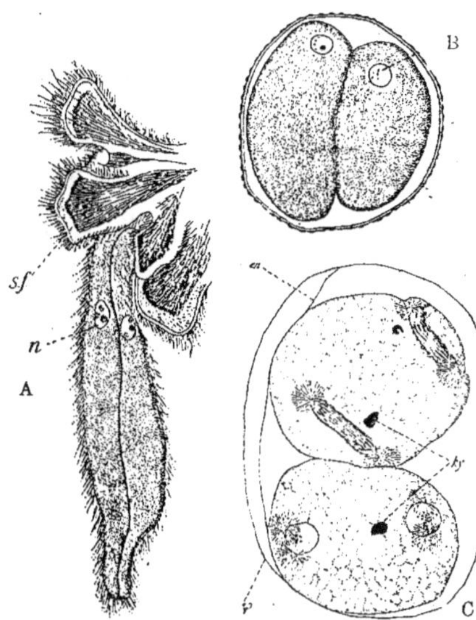

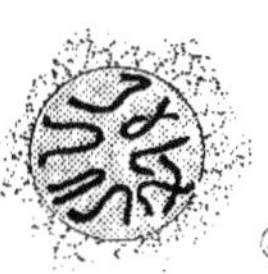
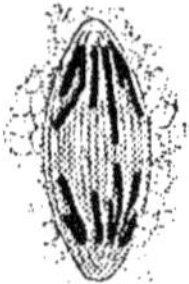

Fig. 341.

LA DIVISION RÉDUCTIONNELLE
D'UNE EUGRÉGARINE
(*Monocystis rostrata*).

A gauche, plaque équatoriale avec huit chromosomes, d'une cellule avant la réduction ; à droite, l'anaphase de la division réductionnelle avec quatre chromosomes.
(D'après M. MULSOW. 1911.
Copié dans DOFLEIN. 1913).

Fig. 340.

LE COHABITATION ET L'ENCYSTEMENT CHEZ UNE
EUGRÉGARINE (*Monocystis magna*).

A, un couple d'individus adultes, déjà mariés ; ils sont attachés ensemble à la paroi interne (**sf**) du réservoir séminal d'un Lombric, et sont tout couverts de spermatozoïdes ; **B**, ils se sont arrondis et ont sécrété à deux un cyste commun ; **C**, premières divisions nucléaires dans chaque individu.
D'après M. CUÉNOT, 1901. — Copié dans KEMNA, 1914).

Tout d'abord le noyau de chacun des deux conjoints se divise plusieurs fois de suite, avec élimination de chromidies (fig. 340 *C*). A mesure que le nombre des noyaux augmente, les figures caryocinétiques se rapprochent de la surface des apocyties, de façon que finalement il y ait dans le cyste deux grosses masses purement cytoplasmiques, dont la périphérie, fortement mamelonnée, est toute couverte de noyaux en division. La dernière de ces divisions est réductionnelle (fig. 341).

Les cellules qui ont subi la réduction chromatique se détachent maintenant du résidu cytoplasmique. Ce sont des gamètes. Aussi longtemps que le cyste ne renferme que les gamètes issus d'un seul conjoint, ils restent isolés ; mais dès que le second conjoint a également mis en liberté ses gamètes, la conjugaison s'opère (fig. 342 *A*).

Aussitôt formée, la zygote s'entoure d'une membrane dure; puis elle se divise trois fois de suite en formant huit germes; les innombrables spores provenant du couple de Grégarines restent pendant longtemps contenues dans le cyste (fig. 342 B).

Beaucoup de Grégarines sont isogames, en ce sens que les gamètes ont la même taille et la même forme; pourtant il doit exister une différence entre les cellules sexuelles provenant des deux conjoints, puisque la conjugaison autogame ne se fait pas. D'autres Grégarines ont des gamètes nettement différenciés.

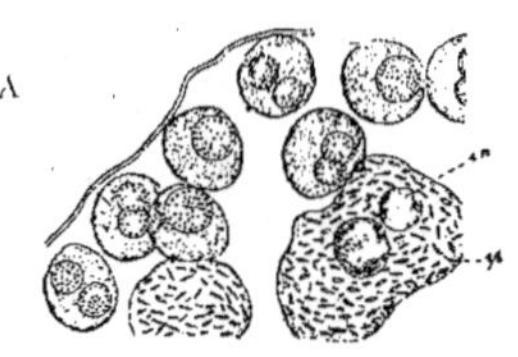

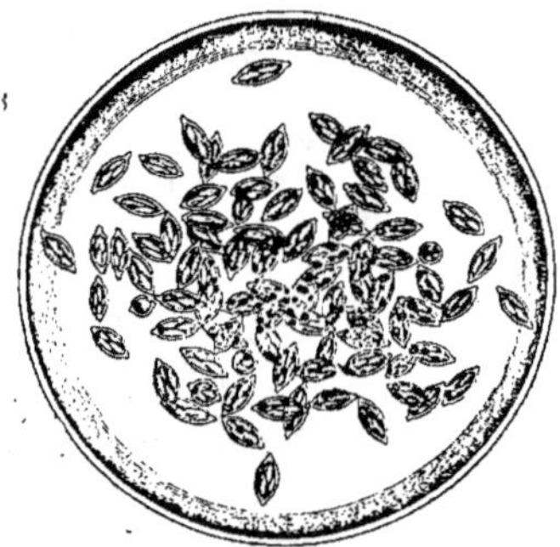

Fig. 342.

LA CONJUGAISON ET LA SPORULATION CHEZ UNE EUGRÉGARINE (*Monocystis magna*).

A, la conjugaison des gamètes; **B**, un cyste rempli de spores, dont chacune renferme huit germes.

(D'après M. Cuénot, 1901. — Copié dans Kemna, 1914.)

B. NÉOSPORIDIES.

Alors que la Télosporidie ne donne des spores ou des gamètes qu'une seule fois, puisque la naissance des cellules reproductrices met fin à la vie de l'individu, la Néosporidie a une existence individuelle plus étendue : elle continue à produire des gamètes et des spores pendant un temps beaucoup plus long.

Les Néosporidies sont très variées. Nous nous contenterons d'examiner une Myxosporidie : *Myxobolus Pfeifferi* (fig. 343 et 344) qui est parasite des muscles d'un Poisson, le Barbeau.

Les spores, arrivées dans l'intestin, germent et mettent en liberté une cellule amiboïde binucléée (fig. 343 a) qui rampe vers un muscle; ses noyaux se divisent par caryocinèse et il se forme une apocytie de plus en plus volumineuse (b) qui se multiplie activement par fragmentation (c); les nouvelles apocyties se répandent dans les muscles et s'y accroissent.

Il naît ainsi de grosses apocyties dans lesquelles on distingue quatre zones (e) :

1. Une couche périphérique uniquement cytoplasmique;

2. Une couche contenant des noyaux, tous semblables, qui se multiplient par caryocinèse;

Lorsque les individus ont accumulé suffisamment de réserves, notamment du paraglycogène, ils se mettent à deux, soit bout à bout, soit l'un à côté de l'autre (fig. 340 *A, B*), puis le couple s'entoure d'une paroi cystique. C'est à l'intérieur de ce cyste que tous les phénomènes ultérieurs vont se passer.

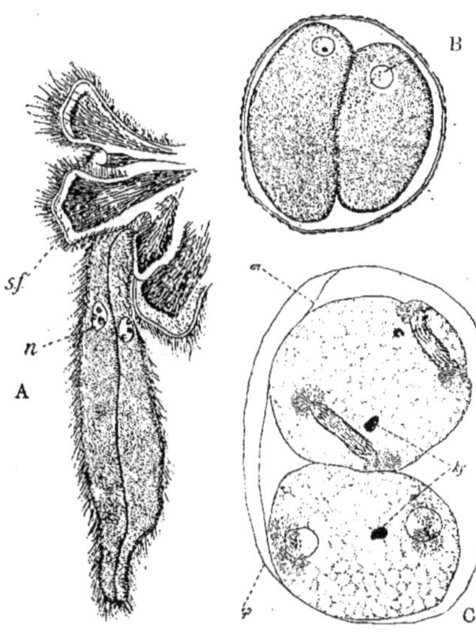
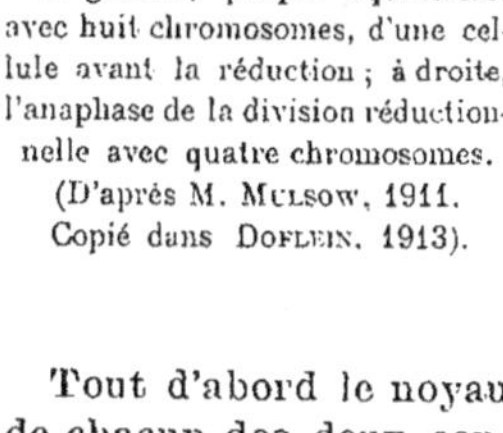

Fig. 340.

LE COHABITATION ET L'ENCYSTEMENT CHEZ UNE EUGRÉGARINE (*Monocystis magna*).

A, un couple d'individus adultes, déjà mariés; ils sont attachés ensemble à la paroi interne (**sf**) du réservoir séminal d'un Lombric, et sont tout couverts de spermatozoïdes; **B**, ils se sont arrondis et ont sécrété à deux un cyste commun; **C**, premières divisions nucléaires dans chaque individu.

D'après M. CUÉNOT, 1901. — Copié dans KEMNA, 1914).

Fig 341.

LA DIVISION RÉDUCTIONNELLE D'UNE EUGRÉGARINE (*Monocystis rostrata*).

A gauche, plaque équatoriale avec huit chromosomes, d'une cellule avant la réduction; à droite, l'anaphase de la division réductionnelle avec quatre chromosomes. (D'après M. MULSOW, 1911. Copié dans DOFLEIN, 1913).

Tout d'abord le noyau de chacun des deux conjoints se divise plusieurs fois de suite, avec élimination de chromidies (fig. 340 *C*). A mesure que le nombre des noyaux augmente, les figures caryocinétiques se rapprochent de la surface des apocyties, de façon que finalement il y ait dans le cyste deux grosses masses purement cytoplasmiques, dont la périphérie, fortement mamelonnée, est toute couverte de noyaux en division. La dernière de ces divisions est réductionnelle (fig. 341).

Les cellules qui ont subi la réduction chromatique se détachent maintenant du résidu cytoplasmique. Ce sont des gamètes. Aussi longtemps que le cyste ne renferme que les gamètes issus d'un seul conjoint, ils restent isolés; mais dès que le second conjoint a également mis en liberté ses gamètes, la conjugaison s'opère (fig. 342 A).

2. Deux cellules (*v*) forment les valves de la future spore;

3. Deux cellules (*c*) constituent les capsules renfermant un long filament enroulé en spirale;

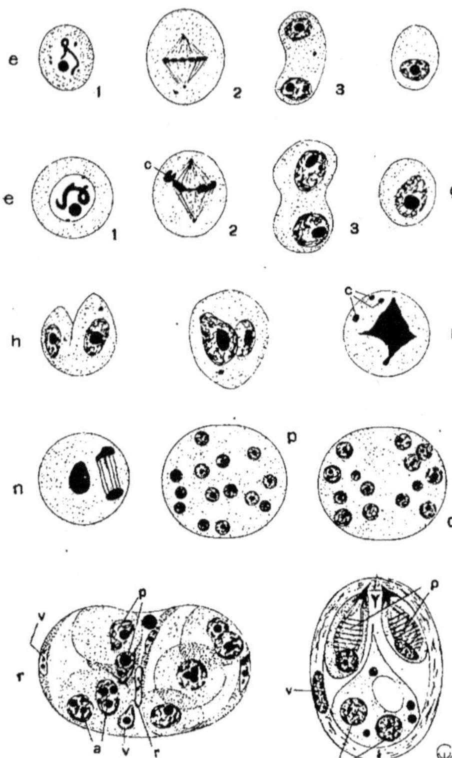

Fig. 344.

QUELQUES DÉTAILS DE L'ÉVOLUTION D'UNE MYXOSPORIDIE
(*Myxobolus Pfeifferi*).

e à f (rangée supérieure) : phases successives de la formation de microgamètes, avec élimination de chromidies; e à g (deuxième rangée) : phases successives de la formation de macrogamètes, avec élimination de chromidies ; **h**, **i**, conjugaison; **k**, production de chromidies avant la première caryocinèse de la zygote; **n**, deuxième division des noyaux; **p**, stade des quatorze noyaux; **q**, les quatorze noyaux se disposent en deux lots de sept; **r**, séparation des deux spores; **s**, une spore isolée ; *c*, chromidies; *v*, cellules valvaires ; *p*, cellules capsulaires ; *a*, le germe binucléé; *r*, cellule qui s'écrase au début de la formation de la spore.
(D'après M. MERCIER, 1909.)

4. Enfin, les deux dernières (a) forment ensemble le germe amiboïde binucléé.

Les spores restent dans la cavité centrale du *Myxobolus* jusqu'à ce que l'abcès musculaire du Barbeau crève ou jusqu'à la mort du Poisson. Elles se répandent alors dans l'eau et sont avalées par un autre Barbeau. Dans l'intestin, les capsules s'ouvrent, les filaments spiralés se détendent et s'accrochent aux parois de l'intestin. Puis les deux valves de la paroi s'écartent et le germe amiboïde est mis en liberté.

Caractères généraux des Sporozoaires.

Organismes parasites des Animaux, unicellulaires ou apocytaires, à alimentation diffusive, contenant du paraglycogène.

Conjugaison isogame ou hétérogame. Réduction chromatique (chez les Grégarines) immédiatement avant la constitution des gamètes.

Chez les Télosporidies, la reproduction termine la vie de l'individu ; mais toutes les cellules sont immortelles, sauf chez les Schizogrégarines, où la paroi de la spore comprend des cellules mortes.

Les Néosporidies donnent des cellules reproductrices pendant un temps plus ou moins long, cependant que l'individu continue à croître. Chaque spore comprend un nombre défini de cellules qui meurent.

VI. INFUSOIRES.

A. Ciliés.

1. Holotriches.
2. Hétérotriches.
3. Hypotriches.
4. Péritriches.

B. Suceurs.

Il n'y a pas dans la nature entière d'organismes dont les cellules aient une complication et une perfection comparables à celles des Infusoires (fig. 30).

Une pellicule albuminoïde entoure toute la cellule, sauf au niveau de la bouche. Sous elle, il y a une couche corticale alvéolaire, assez serrée, qui renferme la vacuole contractile ; celle-ci s'ouvre à l'extérieur par un pore. Tout le plasma interne, plus granuleux, est en mouvement continuel.

Chez certains Infusoires, la partie périphérique de la couche alvéolaire renferme de très petites vésicules remplies de liquide. Sous l'action d'un excitant, le liquide est projeté au dehors par un pore très fin ; il se solidifie instantanément au contact de l'eau, de façon que l'Infusoire lance ainsi autour de lui des flèches acérées ; ce sont les trichocystes.

On trouve aussi parfois, immédiatement sous la cuticule, des bandes contractiles, les myonèmes (fig. 345).

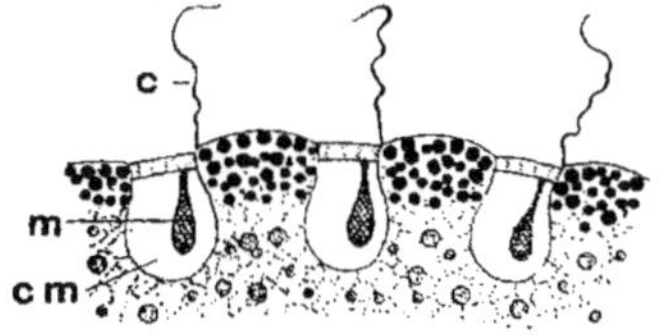

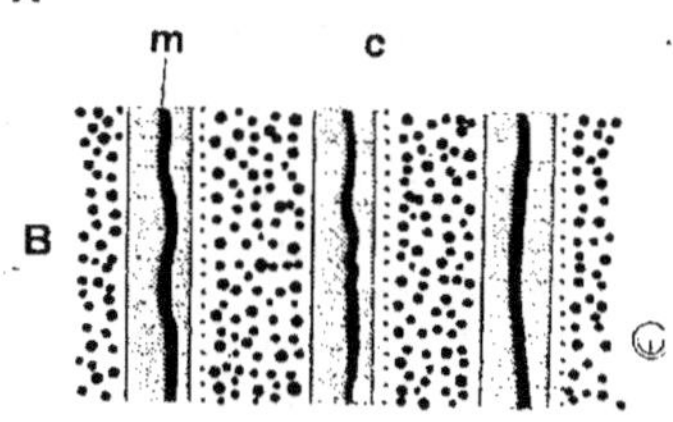

Fig. 345

MYONÈMES D'UN INFUSOIRE
(*Stentor Roeselii*).

A, coupe transversale ; **B**, vue superficielle ; **c**, cil ; **m**, myonème ; **cm**, canal du myonème.
(D'après M. Schroeder, 1907.)

A part quelques formes telles que les Opalines, qui ne sont peut-être pas de vrais Infusoires, il y a toujours un appareil nucléaire double : un **macronucléus** et un ou plusieurs **micronucléus** (fig. 30).

Une cellule à laquelle on enlève le macronucléus est incapable de cicatriser sa blessure ou de digérer des aliments ; mais si elle a gardé un micronucléus, celui-ci se divisera en un micronucléus et un macronucléus, et aussitôt la cicatrisation s'opérera et l'Infusoire se remettra à prendre des aliments. Lors de la division, le macronucléus subit la bipartition directe, tandis que le micronucléus présente la caryocinèse. Pendant la reproduction sexuelle, le macronucléus s'efface et disparaît, et le micronucléus persiste seul. En somme, le macronucléus préside aux fonctions végétatives et le micronucléus aux fonctions reproductrices.

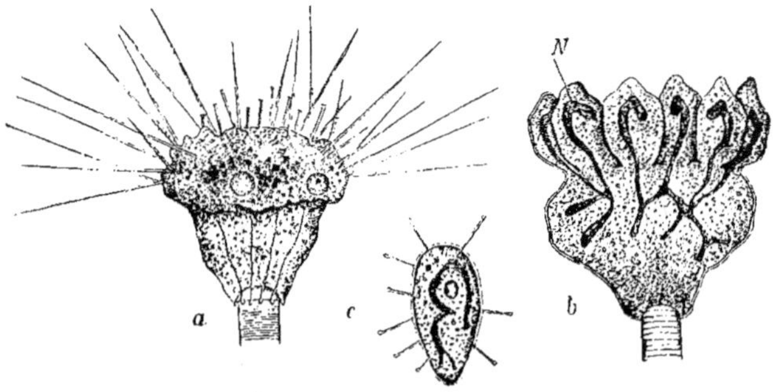

Fig. 346.

LA STRUCTURE ET LE BOURGEONNEMENT MULTIPLE D'UN INFUSOIRE SUCEUR
(*Ephelota gemmipara*).

a, individu adulte avec ses tentacules de deux sortes étalés; **b**, bourgeonnement ; **N**, le macronucléus en division; **c**, bourgeon venant de se détacher.
(D'après R. HERTWIG, 1876. — Copié dans KEMNA, 1914.)

Quelques Suceurs de grande taille (fig. 349) sont apocytaires : leur macronucléus, très ramifié, s'étend dans toutes les parties de l'organisme ; les micronucléus sont nombreux.

L'alimentation est vacuolaire; seuls quelques Infusoires parasites se nourrissent par voie diffusive.

Les Ciliés ont une **bouche**, souvent bordée de membranelles ou de longs cils dont les battements produisent dans le liquide un tourbillon aboutissant à la bouche même. A celle-ci fait suite un **pharynx**, sorte d'entonnoir dont le sommet plonge dans le cytoplasme interne. Ici se forment les vacuoles alimentaires (fig. 65) qui, après un trajet sinueux, vont aboutir à un **anus**.

Les Suceurs, encore appelés Tentaculifères, n'ont pas de bouche unique, mais ils portent à la surface de leurs corps de nombreux **tentacules** : ce sont des prolongements du cytoplasme (fig. 346) formés d'un axe de plasma interne, très mobile, entouré d'une gaine de plasma cortical, puis d'une pellicule. A l'extrémité distale, souvent renflée en bouton, le plasma interne fait saillie. Lorsqu'un Protiste étranger, par exemple un Cilié, touche le sommet d'un tentacule, il est aussitôt immobilisé, probablement par un poison émanant du tentacule; puis son protoplasme est aspiré et passe à travers l'axe du tentacule dans une grande vacuole alimentaire.

Les Suceurs sont fixés à l'état adulte et mobiles seulement dans le jeune âge. Quelques Ciliés sont attachés à un pédicule (fig. 348). Chez les Vorticelles, il est rétractile : son axe est occupé par un faisceau de myonèmes, en forme de spirale.

La plupart des Ciliés sont libres à tout moment. L'appareil de mouvement est constitué par des cils, parfois au nombre de plusieurs centaines. Chaque cil a son blépharoplaste propre (fig. 34) et il semble bien que des fibrilles partant de ces blépharoplastes s'anastomosent entre elles et soient en communication avec le macronucléus; il faut d'ailleurs que les mouvements des cils soient coordonnés pour déterminer un effet d'ensemble.

Les Holotriches ont des cils tous semblables couvrant le corps entier (fig. 30).

Les Hétérotriches ont autour de la bouche des cils plus grands qui assurent l'afflux des proies (fig. 347).

Les Péritriches n'ont qu'une ou deux couronnes de cils entourant la bouche (fig. 65 et 348).

Beaucoup de Péritriches sont fixés : leur couronne de cils produit dans le liquide un tourbillon qui aboutit à la bouche. Quand les conditions d'existence deviennent mauvaises, ils forment un second anneau de cils et ils se détachent de leur pédicule pour nager librement.

Les Hypotriches sont les plus différenciés de tous au point de vue de l'appareil locomoteur. Leurs cils sont tous insérés sur la face ventrale (fig. 4). Ils ont sur le côté de la bouche une membranelle bordée de cils fins ; quant aux cils locomoteurs proprement dits, ils sont sur-

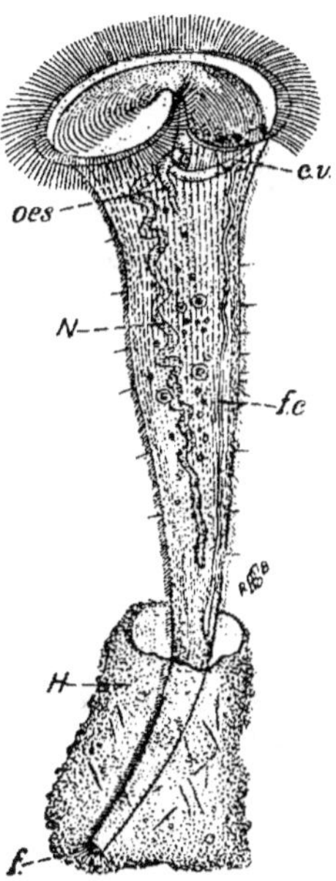

Fig. 347.

INFUSOIRE HÉTÉROTRICHE
(*Stentor Roeselii*).

oes, cytopharynx; **N**, macronucléus; **c.v.**, vacuole contractile, avec un long tube adducteur (**f.c**); **f**, fibrilles à l'aide desquelles l'organisme se fixe au fond de sa loge gélatineuse (**H.**) (D'après Stein, 1807. — Copié dans Minchin, 1917.)

tout à l'avant et à l'arrière du corps; quelques-uns sont particulièrement épais et servent de pattes plutôt que de rames: l'Infusoire s'en sert pour courir.

Sur la face dorsale, les Hypotriches portent des soies raides, qui sont sans doute des organes tactiles.

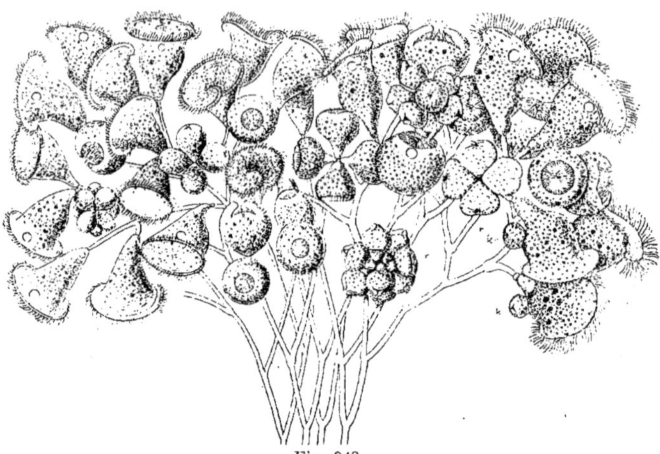

Fig. 348.

La tige est ramifiée dichotomiquement; **r**, division d'individus qui donnent des mâles ; **k**, mariage d'un de ces mâles avec un individu femelle.

(D'après M. S. KENT, 1880-1882.)

La division est transversale chez les Holotriches, les Hétérotriches et les Hypotriches. Elle est longitudinale chez les Péritriches.

Les Suceurs se multiplient uniquement par bourgeonnement. Les bourgeons externes donnent de petits individus qui sont directement pourvus de tentacules (fig. 346, 349b). Mais il naît aussi des bourgeons internes qui produisent des embryons d'abord ciliés, puis tentaculifères (fig. 349 B, C).

La conjugaison des gamètes est précédée, tout comme chez les Schizogrégarines et les Eugrégarines, du mariage des individus devenus nubiles. Ceux-ci sont presque toujours hermaphrodites; les Péritriches seuls sont unisexués.

C'est seulement après un certain nombre de divisions agames que les Infusoires deviennent aptes à se reproduire. Il est probable aussi que cette faculté se perd avec l'âge, c'est-à-dire lorsque le nombre de divisions a dépassé un maximum.

D'autre part, il a été constaté que des individus qui dérivent d'une même zygote sont généralement inaptes à se marier entre eux.

Dans une culture, les Infusoires ne se recherchent pour s'unir que lorsque, à une période d'alimentation abondante ayant favorisé la bipartition, succède une pénurie d'aliments. En effet, aussi longtemps que la nourriture est offerte avec profusion, les Infusoires continuent à se diviser sans se marier.

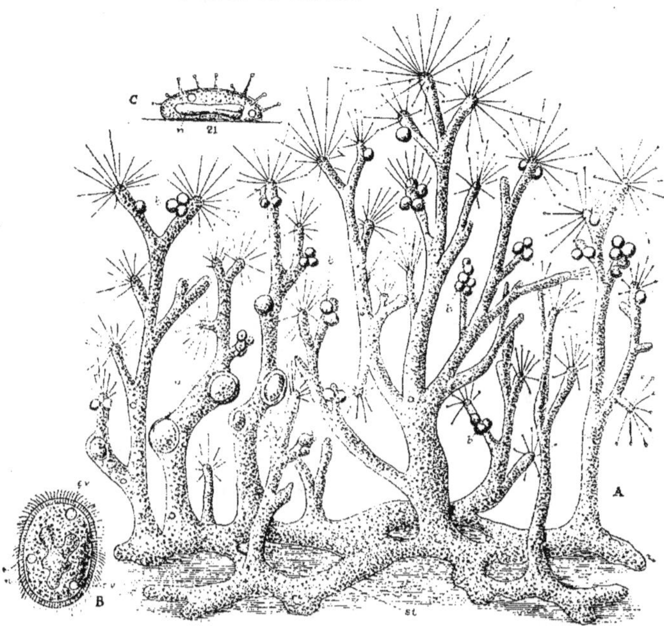

Fig. 349.

MULTIPLICATION D'UN INFUSOIRE SUCEUR COLONIAIRE (*Dendrosoma radians*).

A, colonie adulte, donnant en **a** des embryons ciliés, et en **b** des embryons directement tentaculifères ; **B**, un embryon cilié, avec le macronucléus déjà ramifié ; **C**, le même fixé et produisant des tentacules.

(D'après M. S. KENT, 1880-1882.)

Enfin, dernière condition, les individus qui s'unissent ont des tailles à peu près égales.

Lorsque deux Infusoires réunissant ces diverses conditions se rencontrent, ils se soudent ensemble, le plus souvent par les bouches ; puis des modifications importantes se produisent dans leur appareil nucléaire, cependant qu'ils continuent à nager (fig. 351, 352).

Le macronucléus de chacun des deux conjoints se fragmente et s'efface sans plus prendre aucune part à la suite des opérations. Le micronucléus grossit beaucoup et se divise. La première division est caryocinétique, la seconde est synaptique. Des quatre noyaux, maintenant haploïdes, que possède chaque conjoint, trois disparaissent; le quatrième se divise encore une fois, par caryocinèse; des deux noyaux ainsi formés, l'un est un peu plus petit que l'autre.

C'est à ce moment que va s'opérer la conjugaison : le petit noyau, avec son centrosome, passe dans l'autre conjoint, où il fusionne avec le noyau resté en place (fig. 350).

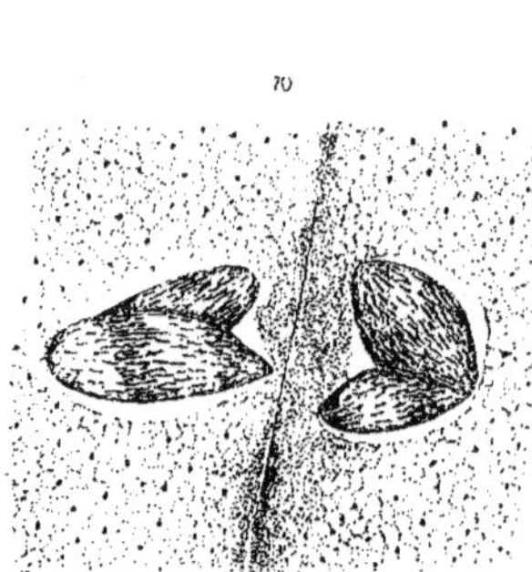

Fig. 350.

LA CONJUGAISON CHEZ UN INFUSOIRE
(*Paramaecium Aurelia*).

Dans l'individu de gauche, le gamète mâle est en partie caché par la femelle ; pans l'individu de droite, le gamète mâle est l'inférieur.
(D'après M. CALKINS ET Mlle CULL, 1907.)

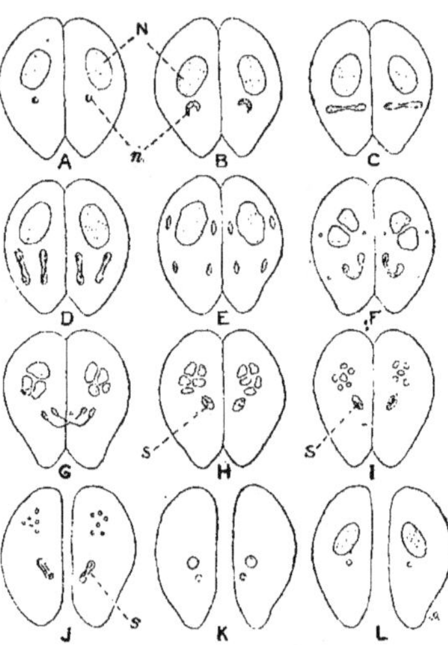

Fig. 351.

LA CONJUGAISON CHEZ UN INFUSOIRE.
A, B, C, 1re division du micronucléus ; **D, E,** 2e division ; **F,** trois noyaux dégénèrent dans chaque conjoint, le quatrième se divise ; le macronucléus se fragmente ; **G,** migration du gamète mâle ; **H, I,** fusion des gamètes ; **J, K, L,** division du noyau de la zygote.
(D'après MAUPAS, 1888. — Copié dans MINCHIN, 1917.)

L'ensemble de ces phénomènes est comparable à ce qui se passe chez beaucoup d'Animaux hermaphrodites, par exemple les Escargots : deux individus nubiles s'accouplent; chacun contient à la fois des oosphères et des spermatozoïdes, mais la conjugaison autogame étant impossible, il doit y avoir échange de gamètes entre les conjoints. Ce qui est particulier aux Infusoires, c'est que les gamètes ne naissent chez eux qu'à la suite de la cohabitation, tandis que les Escargots possèdent déjà des oosphères et des spermatozoïdes au moment où ils se rapprochent; en outre chaque Infusoire ne donne qu'une seule oosphère et un seul spermatozoïde. Celui-ci est réduit à ses éléments essentiels, noyau et centrosome (fig. 134), et il est mobile. Quant à l'oosphère, elle reçoit tout le cytoplasme de l'individu où elle est née.

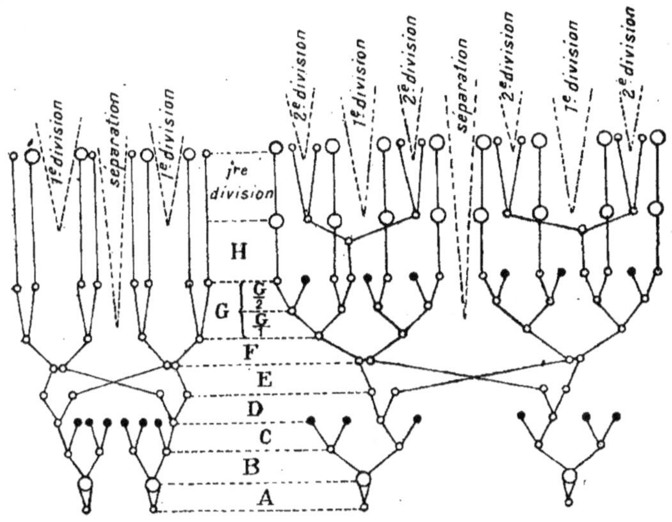

Fig. 352.

SCHÉMA DE LA CONJUGAISON DE DEUX INFUSOIRES.
A gauche, *Colpidium Colpoda* ; à droite, *Paramaecium caudatum*.
(D'après MAUPAS, 1888. — Copié dans ROBERT, 1914.)

Aussitôt après la fusion des gamètes, les deux zygotes se séparent ; puis leur noyau subit deux caryocinèses de suite ; de ces quatre noyaux, deux deviennent des micronucléus et deux des macronucléus ; la cellule elle-même se divise et chacune des cellules-filles reçoit un micronucléus et un macronucléus.

Ailleurs les phénomènes qui suivent la conjugaison sont un peu plus compliqués, mais ils aboutissent toujours à ce que la moitié des noyaux deviennent des macronucléus et l'autre moitié des micronucléus et en ce que chaque individu reçoit un appareil nucléaire complet.

Avec quelques légères variantes, les phénomènes de la reproduction sexuelle sont les mêmes chez tous les Infusoires, sauf les Péritriches. Ici, en effet, ce ne sont plus deux individus semblables, hermaphrodites, qui vont cohabiter, mais un mâle qui va à la recherche d'une femelle et qui s'unit à elle (fig. 348).

Certaines cellules se divisent plusieurs fois de suite et donnent des individus nains (mâles) qui se détachent du pédicule commun ; cependant d'autres (femelles) grandissent sans se diviser. Puis un petit s'attache à un gros.

Maintenant s'effectuent les divisions, caryocinétiques et réductionnelles, qui conduisent à la formation de deux gamètes dans chaque conjoint (fig. 353) ; un des gamètes du petit conjoint émigre vers le gros et un des

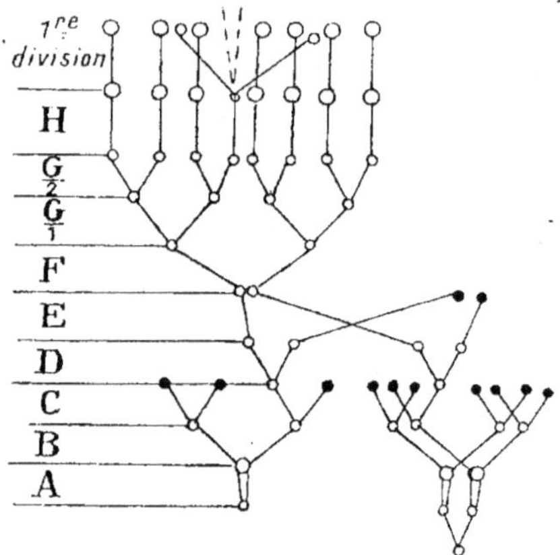

Fig. 353.
SCHÉMA DE LA CONJUGAISON D'UN INFUSOIRE
PÉRITRICHE (*Vorticella*),
(D'après MAUPAS, 1888. — Copié dans ROBERT, 1914.)

gamètes du gros entre dans le petit ; de part et d'autre la conjugaison nucléaire s'accomplit, mais alors que la zygote formée dans le gros individu se développe normalement et donne des Infusoires pourvus d'un macronucléus et d'un micronucléus, la zygote née dans le mâle se désagrège et s'efface ; même le cytoplasme du mâle est résorbé par celui de la femelle.

Caractères généraux des Infusoires.

Organismes aquatiques à alimentation vacuolaire.

Cellules à structure très compliquée. Appareil nucléaire constitué par un macronucléus à fonctions végétatives et un micronucléus à fonctions reproductrices.

Multiplication agame par bipartition ou par bourgeonnement.

Reproduction sexuelle précédée d'une cohabitation. Les individus qui se marient sont presque toujours hermaphrodites.

VII. **ALGUES**.

Algues vertes
{
1. *Hétérocontées.*
2. *Chlorophycées.*
  Protococcées.
  Ulotrichées.
  Siphonocladiées.
  Siphonées.
3. *Zygophycées.*
  Mésoténiées.
  Zygnémées.
  Desmidiées.
4. *Charaphycées.*

Algues brunes
{
5. *Phéosporées.*
6. *Acinétosporées.*
7. *Fucées.*
8 *Dictyotées.*
9. *Diatomées.*

Algues rouges
{
10. *Bangiées.*
11. *Floridées.*

Il est impossible de tracer une ligne de démarcation entre les Flagellates et les Algues. Les premiers sont mobiles pendant la période de croissance et de multiplication, tandis que les secondes ne donnent de cellules flagellées que pour les besoins de la dissémination. Seulement on connaît de nombreux Flagellates qui se divisent dans un cyste, c'est-à-dire lorsqu'ils sont privés de fouets ; tantôt les cellules flagellées et les cellules encystées présentent les unes et les autres la bipartition, par exemple *Chlamydomonas* (fig. 330) ; tantôt la multiplication s'opère exclusivement pendant les phases de repos, par exemple *Thallochrysis* (fig. 309) et *Hydrurus* (fig. 310). En quoi ces derniers diffèrent-ils des Algues, puisque eux aussi ne produisent de cellules mobiles que pour assurer la dissémination ? En réalité, les cellules qu'on appelle adultes chez les Flagellates sont les zoospores des Algues, et les cellules encystées des Flagellates sont les cellules adultes des Algues ; il n'y a que le nom qui diffère.

A. Hétérocontées.

C'est un groupe d'Algues habitant les eaux douces, dont les plastides sont jaune verdâtre plutôt que vertes. Leurs cellules mobiles ont deux fouets inégaux. Les cellules végétatives ont une paroi formée de deux pièces emboîtées ; elles ne possèdent comme réserves que des matières grasses. On ne leur connaît pas de gamètes. Elles sont peut-être voisines des Chloromonadines (fig. 311).

Il faut sans doute en rapprocher les *Vaucheria*, grandes Algues apocytaires — rangées d'ordinaire avec les Siphonées, dont elles diffèrent par la présence

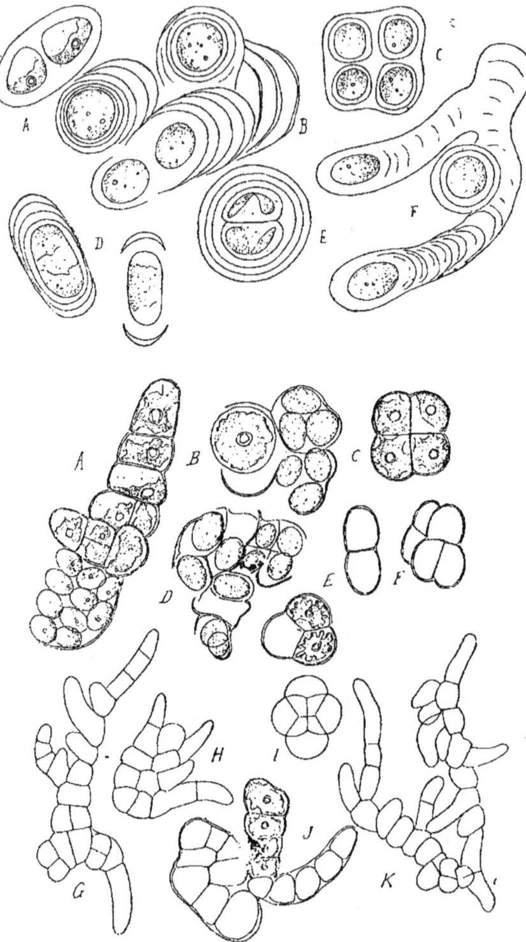

Fig. 354.

Aspects divers d'une Protococcée (*Pleurococcus vulgaris*).

En haut. — **A, C,** individus normaux avec paroi à peine gélifiée; **D, E,** gélification à peu près concentrique; **B, F,** gélification asymétrique; cet aspect formait le genre *Hormotila*.

En bas. — **C,** individu habituel; **E, F, I,** un même individu vu de divers côtés; **A. B, D,** production de spores; **G, H, J, K,** développement en filaments ramifiés.

(D'après M. Chodat, 1902.)

de graisse, -- qui ont des gamètes différenciés : les oosphères sont grosses et immobiles, les spermatozoïdes ont deux fouets inégaux.

B. Chlorophycées.

Algues à plastides vertes pourvues de pyrénoïdes et formant de l'amidon. Les zoospores ont presque toujours deux ou quatre fouets égaux, deux vacuoles contractiles antérieures et un stigma (fig. 359, 361).

a) *Protococcées*.

Ce sont les plus primitives des Chlorophycées. Elles sont tantôt unicellulaires, tantôt coloniaires à éléments tous semblables. Beaucoup d'Algues unicellulaires, rangées parmi les Protococcées, ne sont sans doute pas des espèces autonomes, mais des états transitoires d'autres Chlorophycées (fig. 354).

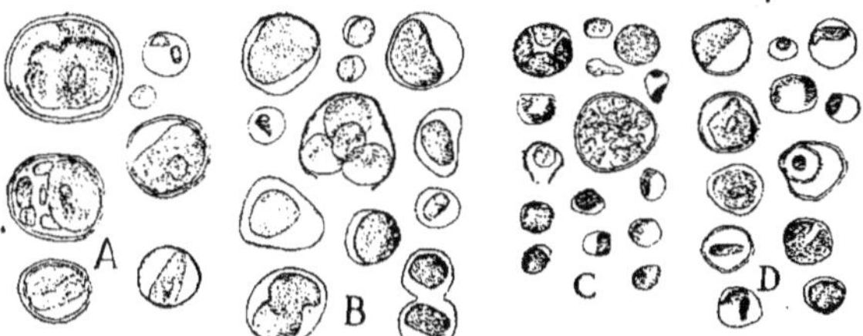

Fig. 355.

CULTURES D'UNE PROTOCOCCÉE A LA LUMIÈRE ET A L'OBSCURITÉ
(*Chlorella luteo-viridis*).

A, culture en milieu liquide additionné de 1 p. c. de citrate de Ca, à la lumière, après 3 mois; **B**, culture sur gélose additionnée de 1 p. c. de citrate de K, à la lumière, après 3 mois ; **C**, culture sur gélose additionnée de 1 p. c. de citrate de Ca, à l'obscurité, après 17 jours; **D**, culture sur gélose additionnée de 1 p. c. de citrate de Ca, à l'obscurité, après 3 mois.

(D'après M. KUFFERATH, 1913.)

Elles habitent les eaux douces et les parois humides, par exemple les rochers et les troncs d'arbre. Beaucoup peuvent aussi vivre en symbiose mutualiste, soit avec des Champignons pour former des lichens (fig. 356), soit dans des Protistes (fig. 252) ou des cellules animales. D'autres ont la faculté de vivre à l'obscurité aussi bien qu'à la lumière, à condition d'avoir une alimentation carbonée, par exemple *Chlorella* (p. 78 et fig. 355).

Fréquemment les cellules des espèces solitaires sont noyées dans une abondante gelée, provenant du gonflement des parois cellulaires (fig. 354, 357). Leur multiplication s'opère par la simple bipartition cellulaire au sein de la gelée ou par la production de zoospores; celles-ci, après avoir nagé quelque temps, s'arrêtent, grossissent, puis se divisent à leur tour.

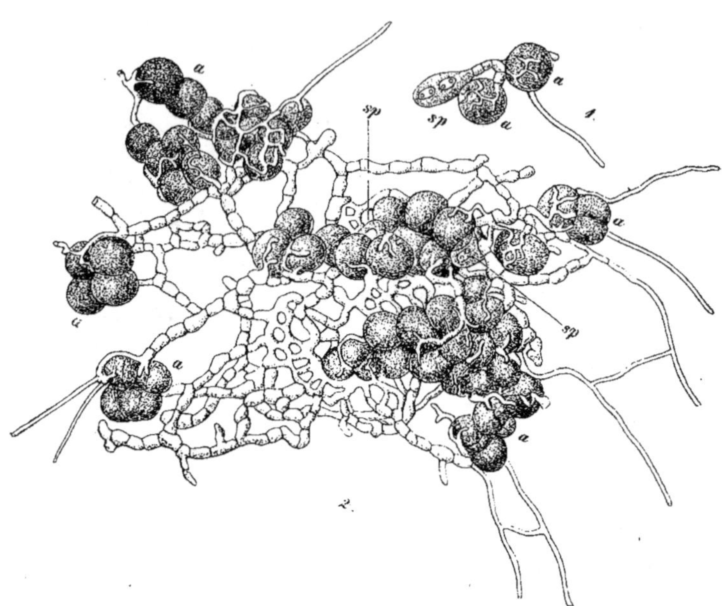

Fig. 356.

PROTOCOCCÉE UNICELLULAIRE DANS UN LICHEN (*Xanthoria*).

a, cellules de l'Algue ; **sp**, spore du Champignon, appliquant ses filaments mycéliens sur les cellules de l'Algue.

(D'après M. BONNIER. — Copié dans VON TAVEL, 1882.)

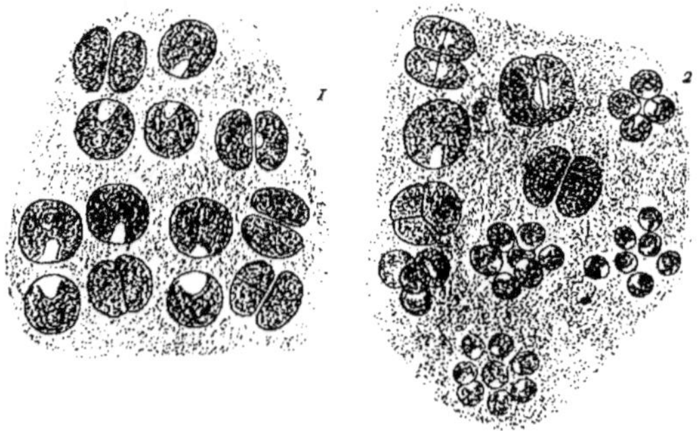

Fig. 357.

PROTOCOCCÉE UNICELLULAIRE (*Monostroma bullosum*)

(D'après REINKE, 1878. — Copié dans OLTMANNS, 1904.)

Dans les Protococcées coloniaires, les cellules, dont le nombre est une puissance de deux, sont disposées d'une façon très régulière, caractéristique pour chaque espèce (fig. 358).

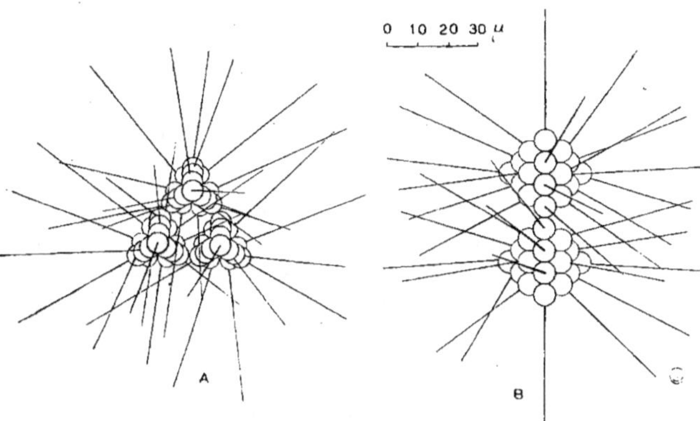

Fig. 358.

UNE PROTOCOCCÉE COLONIAIRE

(*Errerella Bornhemiensis*).

A gauche, colonie triple vue de face ; elle est formée de trois colonies simples, comprenant chacune trente-deux cellules. — A droite, colonie double, vue de côté. — Chaque cellule porte une longue soie raide.

(D'après M. CONRAD, 1914.)

Dans une colonie devenue adulte, chaque cellule se divise aussi souvent qu'il le faut pour donner le nombre d'éléments de la colonie-mère ; puis les petites cellules s'arrangent de la manière voulue ; elles n'ont plus maintenant qu'à grandir pour qu'une colonie se reforme. On le voit, la seule différence entre la colonie de Protococcée et celle de Phycoflagellate (fig. 20, 333, 334, 335) est que celle-ci est nageante et la première inerte, quoique généralement libre dans le liquide.

Les Protococcées inférieures ne présentent à aucun moment la conjugaison. Les plus spécialisées seules ont atteint l'isogamie.

b) *Ulotrichées.*

Ces Algues sont presque toutes d'eau douce ou terrestres; quelques-unes sont marines ou parasites des feuilles de Phanérogames. Leur forme est très diverse : filaments simples (fig. 359) ou ramifiés, lames comprenant une ou deux cellules d'épaisseur, massifs généralement de petite taille. De plus, les cellules s'arrondissent fréquemment et s'isolent en devenant plus ou moins semblables à des Protococcées.

La multiplication s'opère soit par des cellules immobiles, soit par des zoospores. Celles-ci ont en général quatre fouets, tout au moins chez les formes inférieures, telles que *Ulothrix* (fig 359).

A d'autres moments naissent des cellules plus petites, n'ayant que deux fouets, mais semblables aux zoospores pour tout le reste; elles sont incapables de se développer isolément, mais conjuguent deux à deux. La zygote passe par une phase de repos et de croissance.

Les Ulotrichées les plus spécialisées ont les gamètes différenciés : le spermatozoïde, plus petit que la zoospore, est flagellé comme elle; l'oosphère, beaucoup plus grosse, est immobile. Le genre le plus intéressant est *Coleochaete* (fig. 360). Le spermatozoïde n'a pas de plastide; l'oosphère en possède une. Le spermatozoïde pénètre par un trichogyne. Aussitôt après la conjugaison, les filaments végétatifs du voisinage envoient

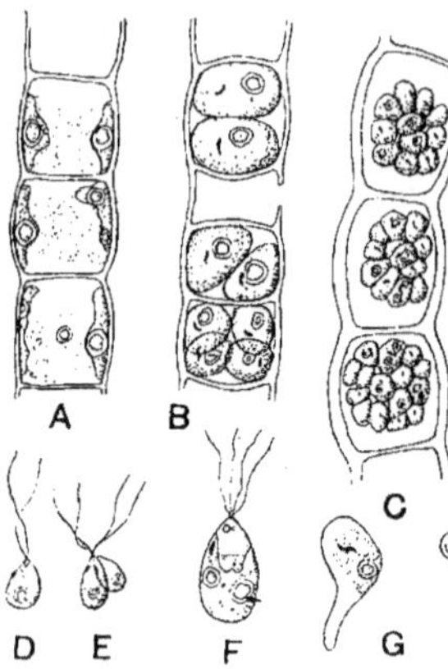

Fig. 359

LA REPRODUCTION D'UNE ULOTRICHÉE INFÉRIEURE.

(*Ulothrix zonata.*)

A, Portion d'un rameau végétatif : plastide pariétale avec pyrénoïdes ; **B**, formation de zoospores ; **C**, formation de gamètes ; **D**, gamète ; **E**, conjugaison ; **F**, zoospore ; **G**, sa germination.

des rameaux vers la zygote et lui font un revêtement complet. Puis la zygote se divise plusieurs fois de suite à l'intérieur de l'enveloppe; la première de ces divisions est réductionnelle. Enfin, la périphérie se rompt et chacune des cellules provenant de la zygote donne une carpospore, conformée comme la zoospore, qui refait un individu de *Coleochaete*.

c) *Siphonocladiées.*

Algues d'eau de mer ou plus rarement d'eau douce, dont le corps est apocytaire : il est séparé en compartiments dont chacun renferme une apocytie (fig. 361).

Chez beaucoup de genres marins, les rameaux ont une disposition tout à fait régulière (fig. 362).

Les *Cladophora* ont des zoospores généralement à quatre fouets, et des gamètes à deux fouets. Chez les espèces plus spécialisées, on ne connaît pas de zoospores ; elles ont des gamètes semblables à deux fouets ou bien des gamètes spécialisés : le spermatozoïde avec deux fouets et l'oosphère immobile.

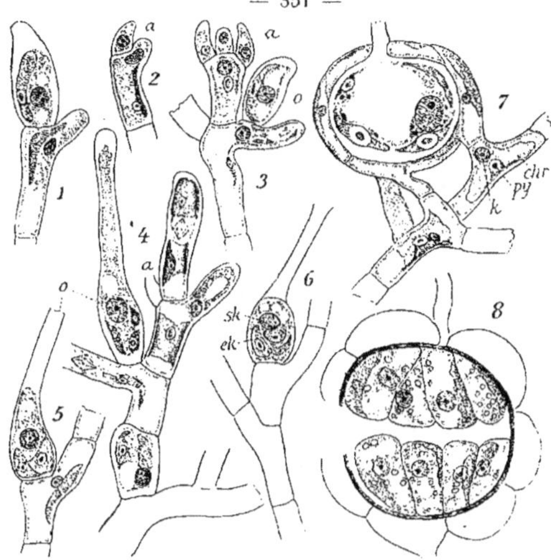

Fig. 360.

LA REPRODUCTION D'UNE ULOTRICHÉE SUPÉRIEURE
(*Coleochaete pulvinata*).

1, jeune zoosporange ; **2, 3**, jeunes anthéridies et oogone ; **4, 5**,
oogones adultes avec trichogyne ; **6**, arrivée du spermatozoïde dans
l'oosphère ; **7**, zygote au début du développement : elle a grossi, tout
en étant encore unicellulaire, et elle est entourée de rameaux protec-
teurs ; **8**, formation de carpospores par la zygote. **a**, anthéridie ;
o, oogone ; **sk**, spermatozoïde ; **chr**, plastide verte ; **ek**, oosphère ;
py, pyrénoïde ; **k**, noyau d'une cellule végétative.
(D'après M. Oltmanns, 1898).

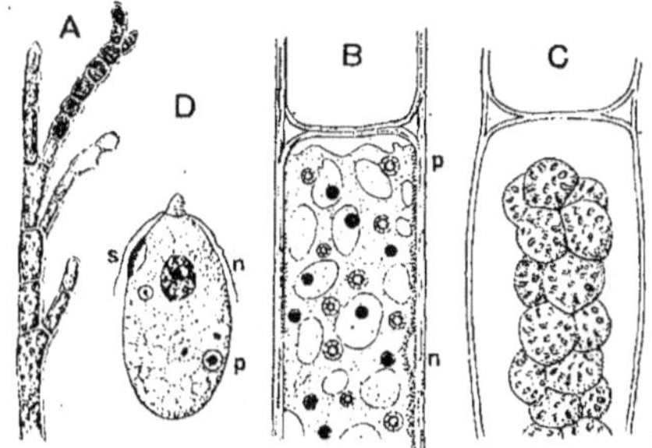

Fig. 361.

LA STRUCTURE ET LA REPRODUCTION
D'UNE SIPHONOCLADIÉE (*Cladophora glomerata*).

A, portion d'un individu adulte dont deux rameaux produisent des zoospores; dans l'inférieur les zoosporanges
sont déjà vidés; **B**, partie plus grossie d'une apocytie ;
p, pyrénoïdes; **n**, noyaux; **C**, formation d'un zoosporange,
aux dépens d'une apocytie végétative; **D**, zoospore n'ayant
exceptionnellement que deux fouets; **s**, stigma ; **n**, noyau ;
p, pyrénoïdes.

(**D**, d'après Strasburger, 1892.)

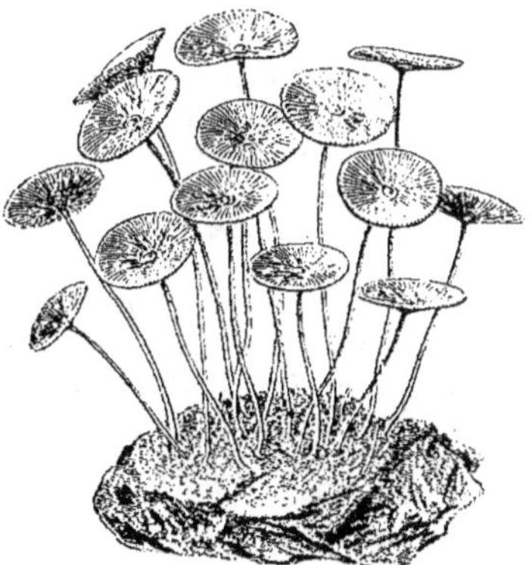

Fig. 362.

UNE SIPHONOCLADIÉE
(*Acetabularia mediterranea*).
(D'après M. Oltmanns, 1904.)

d) *Siphonées.*

Elles sont toutes marines. Le corps, qui peut atteindre une longueur de plusieurs décimètres, est constitué par une apocytie unique, ramifiée à l'infini, dont les rameaux s'entrecroisent et s'enchevêtrent de la façon la plus diverse.

La conjugaison est isogame ou hétérogame.

Dans le genre *Caulerpa* (fig. 27), étonnamment varié de forme, il n'y a plus ni zoospores ni gamètes d'aucune sorte. Ces Siphonées sont donc devenues complètement apogames. Leur multiplication repose uniquement sur la fragmentation du corps, et comme un tronçon quelconque suffit pour produire un nouvel individu, plus aucune partie de *Caulerpa* n'est mortelle.

C. Zygophycées.

C'est un groupe tout à fait aberrant parmi les Algues vertes. L'absence totale de spores et de cellules flagellées, — le parallélisme de tous les cloisonnements cellulaires, — la diversité de formes et la complication des plastides (fig. 363), — la conjugaison de gamètes semblables qui dérivent immédiatement de cellules végétatives, sans intercalation d'un stade de division, — les mouvements de reptation des gamètes, — voilà autant de particularités qui éloignent les Zygophycées des autres Algues vertes. Elles habitent l'eau douce.

a) *Zygnémées.*

Les cellules restent disposées en filaments qui se déplacent par reptation. Quand ils ont atteint une certaine longueur, à la suite de la bipartition et de la croissance des cellules, ils se fragmentent, puis ils recommencent à s'allonger.

La conjugaison débute par le rapprochement parallèle de deux filaments. Les cellules contractent leur protoplasme en même temps que naissent des saillies latérales qui poussent vers des proéminences venant de l'autre filament (fig. 363 A, C). Puis, les saillies s'étant rencontrées, un canal se forme. Chez beaucoup de Zygnémées, les gamètes font chacun la moitié du chemin et ils se réunissent au milieu du canal. Mais chez d'autres, tous les gamètes d'un des conjoints parcourent la totalité du trajet et vont rejoindre ceux de l'autre filament, qui sont immobiles. Dans ce cas, les plastides du gamète mobile se détruisent et s'effacent, de telle sorte que la zygote ne contient que celles du gamète femelle.

Parfois les cellules d'un même filament conjuguent entre elles. Rarement deux gamètes donnent chacune une azygote, sans avoir conjugué.

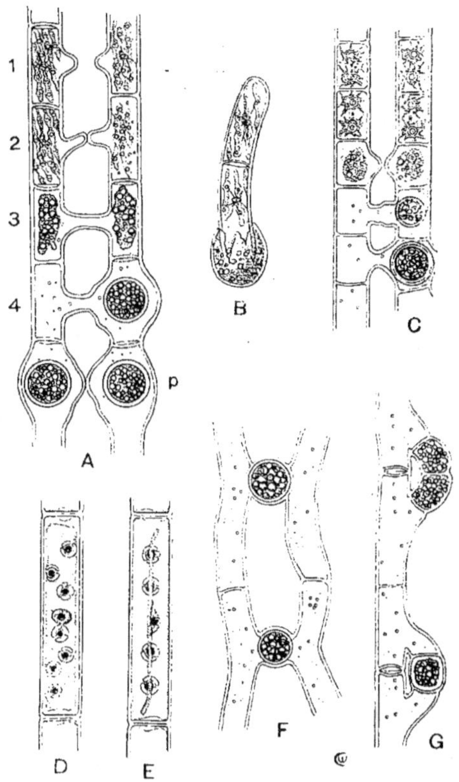

Fig. 363.

LA REPRODUCTION DES ZYGNÉMÉES.

A, *Spirogyra pellucida.* Plastides en forme de bandes spirales. Deux filaments accouplés montrant les phases successives (1 à 4) de la formation des gamètes; **p,** azygotes produites par des gamètes qui n'ont pas conjugué; **B,** germination de la zygote. **C,** *Zygnema cruciatum.* Plastides étoilées. Deux filaments accouplés montrant les phases successives de la formation et de la conjugaison des gamètes. **D, E,** *Mougeotia scalaris.* Une même cellule avec la plastide plate vue de face (D) et de profil (E). **F,** *M. genuflexa.* Deux filaments accouplés avec les zygotes déjà formées. **G,** *M. scalaris.* Formation d'une zygote (en bas) et de deux azygotes (en haut) par conjugaison de cellules d'un même filament.

La zygote s'entoure d'une membrane résistante. Elle germe après une phase de repos (fig. 363 B). La deuxième division est réductionnelle.

b) *Desmidiées*.

La cellule adulte est formée de deux moitiés symétriques avec le noyau au centre de figure (fig. 136 a, 364). Elle exécute des glissements et des culbutes.

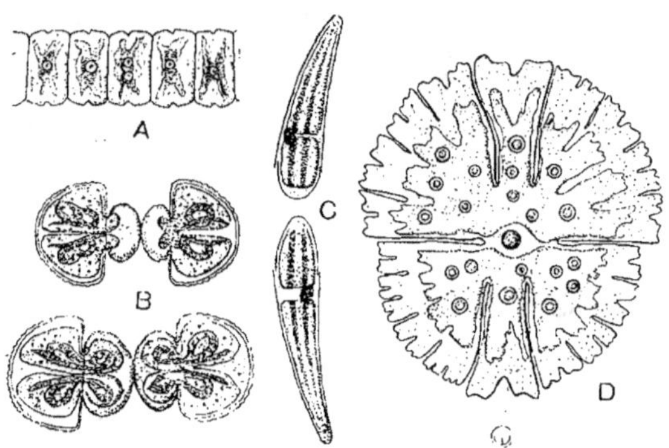

Fig. 364.

LA STRUCTURE ET LA DIVISION CELLULAIRE DES DESMIDIÉES.

A, *Hyalotheca dissiliens*, Desmidiée filamenteuse : **B**, deux étapes de la division de *Cosmarium Botrytis*; **C**, deux cellules de *Closterium moniliferum* issues d'une division récente et encore asymétriques; **D**, une cellule analogue de *Micrasterias*.
(**B**, d'après De Bary, 1858).

La membrane, dure et inextensible, est également coupée en deux moitiés qui se joignent autour du noyau.

Lors de la bipartition, comme la paroi ne peut pas se distendre, ses deux moitiés s'écartent et le cytoplasme fait entre elles une double hernie. Chaque hernie grossit jusqu'à la taille d'une demi-cellule. Dans la plupart des Desmidiées, les cellules-filles se séparent aussitôt; chez les formes inférieures, elles restent associées.

Lors de la conjugaison, deux cellules ordinaires végétatives se rapprochent, s'ouvrent et mettent les protoplasmes en liberté ; ceux-ci rampent l'un vers l'autre et fusionnent. La zygote s'entoure aussitôt d'une membrane propre (fig. 136 b). C'est la deuxième division qui est réductionnelle (fig. 136 e, f), tout comme chez les Conjuguées.

D. CHARAPHYCÉES.

C'est encore un groupe aberrant que certains auteurs rapprochent même des Bryophytes. Toutes habitent les eaux douces et les eaux saumâtres.

L'appareil végétatif, qui peut avoir jusqu'à 1 mètre de hauteur, est caractérisé par sa structure verticillée.

La conjugaison s'opère entre un spermatozoïde muni de deux fouets antérieurs et une oosphère, très grosse et immobile, née dans un organe qui est
enfermé dans une enveloppe de cellules stériles. Il est probable que la
réduction s'opère lors de la germination de la zygote.

E. Phéosporées.

Les Phéosporées et les Fucées (peut-être avec les Acinétosporées,
moins bien connues) forment une série intéressante d'Algues marines
chez lesquelles les zoo-
spores et les gamètes
possèdent deux fouets
inégaux, l'antérieur
servant à la natation,
le postérieur à la direc-
tion. Les cellules sont
pourvues de plastides
portant, outre la chlo-
rophylle, un pigment
brun ou jaune; la ré-
serve hydrocarbonée est un hydrate
de carbone particulier ou de l'huile.
Le corps n'est jamais apocytaire, mais
toujours subdivisé en cellules nettement distinctes.

Chez les Phéosporées, le corps est
rarement filamenteux; d'habitude il
est massif : il est alors composé d'une
couche superficielle de cellules assimilatrices, puis de cellules plus
grandes servant de réservoirs et,
enfin, de cellules beaucoup plus longues par lesquelles s'opère le transport (fig. 365). Certaines Phéosporées
deviennent énormes : les *Lessonia* ont
l'allure d'arbres sous-marins (fig. 366);
les *Macrocystis* peuvent s'enraciner à
70 mètres de profondeur et s'étaler au
loin à la surface de la mer; leur
longueur atteint 200 mètres.

La reproduction se fait par des zoospores munies de plastides brunes et
d'un stigma; la zoospore nage à l'aide
de ses deux fouets différenciés; elle
peut aussi ramper à la manière d'une
amibe. Cette structure se rapproche

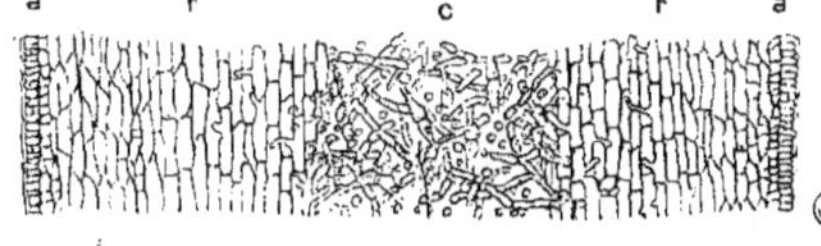

Fig. 365.
STRUCTURE DE L'APPAREIL VÉGÉTATIF
D'UNE PHÉOPHYCÉE (*Laminaria*).
a, cellules assimilatrices; r, cellules servant de
réservoirs ; c, cellules conductrices.

Fig. 366.
UNE PHÉOSPORÉE DE GRANDE TAILLE
(*Lessonia fuscescens*).
(D'après Hooker et Harvey, 1847. —
Copié dans Oltmanns, 1904).

23*

beaucoup de celle de certaines Chrysomonadines (p. 309) qui sont peut-être les ancêtres des Algues brunes.

Les gamètes, quand ils sont semblables, sont généralement un peu plus petits que les zoospores, mais de même forme. Lorsqu'ils sont inégaux, le spermatozoïde est plus petit et plus vif que la zoospore, tandis que l'oosphère, chargée de réserves, est plus grosse et moins mobile.

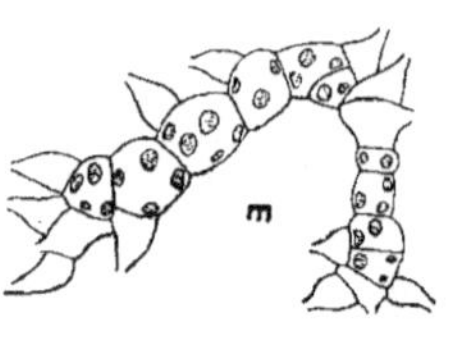

Fig. 367.

LA GÉNÉRATION SEXUÉE D'UNE PHÉOSPORÉE

(*Laminaria Lejolisii*).

m, individu mâle, avec des anthéridies déjà vides ; **f**, individu femelle, constitué par une seule grosse cellule, qui a produit une oosphère ; la zygote a germé sur place et a produit un individu agame, ayant déjà un rhizoïde.

(D'après M. SAUVAGEAU, 1918.)

Chez certaines Phéosporées, on a constaté qu'il y a une alternance de générations : les zoospores sont produites par un individu qui a une tout autre structure que celui où naissent les gamètes. Ainsi les grands individus massifs de *Laminaria* (fig. 365) donnent uniquement des zoospores, tandis que les gamètes naissent sur de toutes petites lames (fig. 367) provenant de la germination des zoospores.

F. FUCÉES.

Elles ont conservé la structure massive des grandes Phéosporées avec parfois une différenciation encore plus avancée, par exemple chez les *Sargassum* (fig. 368); mais leur reproduction s'est simplifiée par la perte de la génération agame : elles ne donnent, en effet, jamais de zoospores.

Les spermatozoïdes naissent à soixante-quatre dans les anthéridies ; ils sont légèrement amiboïdes et ont deux fouets différenciés, un stigma et un noyau, mais pas de plastides. Les oosphères naissent par un, deux, quatre ou huit dans les oogones ; elles sont globuleuses et contiennent de nombreuses plastides ; elles sont mises en liberté, mais n'ont pas de fouets (fig. 369).

La réduction chromatique s'opère tout au début du développement des anthéridies

Fig. 368.

L'APPAREIL VÉGÉTATIF
D'UNE FUCÉE

(*Sargassum linifolium*).

Rameaux portant des flotteurs globuleux et des « feuilles ». •

et des oogones. La zygote germe immédiatement en un individu qui n'a plus qu'à grandir.

Les Phéosporées et les Fucées permettent de suivre nettement l'évolution des gamètes aux dépens des zoospores :

1° Chez *Ectocarpus*, les gamètes, non différenciés, sont tout à fait semblables à de petites zoospores (nous avons d'ailleurs vu qu'il en est de même chez *Ulothrix* (fig. 359);

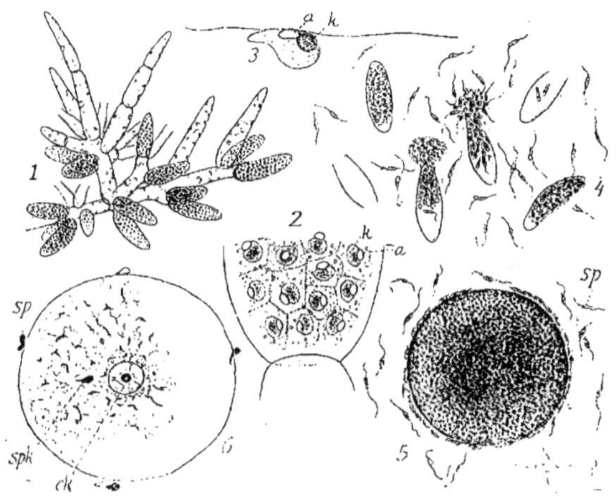

Fig. 369.

LES GAMÈTES ET LA FÉCONDATION D'UN FUCUS.

1, anthéridies ; **2**, anthéridie jeune, où les spermatozoïdes commencent à se former ; **3**, spermatozoïde plus fortement grossi ; **4**, anthéridies laissant échapper les spermatozoïdes ; **5**, oosphère entourée de spermatozoïdes ; **6**, coupe à travers une oosphère où un spermatozoïde vient de pénétrer ; **a**, stigma ; **k**, noyau ; **ek**, noyau de l'œuf ; **sp, spk**, spermatozoïdes.

(**1, 4, 5**, d'après Thuret, 1854 ; **2, 3**, d'après M. Guignard, 1889 ; **6**, d'après M. Farmer, 1898. — Copié dans Oltmanns, 1904).

2° *Cutleria* a des gamètes différenciés : les spermatozoïdes ont la même structure que les zoospores, sauf qu'ils sont beaucoup plus petits et qu'ils n'ont pas de plastides ; les oosphères ont aussi la même structure, mais elles sont tellement grosses et chargées de réserves qu'elles ont de la peine à se mouvoir ;

3° Chez *Fucus*, les spermatozoïdes ont conservé la constitution de ceux de *Cutleria* ; quant aux oosphères, devenues encore plus grosses, elles ont définitivement perdu la motilité ; pourtant elles sont encore mises en liberté.

G. DICTYOTÉES.

Petit groupe d'Algues marines, brunes, caractérisées par l'alternance de deux générations, agame et sexuée.

L'individu agame porte des sporanges contenant quatre spores sans fouets (fig. 370). Chez *Dictyota*, les sexes sont séparés. Chaque oogone donne une seule oosphère immobile qui est mise en liberté. Chaque anthéridie produit de nombreux spermatozoïdes munis d'un fouet unique postérieur.

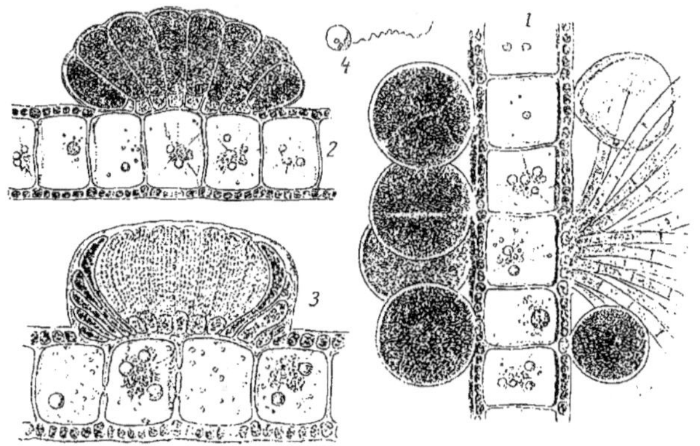

Fig. 370.

LA REPRODUCTION D'UNE DICTYOTÉE (*Dictyota dichotoma*).

1, sporanges avec tétraspores ; **2**, oogones, **3**, anthéridies. La structure est la même pour ces trois sortes d'individus : une couche unique de grandes cellules réservoirs, bordée de part et d'autre par une couche de petites cellules assimilatrices ; **4**, un spermatozoïde.
(**1**, **2**, **3**, d'après THURET, 1855 ; **4**, d'après M. WILLIAMS, 1897. — Copié dans OLTMANS, 1904.)

La germination de la spore donne un individu sexué haploïde, soit mâle, soit femelle ; la germination de l'œuf fécondé donne un individu sporifère diploïde.

Aussi longtemps que ces trois sortes d'individus sont stériles (fig. 56), il est impossible de les distinguer.

II. DIATOMÉES.

Elles comptent plusieurs milliers d'espèces dans la mer, dans l'eau douce et dans la terre humide. Ce sont des Algues unicellulaires ou filamenteuses pourvues de plastides brunes et possédant de la graisse comme réserve ; la cellule est emprisonnée dans une carapace sili-

ceuse formée de deux val-
ves emboîtées. De même
que les Conjuguées, les
Diatomées se divisent
dans des plans toujours
parallèles.

Les espèces planctoni-
ques ont presque toutes
la structure rayonnante
(fig. 371, 372, 376). Souvent leurs cellules, en
forme de cylindres de hauteur diverse, portent des
prolongements qui aug-
mentent la surface de contact avec l'eau (fig. 372).

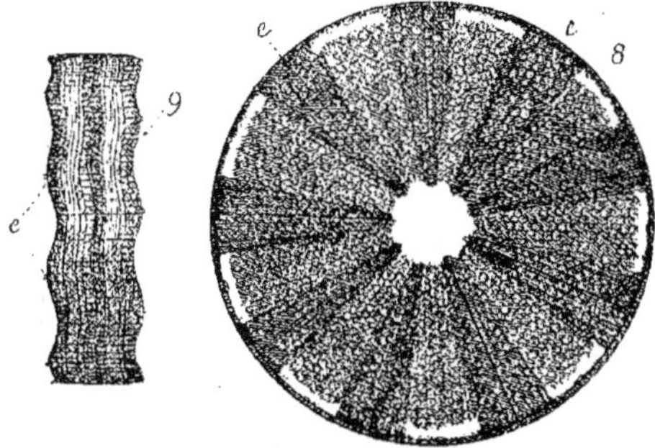

Fig. 371.
STRUCTURE D'UNE DIATOMÉE CENTRIQUE
(*Actinoptychus splendens*).
8, une cellule vue de face : 9, vue de côté.
(D'après MEUNIER, 1915.)

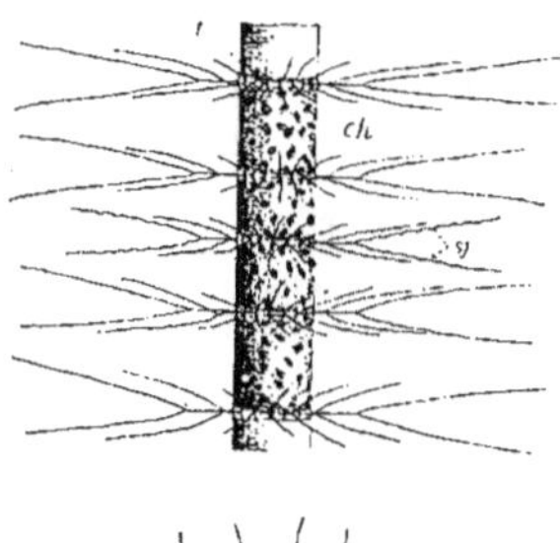

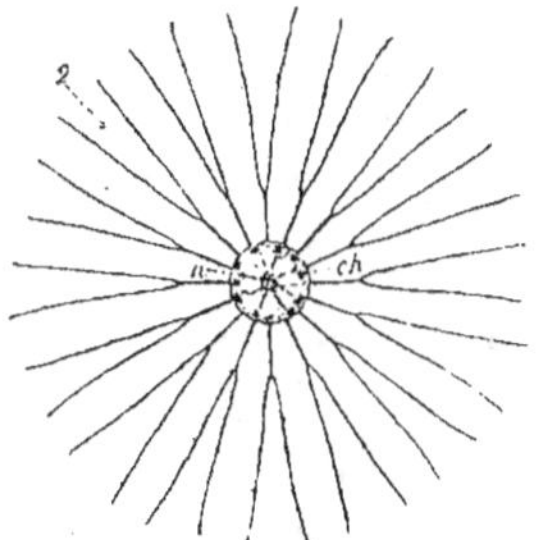

Fig. 372.
UNE DIATOMÉE CENTRIQUE
DU PLANCTON MARIN
(*Bacteriastrum varians*).
En haut, chaîne de cellules vue de
côté ; en bas, cellule vue de face ; n.
noyau ; **ch**, plastides ; **sj**, soies sili-
cifiées, encore jeunes.
(D'après MEUNIER, 1915.)

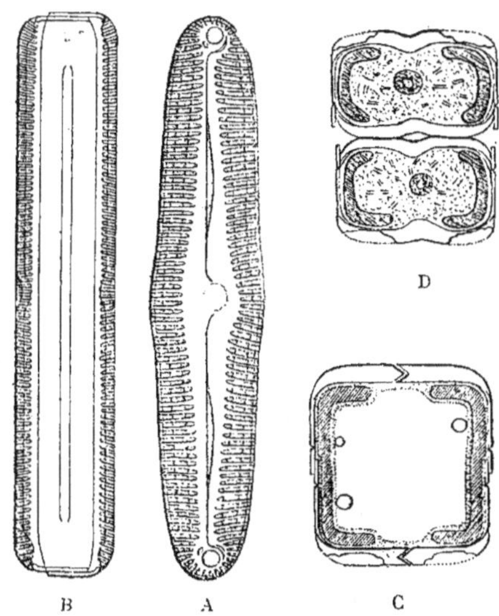

Fig. 373.
LA STRUCTURE D'UNE DIATOMÉE
(*Pinnularia viridis*).

A, cellule vue de face ; **B**, vue de côté ; **C**, en coupe transversale, avec plastides à droite et à gauche ; **D**, cellule
divisée, vue en coupe transversale.
(D'après PFITZER, 1871.)

Les Diatomées fixées (fig. 374) et celles qui glissent sur le fond (fig. 373) ont la symétrie bilatérale. La cellule présente alors trois aspects différents suivant qu'on la regarde par un côté (fig. 373 B), par une face (A) ou par un bout (C).

A cause de sa cuirasse de silice, la cellule ne peut grandir que dans une seule direction : en écartant les valves. Lorsque le déboîtement est fait (fig. 373 D), le protoplasme se divise et chacune des nouvelles cellules complète sa carapace : celle qui a reçu le couvercle se refait un fond ; celle à qui est échu le fond s'en sert comme de couvercle et y ajoute un fond. Cette dernière cellule est donc un peu plus petite que sa sœur. Comme le même rapetissement se répète à chaque bipartition, la taille des cellules diminue de plus en plus.

Les cellules qui sont parvenues à la taille minimale reprennent la taille maximale, grâce aux auxospores.

Cet agrandissement est lié à la conjugaison.

Deux cellules se rapprochent, rejettent leurs valves, rampent l'une vers l'autre et fusionnent (fig. 374). A première vue, ceci ressemble beaucoup à ce qui se passe chez les Desmidiées (p. 354). Seulement dès la première étape, chacune des deux Diatomées a divisé son noyau (fig. 374,2) ; de ces deux noyaux, un seul persiste, tandis que l'autre finit par fondre. C'est donc probablement une division réductionnelle, phénomène qui ne se produit chez les Desmidiées qu'après la conjugaison (fig. 136). La zygote, simplement entourée de gelée (fig. 374,4), grossit beaucoup avant de s'enfermer dans une nouvelle prison de silice.

Parfois, après avoir subi la réduction, chacune des cellules conjointes se divise par caryocinèse, de sorte qu'il naît alors deux auxospores au lieu d'une seule.

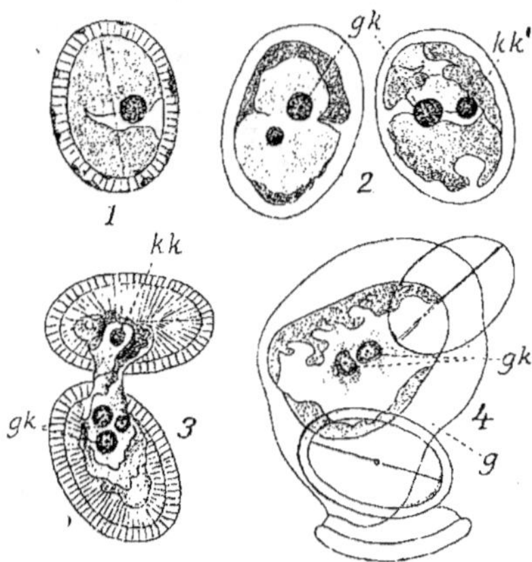

Fig. 374.

LA CONJUGAISON ET LA FORMATION D'UNE AUXOSPORE CHEZ UNE DIATOMÉE FIXÉE (*Cocconeis Placentula*).

1, cellule végétative du format minimum ; **2**, deux de ces cellules se sont rapprochées : dans chacune le noyau s'est divisé en un noyau qui persistera (**gk**) et un noyau qui disparaîtra (**kk**) ; **3**, les deux gamètes rampent l'un vers l'autre ; **4**, fusion des protoplasmes ; les noyaux sont encore distincts ; **g**, gelée commune.

(D'après M. KARSTEN, 1900. — Copié dans OLTMANNS, 1904.)

Ailleurs l'auxospore n'est pas précédée d'une conjugaison. La Diatomée devenue trop petite sort de sa carapace et grandit librement (fig. 375), puis se refait deux valves en silice.

On a aussi observé chez quelques Diatomées du plancton marin la naissance de petites spores globuleuses par division répétée de la cellule adulte.

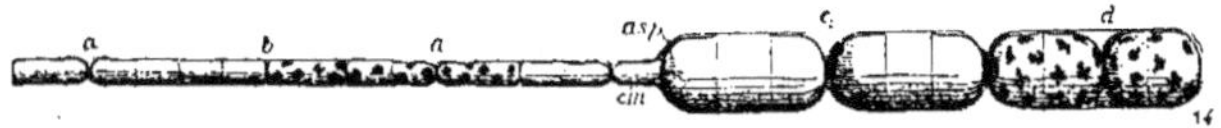

Fig. 375.

LES AUXOSPORES DE MELOSIRA JURGENSI.

A gauche, sept cellules de la dimension minimale ; à droite, quatre cellules provenant d'une auxospore ; **cm**, la moitié petite d'une cellule qui a formé l'auxospore ; **c**, deux cellules provenant de l'auxospore et qui sont chacune sur le point de se rediviser ; **d**, une cellule analogue qui vient de se diviser. Les plastides ne sont dessinées que dans quelques cellules.

(D'après MEUNIER, 1915.)

Les Diatomées se rapprochent des Desmidiées par la subdivision de la cellule en deux moitiés symétriques, par le parallélisme des bipartitions cellulaires et par la reptation des gamètes semblables. Mais, d'autre part, elles ont des affinités avec les Fucées par la couleur des plastides et par la localisation de la réduction chromatique au moment de la naissance des gamètes. Enfin, la nature grasse des réserves, et aussi le fait que la membrane se désarticule en un couvercle et un fond, permettent de supposer que les Diatomées dérivent peut-être des Hétérocontées. Il est impossible de choisir actuellement entre ces trois hypothèses.

I. BANGIÉES.

Petit groupe d'Algues marines et d'eau douce, dont les plastides portent, outre le chlorophylle, une chromophylle rouge.

La reproduction est le mieux connue chez *Porphyra laciniata*, dont le corps a la forme d'une lame n'ayant qu'une seule cellule d'épaisseur.

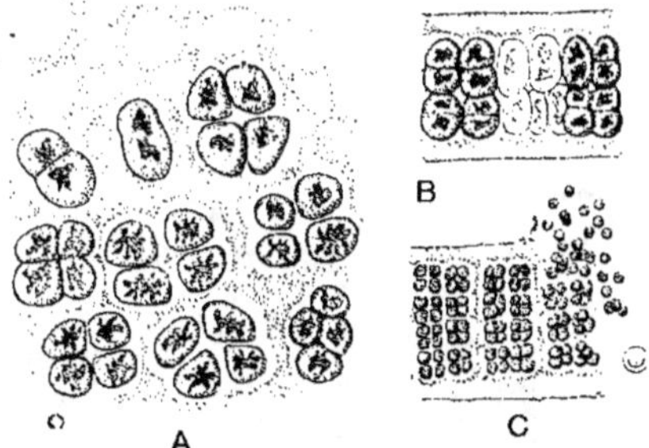

Fig. 376.

LA REPRODUCTION SEXUELLE D'UNE BANGIÉE
(*Porphyra laciniata*).

A, carpospores dans une lame vue de face ; **B**, carpospores dans une coupe transversale d'une lame ; **C**, anthéridies et spermatozoïdes dans une coupe transversale d'une lame.

(**B, C**, d'après THURET, 1877.)

Pour la multiplication agame, toutes les cellules, sauf celles qui avoisinent le point d'attache, se transforment en spores amiboïdes sans fouets.

Dans d'autres individus, les cellules se divisent six fois de suite et donnent soixante-quatre spermatozoïdes très petits, nus, sans plastides ni fouets (fig. 376).

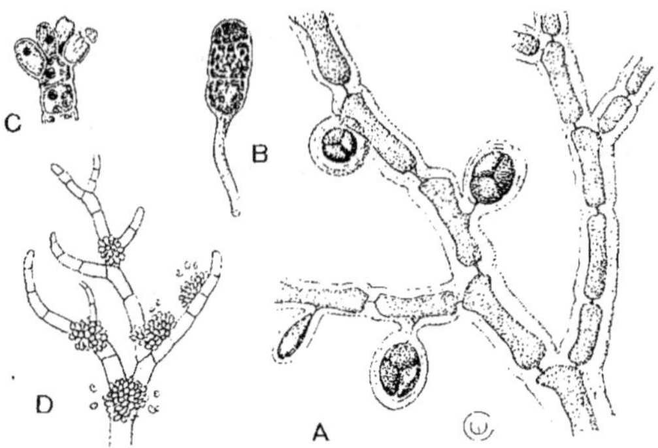

Fig. 377.

LES TÉTRASPORES ET LES ANTHÉRIDIES D'UNE FLORIDÉE (*Callithamnion*).

A, rameaux portant des tétrasporanges (les cellules sont légèrement plasmolysées ; les plastides ne sont pas dessinées) ; **B**, germination d'une tétraspore ; **C**, sommet d'un rameau d'un individu mâle : cellules végétatives avec plastides, anthéridies sans plastides; **D**, quelques rameaux d'une plante mâle.

Une troisième sorte d'individus change toutes ses cellules en oosphères surmontées d'un trichogyne : celui-ci perce une des faces de la lame et arrive dans l'eau extérieure. Un spermatozoïde, amené passivement par les courants, reste collé au trichogyne ; aussitôt il s'entoure d'une membrane. Puis une communication s'établit entre lui et le trichogyne, et la conjugaison s'effectue.

La zygote se divise par trois bipartitions en huit c a r p o s p o r e s nues et amiboïdes qui sont disséminées passivement.

Il est probable que les spores agames donnent des individus sexués et que les carpospores produisent les individus d'où naîtront les spores agames.

On voit qu'il y a beaucoup de points de contact entre la reproduction des Dictyo-tées et celle des Bangiées.

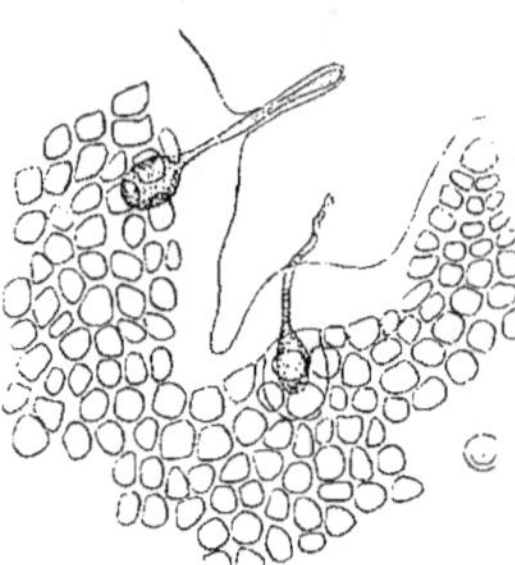

Fig. 378.

OOSPHÈRES ET TRICHOGYNES

D'UNE FLORIDÉE

(*Plocamium coccineum*).

L'oosphère de gauche est prête à être fécondée ; celle de droite est flétrie. A droite de la figure, sommet d'un rameau avec cellule initiale.

J. FLORIDÉES.

Presque toutes sont marines. Elles sont pourvues de plastides portant à la fois de la chlorophylle et un pigment

rouge. Les cellules sont toujours disposées en filaments ramifiés.
Tantôt ceux-ci restent isolés et ils forment un petit buisson (fig. 377);
tantôt ils sont collés ensemble dans un seul plan; le plus souvent

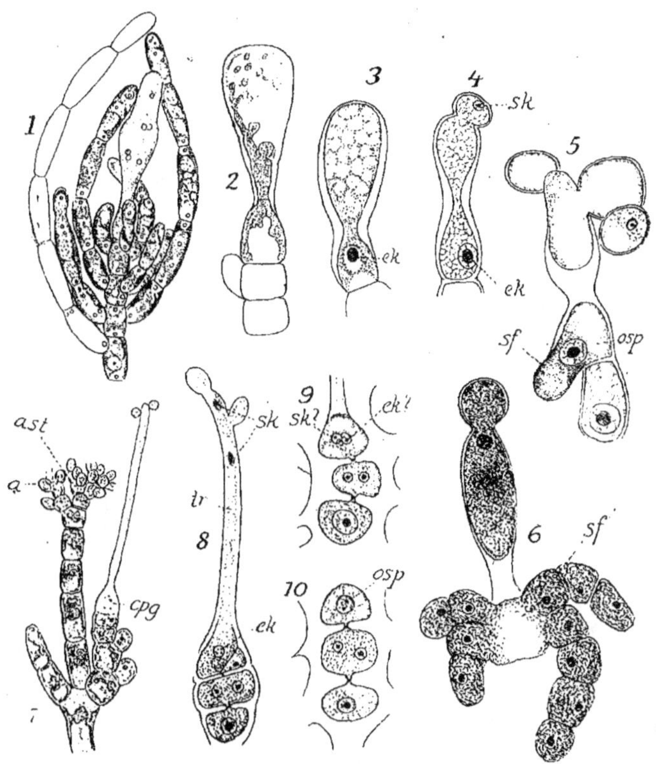

Fig. 379.

LA REPRODUCTION SEXUELLE DES FLORIDÉES (**1** à **6**, *Batrachospermum*; **7**. *Nema-
lion*; **8** à **10**. *Dasia*).

1, Rameau terminé par un oogone surmonté d'un gros trichogyne; **2, 3,** oosphère et trichogyne; **4,** établissement de la communication entre les gamètes; **5, 6,** développement de
la zygote en rameaux produisant les carpospores; **7.** rameau portant un oogone et des anthéridies; **8 9, 10,** étapes de la conjugaison; **ek,** oosphère; **sk,** spermatozoïdes; **osp,** zygote:
sf, rameaux provenant du développement de la zygote; **a, ast,** anthéridies.
(**1,** d'après Sirodot, 1884; **2, 6,** d'après M. Davis, 1896; **3, 4, 5,** d'après
M. Osterhout. 1900; **7,** d'après Thuret, 1878; **8, 9, 10.** d'après Oltmanns, 1898.
— Copié dans Oltmanns, 1904.)

ils vont dans tous les sens et ils constituent un massif plus ou moins
épais, diversement ramifié.

La génération agame est toujours distincte de la génération sexuée. L'individu agame donne des sporanges dont l'unique cellule se divise deux fois de suite pour produire quatre tétraspores sans fouets (fig. 377). La première de ces deux divisions est réductionnelle.

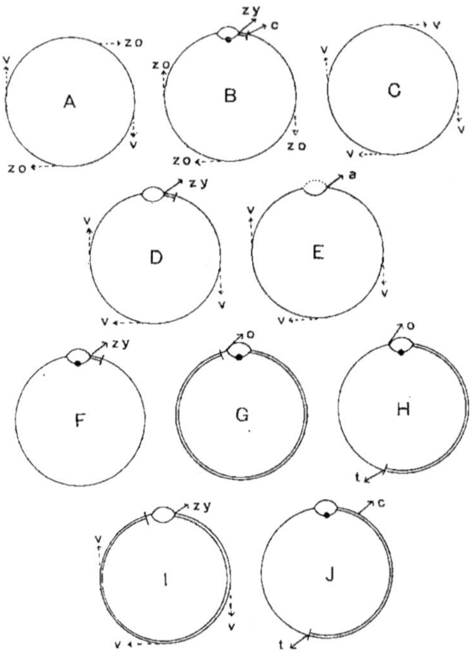

La tétraspore germe en un individu sexué, soit mâle, soit femelle, plus rarement hermaphrodite. Les spermatozoïdes sont privés de plastides et de fouets. Les oosphères possèdent un trichogyne, auquel restent collés les spermatozoïdes (fig. 378, 379).

La zygote produit sur place un complexe de rameaux dont les cellules distales se transforment en autant de carpospores sans fouets.

Chez la plupart des espèces, ce cycle se complique du fait que la zygote ne produit pas elle-même les rameaux sporifères, mais qu'elle transmet cette faculté à une ou plusieurs cellules auxiliaires, parfois fort éloignées.

La figure schématique 380 résume les cycles évolutifs de quelques Algues. On y voit notamment les moments, très divers, où se font la réduction chromatique et la dissémination.

Fig. 380.

LES CYCLES ÉVOLUTIFS DE QUELQUES ALGUES.
A, Hétérocontée, telle que *Conferva* ; **B**, *Coleochaete* (fig. 360) ; **C**, *Caulerpa* (fig. 27) ; **D**, *Closterium* (fig. 136) ; **E**, Conjuguée apogame (fig. 363) : **F**, *Chara* ; **G**, *Fucus* (fig. 369) : **H**, *Dictyota* (fig. 370) : **I**, Diatomée, telle que *Cocconeis* (fig. 374) : **J**, Floridée (fig. 379).

Le contour simple indique la phase haploïde ; le contour double, la phase diploïde ; le trait transversal, le moment de la réduction chromatique. Les flèches représentent les divers moments de la dissémination. En trait plein, les procédés de multiplication qui font obligatoirement partie du cycle ; en trait interrompu, ceux qui sont surajoutés au cycle ; **v**, la dissémination de fragments issus simplement de la division cellulaire ; **zo**, zoospores : **t**, tétraspores ; **o**, oosphère ; **zy**, zygote ; **a**, azygote ; **c**, carpospores (nées de la division de la zygote). La petite ellipse en haut des schémas représente la conjugaison isogame, quand les deux branches sont égales : hétérogame, quand la branche inférieure porte un gros point.

TABLE ALPHABÉTIQUE

A

N

O

V

W

X

Z

4314. — Société anonyme M. WEISSENBRUCH, imprimeur du Roi
(Société typographique . Liége, Bouillon, Paris, 1755-1793)
49, rue du Poinçon, Bruxelles

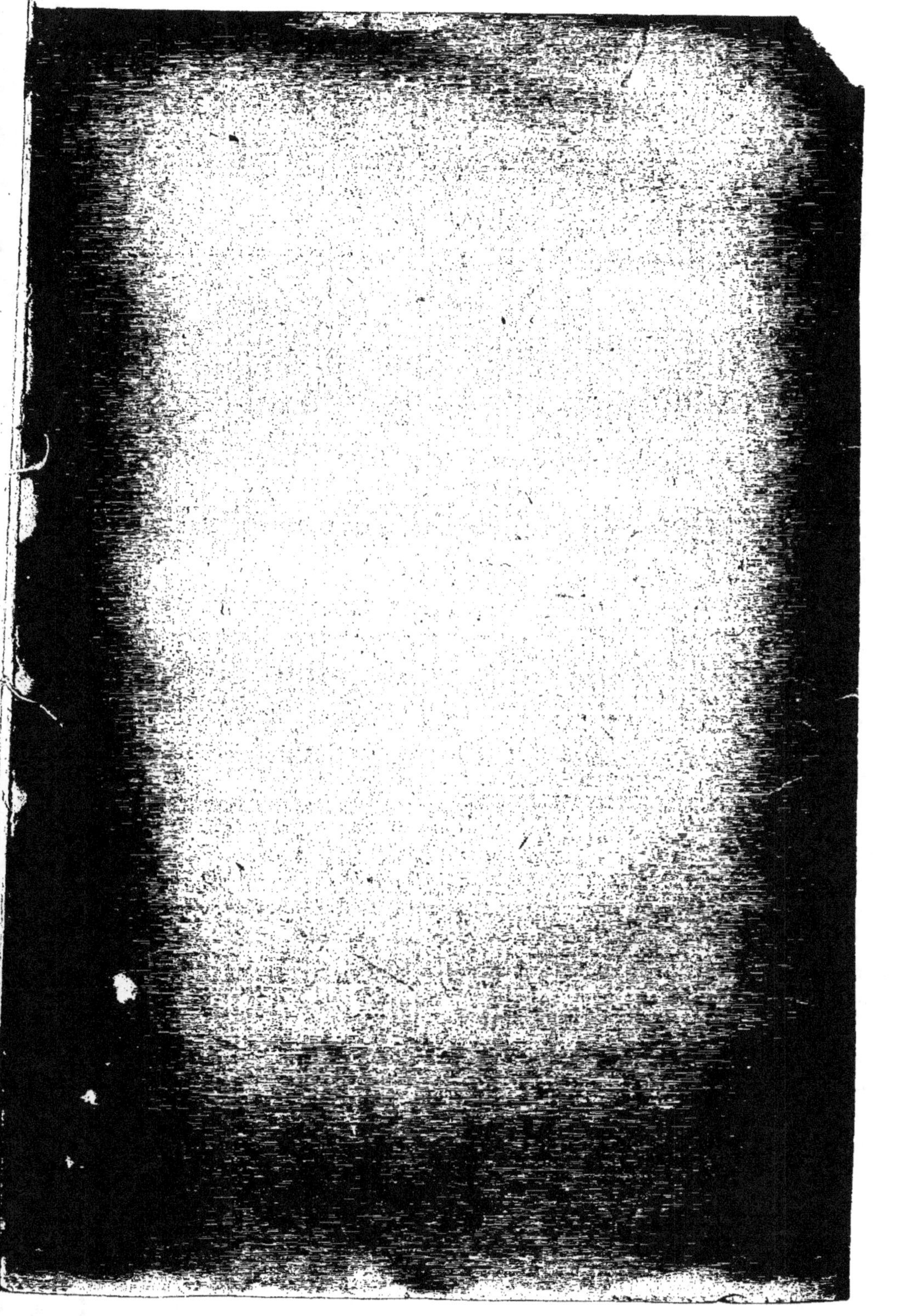

BIBLIOTHEQUE NATIONALE DE FRANCE
3 7531 03931673 3